EUL VERLAG

Reihe: Rechnungslegung und Wirtschaftsprüfung · Band 69

Herausgegeben von Prof. (em.) Dr. Dr. h. c. Jörg Baetge, Münster, Prof. Dr. Hans-Jürgen Kirsch, Münster, und Prof. Dr. Stefan Thiele, Wuppertal

Dr. Michael Huter

Die nichtfinanzielle Konzernerklärung

Kritische Analyse und Konkretisierung der handelsrechtlichen Vorschriften

Mit einem Geleitwort von Prof. Dr. Hans-Jürgen Kirsch, Westfälische Wilhelms-Universität Münster

EUL VERLAG

Bibliografische Information der Deutschen Nationalbibliothek

Die Deutsche Nationalbibliothek verzeichnet diese Publikation in der Deutschen Nationalbibliografie; detaillierte bibliografische Daten sind im Internet über <http://dnb.d-nb.de> abrufbar.

Dissertation, Westfälische Wilhelms-Universität Münster, 2019

D 6

ISBN 978-3-8441-0576-6
1. Auflage Februar 2019

JOSEF EUL VERLAG GmbH
Zeithstr. 356
53721 Siegburg
Tel.: 0 22 05 / 90 10 6-80
Fax: 0 22 05 / 90 10 6-88
E-Mail: info@eul-verlag.de
https://www.eul-verlag.de

Bei der Herstellung unserer Bücher möchten wir die Umwelt schonen. Dieses Buch ist daher auf säurefreiem, 100% chlorfrei gebleichtem, alterungsbeständigem Papier nach DIN 6738 gedruckt.

Geleitwort

Mit dem CSR-Richtlinie-Umsetzungsgesetz hat der deutsche Gesetzgeber die Richtlinie 2014/95/EU (sog. CSR-Richtlinie) in deutsches Recht umgesetzt. Kernelement dieses Gesetzes ist die Verpflichtung großer kapitalmarktorientierter Mutterunternehmen, die gemeinsam mit den in den Konzernabschluss einzubeziehenden Unternehmen mehr als 500 Arbeitnehmer beschäftigen, eine sogenannte nichtfinanzielle Konzernerklärung zu erstellen und offenzulegen, die den Konzernlagebericht ergänzt. Konkret ist im Rahmen der nichtfinanziellen Konzernerklärung zumindest in Bezug auf fünf nichtfinanzielle Aspekte, wie z. B. Umwelt-, Arbeitnehmer- und Sozialbelange, u. a. über Risiken und nichtfinanzielle Leistungsindikatoren, zu berichten. Obwohl die erste verpflichtende Berichtsperiode bei Drucklegung bereits abgeschlossen war, befindet sich der fachliche Diskurs zu konkreten Fragen der Berichterstattung erst in den Anfängen. Herr Huter nimmt dies zum Anlass, die handelsrechtlichen Normen zur Berichterstattung in der nichtfinanziellen Konzernerklärung kritisch zu analysieren. Ziel ist es, die Vorschriften zu konkretisieren und Lösungen für Auslegungsfragen zu entwickeln. Als konzeptioneller Bezugspunkt soll Herrn Huter dabei ein Zweck-Grundsatz-System für die Berichterstattung in der nichtfinanziellen Konzernerklärung dienen, das er vor der eigentlichen Analyse entwickeln möchte.

Der Verfasser untergliedert seine Dissertation in fünf Kapitel. Im **ersten Kapitel** zeigt er zunächst die Relevanz des Themas. Danach grenzt er das Betrachtungsobjekt der Arbeit ab. Darauf aufbauend erläutert Herr Huter seine Problemstellung und definiert das Ziel der Arbeit. Daraus leitet er zum Ende des ersten Kapitels den Gang der Untersuchung ab.

Im **zweiten Kapitel** legt der Autor in angemessener Kürze die für seine Arbeit wesentlichen Grundlagen. Das sind neben den wesentlichen Meilensteinen der Gesetzgebungsprozesse zur CSR-Richtlinie sowie zum CSR-Richtlinie-Umsetzungsgesetz auch grundlegende Ausführungen zu den handelsrechtlichen Regelungen zur nichtfinanziellen Konzernerklärung. Ferner werden Anknüpfungspunkte für die Berichterstattung in der nichtfinanziellen Konzernerklärung in ihren Grundzügen erläutert. Dabei handelt es sich u. a. um den Deutschen Rechnungslegungs Standard Nr. 20 (DRS 20) sowie anerkannte Rahmenwerke der Nachhaltigkeitsberichterstattung.

Den Kern der Arbeit bilden das dritte und das vierte Kapitel, die nahezu gleichgewichtig angelegt sind. Im **dritten Kapitel** entwickelt Herr Huter das Zweck-Grundsatz-System für die Berichterstattung in der nichtfinanziellen Konzernerklärung. Dazu legt er in **Abschnitt 31** zunächst spezifische konzeptionelle und methodische Grundlagen. Als Basis – an welche die Entwicklung des Zweck-Grundsatz-Systems für die Berichterstattung in der nichtfinanziellen Konzernerklärung anknüpfen soll – lehnt sich Herr Huter an dem von BAETGE/FISCHER/PASKERT entwickelten Zweck-Grundsatz-System für den Lagebericht sowie an den daraus teilweise abgeleiteten Berichtsgrundsätzen des DRS 20 für die Konzernlageberichterstattung an. Er begründet dieses Vorgehen mit der engen inhaltlichen Verknüpfung der nichtfinanziellen Konzernerklärung mit den beiden genannten Berichtsinstrumenten. Für die praktische Herleitung der Elemente des Zweck-Grundsatz-Systems wählt der Verfasser die in der Jurisprudenz übliche Methode zur Auslegung von Gesetzestexten, die Hermeneutik, und konkretisiert diese für die Anforderungen seiner Arbeit.

Bevor Herr Huter den Zweck und die Grundsätze der Berichterstattung in der nichtfinanziellen Konzernerklärung erörtert, leitet er in **Abschnitt 32** zunächst zwei übergeordnete Ziele her, die der Gesetzgeber mit Hilfe der nichtfinanziellen Konzernerklärung erreichen möchte. Hierzu untersucht der Verfasser – der hermeneutischen Methode entsprechend – besonders die Entstehungsgeschichte sowie den Bedeutungszusammenhang der gesetzlichen Vorschriften zur nichtfinanziellen Konzernerklärung. Herr Huter kommt zu dem Ergebnis, dass der Gesetzgeber zwei wesentliche Ziele erreichen möchte, die im weiteren Verlauf der Arbeit als „Verhaltenssteuerung" und „Vertrauensstärkung" bezeichnet werden. Zum einen soll unternehmerisches Handeln durch die handelsrechtlichen Berichtspflichten mittelbar beeinflusst werden, so dass die berichtenden Konzerne nichtfinanziellen Belangen bei ihren Entscheidungen größere Bedeutung beimessen. Zum anderen soll das Vertrauen der Berichtsadressaten in ein gesellschaftlich verantwortungsvolles Handeln der berichtenden Konzerne unmittelbar gestärkt werden. Diese beiden Ziele bilden den Referenzpunkt bei der Herleitung des Zweck-Grundsatz-Systems der Berichterstattung in der nichtfinanziellen Konzernerklärung. Mithin untersucht der Verfasser, welchen Zweck der Gesetzgeber mit der Berichterstattung in der nichtfinanziellen Konzernerklärung verfolgt und welche Grundsätze bei der Berichterstattung zu beachten sind, damit die Angaben zweckdienlich und zugleich zielkonform sein können.

In den **Abschnitten 33 und 34** leitet der Verfasser nacheinander den Zweck der Berichterstattung in der nichtfinanziellen Konzernerklärung, die Funktionen, die diesen Zweck konkretisieren, sowie die Grundsätze der Berichterstattung in der nichtfinanziellen Konzernerklärung her. In Abschnitt 35 werden die einzelnen Elemente zu einem konsistenten Zweck-Grundsatz-System zusammengefasst. In Anlehnung an das Zweck-Grundsatz-System für den Lagebericht nach BEATGE/FISCHER/PASKERT bestimmt Herr Huter die Informationsvermittlung als einzigen Zweck, der mit der Berichterstattung in der nichtfinanziellen Konzernerklärung verfolgt wird. Der Verfasser legt sich dann auf insgesamt zehn Berichtsgrundsätze fest, die gewährleisten, dass die Angaben in der nichtfinanziellen Konzernerklärung den Zweck der Informationsvermittlung zielkonform erfüllen. Dabei handelt es sich um drei neue spezifische Grundsätze der Berichterstattung in der nichtfinanziellen Konzernerklärung, die der Autor mit der hermeneutischen Methode hergeleitet hat, sowie sieben bewährte Berichtsgrundsätze, die vom Verfasser für die Besonderheiten der nichtfinanziellen Konzernerklärung konkretisiert werden.

Im **vierten Kapitel** analysiert und konkretisiert Herr Huter die handelsrechtlichen Vorschriften zur Berichterstattung in der nichtfinanziellen Konzernerklärung. Darüber hinaus entwickelt er in enger Anlehnung an den Gesetzeswortlaut der Normen eigene Lösungsvorschläge. Abschließend konkretisiert der Verfasser die Anforderungen an die praktische Berichterstattung vor dem Hintergrund des im dritten Kapitel konzipierten Zweck-Grundsatz-Systems für die Berichterstattung in der nichtfinanziellen Konzernerklärung. Herr Huter analysiert und konkretisiert alle handelsrechtlichen Regelungen, die einen Bezug zur Berichterstattung in der nichtfinanziellen Konzernerklärung haben. Dabei handelt es sich zusätzlich zu den Normen, die explizite inhaltliche Anforderungen an die nichtfinanzielle Konzernerklärung – z. B. zu Risiken und nichtfinanziellen Leistungsindikatoren – enthalten, um die Generalnorm, die den Wesentlichkeitsvorbehalt an die Berichterstattung formuliert, sowie die Ausnahmeregelung. Der Umfang der Ausführungen zu den einzelnen Normen richtet sich jeweils nach der Komplexität der identifizierten Auslegungsfragen. Besonderes Gewicht haben deshalb die Abschnitte zum Wesentlichkeitsvorbehalt sowie zur Risikoberichterstattung.

Im Mittelpunkt der Ausführungen zum allgemeinen Wesentlichkeitsvorbehalt in **Abschnitt 431.** steht die Diskussion der allgemeinen Anforderungen an die Bedeutung der Angaben in der nichtfinanziellen Konzernerklärung. In § 315c Abs. 2 HGB wird festgelegt, dass Informationen in der nichtfinanziellen Konzernerklärung sowohl für das Verständnis des Geschäftsverlaufs, des Geschäftsergebnisses und der Lage des berichtenden Konzerns sowie der Auswirkungen seiner Tätigkeit auf die nichtfinanziellen Aspekte erforderlich sein müssen. Daraus wird die auch im Schrifttum diskutierte Frage abgeleitet, ob mit dem Wesentlichkeitsvorbehalt höhere Anforderungen verbunden sind, als dies im Rahmen der Berichterstattung über nichtfinanzielle Leistungsindikatoren im Konzernlagebericht der Fall ist. Herr Huter kommt unter Berücksichtigung der Ziele, die der Gesetzgeber mit der nichtfinanziellen Konzernerklärung erreichen möchte, sowie nach einer ausführlichen kritischen Betrachtung der Diskussion in der Fachliteratur zu dem Ergebnis, dass dies nicht der Fall ist, sondern tendenziell zusätzliche Angaben erforderlich sind. Mindestens sind die Angaben berichtspflichtig, die auch von den Normen zur Konzernlageberichterstattung erfasst werden.

Im Rahmen der Analyse der Regelungen zur Risikoberichterstattung in **Abschnitt 433.** werden zahlreiche Auslegungsfragen identifiziert. Dabei handelt es sich zunächst um das Verständnis des Risikobegriffs im Kontext der nichtfinanziellen Konzernerklärung, das der Verfasser als Ergebnis der Diskussion unterschiedlicher Ansätze in Anlehnung an den Gesetzeswortlaut neu definiert. Demnach sind Risiken – in Abweichung vom klassischen bilanzrechtlichen Risikoverständnis – Gegebenheiten oder Entwicklungen, über die zu berichten ist, wenn sie mit der Geschäftstätigkeit des berichtenden Konzerns verknüpft sind und sehr wahrscheinlich schwerwiegende negative Auswirkungen auf die nichtfinanziellen Aspekte haben oder haben werden. Darüber hinaus kommt Herr Huter nachvollziehbar zu dem Ergebnis, dass nach dem Wortlaut des Gesetzes sowohl künftige als auch bereits schlagend gewordene Risiken anzugeben sind. Ferner sind Risiken und Risikobegrenzungsmaßnahmen für eine zweckkonforme Informationsvermittlung separat nach der Bruttomethode zu berichten.

In **Abschnitt 45** würdigt der Verfasser die zuvor ausgelegten Regelungen zur Berichterstattung in der nichtfinanziellen Konzernerklärung vor dem Hintergrund der übergeordneten Ziele, die der Gesetzgeber mit Hilfe der nichtfinanziellen Konzernerklärung erreichen möchte. Obgleich Herr Huter dem überwiegenden Teil der gesetzlichen Normen attestiert, die Ziele der Verhaltenssteuerung und der Vertrauensstärkung zumindest nicht zu konterkarieren, identifiziert er dennoch Verbesserungspotenzial zur partiellen zielkonformen Anpassung der handelsrechtlichen Regelungen. Dieses Verbesserungspotenzial wird durch konkrete Vorschläge zur Anpassung einzelner Normen konkretisiert und dem Status Quo der handelsrechtlichen Regelungen gegenübergestellt. Dabei bewegt sich der Autor im Rahmen des gesetzgeberischen Ermessenspielraums, den die europarechtlichen Vorgaben – mithin die CSR-Richtlinie – den nationalen Gesetzgebern überlassen.

Im **fünften Kapitel** fasst Herr Huter die wesentlichen Erkenntnisse seiner Untersuchung abschließend zusammen.

Die Arbeit zeichnet sich insgesamt durch eine außerordentlich breite und tiefe Kenntnis der regulatorischen Grundlagen und ihrer Hintergründe aus. Das grundlegende Zweck-Grundsatz-System wird sehr ausgewogen entwickelt und stringent der weiteren Argumentation zugrunde gelegt. Dadurch wird die eigentlich durch eine aktuelle Gesetzesinitiative motivierte Arbeit gewissermaßen „zeitlos". Darauf aufbauend wird dann die Struktur der gesetzlichen Vorgaben des HGB systematisch abgearbeitet und an den zentralen Stellen sehr differenziert kritisiert. Insbesondere die Auseinandersetzung mit den verschiedenen Wesentlichkeitsschwellen ist in der Systematik und in den konkretisierenden Details ausgesprochen gelungen.

Herr Huter hat mit seiner Arbeit ein hervorragendes Fundament nicht nur zur Auslegung und Einschätzung der aktuellen Regelungen zur CSR-Berichterstattung gelegt. Vielmehr werden seine Überlegungen eine wichtige Orientierung für die zu erwartende Ausweitung der nichtfinanziellen Unternehmensberichterstattung sein. Insofern sei die Lektüre der Arbeit nicht nur allen mit der Umsetzung der gesetzlichen Regelungen befassten Unternehmen, sondern vor allem auch den Regulatoren bei der Erarbeitung neuer Anforderungen an die Unternehmensberichterstattung herzlich empfohlen.

Münster, im Februar 2019 Prof. Dr. Hans-Jürgen Kirsch

Vorwort des Verfassers

Die vorliegende Arbeit entstand während meiner Tätigkeit als wissenschaftlicher Mitarbeiter am Institut für Rechnungslegung und Wirtschaftsprüfung (IRW) der Westfälischen Wilhelms Universität Münster. Sie wurde von der Wirtschaftswissenschaftlichen Fakultät im Januar 2019 als Dissertation angenommen.

An dieser Stelle möchte ich mich bei denjenigen ganz herzlich bedanken, deren Unterstützung und Begleitung mir es erst ermöglicht haben, diesen akademischen Weg erfolgreich zu beschreiten. Ein ganz besonderer Dank gilt diesbezüglich meinem verehrten akademischen Lehrer und Doktorvater Herrn Prof. Dr. Hans-Jürgen Kirsch, der mir einen großen Vertrauensvorschuss gewährt und mich zu jeder Zeit unterstützt hat. Seine ständige Diskussionsbereitschaft, die intensive gemeinsame Forschungsarbeit und die damit verbundenen wertvollen Anregungen haben die vorliegende Arbeit in ebenso hohem Maße gefördert wie die durch ihn maßgeblich geprägte überaus angenehme Arbeitsatmosphäre. Außerdem möchte ich mich bei Herrn Prof. Dr. Dr. h. c. Klaus Backhaus für die Übernahme des Zweitgutachtens sowie bei Herrn Prof. Dr. Andreas Löschel für sein Mitwirken in der Promotionskommission bedanken.

Ferner möchte ich mich bei meinen Kolleginnen und Kollegen vom Institut für Rechnungslegung und Wirtschaftsprüfung für die angenehme Zusammenarbeit bedanken. Namentlich hervorzuheben sind Herr Dr. Christoph König sowie Herr Yannic Dust, M. Sc., die mich während meiner Dissertation stets unterstützt und wesentlich zum Gelingen der Arbeit beigetragen haben. Darüber hinaus möchte ich mich bei all den Kollegen freundschaftlich bedanken, mit denen ich außerhalb des Büros eine tolle Zeit hatte. Auch den wissenschaftlichen Hilfskräften des IRW sei herzlich gedankt. Ihr Einsatz bei der Literaturrecherche hat den Schreibprozess meiner Arbeit erheblich erleichtert.

Ein ganz besonderer Dank gilt abschließend all Jenen, die mich außerhalb meiner Arbeit an der Universität begleitet haben. Dies sind vor allem meine lieben Eltern und meine beiden Schwestern, die mich schon immer bedingungslos unterstützen. Darüber hinaus auch einen herzlichen Dank an all meine Freundinnen und Freunde, mit denen ich in Münster und darüber hinaus eine unvergessliche Zeit verbringen durfte. Die wahrscheinlich wichtigste Rolle im Entwicklungsprozess meiner Arbeit hat meine liebe Freundin Luisa gespielt. Mit ihrer liebe- und verständnisvollen Art war sie mein größter Rückhalt. (Nicht nur) Dafür - liebe Lusi - bin ich Dir zu großem Dank verpflichtet.

Münster, im Februar 2019 — Michael Huter

Inhaltsübersicht

Inhaltsverzeichnis

Abbildungs- und Tabellenverzeichnis

Abkürzungsverzeichnis

A

a. A.	anderer Auffassung, anderer Ansicht
a. F.	alte Fassung
Abl.	Amtsblatt
Abs.	Absatz
Abt.	Abteilung
ADS	Adler/Düring/Schmaltz (Kommentar)
AG	Aktiengesellschaft, Die Aktiengesellschaft (Zeitschrift)
AktG	Aktiengesetz
Anm. d. Verf.	Anmerkung des Verfassers
Art.	Artikel
AT	Allgemeiner Teil
Aufl.	Auflage

B

B	Begründungsziffer (im DRS 20)
BAnz	Bundesanzeiger
BASF	Badische Anilin- & Soda-Fabrik
BB	Betriebs-Berater (Zeitschrift)
BBK	Buchführung, Bilanzierung, Kostenrechnung (Zeitschrift, Loseblattsammlung)
Bd.	Band
BDA	Bundesvereinigung der Deutschen Arbeitgeberverbände e. V.
BDI	Bundesverband der Deutschen Industrie e. V.
BFuP	Betriebswirtschaftliche Forschung und Praxis (Zeitschrift)
BGBl.	Bundesgesetzblatt
Bilanzkomm.	Bilanz-Kommentar
BilMoG	Bilanzrechtsmodernisierungsgesetz
BilR	Bilanzrecht
BilReG	Bilanzrechtsreformgesetz
BilRUG	Bilanzrichtlinie-Umsetzungsgesetz
BMJV	Bundesministerium für Justiz und Verbraucherschutz
BMWi	Bundesministerium für Wirtschaft und Energie
BMZ	Bundesministerium für wirtschaftliche Zusammenarbeit und Entwicklung
bspw.	beispielsweise
Buchst.	Buchstabe
bzw.	beziehungsweise

C

CDP	*Carbon Disclosure Project*
CF	Conceptual Framework
COSO	Committee of Sponsoring Organizations of the Treadway Commission
CSR	Corporate Social Responsibility
CSR-RUG	CSR-Richtlinie-Umsetzungsgesetz

D

d. h.	das heißt
DAX	Deutscher Aktienindex
DB	Der Betrieb (Zeitschrift)
DIHK	Deutscher Industrie- und Handelskammertag e. V.
DIP	Dokumentations- und Informationssystem
DK	Der Konzern (Zeitschrift)
DRÄS	Deutscher Rechungslegungs Änderungsstandard
DRS	Deutsche(r) Rechnungslegungs Standard(s)
DRSC	Deutsches Rechnungslegungs Standards Committee e. V.
DStR	Deutsches Steuerrecht (Zeitschrift)

E

e. V.	eingetragener Verein
EFFAS	*European Federation of Financial Analysts Societies*
EG	Europäische Gemeinschaft(en)
ERM	Enterprise Risk Management
ESG	*Environmental, Social & Governance*
ESMA	European Securities and Markets Authority
EU	Europäische Union
EuGH	Europäischer Gerichtshof
EuZW	Europäische Zeitschrift für Wirtschaftsrecht
EWR	Europäischer Wirtschaftsraum

F

f.	folgende (Seite)
FB	Finanz-Betrieb (Zeitschrift)
ff.	folgende (Jahre)
FLF	Finanzierung Leasing Factoring (Zeitschrift)
Fn.	Fußnote
FüPoG	Gesetz für die gleichberechtigte Teilhabe von Frauen und Männern an Führungspositionen in der Privatwirtschaft und im öffentlichen Dienst

G

G4	Leitlinien zur Nachhaltigkeitsberichtersattung der GRI
GAAP	*Generally Accepted Accounting Principle(s)*
gl. A.	gleicher Ansicht
GG	Grundgesetz
ggf.	gegebenenfalls
GmbHG	Gesetz betreffend die Gesellschaften mit begrenzter Haftung
GoB	Grundsätze ordnungsmäßiger Buchführung
GoL	Grundsätze ordnungsmäßiger Lageberichterstattung
GRI	*Global Reporting Initative*

H

HB	Handbuch
HdB	Handbuch der Bilanzierung
HdJ	Handbuch des Jahresabschlusses
HdR	Handbuch der Rechnungslegung
HdR-E	Handbuch der Rechnungslegung - Einzelabschluss
HFA	Hauptfachausschuss des IDW
HGB	Handelsgesetzbuch
HGB-E	Handelsgesetzbuch Entwurfsfassung
HLEG	*High-Level Expert Group*
Hrsg.	Herausgeber
hrsg. v.	herausgegeben von
HWB	Handwörterbuch der Betriebswirtschaft

I

i. d. R.	in der Regel
i. e. S.	im engeren Sinne
i. H. v.	in Höhe von
i. S. d.	im Sinne der, des
i. S. e.	im Sinne einer / eines
i. S. v.	im Sinne von
i. V. m.	in Verbindung mit
i. w. S.	im weiteren Sinne
IAS	International Accounting Standard(s)
IDW	Institut der Wirtschaftsprüfer in Deutschland e. V.
IDW FN	IDW Fachnachrichten (Zeitschrift)
IFRS	International Financial Reporting Standard(s)
IIRC	*International Integrated Reporting Council*
IR	*Integrated Reporting*
IRZ	Zeitschrift für Internationale Rechnungslegung

K

K	
KGaA	Kommanditgesellschaft auf Aktien
KonTraG	Gesetz zur Kontrolle und Transparenz im Unternehmensbereich
Komm.	Kommentar
KoR	Zeitschrift für internationale und kapitalmarktorientierte Rechnungslegung
KPI	*Key Performance Indicator*
KPMG	Klynveld Peat Marwick Goerdeler

L

lat.	lateinisch

M

m. w. N.	mit weiteren Nachweisen
M&A	*Mergers and Acquisitions*
Mio.	Million(en)
MüKo	Münchener Kommentar

N

neg.	negativ(e)
Nr.	Nummer(n)
NZG	Neue Zeitschrift für Gesellschaftsrecht

O

o. S.	ohne Seitenangabe
o. V.	ohne Verfasser
OECD	Organisation für wirtschaftliche Zusammenarbeit und Entwicklung
OK	Online Kommentar (Beck-Verlag)

P

PiR	Praxis der internationalen Rechnungslegung (Zeitschrift)
PS	Prüfungsstandard
PR	public relations

R

RGBl.	Reichsgesetzblatt
Rn.	Randnummer(n)
RNE	Rat für Nachhaltige Entwicklung
RWZ	Zeitschrift für Recht und Rechnungswesen

S

S.	Seite(n)
SE	Societas Europaea (Europäische Aktiengesellschaft)
sog.	sogenannte(r/n)
Sp.	Spalte(n)
StuB	Unternehmensteuern und Bilanzen (Zeitschrift)

T

TCFD	*Task Force on Climate-related Financial disclosures*
Tz.	Textziffer(n)

U

u. a.	unter anderem, und andere
Unterabs.	Unterabsatz
US	United States

V

vgl.	vergleiche

W

WBCSD	*World Business Council for Sustainable Development*
WPg	Die Wirtschaftsprüfung (Zeitschrift)
WpHG	Wertpapierhandelsgesetz

Z

z. B.	zum Beispiel
ZDH	Zentralverband des Deutschen Handwerks e. V.
ZfB	Zeitschrift für Betriebswirtschaft
zfbf	Zeitschrift für betriebswirtschaftliche Fotschung
zfwu	Zeitschrift für Wirtschafts- und Unternehmensethik
ZfCM	Zeitschrift für Controlling und Management
ZGR	Zeitschrift für Unternehmens- und Gesellschaftsrecht
ZIP	Zeitschrift für Wirtschaftsrecht
ZRFC	Zeitschrift für Risk, Fraud & Compliance

1 Einleitung

11 Problemstellung und Zielsetzung

„Alles, was gegen die Natur ist, hat auf Dauer keinen Bestand“[1]

Unternehmen werden heute mehr denn je nicht nur anhand finanzieller Leistungsindikatoren beurteilt.[2] Vielmehr sind auch nichtfinanzielle Leistungsindikatoren ein wesentlicher Einflussfaktor für die Kapitalanlageentscheidungen von Investoren und anderen Kapitalgebern. Verantwortungsvolles und nachhaltiges unternehmerisches Handeln, das im Englischen mit *Corporate Social Responsibility* (CSR) umschrieben wird, hat vor diesem Hintergrund unmittelbare Auswirkungen auf den Unternehmenswert.[3] Dies gilt besonders mit Blick auf die zunehmende Sensibilisierung der Gesellschaft für nichtfinanzielle Aspekte, wie z. B. Umwelt-, Arbeitnehmer- und Sozialbelange.[4] Indes handelt es sich bei CSR um keine neue Idee. Vielmehr entspricht verantwortungsvolles unternehmerisches Handeln dem historisch gewachsenen Leitbild des ehrbaren Kaufmanns, das nach wie vor zeitgemäß ist.[5] Diesem Zeitgeist widerspricht unternehmerisches Fehlverhalten, das dennoch regelmäßig Realität und Gegenstand der Medienberichterstattung ist, und z. B. Umwelt- und Korruptionsskandale, Menschenrechtsverletzungen und Verstöße gegen das Arbeitsrecht umfasst.[6] Ein Beispiel mit besonders großer Tragweite, das in der jüngeren Vergangenheit und Gegenwart die Nachrichtenlandschaft prägt, ist der sog. Abgasskandal in der Automobilindustrie.[7] Dieser zeigt einerseits exemplarisch, welche finanziellen Auswirkungen nichtfinanzielles Fehlverhalten nach sich ziehen kann, und steht andererseits stellvertretend für Ereignisse, die dazu beitragen, dass das Vertrauen der Gesellschaft in die Unternehmen beschädigt wird.[8]

---

1 Charles Darwin.

2 Vgl. hier und zum folgenden Satz HIRSCHI, S./RUTISHAUSER, R., Nachhaltigkeitsberichterstattung im Trend, S. 689; GÖBBELS, M./STUBENRAUCH, I., ESG Due Diligence-Ansatz, S. 55; EISELT, A./KASPEREIT, T., Nachhaltigkeitsberichterstattung als Instrument der Kapitalmarktkommunikation, S. 379, sowie grundlegend BOURGHELLE, D./JEMEL, H./LOUCHE, C., The integration of ESG information.

3 Vgl. dazu stellvertretend BÖCKING, H.-J./ALTHOFF, C., Paradigmenwechsel, S. 246–248; MEITNER, M., Extra-Financials in der Unternehmensbewertung, S. 55–63. Vgl. in diesem Kontext ferner GÖCK, M./DRESP, M., Nachhaltigkeit als Erfolgsfaktor, S. 1321–1326.

4 DEUTSCHER BUNDESTAG (Hrsg.), BT-Drucksache 18/9982, S. 1; BURTH, M./HOLZMEIER, M./HACHMEISTER, D., in: Hachmeister u. a., BilR, § 315b, Rn. 3; MOCK, S., in: Hachmeister u. a., BilR, § 289b, Rn. 3–6; SEIBT, C. H., CSR-Richtlinie-Umsetzungsgesetz, S. 2709 f.

5 Vgl. MENGERS, G., Der ehrbare Kaufmann; SCHWEITZER, E., Der Ehrbare Kaufmann, S. 7 f. Vgl. außerdem grundlegend zum Leitbild des ehrbaren Kaufmanns in Deutschland BOHNER, T., Der ehrbare Kaufmann.

6 Vgl. exemplarisch DPA (Hrsg.), U-Boote von Thyssen Krupp, o. S.; FREUND, M., Korruption – Bilfinger, o. S.

7 Eine Übersicht über die zahlreichen Artikel der „Süddeutschen Zeitung“ zu diesem Thema ist im Internet unter folgendem Link abrufbar: https://www.sueddeutsche.de/thema/Abgasskandal (Stand: 11.02.2019). Eine ähnliche Datenbank der Zeitschrift „Zeit“ kann unter folgendem Link abgerufen werden: https://www.zeit.de/thema/abgasskandal (Stand: 11.02.2019).

8 Vgl. exemplarisch zu den Sondereinflüssen des Abgasskandals auf das Konzernergebnis der Volkswagen AG VOLKSWAGEN AG (Hrsg.), Geschäftsbericht 2015, S. 22; VOLKSWAGEN AG (Hrsg.), Geschäftsbericht 2016, S. 22; VOLKSWAGEN AG (Hrsg.), Geschäftsbericht 2017, S. 22.

Die globale Finanz- und Wirtschaftskrise, die ab dem Jahr 2008 in Europa ihren Verlauf nahm, hatte einen noch ungleich negativeren Vertrauenseffekt.[9] Als Reaktion darauf hat die EU-Kommission unterschiedliche Maßnahmen zur Schadensbegrenzung initiiert.[10] Eine dieser Initiativen mündete am 22.10.2014 in der Verabschiedung der **Richtlinie 2014/95/EU (sog. CSR-Richtlinie)** durch das Europäische Parlament und den Europäischen Rat.[11] Gegenstand dieser Richtlinie sind umfangreiche Transparenz- bzw. Publizitätspflichten für bestimmte Unternehmen und Konzerne zu nichtfinanziellen Aspekten wie Umwelt-, Arbeitnehmer- und Sozialbelangen.[12] Der deutsche Gesetzgeber hat die Richtlinienvorgaben mit dem sog. CSR-Richtlinie-Umsetzungsgesetz (CSR-RUG) in nationales Recht transformiert und das Handelsrecht um entsprechende Vorschriften ergänzt.[13] Demnach sind große kapitalmarktorientierte Mutterunternehmen, die gemeinsam mit den Konzernunternehmen mehr als 500 Arbeitnehmer beschäftigen, für Geschäftsjahre, die nach dem 31.12.2016 begonnen haben, dazu verpflichtet, ihren Konzernlagebericht um eine sog. **nichtfinanzielle Konzernerklärung** zu erweitern.[14] In Bezug auf fünf nichtfinanzielle Aspekte ist darin konkret u. a. über verfolgte Konzepte, Risiken und nichtfinanzielle Leistungsindikatoren zu berichten.[15]

Nichtfinanzielle Angaben sind im Kontext der Konzernlageberichterstattung nicht neu, sondern bereits seit der Umsetzung des BilReG im Jahr 2004 verpflichtend in die Analyse des Geschäftsverlaufs und der Lage des berichtenden Unternehmens bzw. des berichtenden Konzerns einzubeziehen und unter Bezugnahme auf die im Jahres- bzw. Konzernabschluss ausgewiesenen Beträge und Angaben zu erläutern.[16] Dennoch sind mit der Pflicht zur Erstellung einer nichtfinanziellen Konzernerklärung neue Anforderungen an den Inhalt und die Qualität der nichtfinanziellen Berichterstattung verbunden.[17] Beispielsweise müssen die Angaben in der nichtfinanziellen Konzernerklärung sowohl für das Verständnis des Geschäftsverlaufs, des Geschäftsergebnisses und der Lage des berichtenden Konzerns als auch der Auswirkungen seiner Tätigkeit auf die nichtfinanziellen Aspekte erforderlich sein.[18] Mithin wird die Finanzbericht-

---

9 Vgl. SCHWEREN, F. C./BRINK, A., CSR-Berichterstattung in Europa, S. 177. Vgl. außerdem hier und zu den folgenden beiden Sätzen die Ausführungen zu den Auslösern des europäischen Gesetzgebungsprozesses in Abschn. 211.

10 Vgl. stellvertretend EU-KOMMISSION (Hrsg.), Grünbuch (2010) – Abschlussprüfung: Lehren aus der Krise, S. 3.

11 Vgl. EU (Hrsg.), ABl. L 330 vom 15.11.2014, S. 1–9.

12 Vgl. VOLAND, T., Erweiterung der Berichtspflichten, S. 2515–2518, sowie die beschreibenden Ausführungen zu den neuen Berichtspflichten in Abschn. 224.

13 Vgl. GESETZ ZUR STÄRKUNG DER NICHTFINANZIELLEN BERICHTERSTATTUNG DER UNTERNEHMEN IN IHREN LAGE- UND KONZERNLAGEBERICHTEN (CSR-RUG), BGBl. I 2017, S. 802–814.

14 Vgl. die §§ 289b, 315b HGB, sowie die Ausführungen zum Anwenderkreis in Abschn. 222.

15 Vgl. § 315c i. V. m. § 289c HGB, sowie die Ausführungen zum Inhalt des neuen Berichtsinstruments in Abschn. 224.

16 Vgl. DEUTSCHER BUNDESTAG (HRSG.), BT-Drucksache 15/3419, S. 8, S. 31 und S. 33.

17 Vgl. für eine vergleichende Analyse der Anforderungen an die Berichterstattung EY (Hrsg.), Die CSR-Richtlinie setzt neue Maßstäbe, S. 5–23.

18 Vgl. dazu die §§ 315c Abs. 2, 289c Abs. 3 HGB, sowie DEUTSCHER BUNDESTAG (Hrsg.), BT-Drucksache 18/9982, S. 48 f.

erstattung mit spezifischen Berichtselementen der Nachhaltigkeitsberichterstattung verknüpft.[19] Für den Anwenderkreis der neuen Regelungen sind damit vielfältige Herausforderungen verbunden. Aus den zahlreichen unbestimmten Rechtsbegriffen, die mit den Normen ins Handelsrecht aufgenommen wurden, ergeben sich unterschiedliche Auslegungsfragen, die vor einer Konkretisierung der handelsrechtlichen Regelungen auf inhaltlicher Ebene zu beantworten sind.[20] Die hohe Relevanz, die der Anwenderkreis konsistenten Lösungen beimisst, hat sich bereits am regen Interesse der betroffenen Unternehmen und Konzerne am deutschen Gesetzgebungsprozess gezeigt.[21]

Obgleich die erste verpflichtende Berichtsperiode bereits abgeschlossen ist,[22] wurden viele offene Fragen im Schrifttum bislang nicht oder nur oberflächlich diskutiert. **Betrachtungsobjekte** der vorliegenden Arbeit sind vor diesem Hintergrund die handelsrechtlichen Normen zur Erstellung einer nichtfinanziellen Konzernerklärung und die damit zusammenhängenden Auslegungsfragen. Da die Kriterien zur Abgrenzung des Anwenderkreises in der Praxis regelmäßig dazu führen, dass die handelsrechtlichen Vorschriften auf Konzernebene angewendet werden, wird die Untersuchung im Folgenden aus **Konzernperspektive** durchgeführt.[23]

Ziel der vorliegenden Arbeit ist es vor allem, Auslegungsfragen der handelsrechtlichen Normen zur Erstellung einer nichtfinanziellen Konzernerklärung zu analysieren und dafür konsistente konzeptionelle Lösungen zu erarbeiten. Darüber hinaus sollen die inhaltlichen Anforderungen an die Berichterstattung konkretisiert werden. Erforderlich ist hierfür jeweils ein angemessener Beurteilungsrahmen, der für die nichtfinanzielle Konzernerklärung so noch nicht vorliegt. Deshalb soll vorgelagert ein kohärentes Zweck-Grundsatz-System für die Berichterstattung in der nichtfinanziellen Konzernerklärung entwickelt werden, was für die vorliegende Arbeit von zentraler Bedeutung ist. In diesem Kontext werden auch die übergeordneten Ziele hergeleitet, die der Gesetzgeber mit der nichtfinanziellen Konzernerklärung erreichen möchte. In der abschließenden Gesamtbetrachtung werden diese Ziele als Würdigungsrahmen herangezogen. Es soll ganzheitlich beurteilt werden, inwieweit die konkretisierten handelsrechtlichen Vorgaben eine zielkonforme Berichterstattung in der nichtfinanziellen Konzernerklärung fördern und an welchen Stellen im Detail Verbesserungspotenzial besteht.

---

19 Vgl. KAJÜTER, P./WIRTH, M., Praxis der nichtfinanziellen Berichterstattung, S. 1606; im Ergebnis so auch KUMM, N./WOODTLI, R. M., Nachhaltigkeitsberichterstattung, S. 219 f.

20 Vgl. dazu die Ausführungen in Kapitel 4.

21 Vgl. dazu stellvertretend die Stellungnahmen zum RefE des CSR-RUG. Diese sind im Internet abrufbar unter https://www.bmjv.de/SharedDocs/Gesetzgebungsverfahren/DE/CSR-Richtlinie-Umsetzungsgesetz.html (Stand: 11.02.2019).

22 Die Berichtspflicht war erstmals für Berichtsperioden, die nach dem 31.12.2016 begonnen haben, zu beachten. Die erste Berichtsperiode endete damit spätestens am 30.12.2018.

23 Obgleich die Untersuchung im Folgenden aus Konzernperspektive durchgeführt wird, können die Erkenntnisse – unter Berücksichtigung der Unterschiede der Berichtsinstrumente – regelmäßig auf die Berichterstattung in der nichtfinanziellen Erklärung auf Einzelunternehmens-ebene übertragen werden, da die Regelungen zur nichtfinanziellen Konzernerklärung ohnehin weitgehend auf die Normen zur nichtfinanziellen Erklärung rekurrieren. Auf Abschnitte, deren Ausführungen 1:1 für die nichtfinanzielle Erklärung gelten, wird mithilfe von Fußnoten gesondert hingewiesen.

12 Gang der Untersuchung

Der Aufbau der vorliegenden Arbeit orientiert sich an ihrer Zielstellung. Die Arbeit ist in fünf Kapitel untergliedert. Im Anschluss an die einleitenden Ausführungen (**Kapitel 1**) werden in **Kapitel 2** zunächst die wesentlichen Grundlagen zur nichtfinanziellen Konzernerklärung erläutert. So soll einerseits ein einheitliches Verständnis des Betrachtungsobjekts sichergestellt und andererseits eine inhaltliche Basis für die folgenden Kapitel geschaffen werden. Zu Beginn (Abschn. 21) werden die entscheidenden Prozesse und Meilensteine des Gesetzgebungsverfahrens – auf europäischer Ebene zur CSR-Richtlinie und auf deutscher Ebene zum CSR-RUG – beschrieben. Ergebnis dieser Gesetzgebungsverfahren sind u. a. die handelsrechtlichen Vorschriften zur nichtfinanziellen Konzernerklärung. Diese werden anschließend in Anlehnung an die Normenstruktur des HGB detailliert erläutert (Abschn. 22). In Abschn. 23 werden sog. Anknüpfungspunkte für die Berichterstattung skizziert. Darunter werden unterschiedliche Arten von Materialien gefasst, die von den Konzernen für ihre praktische Berichterstattung in der nichtfinanziellen Konzernerklärung herangezogen werden können. Hierbei handelt es sich um Rahmenwerke der (Nachhaltigkeits-)Berichterstattung, den Deutschen Rechnungslegungs Standard Nr. 20 (DRS 20) zur Konzernlageberichterstattung sowie die Leitlinien der EU-Kommission für die Berichterstattung über nichtfinanzielle Informationen. Im Rahmen der vorliegenden Arbeit werden diese Hilfsmittel sowohl auf konzeptioneller Ebene als auch auf inhaltlicher Ebene berücksichtigt.

Auf Basis der im zweiten Kapitel gelegten Grundlagen beginnt in **Kapitel 3** der Hauptteil der Arbeit. Gegenstand dieses Kapitels ist die **Entwicklung eines Zweck-Grundsatz-Systems** für die Berichterstattung in der nichtfinanziellen Konzernerklärung, das im weiteren Verlauf der Arbeit als Analyse- und Würdigungsrahmen dienen soll. Dazu werden zu Beginn des Kapitels (Abschn. 31) die für die Entwicklung eines solchen Systems relevanten konzeptionellen Grundlagen beschrieben. Hierbei wird u. a. auf das Zweck-Grundsatz-System für die Lageberichterstattung nach BAETGE/FISCHER/PASKERT sowie die Grundsätze in DRS 20 zurückgegriffen. Mithilfe der Hermeneutik werden in einem ersten Schritt (Abschn. 32) die übergeordneten Ziele hergeleitet, die der Gesetzgeber mit der nichtfinanziellen Konzernerklärung verfolgt. Hierzu wird zunächst eine Literaturanalyse durchgeführt, um mögliche **Ziele** zu identifizieren und zu definieren. Anschließend wird jeweils überprüft, ob die Hypothese zutrifft, dass es sich um gesetzgeberische Ziele handelt. Die identifizierten und bestätigten gesetzgeberischen Ziele bilden dann einen übergeordneten Orientierungsrahmen für die Entwicklung des Zweck-Grundsatz-Systems.

Der mit der Berichterstattung in der nichtfinanziellen Konzernerklärung verfolgte **Zweck** wird in einem zweiten Schritt (Abschn. 33), ebenfalls mittels der Hermeneutik, hergeleitet und konkretisiert. Die Konkretisierungen des Zwecks werden als Funktionen bezeichnet und dienen in einem dritten Schritt (Abschn. 34) als Basis zur Ab- bzw. Herleitung von **Grundsätzen ordnungsmäßiger Berichterstattung in der nichtfinanziellen Konzernerklärung**. Diese

Grundsätze fassen die Anforderungen an die Berichterstattung zusammen und sind Voraussetzung dafür, dass die nichtfinanzielle Konzernerklärung ihren Zweck erfüllen kann und die übergeordneten Ziele erreicht werden. Die zahlreichen Interdependenzen zwischen den verschiedenen Elementen des zu entwickelnden Zweck-Grundsatz-Systems werden im Rahmen ihrer Herleitung hervorgehoben und berücksichtigt. Nur so ist es zum Abschluss des dritten Kapitels (Abschn. 35) möglich, die Ziele, den Zweck und die Grundsätze zu einem konsistenten und kohärenten Zweck-Grundsatz-System der nichtfinanziellen Konzernerklärung zusammenzufassen.

Mithilfe des in Kapitel 3 konzipierten Analyse- und Würdigungsrahmens sollen die **handelsrechtlichen Vorschriften zur Berichterstattung in der nichtfinanziellen Konzernerklärung** in **Kapitel 4** kritisch **analysiert und konkretisiert** werden. Die zugrunde gelegte Systematik wird in Abschn. 41 detailliert erläutert. Anschließend werden in den Abschnitten 42–44 die gesetzlichen Vorschriften zuerst jeweils isoliert analysiert, um dann die identifizierten Auslegungsfragen unter Berücksichtigung der Analysekriterien konsistent zu beantworten. Strukturell folgt die Untersuchung der handelsrechtlichen Regelungssystematik. Inhaltliche Schwerpunkte werden sachverhaltsabhängig gesetzt. Ein besonderes Augenmerk liegt vor diesem Hintergrund auf dem allgemeinen Wesentlichkeitsvorbehalt der Berichterstattung in der nichtfinanziellen Konzernerklärung sowie auf den Normen zur Risikoberichterstattung. Die Regelungen werden abschließend auf konzeptioneller Ebene inhaltlich konkretisiert und schließlich in Abschn. 45 gewürdigt. Sofern erforderlich, werden zudem Vorschläge für zielkonforme technische Anpassungen des Handelsrechts formuliert.

Im abschließenden **Kapitel 5** werden die wesentlichen Erkenntnisse der vorliegenden Arbeit zusammengefasst und mit ihrer Zielstellung verknüpft. Die Arbeit schließt mit einem Ausblick auf mögliche weitere Entwicklungsschritte des gesetzlichen Rahmens zur Berichterstattung in der nichtfinanziellen Konzernerklärung.

2 Grundlagen der nichtfinanziellen Konzernerklärung

21 Meilensteine im Gesetzgebungsprozess zur CSR-Richtlinie und zum CSR-Richtlinie-Umsetzungsgesetz[24]

211. Europäischer Gesetzgebungsprozess

Der europaweite Vertrauensverlust breiter Bevölkerungsschichten in Unternehmen und Kapitalmärkte als Folge der globalen **Finanz- und Wirtschaftskrise**[25] ab dem Jahr 2008 war einer der Ausgangspunkte für die Überlegungen der EU-Kommission zur verbindlichen Regulierung der nichtfinanziellen Berichterstattung von Unternehmen.[26] Diesbezüglich war die Veröffentlichung der **Richtlinie 2014/95/EU (sog. CSR-Richtlinie)**[27] am 15.11.2014 im Amtsblatt der Europäischen Union zumindest vorerst der letzte Schritt.[28]

In der Europäischen Union wurde der Umgang mit dem Thema ***Corporate Social Responsibility*** **(CSR)** damit nicht zum ersten Mal an gesellschaftliche Entwicklungen angepasst.[29] Auf politischer Ebene wurde CSR ursprünglich als freiwilliges unternehmerisches Handeln betrachtet. Später wurde CSR dann zwar Teil der politischen Agenda, jedoch zunächst ohne konkrete gesetzliche Folgen. Erst in der jüngeren Vergangenheit wurden Regulierungsprozesse angestoßen, die nun für Unternehmen in zunehmendem Maße mit Berichtspflichten verbunden sind.[30]

Bestandteil der politischen Leitlinien der Europäischen Union wurde CSR im Jahr 2001.[31] Die EU-Kommission hatte sich zum Ziel gesetzt, die EU bis zum Jahr 2010 zum „[...] wettbewerbsfähigsten und dynamischsten wissensbasierten Wirtschaftsraum in der Welt zu machen."[32] In diesem Kontext wurde auch der Aspekt CSR adressiert. Ebenfalls im Jahr 2001 veröffentlichte die EU-Kommission ein Grünbuch[33] zur sozialen Verantwortung von Unternehmen und definierte darin erstmals ihr Verständnis von CSR.[34] In dieser Definition wurde CSR als Konzept

---

24 Die Ausführungen dieses Abschnitts gelten 1:1 für die nichtfinanzielle Konzernerklärung und die nichtfinanzielle Erklärung. Zur Verbesserung des Leseflusses wird in den Ausführungen ausschließlich die nichtfinanzielle Konzernerklärung adressiert.

25 In Europa war die Krise ab dem Jahr 2008 akut. Vgl. für einen allgemeinen Überblick über die Ursachen und Konsequenzen der Finanz- und Wirtschaftskrise DOMBRET, A. R., Die aktuelle Finanzkrise, S. 63–70.

26 Vgl. so auch SCHWEREN, F. C./BRINK, A., CSR-Berichterstattung in Europa, S. 177; BÖCKING, H.-J./ALTHOFF, C., Paradigmenwechsel, S. 246; VELTE, P., Nichtfinanzielle Erklärung und Diversity-Berichterstattung, S. 294.

27 Die Richtlinie 2014/95/EU vom 22.10.2014 wird im Textteil dieser Arbeit fortan als „CSR-Richtlinie" bezeichnet.

28 Vgl. zu möglichen künftigen Änderungen an den Richtlinienvorgaben Abschn. 212.

29 Vgl. hier und zu den folgenden beiden Sätzen SCHRADER, C., Entwicklung und Entwicklungsoptionen der Richtlinie 2014/95/EU, S. 38 f.

30 Vgl. allgemein zur zunehmenden Regulierung zuvor nicht regulierter Bereiche VOLAND, T., Unternehmen und Menschenrechte, S. 67–75.

31 Vgl. hier und zum folgenden Satz LÜHN, M., Nachhaltigkeitsberichterstattung, S. 102.

32 EU-KOMMISSION (Hrsg.), Grünbuch (2001) – Soziale Verantwortung, S. 1–36.

33 Bei einem Grünbuch handelt es sich um ein Instrument der EU-Kommission, mit dem auf europäischer Ebene inhaltliche Diskussionen zu bestimmten Themen angestoßen werden sollen. Weitere Informationen dazu sind abrufbar unter http://www.eu-info.de/europa-punkt/gesetzgebungsverfahren/weissbuch/ (Stand: 11.02.2019).

34 Vgl. zu den Überlegungen der EU-Kommission ausführlich EU-KOMMISSION (Hrsg.), Grünbuch (2001) – Strategie für ein nachhaltiges Wachstum, S. 1–23.

beschrieben, „[…] das den Unternehmen als Grundlage dient, auf freiwilliger Basis Sozial- und Umweltbelange in ihre Unternehmenstätigkeit und in die Wechselbeziehungen mit den Stakeholdern zu integrieren.“[35] Erste regulatorische Maßnahmen wurden in den Folgejahren mit der sog. Modernisierungsrichtlinie[36] sowie der sog. Änderungsrichtlinie[37] umgesetzt, die zur verpflichtenden Angabe von nichtfinanziellen Informationen in der Unternehmensberichterstattung führten.[38] So müssen Konzerne in ihrem Konzernlagebericht bereits seit dem Jahr 2004 „[…] nichtfinanzielle Leistungsindikatoren, wie Informationen über Umwelt- und Arbeitnehmerbelange […]“[39] in die Analyse des Geschäftsverlaufs und der Lage einbeziehen.[40] Dennoch hielt die EU-Kommission für den Aspekt CSR zunächst formal am Prinzip der Freiwilligkeit fest, während auf nationaler Ebene teils weitergehende Rechtsvorschriften entwickelt und verabschiedet wurden.[41]

Als Reaktion auf die mit der Finanz- und Wirtschaftskrise verbundenen sozialen und ökonomischen gesellschaftlichen Konflikte wurden auf europäischer Ebene **zahlreiche Prozesse zur Entwicklung neuer Vorschriften** initiiert, mit denen eine Wiederholung solcher Krisen verhindert werden sollte.[42] Außerdem wurden verschiedene Initiativen ergriffen, mit denen die ökonomische Depression der EU-Mitgliedstaaten überwunden werden sollte; u. a. wurde hierzu eine Strategie für intelligentes, nachhaltiges und integratives Wachstum erarbeitet.[43] Dem europäischen Binnenmarkt wurde darin besondere Bedeutung beigemessen. In diesem Zusammenhang veröffentlichte die EU-Kommission fünfzig Vorschläge[44] zur Verbesserung der wirtschaftlichen Rahmenbedingungen in der EU und initiierte dazu eine öffentliche Konsultation.[45] Zweck dieser Konsultation war die **Entwicklung einer sog. Binnenmarktakte**, in der ein kohärentes Paket an gesetzlichen Vorhaben zur Stimulation der Konjunktur vorgestellt werden sollte.

---

[35] EU-KOMMISSION (Hrsg.), Grünbuch (2001) – Soziale Verantwortung, S. 7.

[36] Vgl. Richtlinie 2003/51/EG vom 18.06.2003. Die Richtlinie wurde mit dem BilReG in deutsches Recht umgesetzt. Vgl. DEUTSCHER BUNDESTAG (HRSG.), BT-Drucksache 15/3419, S. 1. Vgl. allgemein zum GESETZ ZUR EINFÜHRUNG INTERNATIONALER RECHNUNGSLEGUNGSSTANDARDS UND ZUR SICHERUNG DER QUALITÄT DER ABSCHLUSSPRÜFUNG (BilReG), BGBl. I 2004, S. 3166–3182.

[37] Vgl. Richtlinie 2006/46/EG vom 14.06.2006. Die Richtlinie wurde mit dem BilMoG in deutsches Recht umgesetzt. Vgl. DEUTSCHER BUNDESTAG (HRSG.), BT-Drucksache 16/10067, S. 1. Vgl. allgemein zum GESETZ ZUR MODERNISIERUNG DES BILANZRECHTS (BilMoG), BGBl. I 2009, S. 1102–1137.

[38] Vgl. SPIEßHOFER, B., Die neue europäische Richtlinie, S. 1282. So verpflichteten bspw. bereits die §§ 289 Abs. 3 HGB und 315 Abs. 3 HGB zur Angabe nichtfinanzieller Informationen.

[39] § 315 Abs. 3 HGB.

[40] Voraussetzung ist gemäß § 315 Abs. 3 HGB, dass die Angaben wesentlich sind. Die Vorgaben zu nichtfinanziellen Leistungsindikatoren wurden mit dem BilReG in das Handelsrecht eingeführt. Vgl. DEUTSCHER BUNDESTAG (Hrsg.), BT-Drucksache 15/3419, S. 8 und S. 33. Die europarechtlichen Vorgaben sind in Art. 19 und Art. 29 der Richtlinie 2013/34/EU verankert.

[41] Vgl. FINK, P./FISTRIC, S., Unternehmensberichterstattung EU, S. 2700.

[42] Vgl. stellvertretend EU-KOMMISSION (Hrsg.), Grünbuch (2010) – Abschlussprüfung: Lehren aus der Krise, S. 3; EU-KOMMISSION (Hrsg.), Grünbuch (2011) – Corporate Governance, S. 3.

[43] Vgl. EU-KOMMISSION (Hrsg.), Mitteilung (2010) 2020: Europa 2020, S. 1–3.

[44] Vgl. zu den einzelnen Vorschlägen EU-KOMMISSION (Hrsg.), Mitteilung (2010) 608: Towards a Single Market Act, S. 6–34.

[45] Informationen zur Konsultation sind unter folgendem Link verfügbar: https://ec.europa.eu/commission/index_de (Stand: 11.02.2019).

Obgleich keiner der fünfzig Vorschläge zur Stimulation des Binnenmarkts im Zusammenhang mit nichtfinanzieller Berichterstattung stand, äußerte sich die Bundesregierung in einer Stellungnahme ablehnend zu gesetzlichen Vorhaben in diesem Bereich.[46] Anlass für diese Äußerung war eine parallel verlaufende öffentliche Konsultation zur nichtfinanziellen Berichterstattung von Unternehmen.[47] Diese wurde als Fortsetzung verschiedener informeller Gespräche unter **schwedischer Ratspräsidentschaft** am 22.10.2010, fünf Tage vor der Binnenmarktkonsultation, initiiert. Die Ergebnisse der Konsultation zur nichtfinanziellen Berichterstattung wurden dann zeitgleich zur finalen Fassung der Binnenmarktakte veröffentlicht.[48] Im Ergebnisbericht zur Binnenmarktakte wurde u. a. erstmals ein konkreter **Gesetzgebungsvorschlag zur Transparenz der Sozial- und Umweltberichterstattung**, also der **Entwurf eines Richtlinienvorschlags**, angekündigt.[49] Im Anschluss daran wurde eine Expertenkommission eingesetzt, die sich mit den Herausforderungen nichtfinanzieller Berichterstattung beschäftigte.[50] Sowohl die Ergebnisse aus der Konsultation als auch die Empfehlungen der Expertenkommission wurden bei der Konzeption des Richtlinienvorschlags berücksichtigt.[51]

Maßgeblich für die Entwicklung der finalen CSR-Richtlinie war zudem die am 25.10.2011 veröffentlichte neue **EU-Strategie für die soziale Verantwortung von Unternehmen**.[52] Darin wird u. a. das Vorhaben zur Entwicklung einer Rechtsvorschrift über die Transparenz der Sozial- und Umweltberichterstattung bestärkt und der Begriff CSR neu definiert. Danach wird unter **CSR** „[…] die Verantwortung von Unternehmen für ihre Auswirkungen auf die Gesellschaft“[53] verstanden. Mit dieser Neudefinition war ein zweifacher Paradigmenwechsel verbunden. So hat sich der europäische Gesetzgeber zum einen endgültig vom Prinzip der Freiwilligkeit gelöst.[54] Zum anderen werden CSR-Aspekte wie Umwelt- und Sozialbelange nicht mehr als vom Unternehmen abgetrennte Bereiche gesehen, sondern als immanente Bestandteile der unternehmerischen Aktivität.[55] Dieses neue Verständnis, nach dem die finanzielle und die nichtfinanzielle Perspektive nicht mehr gegensätzlich sondern voneinander abhängig sind, wird sowohl im Richtlinienvorschlag als auch in der finalen CSR-Richtlinie betont.[56]

---

46 Vgl. DIE BUNDESREGIERUNG (Hrsg.), Stellungnahme Binnenmarktakte, S. 9 f.

47 Unterlagen zur öffentlichen Konsultation sind im Internet abrufbar unter http://ec.europa.eu/finance/consultations/2010/non-financial-reporting/docs/overview_en.pdf (Stand: 11.02.2018).

48 Die Ergebnisse der Konsultation sind im Internet abrufbar unter http://ec.europa.eu/finance/consultations/2010/non-financial-reporting/index_en.htm (Stand: 11.02.2019).

49 Vgl. zur Ankündigung eines konkreten Gesetzgebungsvorschlags EU-KOMMISSION (Hrsg.), Mitteilung (2011) 206: Binnenmarktakte, S. 17.

50 Vgl. zu den Ergebnissen der Sitzungen der Expertenkommission EU-KOMMISSION (Hrsg.), Expert Group Non-Financial Information - First Meeting; EU-KOMMISSION (Hrsg.), Expert Group Non-Financial Information - Second Meeting; EU-KOMMISSION (Hrsg.), Expert Group Non-Financial Information - Third Meeting.

51 Vgl. EU-KOMMISSION (Hrsg.), Mitteilung (2013) 207: Richtlinienvorschlag, S. 4 f.

52 Vgl. hier und zum folgenden Satz EU-KOMMISSION (Hrsg.), Mitteilung (2011) 681: Neue Strategie für soziale Verantwortung, S. 14.

53 EU-KOMMISSION (Hrsg.), Mitteilung (2011) 681: Neue Strategie soziale Verantwortung, S. 7.

54 Vgl. ROTH-MINGRAM, B., Ausweitung der nichtfinanziellen Informationen, S. 1341 f.

55 Vgl. SCHWEREN, F. C./BRINK, A., CSR-Berichterstattung in Europa, S. 179.

56 Vgl. EU-KOMMISSION (Hrsg.), Mitteilung (2013) 207: Richtlinienvorschlag, S. 2; EU (Hrsg.), ABl. L 330 vom 15.11.2014, S. 1.

Eine zusammenfassende Übersicht über die maßgeblichen Beweggründe des europäischen Gesetzgebers zur Entwicklung eines Richtlinienvorschlags bzw. zur Verabschiedung der finalen Richtlinie bieten die sog. **Erwägungsgründe** in der CSR-Richtlinie. Diese sind vergleichbar mit Gesetzesbegründungen in deutschen Gesetzgebungsverfahren.[57] In den Erwägungsgründen artikuliert der europäische Gesetzgeber seine Regelungsabsicht sowie die Zwecke und Normvorstellungen, die er mit einer Richtlinie verfolgt. Die rechtliche Bedeutung der Erwägungsgründe zeigt sich daran, dass der europäische Gerichtshof (EuGH) sie zur Auslegung europäischen Rechts heranzieht, obwohl sie keine europäischen Rechtsakte sind.[58] Da der deutsche Gesetzgeber die Erwägungsgründe ebenfalls zur Auslegung der europarechtlichen Vorgaben der CSR-Richtlinie nutzt[59], werden diese in der vorliegenden Arbeit bei der Analyse und Konkretisierung der handelsrechtlichen Nomen zur Berichterstattung in der nichtfinanziellen Konzernerklärung ebenfalls von Bedeutung sein.[60]

Der **Richtlinienvorschlag** wurde im sog. **Trilogverfahren**[61] zwischen EU-Kommission, Europäischem Parlament und Europäischem Rat in einzelnen Punkten erheblich verändert.[62] So nannte die EU-Kommission in ihrem **Richtlinienvorschlag** noch die drei folgenden zentralen Ziele einer CSR-Richtlinie:

- „Verbesserung der Transparenz von Gesellschaften bestimmter Rechtsformen und Verbesserung der Relevanz, Konsistenz und Vergleichbarkeit der gegenwärtig offengelegten nichtfinanziellen Informationen durch Ausbau und Präzisierung der bestehenden Anforderungen."[63]

- „Erhöhung der Vielfalt in den Verwaltungs-, Leitungs- und Aufsichtsorganen der Gesellschaften durch mehr Transparenz, um eine wirksame Kontrolle der Geschäftsleitung und eine robuste Unternehmensführung sicherzustellen."

- „Verbesserung der Rechenschaftslegung und der Geschäftsergebnisse der Gesellschaften und somit auch der Effizienz des Binnenmarkts."

Hingegen wird in der **finalen CSR-Richtlinie** vom 15.11.2014 nur noch **ein explizites Ziel** genannt:

---

57 Vgl. zum Charakter von Erwägungsgründen sowie zu den Ausführungen dieses Absatzes grundlegend DEUTSCHER BUNDESTAG (Hrsg.), Auslegungsgrundsätze des EuGH, S. 3–9. Die Ausführungen des Deutschen Bundestages basieren auf dem nachstehenden Präzedenzurteil: EuGH, Urteil vom 19.06.2014, Rs. C-345/13.

58 Eine Auslegung entgegen Wortlaut und Wortsinn ist in diesem Zusammenhang ausgeschlossen. Vgl. EuGH, Urteil vom 19.06.2014, Rs. C-345/1, Tz. 29–31.

59 Vgl. dazu exemplarisch DEUTSCHER BUNDESTAG (Hrsg.), BT-Drucksache 18/9982, S. 47–51.

60 Vgl. dazu auch die Ausführungen zu den Kriterien „Gesetzesmaterialien und Ansichten des Gesetzgebers" sowie „Objektiv-teleologische Gesichtspunkte" im Kontext der Hermeneutik in Abschn. 314.221.

61 Vgl. zum Trilogverfahren DAUNER, M./SOHN, K.-D., Gesetzgebung im Trilog, S. 1–15.

62 Vgl. REHBINDER, E., Corporate Social Responsibility, S. 10; SCHRADER, C., Entwicklung und Entwicklungsoptionen der Richtlinie 2014/95/EU, S. 40.

63 Siehe zu diesem sowie zu den beiden folgenden Zitaten EU-KOMMISSION (Hrsg.), Mitteilung (2013) 207: Richtlinienvorschlag, S. 3.

- **Erhöhung der „[...] Relevanz, Konsistenz und Vergleichbarkeit der von bestimmten großen Unternehmen in der gesamten Union offengelegten Informationen [...].“**[64]

Das **Kernelement** des Richtlinienvorschlags und der finalen CSR-Richtlinie ist jeweils die Vorgabe zur Veröffentlichung von Informationen zu fünf nichtfinanziellen Aspekten[65] in Form einer sog. **nichtfinanziellen Konzernerklärung**. Bei einem Vergleich des Vorschlags mit der finalen Richtlinie ergeben sich jedoch systematische Unterschiede. So war gemäß des Richtlinienvorschlags vorgesehen, die Pflicht zur Erstellung einer nichtfinanziellen Konzernerklärung direkt in die Richtlinienvorgaben zur Konzernlageberichterstattung zu integrieren. Dies hätte zwar der Regelungssystematik bereits bestehender nichtfinanzieller Angabepflichten in Art. 29 der Richtlinie 2013/34/EU (sog. Bilanzrichtlinie)[66] entsprochen. Mit der finalen CSR-Richtlinie wurden jedoch separate Artikel für die nichtfinanzielle Konzernerklärung in die Bilanzrichtlinie eingefügt.[67] Im Richtlinienvorschlag war für die einzelnen Berichtspflichten zudem kein spezifischer Wesentlichkeitsvorbehalt vorgesehen. Im Gegensatz dazu sind in der endgültigen Fassung der CSR-Richtlinie nur solche Angaben berichtspflichtig, die für das Verständnis des Geschäftsverlaufs, des Geschäftsergebnisses, der Lage des Konzerns sowie der Auswirkungen seiner Tätigkeit auf die nichtfinanziellen Aspekte erforderlich sind.[68]

Die zuvor beschriebenen einzelnen **Meilensteine des europäischen Gesetzgebungsprozesses** bis zur Veröffentlichung der CSR-Richtlinie und deren Zusammenhänge werden in der folgenden Abbildung 2-1 grafisch zusammengefasst. In der Abbildung sind auch die parallel verlaufenden Prozesse erkennbar, die gemeinsam zur Veröffentlichung einer neuen EU-Strategie für CSR geführt haben.

64 EU (Hrsg.), ABl. L 330 vom 15.11.2014, S. 4. Vgl. in diesem Zusammenhang ausführlich Abschn. 324. Hier wird analysiert, ob es sich um ein gesetzgeberisches Ziel im Sinne dieser Arbeit handelt. Vgl. zur Abgrenzung eines gesetzgeberischen Ziels Abschn. 311.

65 Als nichtfinanzielle Aspekte, über die in der nichtfinanziellen Konzernerklärung zu berichten ist, werden in Art. 1 Nr. 1 bzw. Nr. 3 Abs. 1 der Richtlinie 2014/95/EU Umwelt-, Sozial- und Arbeitnehmerbelange sowie die Achtung der Menschenrechte und die Bekämpfung von Korruption und Bestechung determiniert.

66 Die Richtlinie 2013/34/EU vom 26.06.2013 wird im Textteil dieser Arbeit fortan als „Bilanzrichtlinie“ bezeichnet.

67 Vgl. hier und zum folgenden Satz Art. 1 der Richtlinie 2014/95/EU, sowie EU-Kommission (Hrsg.), Mitteilung (2013) 207: Richtlinienvorschlag, S. 12 f.

68 Vgl. Art. 1 Nr. 3 Abs. 1 der Richtlinie 2014/95/EU.

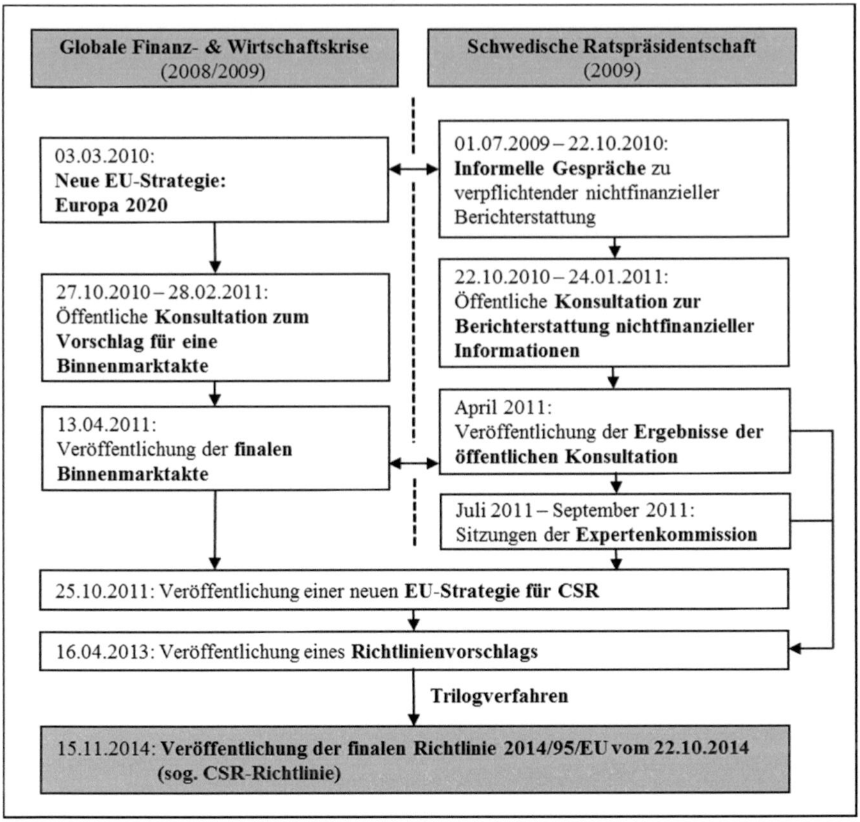

Abbildung 2-1: Meilensteine des europäischen Gesetzgebungsprozesses

212. Deutscher Gesetzgebungsprozess

Mit der **Umsetzung der CSR-Richtlinie** in deutsches Recht war das Bundesministerium für Justiz und Verbraucherschutz (BMJV) beauftragt.[69] Das Ministerium veröffentlichte zu diesem Zweck am 27.04.2015 zunächst ein **Konzeptpapier**[70], in dem es die bevorstehenden richtlinieninduzierten Änderungen des Handelsrechts skizzierte. In einer öffentlichen Konsultation wurden diese Änderungen zur Diskussion gestellt.[71] Vom Gesetzgeber wurde grundsätzlich

[69] Das BMJV ist innerhalb der Bundesregierung für die Gesetzgebung im Handelsrecht zuständig. Vgl. dazu BMJV (Hrsg.), Aufgaben und Organisation des BMJV, S. 3.

[70] Vgl. BMJV (Hrsg.), Konzeptpapier zur Umsetzung der CSR-Richtlinie. Besonders kritisch wird das Konzeptpapier von HAAKER/GAHLEN analysiert. Vgl. HAAKER, A./GAHLEN, D., Umsetzung der CSR-Richtlinie, S. 663–666.

[71] Stellungnahmen waren bis zum 10.07.2015 an das BMJV zu senden. Vgl. BMJV (Hrsg.), Konzeptpapier zur Umsetzung der CSR-Richtlinie, S. 1.

eine **1:1-Umsetzung der Richtlinie** angestrebt.[72] In diesem Rahmen sollten jedoch Gestaltungsspielräume genutzt werden, um die von der Bundesregierung beschlossenen Eckpunkte zum Bürokratieabbau[73] zu berücksichtigen. Ziel war es, unter diesen Prämissen eine kohärente Gesamtregelung für die Vorgaben der CSR-Richtlinie zur nichtfinanziellen Konzernerklärung im Handelsrecht zu entwickeln.

Die vom BMJV veröffentlichten Stellungnahmen[74] zu den wesentlichen Inhalten des Konzeptpapiers zeichneten ein überwiegend homogenes Meinungsbild[75] der teilnehmenden Institutionen.[76] So wurde die Absicht, prinzipienorientierte Vorgaben zu entwickeln, die dem Wesentlichkeitsprinzip große Bedeutung einräumen, ebenso befürwortet, wie der Verzicht auf eine materielle Prüfungspflicht im Rahmen der Abschlussprüfung.[77] Zudem wurde dem Vorhaben der Bundesregierung zugestimmt, die Mitgliedstaatenwahlrechte aus der CSR-Richtlinie zur Nutzung von Rahmenwerken[78] sowie zur Berichtsform[79] an die berichterstattenden Unternehmen weiterzugeben.[80] Ebenso einhellig positionierten sich die Teilnehmer der Konsultation gegen Überlegungen zur Erweiterung des Anwenderkreises über die in der CSR-Richtlinie definierten Unternehmen hinaus sowie gegen eine Ergänzung der nichtfinanziellen Aspekte um Kundenbelange.[81]

Die Ergebnisse der Konsultation zum Umsetzungskonzept der CSR-Richtlinie wurden im Gesetzgebungsprozess berücksichtigt, der mit dem am 11.03.2016 veröffentlichten **Referentenentwurf** (RefE) des **CSR-RUG** formell begonnen hat.[82] Im Sinne einer 1:1-Umsetzung der Richtlinienvorgaben hat sich der deutsche Gesetzgeber die Grundausrichtung der CSR-Richtlinie für seinen RefE zu Eigen gemacht und in diesem Kontext weitgehend auf eigene Akzente verzichtet.[83] Den Kernelementen der CSR-Richtlinie entsprechend war im RefE vorgesehen,

---

72 Vgl. hier und zu den beiden folgenden Sätzen BMJV (Hrsg.), Konzeptpapier zur Umsetzung der CSR-Richtlinie, S. 2.

73 Vgl. BMWi (Hrsg.), Eckpunkte zur Entlastung, S. 1–5.

74 Vgl. stellvertretend für die eingegangenen Stellungnahmen DRSC (Hrsg.), Stellungnahme BMJV-Konzept; IDW (Hrsg.), Stellungnahme BMJV-Konzept; BDA (Hrsg.) u. a., Stellungnahme BMJV-Konzept.

75 Vgl. MÜLLER, S., RefE des CSR-RUG, S. I.

76 Vgl. hier und zu den weiteren Sätzen dieses Absatzes die Übersicht in MÜLLER, S./STAWINOGA, M./VELTE, P., Einbettung der neuen nichtfinanziellen Erklärung, S. 2222 f., sowie gl. A. FINK, C./SCHMIDT, R., Neue Entwicklungen in der Lageberichterstattung, S. 2161–2164.

77 Vgl. BMJV (Hrsg.), Konzeptpapier zur Umsetzung der CSR-Richtlinie, S. 3 und S. 5. Die Bedeutung des Wesentlichkeitsprinzips wird in Abschn. 224.1 skizziert. Vgl. zu den grundlegenden Regelungen zur Prüfung der nichtfinanziellen Konzernerklärung ausführlich Abschn. 225.

78 Vgl. Art. 1 Nr. 1 Abs. 1, 5. Unterabs., sowie Art. 1 Nr. 3 Abs. 1, 5. Unterabs. der Richtlinie 2014/95/EU; Abschn. 233.

79 Vgl. Art. 1 Nr. 1 Abs. 4 sowie Art. 1 Nr. 4 Abs. 3 der Richtlinie 2014/95/EU; Abschn. 223.

80 Vgl. BMJV (Hrsg.), Konzeptpapier zur Umsetzung der CSR-Richtlinie, S. 5 f.

81 Vgl. BMJV (Hrsg.), Konzeptpapier zur Umsetzung der CSR-Richtlinie, S. 3 f. und S. 7. Vgl. darüber hinaus Abschn. 222. zum Anwenderkreis der nichtfinanziellen Konzernerklärung sowie Abschn. 224.22 zu den nichtfinanziellen Aspekten.

82 Vgl. BMJV (Hrsg.), RefE CSR-RUG, S. 1.

83 Vgl. NIETSCH, M./MUNEROTTO, M., Referentenentwurf CSR-Richtlinie, S. 178; MÜLLER, S., RefE des CSR-RUG, S. I; BMJV (Hrsg.) RefE CSR-RUG, S. 1 f.

die Normen zur Konzernlageberichterstattung um die Pflicht zur Erstellung einer nichtfinanziellen Konzernerklärung sowie neue Angaben zur Diversität in der Konzernerklärung zur Unternehmensführung zu ergänzen.[84] Darüber hinaus waren im RefE jedoch auch Änderungen des Handels- und Aktienrechts vorgesehen, die zumindest nicht explizit Bestandteil der Richtlinienvorgaben sind, z. B. die Kodifikation einer verpflichtenden Ergänzung der Konzernlageberichterstattung um Vorjahreswerte.[85] Ebenso wenig richtlinieninduziert wie dieses Vorhaben waren die im RefE verankerte verpflichtende materielle Prüfung der nichtfinanziellen Konzernerklärung durch den Aufsichtsrat, die Veröffentlichung von Prüfungsergebnissen freiwilliger externer Prüfungen[86], die Verschärfung des Sanktionsregimes für kapitalmarktorientierte Kapitalgesellschaften i. S. d. § 264d HGB[87] und die Umstrukturierung bestehender Normen der handelsrechtlichen Konzernlageberichterstattung[88]. Dennoch wurde im Schrifttum größtenteils die Meinung vertreten, dass der RefE überwiegend einer 1:1-Umsetzung entspricht.[89]

Die vom BMJV initiierte öffentliche Konsultation zum RefE zeichnete hingegen ein heterogenes Stimmungsbild der teilnehmenden Organisationen. In Abhängigkeit davon, ob diese eher dem Unternehmensumfeld oder der Zivilgesellschaft zuzurechnen sind, wurden die Regelungen im Vergleich zur CSR-Richtlinie häufig als generell zu weitreichend bzw. nicht weitreichend genug kritisiert.[90] Die zum Teil kontroversen Stellungnahmen unterstreichen die mit Blick auf die nichtfinanzielle Berichterstattung große Interessenvielfalt. Angesichts der Richtlinienvorgaben und des Ziels einer 1:1-Umsetzung war der Gestaltungsspielraum der Bundesregierung bei der Weiterentwicklung des RefE begrenzt, so dass der am 21.09.2016 veröffentlichte **Regierungsentwurf** (RegE) eines CSR-RUG im Vergleich zum RefE nur an wenigen Stellen verändert wurde.[91] Neben redaktionellen Änderungen zählte dazu bspw., dass die verpflichtende Darstellung von Vorjahreswerten im RegE nicht mehr enthalten war.[92] Diskussionen mit Experten und Interessengruppen führten auch in der parlamentarischen Beschlussempfehlung des

---

84 Vgl. KAJÜTER, P., Neuerungen in der Lageberichterstattung, S. 231 f.

85 Vgl. BMJV (Hrsg.), RefE CSR-RUG, S. 4 und S. 37, sowie die inhaltlichen Ausführungen dazu in Fn. 92.

86 Vgl. zu den Regelungen zur Prüfung der nichtfinanziellen Konzernerklärung Abschn. 225.

87 Vgl. SEIBT, C. H., CSR-Richtlinie-Umsetzungsgesetz, S. 2714 f.; Fn. 260 in Abschn. 225.

88 Die Regelungen zu übernahmerelevanten Angaben sowie die Angaben zur Vergütungsberichterstattung, die nur für bestimmte AG und KGaA einschlägig sind, wurden in neue Paragraphen (§§ 289a, 315a HGB) umgegliedert. Mit Blick auf die Angaben zum Risikomanagementsystem wäre eine noch konsequentere Neustrukturierung des handelsrechtlichen Regelungskanons zur (Konzern-)Lageberichterstattung sinnvoll gewesen, um die Vorschriften, die für alle Unternehmen gelten, vollständig von denen zu trennen, die nur für kapitalmarktorientierte Unternehmen einschlägig sind. Vgl. zu den einzelnen Änderungen im Detail KIRSCH, H.-J./KÖNIG, C./HUTER, M., in: Baetge u. a., Rechnungslegung nach IFRS, 2. Aufl., Kap. XII, Rn. 55.

89 Vgl. KAJÜTER, P., Neuerungen in der Lageberichterstattung, S. 237 f.; LANFERMANN, G., RefE des CSR-RUG, S. 1135; SEIBT, C. H., CSR-Richtlinie-Umsetzungsgesetz, S. 2715.

90 Vgl. KAJÜTER, P., CSR-Richtlinie-Umsetzungsgesetz, S. 617, sowie im Detail zu den Inhalten der Stellungnahmen DRSC (Hrsg.), Öffentliche Sitzungsunterlage 09_08b, S. 3–22.

91 Vgl. WULF, I., Neue Berichtspflichten, S. 101 f.

92 Vgl. VELTE, P., CSR-Richtlinie-Umsetzungsgesetz, S. I. Indes wird aus der Begründung zum RefE des CSR-RUG deutlich, dass der Gesetzgeber die Regelung ohnehin nur als Klarstellung bestehender Vorschriften angesehen hätte, so dass im Ergebnis Vorjahreswerte auch ohne explizite handelsrechtliche Regelung anzugeben sind. Vgl. BMJV (Hrsg.), RefE CSR-RUG, S. 37; KIRSCH, H.-J./KÖNIG, C./HUTER, M., in: Baetge u. a., Rechnungslegung nach IFRS, 2. Aufl., Kap. XII, Rn. 69.

Ausschusses für Recht und Verbraucherschutz[93] zur Verabschiedung des CSR-RUG nur zu geringfügigen Änderungen im Vergleich zum RefE bzw. RegE.[94]

Verabschiedet wurde das **Gesetz zur Stärkung der nichtfinanziellen Berichterstattung der Unternehmen in ihren Lage- und Konzernlageberichten** vom **Deutschen Bundestag** am 09.03.2017.[95] Nach der Veröffentlichung im Bundesanzeiger ist es am 19.04.2017 in Kraft getreten. Die einzelnen Meilensteine des vorerst abgeschlossenen deutschen Gesetzgebungsprozesses sind in Abbildung 2-2 zusammengefasst dargestellt.

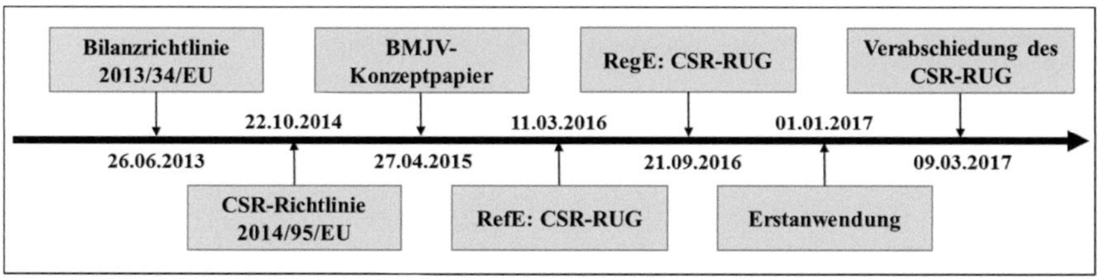

Abbildung 2-2: Meilensteine des deutschen Gesetzgebungsprozesses[96]

Damit hat der deutsche Gesetzgeber die Vorgaben der CSR-Richtlinie mit viermonatiger Verspätung in nationales Recht umgesetzt, was in der Literatur nicht zuletzt auf die hohe politische Bedeutung des CSR-RUG und die damit einhergehende langwierige Ressortabstimmung zurückgeführt wird.[97] Dessen ungeachtet war das Gesetz erstmals auf Geschäftsjahre anzuwenden, die am oder nach dem 01.01.2017 begonnen haben.[98]

213. Evaluation der europäischen und deutschen Regelungen

Sowohl die EU-Kommission als auch die deutsche Bundesregierung sind angehalten zu überprüfen, wie die aus der CSR-Richtlinie bzw. dem CSR-RUG resultierenden Regelungen in der Praxis umgesetzt werden. So verpflichtet Art. 3 der CSR-Richtlinie die **EU-Kommission** dazu,

---

93 Bei den ständigen Ausschüssen des Deutschen Bundestages, zu denen der Ausschuss für Justiz und Verbraucherschutz zählt, handelt es sich um „vorbereitende Beschlussorgane“ des Parlaments. Sie haben die Aufgabe, dem Parlament bestimmte Beschlüsse zu Gesetzgebungsverfahren zu empfehlen, da sich faktisch nicht alle Abgeordneten inhaltlich mit allen Gesetzgebungsverfahren befassen können. Vgl. DEUTSCHER BUNDESTAG (Hrsg.), Geschäftsordnung, S. 46. Die inhaltliche Zuständigkeit für das CSR-RUG lag beim Ausschuss für Recht und Verbraucherschutz. Umfassende Informationen zu den Ausschüssen sind im Internet verfügbar unter https://www.bundestag.de/ausschuesse (Stand:11.02.2019).

94 Vgl. zu den Änderungen KAJÜTER, P., CSR-Richtlinie-Umsetzungsgesetz, S. 617, sowie im Detail DEUTSCHER BUNDESTAG (Hrsg.), BT-Drucksache 18/11450, S. 4–39, und zur abschließenden Beratung des Ausschusses für Recht und Verbraucherschutz DEUTSCHER BUNDESTAG (Hrsg.), BT-Drucksache 18/11450, S. 40–43.

95 Vgl. hier zum folgenden Satz allgemein das CSR-RUG, BGBl. I 2017, S. 802–814.

96 Abbildung erstellt in Anlehnung an BÖCKING, H.-J./ALTHOFF, C., Paradigmenwechsel, S. 248.

97 Vgl. stellvertretend KAJÜTER, P., RegE CSR-Richtlinie-Umsetzungsgesetz, S. 507.

98 Vgl. Gesetz zur Stärkung der nichtfinanziellen Berichterstattung der Unternehmen in ihren Lage- und Konzernlageberichten (CSR-RUG), BGBl. I 2017, S. 813.

die Umsetzung der CSR-Richtlinie in den EU-Mitgliedstaaten[99] bis zum 06.12.2018 zu untersuchen und dem Europäischen Parlament sowie dem Rat der EU über die Ergebnisse zu berichten.[100] Sofern erforderlich sind in diesem Bericht auch Vorschläge zur Änderung der CSR-Richtlinie zu nennen. Im Fokus der Untersuchung stehen die Vorgaben zum Anwenderkreis der CSR-Richtlinie sowie die von der EU-Kommission zur Verfügung gestellten Orientierungshilfen[101] zur Berichterstattung.[102] Zudem wird bereits diskutiert, ob die Empfehlungen der sog. *Task Force on Climate-related Financial Disclosures* (TCFD)[103] in diesem Kontext berücksichtigt werden können und sollen.[104]

Die **deutsche Bundesregierung** wird in der Beschlussempfehlung des Ausschusses für Recht und Verbraucherschutz[105] zum CSR-RUG aufgefordert, die nichtfinanzielle Berichterstattung der in Deutschland berichtspflichtigen Unternehmen bis zum 31.12.2021 zu evaluieren und über die Ergebnisse zu berichten.[106] Von besonderem Interesse sind dabei Informationen zu der Prüfungspraxis, dem Anwenderkreis sowie der Berichterstattung über Datenschutz und Datensicherheit.[107] Unabhängig von den Evaluierungsaktivitäten auf europäischer Ebene sind damit auch auf nationaler Ebene Gesetzesänderungen möglich.

Vor dem Hintergrund dieser Evaluierungsprozesse und der zahlreichen aktiven privatrechtlichen Initiativen[108] zur Verbesserung der nichtfinanziellen Berichterstattung ist es wahrscheinlich, dass die europarechtliche Grundlage des Bilanzrechts ebenso weiterentwickelt wird wie die darauf basierenden handelsrechtlichen Regelungen. Die Verabschiedung des CSR-RUG ist

---

[99] Die CSR-Richtlinie wurde in den Mitgliedstaaten nicht einheitlich umgesetzt. Vgl. zu Umsetzungsunterschieden GRI (Hrsg.), Member State Implementation; BAUMÜLLER, J./NGUYEN, B., Umsetzung in Deutschland und Österreich, S. 413–420; BÖCKING, H.-J./ALTHOFF, C., Paradigmenwechsel, S. 252 f.; MANIORA, J., EU-Richtlinie zur Offenlegung nichtfinanzieller Informationen, S. 153–156.

[100] Vgl. hier und zu den folgenden beiden Sätzen Art. 3 der Richtlinie 2014/95/EU.

[101] Art. 2 der Richtlinie 2014/95/EU verpflichtete die EU-Kommission dazu, „[...] unverbindliche Leitlinien zur Methode der Berichterstattung über nichtfinanzielle Informationen [...]“ zu entwickeln und zu veröffentlichen. Vgl. dazu im Detail Abschn. 232.

[102] Vgl. BLÖINK, T./HALBLEIB, A., Umsetzung der sog. CSR-Richtlinie 2014/95/EU, S. 195.

[103] Vgl. zu den Empfehlungen der TCFD sowie für weitergehende Informationen zur TCFD selbst m. w. N. Abschn. 233.23.

[104] So empfiehlt die von der EU-Kommission eingesetzte *„High-Level Expert Group on Sustainable Finance* (HLEG)“ in ihrem Schlussbericht ausdrücklich die Berücksichtigung der Empfehlungen der TCFD. Vgl. HLEG (Hrsg.), Final Report, S. 24 f.; LANFERMANN, G., Sustainable Finance, S. 492 f. Vgl. zum Hintergrund der TCFD sowie dem Inhalt der Empfehlungen der TCFD und deren Bedeutung für die vorliegende Arbeit Abschn. 233.23.

[105] Der Ausschuss des Bundestages für Recht und Verbraucherschutz war mit der Entwicklung einer gesetzlichen Beschlussvorlage zur Umsetzung der Vorgaben aus der CSR-Richtlinie in deutsches Recht beauftragt. Beschlussempfehlung und Bericht des Ausschusses wurden als DEUTSCHER BUNDESTAG (Hrsg.), BT-Drucksache 18/11450 veröffentlicht.

[106] Vgl. DEUTSCHER BUNDESTAG (Hrsg.), BT-Drucksache 18/11450, S. 43.

[107] Vgl. DEUTSCHER BUNDESTAG (Hrsg.), BT-Drucksache 18/11450, S. 43; BLÖINK, T./HALBLEIB, A., Umsetzung der sog. CSR-Richtlinie 2014/95/EU, S. 195. Vgl. zu den Regelungen zum Anwenderkreis des CSR-RUG Abschn. 222., sowie zu den Regelungen zur Prüfung der nichtfinanziellen Konzernerklärung Abschn. 225.

[108] Vgl. zu den Aktivitäten von GRI, DNK, TCFD und IIRC die Abschn. 233.21–233.24.

also voraussichtlich nur ein weiterer Meilenstein in der kontinuierlichen Entwicklung der Gesetzgebung zur Unternehmenspublizität.[109]

22 Handelsrechtliche Regelungen

221. Überblick

Mit dem **CSR-RUG** wurden die handelsrechtlichen Vorschriften zur Konzernlageberichterstattung um die **§§ 315b und 315c HGB[110] zur nichtfinanziellen Konzernerklärung** erweitert.[111]

Regelungen zur nichtfinanziellen Konzernerklärung

- § 315b Abs. 1: **Anwenderkreis**
- § 315b Abs. 2 und Abs. 3: **Befreiungsoptionen**
- § 315b Abs. 1 und Abs. 3: **Formen der Berichterstattung**
- § 315b Abs. 4: **Prüfung der nichtfinanziellen Konzernerklärung**

- § 315c i. V. m. § 289c: **Regelungen zum Inhalt der nichtfinanziellen Konzernerklärung**
  - § 315c Abs. 1 i. V. m. § 289c Abs. 1: Angaben zum Geschäftsmodell
  - § 315c Abs. 1 i. V. m. § 289c Abs. 2: Nichtfinanzielle Aspekte
  - § 315c Abs. 2 i. V. m. § 289c Abs. 3: Wesentlichkeitsvorbehalt
  - § 315c Abs. 2 i. V. m. § 289c Abs. 3: Regelinhalt der nichtfinanziellen Konzernerklärung
    - § 289c Abs. 3 Nr. 1 und Nr. 2: Angaben zu verfolgten Konzepten
    - § 289c Abs. 3 Nr. 3 und Nr. 4: Risikoberichterstattung
    - § 289c Abs. 3 Nr. 5: Angaben zu nichtfinanziellen Leistungsindikatoren
    - § 289c Abs. 3 Nr. 6: Ergänzende Hinweise
  - § 315c Abs. 1 i. V. m. § 289c Abs. 4: *Comply-or-Explain*-Regelung

- § 315c Abs. 3 i. V. m. § 289d: **Nutzung von Rahmenwerken**
- § 315c Abs. 3 i. V. m. § 289e: **Weglassen nachteiliger Angaben**

Abbildung 2-3: Überblick über die Regelungen zur nichtfinanziellen Konzernerklärung

109 Vgl. zur künftigen Entwicklung im Detail KIRSCH, H.-J./KÖNIG, C./HUTER, M., in: Baetge u. a., Rechnungslegung nach IFRS, 2. Aufl., Kap. XII, Rn. 281–287, sowie zur Entwicklung der Lageberichterstattung in der Vergangenheit KIRSCH, H.-J./KÖHRMANN, H./HUTER, M., in: Böcking u. a., Beck HdR, B 510, Rn. 3.

110 Im Folgenden wird bei dem Verweis auf Normen des HGB das Gesetz nicht mehr genannt.

111 Neben der Erweiterung der handelsrechtlichen Vorschriften zur Konzernlageberichterstattung um die §§ 315b und 315c über die nichtfinanzielle Konzernerklärung wurden mit dem CSR-RUG die bestehenden Vorschriften zur Konzernlageberichterstattung teilweise neu strukturiert. Vgl. für eine Übersicht der strukturellen Änderungen KIRSCH, H.-J./KÖNIG, C./HUTER, M., in: Baetge u. a., Rechnungslegung nach IFRS, 2. Aufl., Kap. XII, Rn. 55. Danach fügen sich die neuen Paragraphen nun sinnvoll in die handelsrechtliche Systematik ein. Vgl. DEUTSCHER BUNDESTAG (Hrsg.), BT-Drucksache 18/9982, S. 57. Die Vorschriften zur handelsrechtlichen Lageberichterstattung wurden ähnlich umstrukturiert. Vgl. dazu KIRSCH, H.-J./KÖHRMANN, H./HUTER, M., in: Böcking u. a., Beck HdR, B 510, Rn. 3.

Die Abbildung 2-3 gibt einen Überblick über die einzelnen Regelungen der beiden Paragraphen, die in dieser Systematik auch in den folgenden Abschn. 222.–225. erläutert werden.[112]

Während § 315b die Vorschriften zum Anwenderkreis, zu Befreiungsoptionen und zu möglichen Berichtsformen der nichtfinanziellen Konzernerklärung enthält, regelt § 315c den Inhalt der nichtfinanziellen Konzernerklärung. Größtenteils referenziert § 315c hierzu auf die §§ 289c–289e, die den Inhalt der nichtfinanziellen Erklärung im Lagebericht, die Nutzung von Rahmenwerken in diesem Kontext sowie das in Ausnahmefällen zulässige Weglassen nachteiliger Angaben regeln. Nach § 315c Abs. 1 und Abs. 3 sind sie analog für die nichtfinanzielle Konzernerklärung anzuwenden. Der Gesetzgeber implementiert damit nahezu identische Vorgaben für die Berichterstattung auf Einzelunternehmens- und Konzernebene.[113]

222. Anwenderkreis und Befreiungsoptionen

Die Regelungen zum Anwenderkreis und zu Befreiungsoptionen sind in § 315b Abs. 1–3 enthalten. So hat eine **Kapitalgesellschaft**[114], die ein **Mutterunternehmen** i. S. d. § 290 ist, ihren Konzernlagebericht nach § 315b Abs. 1 um eine nichtfinanzielle Konzernerklärung zu erweitern, wenn die folgenden **Merkmale** kumulativ erfüllt sind:[115]

- Das Mutterunternehmen ist kapitalmarktorientiert i. S. d. § 264d.[116]
- Das Mutterunternehmen und die in den Konzernabschluss einzubeziehenden Tochterunternehmen[117] erfüllen nicht die in § 293 Abs. 1 Satz 1 Nr. 1 oder Nr. 2 geregelten Voraussetzungen für eine Befreiung von der Pflicht zur Erstellung eines Konzernlageberichts.[118]

[112] Im Rahmen der folgenden Erläuterungen der handelsrechtlichen Vorschriften wird in den Fußnoten an verschiedenen Stellen auf Textziffern des Deutschen Rechnungslegungs Standards Nr. 20 (DRS 20) „Konzernlagebericht" hingewiesen. In DRS 20 werden die handelsrechtlichen Vorschriften zur Konzernlageberichterstattung konkretisiert. Vgl. für eine ausführliche Erläuterung des DRS 20 und seine Bedeutung für die nichtfinanzielle Konzernerklärung Abschn. 231.

[113] Vgl. Deutscher Bundestag (Hrsg.), BT-Drucksache 18/9982, S. 57.

[114] Haftungsbeschränkte Personengesellschaften i. S. d. § 264a sind den Kapitalgesellschaften gleichgestellt. Vgl. Deutscher Bundestag (Hrsg.), BT-Drucksache 18/9982, S. 34; Wulf, I., Neue Berichtspflichten, S. 102.

[115] Vgl. für eine ausführliche Betrachtung der betroffenen Kapitalgesellschaften sowie der einzelnen zu erfüllenden Merkmale Kirsch, H.-J./König, C./Huter, M., in: Baetge u. a., Rechnungslegung nach IFRS, 2. Aufl., Kap. XII, Rn. 174–180.

[116] Das Merkmal „Kapitalmarktorientierung i. S. d. § 264d" muss im Gegensatz zu den beiden weiteren Merkmalen nur am Abschlussstichtag, zu dem die nichtfinanzielle Konzernerklärung erstellt wird, und nicht an zwei aufeinanderfolgenden Abschlussstichtagen erfüllt sein. Vgl. DRS 20.236.

[117] Der Gesetzgeber stellt in der Begründung zum RegE des CSR-RUG klar, dass nur in den Konzernabschluss einzubeziehende Tochterunternehmen bei der Berechnung der Schwellenwerte zu berücksichtigen sind. Vgl. Deutscher Bundestag (Hrsg.), BT-Drucksache 18/9982, S. 56; DRS 20.232; Schmotz, T./Schmidt, R., Nichtfinanzielle Berichtspflichten in der Finanzberichterstattung, S. 2877 f.

[118] Die Bestimmung der in § 293 Abs. 1 Satz 1 Nr. 1 oder Nr. 2 festgelegten Schwellenwerte unterscheidet sich in Abhängigkeit davon, ob die Berechnung auf Basis konsolidierter oder nicht-konsolidierter Werte (Netto- oder Bruttomethode) durchgeführt wird. Beide Methoden sind zulässig. Vgl. Deutscher Bundestag (Hrsg.), BT-Drucksache 18/9982, S. 56. Zudem sind nach § 315b Abs. 1 Satz 2 sowohl § 267 Abs. 4–5 als auch § 298 Abs. 2 einschlägig.

- Das Mutterunternehmen und die in den Konzernabschluss einzubeziehenden Tochterunternehmen beschäftigen im Jahresdurchschnitt insgesamt mehr als 500 Arbeitnehmer.[119]

Darüber hinaus müssen auch **Kreditinstitute und Versicherungen**[120], die Mutterunternehmen i. S. d. § 290 sind, ihren Konzernlagebericht nach § 340i Abs. 5 bzw. § 341j Abs. 4 um eine nichtfinanzielle Konzernerklärung erweitern, wenn die folgenden Merkmale kumulativ erfüllt sind:[121]

- Das Mutterunternehmen und die in den Konzernabschluss einzubeziehenden Tochterunternehmen[122] erfüllen nicht die in § 293 Abs. 1 Satz 1 Nr. 1 oder Nr. 2 geregelten Voraussetzungen für eine Befreiung von der Pflicht zur Erstellung eines Konzernlageberichts.[123]

- Das Mutterunternehmen und die in den Konzernabschluss einzubeziehenden Tochterunternehmen beschäftigen im Jahresdurchschnitt insgesamt mehr als 500 Arbeitnehmer.[124]

Mutterunternehmen, die eine nichtfinanzielle Konzernerklärung erstellen müssen, steht es nach § 315b Abs. 1 Satz 2 i. V. m. § 298 frei, ihre ggf. zu erstellende nichtfinanzielle Erklärung mit der nichtfinanziellen Konzernerklärung gemäß § 315b Abs. 1 **zusammenzufassen.**[125]

Der nach § 315b Abs. 1 definierte Anwenderkreis wird durch die **Befreiungsvorschriften** in § 315b Abs. 2 begrenzt. Danach können Mutterunternehmen von der Pflicht, eine nichtfinanzielle Konzernerklärung zu erstellen, befreit sein, obwohl sie die konstituierenden Merkmale erfüllen.[126] Dies kommt nach § 315b Abs. 2 Satz 1, unbeschadet anderer Befreiungsvorschriften, für Mutterunternehmen in Betracht, die zugleich Tochterunternehmen sind und die folgenden beiden Voraussetzungen erfüllen:

---

119 Für die Bestimmung der im Jahresdurchschnitt beschäftigten Arbeitnehmer ist § 267 Abs. 5 anzuwenden.

120 Mit Ausnahme des Anwendungsbereichs, für den in den §§ 340i, 341j für Kreditinstitute und Versicherungen explizite Regelungen bestehen, wird in § 340i Abs. 5 Satz 2 und § 341j Abs. 4 Satz 2 auf die Regelungen zur nichtfinanziellen Konzernerklärung in den §§ 315b, 315c verwiesen. Im Folgenden wird daher nicht mehr zwischen Kapitalgesellschaften und Kreditinstituten bzw. Versicherungen differenziert.

121 Vgl. für eine ausführliche Betrachtung der betroffenen Kreditinstitute und Versicherungen sowie der beiden zu erfüllenden Merkmale Kirsch, H.-J./König, C./Huter, M., in: Baetge u. a., Rechnungslegung nach IFRS, 2. Aufl., Kap. XII, Rn. 181.

122 Vgl. Fn. 117, sowie DRS 20.233.

123 Vgl. Fn. 118. Nach § 340i Abs. 5 Satz 2 und § 341j Abs. 4 Satz 2 sind § 267 Abs. 4–5 und § 298 Abs. 2 ebenfalls einschlägig.

124 Vgl. Fn. 119.

125 Für den Fall, dass sich ein Mutterunternehmen für eine zusammengefasste Berichterstattung entscheidet, muss in der zusammengefassten nichtfinanziellen Konzernerklärung nach § 298 Abs. 2 Satz 3 ersichtlich sein, welche Angaben sich nur auf das Mutterunternehmen beziehen und welche Angaben den gesamten Konzern betreffen. Vgl. Deutscher Bundestag (Hrsg.), BT-Drucksache 18/9982, S. 56 f.

126 Vgl. Kirsch, H.-J./König, C./Huter, M., in: Baetge u. a., Rechnungslegung nach IFRS, 2. Aufl., Kap. XII, Rn. 182–184.

- Das zu befreiende Mutterunternehmen ist selbst Tochterunternehmen und wird in den Konzernlagebericht[127] eines anderen Mutterunternehmens einbezogen.[128]
- Der befreiende Konzernlagebericht[129] wird nach Maßgabe des nationalen Rechts eines Mitgliedstaates der EU oder eines anderen Vertragsstaates des EWR im Einklang mit der sog. Bilanzrichtlinie 2013/34/EU vom 26.06.2013 aufgestellt sowie öffentlich zugänglich gemacht und enthält eine nichtfinanzielle Konzernerklärung.[130]

Bei den in § 315b Abs. 2 Satz 1 genannten „anderen Befreiungsvorschriften" handelt es sich insbesondere um die Vorschriften gemäß der §§ 291, 292. Demnach sind Mutterunternehmen unter bestimmten Voraussetzungen von der Pflicht zur Erstellung eines Konzernlageberichts befreit.[131] Indes handelt es sich bei diesen Regelungen nicht um eine originäre Befreiung von der Pflicht zur Erstellung einer nichtfinanziellen Konzernerklärung. Vielmehr entfällt bereits mit der Befreiung von der Pflicht, einen Konzernlagebericht zu erstellen, der Anknüpfungspunkt für die Pflicht zur Erstellung einer nichtfinanziellen Konzernerklärung.[132] Auch bei der Regelung in § 315b Abs. 3 handelt es sich um keine originäre Befreiung von der Pflicht zur nichtfinanziellen Berichterstattung, obwohl der Wortlaut[133] der Norm dies zunächst nahelegt, sondern lediglich um eine alternative aber inhaltsgleiche Berichtsform außerhalb des Konzernlageberichts.[134] Auf Basis der Vorgaben des § 315b werden ca. 320–330 Mutterunternehmen von der Pflicht zur Erstellung einer nichtfinanziellen Konzernerklärung betroffen sein.[135]

---

[127] In § 315b Abs. 2 Satz 2 wird klargestellt, dass die Befreiungsoption unabhängig von der Berichtsform der nichtfinanziellen Konzernerklärung gilt.

[128] Vgl. § 315b Abs. 2 Satz 1 Nr. 1. Diese Regelung entspricht dem bei der Erstellung eines Konzernabschlusses zu beachtenden Tannenbaumprinzip. Vgl. dazu BAETGE, J./KIRSCH, H.-J./THIELE, S., Konzernbilanzen, S. 99 f.

[129] Vgl. § 315b Abs. 2 Satz 2.

[130] Vgl. § 315b Abs. 2 Satz 1 Nr. 2. Eine Befreiung ist auch dann möglich, wenn das die befreiende nichtfinanzielle Konzernerklärung erstellende Mutterunternehmen zwar in einem Drittstaat sitzt, aber die sonstigen Anforderungen aus § 315b Abs. 2 Satz 1 erfüllt. Vgl. DEUTSCHER BUNDESTAG (Hrsg.), BT-Drucksache 18/11450, S. 44 und S. 46.

[131] Vgl. DEUTSCHER BUNDESTAG (Hrsg.), BT-Drucksache 18/9982, S. 56.

[132] Vgl. DEUTSCHER BUNDESTAG (Hrsg.), BT-Drucksache 18/9982, S. 56. Praktische Relevanz dürften diese Befreiungsvorschriften nur für nicht kapitalmarktorientierte Banken und Versicherungen haben. Vgl. dazu KUMM, N./WOODTLI, R. M., Nachhaltigkeitsberichterstattung, S. 226.

[133] So sei ein Mutterunternehmen nach § 315b Abs. 3 „[...] auch dann von der Pflicht zur Erweiterung des Konzernlageberichts um eine nichtfinanzielle Konzernerklärung befreit [...]", wenn die Voraussetzungen des § 315b Abs. 3 Satz 1 Nr. 1 und Nr. 2 erfüllt sind.

[134] Vgl. dazu die Ausführungen zu den möglichen Berichtsformen der nichtfinanziellen Konzernerklärung im folgenden Abschn. 223.

[135] Vgl. DEUTSCHER BUNDESTAG (Hrsg.), BT-Drucksache 18/9982, S. 35. Vgl. für eine detaillierte Untersuchung betroffener Unternehmen KLUGE, N./SICK, S., CSR-Richtlinie, S. 5–8.

223. Formen der Berichterstattung

Für die nichtfinanzielle Konzernerklärung stehen einem Mutterunternehmen **fünf verschiedene Formen der Berichterstattung** zur Verfügung.[136] Die nachfolgend beschriebenen **möglichen Berichtsformen** werden in Abbildung 2-4 symbolisiert dargestellt:

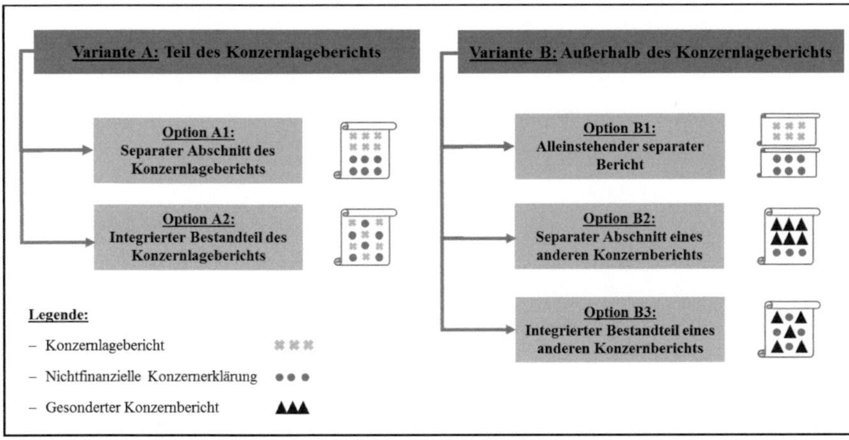

Abbildung 2-4: Mögliche Berichtsformen für die nichtfinanzielle Konzernerklärung

Es ist generell zwischen nichtfinanziellen Konzernerklärungen zu unterscheiden, die Teil eines Konzernlageberichts sind (Variante A) und solchen, die außerhalb eines Konzernlageberichts erstellt und veröffentlicht werden (Variante B). Eine nichtfinanzielle Konzernerklärung, die Teil eines Konzernlageberichts ist, kann dort entweder einen besonderen Abschnitt bilden (Option A1) oder in die Angaben des Konzernlageberichts integriert sein (Option A2). Außerhalb eines Konzernlageberichts erstellte nichtfinanzielle Konzernerklärungen können entweder als alleinstehender separater Bericht veröffentlicht werden (Option B1) oder Bestandteil eines bereits bestehenden anderen Konzernberichts[137] sein und dort wiederum entweder einen eigenen Abschnitt bilden (Option B2) oder in die Angaben dieses anderen Berichts integriert sein (Option B3).Obgleich der Gesetzgeber keine der fünf Berichtsformen bevorzugt[138], kann eine nichtfinanzielle Konzernerklärung, die i. S. d. § 315b Abs. 1 Satz 1 einen besonderen Abschnitt

---

[136] Vgl. so auch KIRSCH, H.-J./KÖNIG, C./HUTER, M., in: Baetge u. a., Rechnungslegung nach IFRS, 2. Aufl., Kap. XII, Rn. 185. Im DRS 20 werden in DRS 20.241 zunächst nur drei Berichtsalternativen aufgezählt. Indes wird die Möglichkeit, die nichtfinanzielle Konzernerklärung außerhalb des Konzernlageberichts zu erstellen, in DRS 20.252 in drei einzelne Berichtsalternativen untergliedert, so dass auch nach DRS 20 im Ergebnis fünf verschiedene Formen der Berichterstattung möglich sind.

[137] Der Gesetzgeber nennt einen bereits in der Vergangenheit erstellten Nachhaltigkeitsbericht als Beispiel für einen anderen Konzernbericht. Vgl. DEUTSCHER BUNDESTAG (Hrsg.), BT-Drucksache 18/9982, S. 40.

[138] Vgl. DEUTSCHER BUNDESTAG (Hrsg.), BT-Drucksache 18/9982, S. 45 f. Auch die EU-Kommission betont in ihren Leitlinien für die Berichterstattung über nichtfinanzielle Informationen die Flexibilität der Unternehmen bei der Wahl einer Berichtsform. Vgl. EU-KOMMISSION (Hrsg.), ABl. C 215 vom 05.07.2017, S. 3.

im Konzernlagebericht bildet, als „Standardfall der Berichterstattung“[139] bezeichnet werden. Alle weiteren Optionen waren in der CSR-Richtlinie nämlich nur als Mitgliedstaatenwahlrechte angelegt und wurden vom deutschen Gesetzgeber im Sinne einer 1:1-Umsetzung[140] an die berichterstattenden Mutterunternehmen weitergegeben.[141]

Option A1: In diesem „Standardfall“ sind die Angaben der nichtfinanziellen Konzernerklärung bspw. durch eine Überschrift von den übrigen Angaben des Konzernlageberichts zu trennen. Verweise aus der nichtfinanziellen Konzernerklärung auf Angaben im Konzernlagebericht sind möglich, um Doppelangaben zu vermeiden.[142]

Option A2: Die Möglichkeit, die Angaben der nichtfinanziellen Konzernerklärung in einen Konzernlagebericht zu integrieren, ist im Gesetz nicht explizit kodifiziert.[143] Sie kann vielmehr mit § 315b Abs. 1 Satz 3 begründet werden. So wird aus dem Gesetzeswortlaut „Wenn die nichtfinanzielle Konzernerklärung einen besonderen Abschnitt des Konzernlageberichts bildet […]“[144] abgeleitet, dass Option A1 tatsächlich nur eine Option ist. Folglich besteht eine Alternative, nämlich die Angaben in den Konzernlagebericht zu integrieren.[145] Mit Blick auf unterschiedliche Prüfungsintensitäten[146] sollten die Angaben der nichtfinanziellen Konzernerklärung im Konzernlagebericht gleichwohl klar identifizierbar sein.[147]

Option B1: Die Option, die nichtfinanzielle Konzernerklärung außerhalb des Konzernlageberichts als alleinstehenden separaten Konzernbericht zu erstellen und offenzulegen, folgt aus § 315b Abs. 3 Satz 1. Voraussetzung ist dafür zunächst, dass ein separater nichtfinanzieller Konzernbericht die inhaltlichen Anforderungen nach § 315c i. V. m. § 289c erfüllt.[148] Zudem

---

139 KIRSCH, H.-J./KÖNIG, C./HUTER, M., in: Baetge u. a., Rechnungslegung nach IFRS, 2. Aufl., Kap. XII, Rn. 186.

140 Vgl. Abschn. 212.

141 Vgl. VELTE, P., Nichtfinanzielle Erklärung und Diversity-Berichterstattung, S. 297.

142 Vgl. DEUTSCHER BUNDESTAG (Hrsg.), BT-Drucksache 18/9982, S. 57; DRS 20.243 f. Verweise auf den Konzernanhang sind dagegen nicht zulässig.

143 Vgl. für eine Gegenüberstellung der gesetzlich kodifizierten Berichtsformen BLÖINK, T./HALBLEIB, A., Umsetzung der sog. CSR-Richtlinie 2014/95/EU, S. 190.

144 § 315b Abs. 1 Satz 3.

145 Im Schrifttum wird diese Auffassung überwiegend geteilt. Vertreter sind u. a. BLÖINK, T./HALBLEIB, A., Umsetzung der sog. CSR-Richtlinie 2014/95/EU, S. 190; RIMMELSPACHER, D./SCHÄFER, N./SCHÖNBERGER, M. W., Das CSR-Richtlinie-Umsetzungsgesetz, S. 226; HAAKER, A./FREIBERG, J., Integrierte nichtfinanzielle Erklärung?, S. 187; a. A. und damit gegen die Möglichkeit, die Angaben der nichtfinanziellen Konzernerklärung in den Konzernlagebericht zu integrieren, sind z. B. RUHNKE, K./SCHMIDT, M., Veröffentlichungs- und Prüfungspflichten, S. 2561; HAAKER, A., Wider die Integration der nichtfinanziellen Erklärung, S. 922. Obgleich sich der Gesetzgeber nicht explizit zu dieser Frage geäußert hat, sei darauf hingewiesen, dass das BMJV mit der Veröffentlichung von DRÄS 8 am 04.12.2017 im Bundesanzeiger diese Option im DRS 20 akzeptiert hat. Vgl. DRS 20.241. Vgl. zu DRS 20 auch Abschn. 231.

146 Während die originären Angaben des Konzernlageberichts gemäß § 316 Abs. 2 i. V. m. § 317 Abs. 2 Satz 1 im Rahmen der gesetzlichen Abschlussprüfung inhaltlich geprüft werden müssen, ist für die nichtfinanzielle Konzernerklärung im Rahmen der Abschlussprüfung gemäß § 317 Abs. 2 Satz 4 nur zu prüfen, ob sie vorgelegt wurde. Eine inhaltliche Prüfung der Angaben in der nichtfinanziellen Konzernerklärung durch den Abschlussprüfer ist folglich nicht vorgeschrieben. Vgl. zu den Regelungen zur Prüfung der nichtfinanziellen Konzernerklärung ausführlich Abschn. 225.

147 Vgl. DRS 20.242; KAJÜTER, P., CSR-Richtlinie-Umsetzungsgesetz, S. 619.

148 Vgl. § 315b Abs. 3 Satz 1 Nr. 1.

ist der nichtfinanzielle Konzernbericht entweder mit dem Konzernlagebericht nach § 325 öffentlich zugänglich zu machen[149] oder spätestens vier Monate nach dem Abschlussstichtag und für mindestens zehn Jahre auf der Internetseite des Mutterunternehmens zu veröffentlichen.[150] Im letzten Fall ist im Konzernlagebericht gemäß § 315b Abs. 3 Satz 1 Nr. 2 Buchst. b unter Angabe der Internetseite auf diese Veröffentlichung hinzuweisen.

Option B2: Nach § 315b Abs. 3 Satz 1 können die Angaben der nichtfinanziellen Konzernerklärung auch Teil eines anderen bestehenden Konzernberichts – z. B. eines Nachhaltigkeitsberichts – sein und dort einen besonderen Abschnitt bilden.[151] Verweise auf Angaben im Konzernlagebericht oder in den bereits bestehenden anderen Konzernbericht sind zulässig, um z. B. Doppelangaben zu vermeiden.[152]

Option B3: Die Angaben zur nichtfinanziellen Konzernerklärung können gemäß § 315b Abs. 3 Satz 1 auch in einen bereits bestehenden anderen Konzernbericht integriert werden.[153] Dabei müssen sie von den weiteren Angaben dieses anderen Konzernberichts abgegrenzt werden können.[154]

Die unterschiedlichen Optionen ermöglichen es den berichtspflichtigen Konzernen, die für sie jeweils vorteilhafteste Berichtsform zu wählen.[155] So können bspw. Konzerne, die bereits auf freiwilliger Basis regelmäßig Nachhaltigkeitsberichte publiziert haben, mit den Berichtsoptionen B2 und B3 bei der Erstellung der nichtfinanziellen Konzernerklärung an bestehende Berichtsformate anknüpfen.[156] Demgegenüber ist mit den verschiedenen Optionen eine große Berichtsvielfalt verbunden, die die zwischenbetriebliche Vergleichbarkeit der nichtfinanziellen Berichterstattung einschränkt.[157] Dies steht im Gegensatz zu dem in Erwägungsgrund Nr. 21 der CSR-Richtlinie genannten Richtlinienziel.[158]

---

149 Vgl. § 315b Abs. 3 Satz 1 Nr. 2 Buchst. a.

150 Vgl. § 315b Abs. 3 Satz 1 Nr. 2 Buchst. b.

151 Vgl. DEUTSCHER BUNDESTAG (Hrsg.), BT-Drucksache 18/9982, S. 40; DRS 20.252.

152 Vgl. DEUTSCHER BUNDESTAG (Hrsg.), BT-Drucksache 18/9982, S. 57; DRS 20.256. Verweise auf den Konzernanhang, die Angaben in der nichtfinanziellen Konzernerklärung ersetzen sollen, sind dagegen nicht zulässig.

153 Vgl. DRS 20.252.

154 Vgl. DRS 20.255.

155 Die Berichtsform ist jedoch stetig beizubehalten. Vgl. WINKELJOHANN, N./SCHÄFER, N., in: Beck Bilanzkomm., 11. Aufl., § 289b, Rn. 52.

156 Vgl. WINKELJOHANN, N./SCHÄFER, N., in: Beck Bilanzkomm., 11. Aufl., § 315b, Rn. 42.

157 Vgl. stellvertretend KOLB, S./NIECHCIAL, M., Verwirrende Vielfalt der CSR-Berichterstattung, S. 697; VELTE, P., Nichtfinanzielle Erklärung und Diversity-Berichterstattung, S. 298.

158 Demnach soll die Vergleichbarkeit der Informationen erhöht werden. Vgl. ABl. L 330 vom 15.11.2014, S. 4, sowie Abschn. 211. Vgl. zum Grundsatz der Vergleichbarkeit Abschn. 343.2.

224. Regelinhalt

224.1 Vorbemerkungen

Unabhängig von der für die Erklärung gewählten Berichtsform müssen die inhaltlichen Anforderungen an die nichtfinanzielle Konzernerklärung nach § 315c i. V. m. § 289c stets erfüllt werden.[159] Mit den kodifizierten Regelungen ist im Hinblick auf die Berichtspflicht bestimmter Angaben eine Besonderheit im Vergleich zum Konzernlagebericht verbunden. Während die Angaben nach den §§ 315, 315a vollständig dem Vorbehalt der Wesentlichkeit unterliegen, Angaben also nur dann Bestandteil des Konzernlageberichts sein müssen, wenn sie für das Verständnis der Adressaten bedeutsam sind,[160] sieht § 315c Abs. 1 i. V. m. § 289c Abs. 1 und Abs. 2 in der nichtfinanziellen Konzernerklärung auch uneingeschränkt berichtspflichtige Angaben vor. Deshalb sind die nachstehenden Ausführungen zum Regelinhalt in den Abschn. 224.2 und 224.3 in **Pflichtangaben** und **Angaben unter Wesentlichkeitsvorbehalt** untergliedert.

Bei den Pflichtangaben handelt es sich um die Beschreibung des Geschäftsmodells eines Konzerns gemäß § 315c Abs. 1 i. V. m. § 289c Abs. 1 sowie um Informationen zu den fünf nichtfinanziellen Aspekten[161] gemäß § 315c Abs. 1 i. V. m. § 289c Abs. 2.[162] Während mit der Beschreibung des Geschäftsmodells konkrete Angabepflichten verbunden sind,[163] wird mit dem Gesetzeswortlaut nach § 315c Abs. 1 i. V. m. § 289c Abs. 2 („[…] bezieht sich darüber hinaus zumindest auf […]“) zwar eine uneingeschränkte Berichtspflicht begründet.[164] Inhaltlich konkretisiert wird diese jedoch erst in § 289c Abs. 3.[165]

Die für die nichtfinanzielle Konzernerklärung gemäß § 315c Abs. 1 i. V. m. § 289c Abs. 3 kodifizierten spezifischen inhaltlichen Anforderungen sind nach § 315c Abs. 2 nur zu erfüllen, wenn sie „[…] für das Verständnis des Geschäftsverlaufs, des Geschäftsergebnisses, der Lage des Konzerns sowie der Auswirkungen seiner Tätigkeit auf die in § 289c Abs. 2 genannten [nichtfinanziellen; Anm. d. Verf.] Aspekte erforderlich sind.“ Sie stehen damit unter Wesentlichkeitsvorbehalt. Bezugspunkt für die Wesentlichkeit einer Information ist dabei der gesamte Konzern bzw. die Gesamtheit der in den Konsolidierungskreis nach § 294 Abs. 1 einbezogenen

---

159 Vgl. § 315b Abs. 3 Satz 1 Nr. 1; DEUTSCHER BUNDESTAG (Hrsg.), BT-Drucksache 18/9982, S. 45.

160 Vgl. DRS 20.B11; GROTTEL, B., in: Beck Bilanzkomm., 11. Aufl., § 315, Rn. 16; HENCKEL, N./RIMMELSPACHER, D./SCHÄFER, N., Erfahrungen aus der erstmaligen Anwendung des DRS 20, S. 390; HOFFMANN, W.-D., Wesentlichkeit im Lagebericht, S. 758.

161 Dabei handelt es sich gemäß § 289c Abs. 2 um Umwelt-, Arbeitnehmer- und Sozialbelange sowie um die Achtung der Menschenrechte und die Bekämpfung von Korruption und Bestechung. Vgl. zu den fünf nichtfinanziellen Aspekten Abschn. 224.22.

162 Vgl. § 315c Abs. 1 i. V. m. § 289c Abs. 1 und Abs. 2; BÖCKING, H.-J./ALTHOFF, C., Paradigmenwechsel, S. 1452; KAJÜTER, P., CSR-Richtlinie-Umsetzungsgesetz, S. 619.

163 Vgl. Abschn. 224.21; KAJÜTER, P., RegE CSR-Richtlinie-Umsetzungsgesetz, S. 510.

164 Vgl. MEEH-BUNSE, G./HERMELING, A./SCHMAKER, S., CSR-Richtlinie: Inhalt und potentielle Auswirkungen, S. 2770.

165 Vgl. SEIBT, C. H., CSR-Richtlinie-Umsetzungsgesetz, S. 2711 f. Sollten die in § 289c Abs. 3 Nr. 1 und Nr. 2 konkretisierten Angaben das Kriterium der Wesentlichkeit nicht erfüllen, greift § 289c Abs. 4 bzw. das darin vorgesehene *Comply-or-Explain*-Prinzip. Vgl. zu diesem Mechanismus, der sicherstellt, dass in der nichtfinanziellen Konzernerklärung Mindestangaben gemacht werden, Abschn. 224.312.

Unternehmen.[166] Im Vergleich zum Konzernlagebericht[167] ist der Wesentlichkeitsvorbehalt in § 315c Abs. 2 um eine zusätzliche Bedingung erweitert.[168] Demnach müssen Informationen in der nichtfinanziellen Konzernerklärung auch für das Verständnis der Auswirkungen der Konzerntätigkeit auf die nichtfinanziellen Aspekte erforderlich sein.[169] Für die konkrete Auslegung des Wesentlichkeitskriteriums im Kontext der nichtfinanziellen Konzernerklärung sei auf Abschn. 431. verwiesen.

224.2 Pflichtangaben

224.21 Beschreibung des Geschäftsmodells

Mit der von § 315c Abs. 1 i. V. m. § 289c Abs. 1 geforderten **kurzen Beschreibung des Geschäftsmodells** des Konzerns soll ein übergeordneter Rahmen für das Verständnis der Berichterstattung in der nichtfinanziellen Konzernerklärung gespannt werden.[170] Indes konkretisiert der Gesetzgeber weder den Begriff des Geschäftsmodells noch die inhaltlichen Anforderungen an eine Beschreibung, sondern verweist zur Orientierung auf die bereits im Konzernlagebericht geforderten Angaben.[171] Demnach sind die für das Verständnis des Geschäftsmodells wesentlichen Merkmale zu skizzieren.[172] Neben dem Geschäftszweck kann es sich dabei bspw. um die organisatorische Struktur des Konzerns, dessen Produkte und Dienstleistungen, Beschaffungs- und Absatzmärkte sowie externe Einflussfaktoren handeln.[173] Überdies sind etwaige Veränderungen des Geschäftsmodells oder der Konzernstruktur im Vergleich zum Vorjahr zu erläutern.[174]

In seiner Begründung zum CSR-RUG weist der Gesetzgeber darauf hin, dass das Geschäftsmodell eines Konzerns gegenüber nichtfinanziellen Aspekten eigenständig bzw. unabhängig zu betrachten ist.[175] Insofern kann es für das Verständnis der Adressaten sinnvoll und erforderlich

---

[166] Vgl. DEUTSCHER BUNDESTAG (Hrsg.), BT-Drucksache 18/9982, S. 57; WINKELJOHANN, N./SCHÄFER, N., in: Beck Bilanzkomm., 11. Aufl., § 315c, Rn. 6.

[167] Vgl. die Formulierung in § 315 Abs. 3.

[168] Gemäß § 315 Abs. 3 sind nichtfinanzielle Angaben in den Konzernlagebericht aufzunehmen, „[…] soweit sie für das Verständnis des Geschäftsverlaufs oder der Lage des Konzerns von Bedeutung sind." Angaben in der nichtfinanziellen Konzernerklärung müssen gemäß § 315c Abs. 2 zusätzlich für das Verständnis der „[…] Auswirkungen seiner Tätigkeit auf die in § 289c Absatz 2 genannten [nichtfinanziellen; Anm. d. Verf.] Aspekte erforderlich […]" sein.

[169] In der Regel werden beide Anforderungen gleichzeitig erfüllt sein. Vgl. DEUTSCHER BUNDESTAG (Hrsg.), BT-Drucksache 18/9982, S. 48 f.

[170] Vgl. KAJÜTER, P., RegE CSR-Richtlinie-Umsetzungsgesetz, S. 510.

[171] Vgl. DEUTSCHER BUNDESTAG (Hrsg.), BT-Drucksache 18/9982, S. 47. Die Beschreibung des Geschäftsmodells orientiert sich bislang im Wesentlichen an DRS 20.36–38. Vgl. dazu WINKELJOHANN, N./SCHÄFER, N., in: Beck Bilanzkomm., 11. Aufl., § 315c, Rn. 16. Vgl. für eine weitergehende Konkretisierung Abschn. 421.

[172] Vgl. KAJÜTER, P., CSR-Richtlinie-Umsetzungsgesetz, S. 621.

[173] Vgl. DRS 20.37, sowie ausführlich zu den einzelnen Merkmalen FINK, C./KAJÜTER, P./WINKELJOHANN, N., Lageberichterstattung, S. 80–89.

[174] Vgl. DRS 20.38; HACHMEISTER, D./GLASER, A., in: Böcking u. a., Beck HdR, C 610, Rn. 25.

[175] Vgl. DEUTSCHER BUNDESTAG (Hrsg.), BT-Drucksache 18/9982, S. 47.

sein, die Beschreibung des Geschäftsmodells im Konzernlagebericht für die nichtfinanzielle Konzernerklärung um Angaben zu nichtfinanziellen Aspekten zu ergänzen.[176]

224.22 Nichtfinanzielle Aspekte

Neben einer kurzen Beschreibung des Geschäftsmodells sind gemäß § 315c Abs. 1 i. V. m. § 289c Abs. 2 mindestens zu folgenden **fünf nichtfinanziellen Aspekten** Angaben in der nichtfinanziellen Konzernerklärung zu machen:

- Umweltbelange (§ 289c Abs. 2 Nr. 1),
- Arbeitnehmerbelange (§ 289c Abs. 2 Nr. 2),
- Sozialbelange (§ 289c Abs. 2 Nr. 3),
- Achtung der Menschenrechte (§ 289c Abs. 2 Nr. 4),
- Bekämpfung von Korruption und Bestechung (§ 289c Abs. 2 Nr. 5).

Die zu diesen Aspekten geforderten Informationen bilden den Kern der nichtfinanziellen Konzernerklärung. In Abhängigkeit vom Geschäftsmodell eines Konzerns kann es geboten sein, über weitere nichtfinanzielle Aspekte zu berichten.[177] Das können bspw. Angaben zu Kundenbelangen und damit in Zusammenhang stehende Sachverhalte sein.[178] Insofern handelt es sich bei den fünf in § 289c Abs. 2 genannten nichtfinanziellen Aspekten um keine abschließende Aufzählung.[179] Aus der Reihenfolge der Aspekte in § 289c Abs. 2 kann zudem weder eine Priorisierung noch eine feste Berichtsstruktur für die nichtfinanzielle Konzernerklärung abgeleitet werden. So spricht bspw. nichts gegen eine zusammenhängende Darstellung der Aspekte, wenn die nichtfinanzielle Konzernerklärung übersichtlich strukturiert ist und alle Informationen zu allen erforderlichen Aspekten vermittelt werden. Verweise aus der nichtfinanziellen Konzernerklärung auf Angaben im Konzernlagebericht sind hierbei ebenfalls zulässig.[180]

Der Gesetzgeber hat die nichtfinanziellen Aspekte in § 289c Abs. 2 mithilfe von **Sachverhalten** konkretisiert.[181] Bei Sachverhalten handelt es sich nicht um Mindestinhalte, sondern um

---

176 Vgl. HECKER, A./BRÖCKER, N., Die CSR-Berichtspflicht, S. 763; RIMMELSPACHER, D./SCHÄFER, N./SCHÖNBERGER, M. W., Das CSR-Richtlinie-Umsetzungsgesetz, S. 227.

177 Vgl. KIRSCH, H.-J./KÖNIG, C./HUTER, M., in: Baetge u. a., Rechnungslegung nach IFRS, 2. Aufl., Kap. XII, Rn. 204; BLÖINK, T./HALBLEIB, A., Umsetzung der sog. CSR-Richtlinie 2014/95/EU, S. 186.

178 Vgl. dazu WINKELJOHANN, N./SCHÄFER, N., in: Beck Bilanzkomm., 11. Aufl., § 289c, Rn. 22.

179 Vgl. hier und zu den weiteren Sätzen dieses Absatzes DEUTSCHER BUNDESTAG (Hrsg.), BT-Drucksache 18/9982, S. 47.

180 Ziel solcher Verweise ist es, Doppelangaben zu vermeiden. Der Gesetzgeber hat mit diesem Hinweis in der Begründung zum RegE des CSR-RUG auf Kritik im Rahmen der Konsultation zum RefE des CSR-RUG reagiert. Vgl. zu dieser Kritik stellvertretend DRSC (Hrsg.), Stellungnahme zum RefE des CSR-RUG, S. 5.

181 Vgl. hier und zu den weiteren Sätzen dieses Absatzes DEUTSCHER BUNDESTAG (Hrsg.), BT-Drucksache 18/9982, S. 47.

Anhaltspunkte, was aus Sicht der Allgemeinheit im Kontext der nichtfinanziellen Aspekte wesentlich und damit berichtspflichtig sein könnte. Der Gesetzgeber lehnt seine Konkretisierungen an die Ausführungen in den Erwägungsgründen zur CSR-Richtlinie an.[182]

Angaben zu **Umweltbelangen** können nach § 315c Abs. 1 i. V. m. § 289c Abs. 2 Nr. 1 z. B. zu Treibhausgasemissionen, Wasserverbrauch oder Luftverschmutzung erforderlich sein.[183] Weiterhin sind Informationen zu den spezifischen Auswirkungen der Geschäftstätigkeit auf die Umweltsicherheit sowie die biologische Vielfalt in Betracht zu ziehen. Auch globale Umwelt- und Klimaziele können für die Berichterstattung relevant sein.

Unter **Arbeitnehmerbelangen** werden in § 289c Abs. 2 Nr. 2 bspw. Angaben zur Achtung der Rechte von Belegschaft und Gewerkschaften, Informationen zur Personalplanung und Mitarbeiterfluktuation sowie zu Krankheits- und Unfallquoten subsumiert.[184] Darüber hinaus können Sachverhalte wie z. B. Arbeitsbedingungen, Arbeitsplatzsicherheit und Gesundheitsschutz in Betracht kommen.

Als potentiell relevante Sachverhalte im Zusammenhang mit **Sozialbelangen** sieht der Gesetzgeber besonders Maßnahmen des sozialen Dialogs. Dabei handelt es sich gemäß § 289c Abs. 2 Nr. 3 z. B. um den Dialog mit lokalen oder regionalen Kommunen und Gemeinschaften über deren Entwicklung und Schutz.

Weniger detailliert konkretisiert der Gesetzgeber die beiden nichtfinanziellen Aspekte der **Achtung der Menschenrechte** und der **Bekämpfung von Korruption und Bestechung**.[185] Berichtsrelevante Sachverhalte können gemäß § 289c Abs. 2 Nr. 4 und Nr. 5 bspw. Maßnahmen zur Vermeidung von Menschenrechtsverletzungen bzw. zur Bekämpfung von Korruption und Bestechung sein, einschließlich der hierzu verwendeten Instrumente.

Welche Sachverhalte für den berichtenden Konzern relevant sind, ist von dessen Geschäftsmodell abhängig.[186] Für relevante Sachverhalte kann es sinnvoll sein, auf Sachverhaltsebene über die in § 289c Abs. 3 konkretisierten inhaltlichen Anforderungen an die nichtfinanzielle Konzernerklärung zu berichten.[187] In diesen Fällen ist sicherzustellen, dass für die Adressaten ersichtlich ist, zu welchem Aspekt ein Sachverhalt gehört. Unabhängig von der Berichtsebene –

---

[182] Vgl. für eine richtlinienbasierte Konkretisierung GLASER, A., Corporate Social Responsibility, S. 57; VOLAND, T., Erweiterung der Berichtspflichten, S. 2817.

[183] Vgl. hier und zum folgenden Satz § 289c Abs. 2 Nr. 1; EU (Hrsg.), ABl. L 330 vom 15.11.2014, S. 2; DEUTSCHER BUNDESTAG (Hrsg.), BT-Drucksache 18/9982, S. 47. Vgl. ferner zu empirischen Erkenntnissen zur Umweltberichterstattung GRAßMANN, M. U. A., Berichterstattung über Umweltbelange, S. 431–441.

[184] Vgl. hier und zum folgenden Satz § 289c Abs. 2 Nr. 2; EU (Hrsg.), ABl. L 330 vom 15.11.2014, S. 2; DEUTSCHER BUNDESTAG (Hrsg.), BT-Drucksache 18/9982, S. 48.

[185] Vgl. hier und zum folgenden Satz § 289c Abs. 2 Nr. 3; EU (Hrsg.), ABl. L 330 vom 15.11.2014, S. 2; DEUTSCHER BUNDESTAG (Hrsg.), BT-Drucksache 18/9982, S. 48.

[186] Vgl. hier und zum folgenden Satz § 289c Abs. 2 Nr. 4 und Nr. 5; EU (Hrsg.), ABl. L 330 vom 15.11.2014, S. 2; DEUTSCHER BUNDESTAG (Hrsg.), BT-Drucksache 18/9982, S. 48.

[187] Vgl. hier und zum folgenden Satz KAJÜTER, P., CSR-Richtlinie-Umsetzungsgesetz, S. 620.

Aspekt- versus Sachverhaltsebene – sind die im nachfolgenden Abschn. 224.3 erläuterten Vorschriften für jeden Aspekt vollständig zu beachten.

224.3 Angaben unter Wesentlichkeitsvorbehalt

224.31 Angaben zu verfolgten Konzepten

224.311. Beschreibung der Konzepte

Nach § 315c Abs. 1 i. V. m. § 289c Abs. 3 Nr. 1 und Nr. 2 müssen in der nichtfinanziellen Konzernerklärung die im Konzern in Bezug auf die nichtfinanziellen Aspekte verfolgten **Konzepte, einschließlich der im Konzern angewandten Due-Diligence-Prozesse, sowie die Ergebnisse dieser Konzepte** beschrieben werden. Aus der Beschreibung muss deutlich werden, auf welchen nichtfinanziellen Aspekt sich das Konzept bezieht.[188] Die Berichtspflicht gilt mit der Maßgabe des § 315c Abs. 2, nach dem die Angaben für das Verständnis des Geschäftsverlaufs, des Geschäftsergebnisses, der Lage des Konzerns sowie der Auswirkungen seiner Tätigkeit auf die nichtfinanziellen Aspekte erforderlich sein müssen.

Wenn der Gesetzgeber von einer Beschreibung der verfolgten Konzepte spricht, beabsichtigt er Ausführungen des berichtenden Konzerns zu den in Bezug zu einem nichtfinanziellen Aspekt gesetzten **Zielen** und dazu, welche **Maßnahmen** der Konzern in welchem **Zeitraum** zu diesem Zweck verfolgt.[189] Angaben zur Einbindung der Unternehmensführung in die konkrete Umsetzung der Maßnahmen sowie zu Prozessen, die weitere Interessenträger in die Entwicklung von Konzepten einbinden, können ebenfalls erforderlich sein. Ferner werden in § 289c Abs. 3 Nr. 1 **Due-Diligence-Prozesse** als Konzeptbestandteile akzentuiert. Diese sind ebenfalls zu beschreiben, wenn sie angewendet werden.[190]

„Due-Diligence" wird im Kontext von *M&A*-Transaktionen häufig mit „gebotener Sorgfalt" übersetzt.[191] Im Zusammenhang mit der nichtfinanziellen Konzernerklärung sind Verfahren gemeint, „mit denen [...] Sorgfaltspflichten und -obliegenheiten identifiziert und erfüllt [...]"[192] werden. Risiken in Bezug auf die einzelnen nichtfinanziellen Aspekte sollen damit frühzeitig erkannt werden, um die daraus entstehenden negativen Auswirkungen auf die jeweiligen Aspekte verhindern bzw. begrenzen zu können.[193] Aus der CSR-Richtlinie wird deutlich, dass der

[188] Vgl. Deutscher Bundestag (Hrsg.), BT-Drucksache 18/9982, S. 49. Da die Berichtspflicht nach § 315c Abs. 1 i. V. m. § 289c Abs. 4 an die Existenz einer Konzeptbeschreibung knüpft, muss für die Adressaten ersichtlich sein, auf welchen nichtfinanziellen Aspekt sich eine Beschreibung bezieht. Nur so kann vom Adressaten überprüft werden, ob der Konzern seine Berichtspflichten erfüllt. Vgl. so auch DRS 20.266; Deutscher Bundestag (Hrsg.), BT-Drucksache 18/9982, S. 49.

[189] Vgl. hier und zu den weiteren Sätzen dieses Absatzes Deutscher Bundestag (Hrsg.), BT-Drucksache 18/9982, S. 49.

[190] Vgl. zur Analyse und Konkretisierung der Berichtspflicht Abschn. 432.23.

[191] Vgl. stellvertretend IDW (Hrsg.), WP-Handbuch 2017, Kap. A, Rn. 48. Vgl. für eine ausführliche Auseinandersetzung mit der Herkunft des Begriffs m. w. N. Berens, W./Strauch, J., Herkunft und Inhalt des Begriffes Due Diligence, S. 3–20.

[192] Deutscher Bundestag (Hrsg.), BT-Drucksache 18/9982, S. 49.

[193] Vgl. Deutscher Bundestag (Hrsg.), BT-Drucksache 18/9982, S. 49 f., sowie DRS 20.11 zur Definition von Due-Diligence-Prozessen im Kontext der nichtfinanziellen Konzernerklärung. Der Gesetzgeber weist in der

europäische Gesetzgeber Informationen zu **Due-Diligence-Prozessen mit Bezug zu Lieferketten** besondere Bedeutung beimisst.[194] Vor diesem Hintergrund fordert der deutsche Gesetzgeber in seiner Begründung zum CSR-RUG allerdings nur, dass Konzerne angeben sollen, bis zu welcher Ebene ihrer Lieferkette nichtfinanzielle Themen adressiert werden.[195] Dies gilt besonders für Konzerne, die – wie z. B. Modekonzerne – in erheblichem Maße auf die Produkte und Dienstleistungen einer Lieferkette zurückgreifen, um ihr Geschäftsmodell zu verfolgen.

Wesentlicher Bestandteil der Beschreibung der vom Konzern verfolgten Konzepte sind gemäß § 315c Abs. 1 i. V. m. § 289c Abs. 3 Nr. 2 auch die mit der Anwendung dieser Konzepte verbundenen **Ergebnisse**. „Gemeint sind in erster Linie feststellbare Auswirkungen [...]"[196], die in Zusammenhang mit den im Konzept definierten Zielen und Maßnahmen stehen. Indes darf nicht auf Angaben verzichtet werden, wenn keine Auswirkungen aus der Anwendung der Konzepte erkennbar sind. Vielmehr ist dies in Form einer Fehlaussage als Ergebnis zu berichten. In der Begründung zum CSR-RUG wird darauf hingewiesen, dass zusätzliche Erläuterungen zu den Ergebnissen häufig sinnvoll und hilfreich sein können und insofern zulässig, aber nicht verbindlich sind.[197]

Der deutsche Gesetzgeber betont in seiner Begründung zum CSR-RUG sowohl im Hinblick auf die Konzepte als auch in Bezug auf die Due-Diligence-Prozesse, dass nur über verfolgte Konzepte bzw. angewandte Prozesse zu berichten ist.[198] Dagegen wäre es nicht i. S. d. CSR-RUG, wenn Konzerne allein für den Zweck der Berichterstattung neue Konzepte entwickeln oder bestehende Konzepte anpassen würden.[199] Vielmehr sei für die Allgemeinheit nur wichtig, die wesentlichen Eckpunkte eines Konzepts „[...] so, wie es ist [...]"[200] zu verstehen.[201] Ungeachtet

---

Begründung zum CSR-RUG darauf hin, dass zwischen den in der nichtfinanziellen Konzernerklärung adressierten Due-Diligence-Prozessen und den nach § 315 Abs. 2 Satz 1 Nr. 1 Buchst. a geforderten Informationen zu Risikomanagementzielen und -methoden (vgl. dazu bspw. KIRSCH, H.-J./KÖNIG, C./HUTER, M., in: Baetge u. a., Rechnungslegung nach IFRS, 2. Aufl., Kap. XII, Rn. 103–113) sowie den Angaben im Bericht zum internen Kontroll- und dem Risikomanagementsystem nach § 315 Abs. 4 (vgl. dazu bspw. KIRSCH, H.-J./KÖNIG, C./HUTER, M., in: Baetge u. a., Rechnungslegung nach IFRS, 2. Aufl., Kap. XII, Rn. 127–134) eine gewisse Nähe besteht, so dass inhaltliche Überschneidungen möglich sind.

194 Vgl. EU (Hrsg.), ABl. L 330 vom 15.11.2014, S. 2.

195 Vgl. hier und zum folgenden Satz DEUTSCHER BUNDESTAG (Hrsg.), BT-Drucksache 18/9982, S. 49.

196 DEUTSCHER BUNDESTAG (Hrsg.), BT-Drucksache 18/9982, S. 50.

197 Vgl. DEUTSCHER BUNDESTAG (Hrsg.), BT-Drucksache 18/9982, S. 50.

198 Vgl. hier und zu den weiteren Sätzen dieses Absatzes DEUTSCHER BUNDESTAG (Hrsg.), BT-Drucksache 18/9982, S. 49.

199 An dieser Darstellung des Gesetzgebers werden im Schrifttum Zweifel geäußert, da vermutet wird, dass mit den Berichtspflichten mittelbar solche Prozesse in Gang gesetzt werden sollen. Vgl. so bspw. WINKELJOHANN, N./SCHÄFER, N., in: Beck Bilanzkomm., 11. Aufl., § 289c, Rn. 41. Vgl. außerdem zu einem ähnlichen Sachverhalt im Zusammenhang mit den Angaben nach § 315 Abs. 4 zum internen Kontroll- und dem Risikomanagementsystem BÖCKING, H.-J./DUTZI, A./GROS, M., in: Baetge/Kirsch/Thiele, § 289, Rn. 259; GELHAUSEN, H. F./FEY, G./KÄMPFER, G., Rechnungslegung und Prüfung nach BilMoG, Abschn. O, Rn. 327.

200 DEUTSCHER BUNDESTAG (Hrsg.), BT-Drucksache 18/9982, S. 49.

201 Bei der „Allgemeinheit" handelt es sich um einen Adressaten der nichtfinanziellen Konzernerklärung. Vgl. allgemein zu den Adressaten der nichtfinanziellen Konzernerklärung und zur Abgrenzung der Allgemeinheit in diesem Kontext Abschn. 313.

dessen knüpft der Gesetzgeber mit der sog. *Comply-or-Explain*-Regelung zusätzliche Berichtspflichten an die Nichtexistenz eines Konzepts.[202]

224.312. *Comply-or-Explain*-Regelung

Sofern im Konzern zu einem oder zu mehreren nichtfinanziellen Aspekten kein Konzept verfolgt wird, sind die Gründe dafür gemäß § 315c Abs. 1 i. V. m. § 289c Abs. 4 klar und begründet in der nichtfinanziellen Konzernerklärung zu erläutern.[203] Dies gilt für jeden der fünf nichtfinanziellen Aspekte.[204] Die Ausführungen ersetzen dann die Angaben nach § 289c Abs. 3 Nr. 1 und Nr. 2 zu den verfolgten Konzepten und den damit verbundenen Ergebnissen.[205] Damit wird die sog. ***Comply-or-Explain*-Regelung** ein weiteres Mal im Handelsrecht implementiert.[206] Dieser Regelung entsprechend liegt es im Ermessen der Konzerne, Konzepte zu entwickeln und anzuwenden oder stattdessen über das Gegenteil zu informieren.[207] Mit der *Comply-or-Explain*-Regelung setzt der Gesetzgeber eine Vorgabe aus der CSR-Richtlinie um, die in der nichtfinanziellen Konzernerklärung für jeden nichtfinanziellen Aspekt einen **Mindestinhalt** festlegt.[208]

Obgleich die Angaben nach § 315c Abs. 1 i. V. m. § 289c Abs. 4 sowohl die Angaben zu den verfolgten Konzepten als auch zu den Ergebnissen der Konzepte ersetzen, knüpft die *Comply-or-Explain*-Regelung ausschließlich daran an, ob Konzepte verfolgt werden. Sollte ein Konzept keine feststellbaren Auswirkungen gehabt haben, muss genau dies berichtet werden.[209] Darauf kann auch nicht mit einem Verweis auf § 289c Abs. 4 verzichtet werden. Umgekehrt lösen fehlende Ergebnisse auch keine weitergehenden Berichtspflichten i. S. d. *Comply-or-Explain*-Regelung aus. Gleiches gilt, wenn im Rahmen eines Konzepts keine Due-Diligence-Prozesse verfolgt werden. Diese werden zwar in § 289c Abs. 3 Nr. 1 explizit adressiert, sind aber nur eine Konkretisierung der möglichen Bestandteile eines Konzepts.[210]

Die *Comply-or-Explain*-Regelung steht außerdem in keiner Verbindung zu den weiteren Berichtspflichten nach § 315c Abs. 1 i. V. m. § 289c Abs. 3 Nr. 3–6.[211] Folglich ist in der nichtfinanziellen Konzernerklärung auch dann z. B. über Risiken im Zusammenhang mit einzelnen

---

[202] Vgl. zur *Comply-or-Explain*-Regelung Abschn. 224.312.

[203] Für eine Konkretisierung der im Hinblick auf Umfang und Inhalt nach der *Comply-or-Explain*-Regelung geforderten Angaben sei auf Abschn. 432.4 verwiesen.

[204] Vgl. DEUTSCHER BUNDESTAG (Hrsg.), BT-Drucksache 18/9982, S. 52.

[205] Vgl. WINKELJOHANN, N./SCHÄFER, N., in: Beck Bilanzkomm., 11. Aufl., § 289c, Rn. 85.

[206] Vgl. hier und zum folgenden Satz DEUTSCHER BUNDESTAG (Hrsg.), BT-Drucksache 18/9982, S. 52. Das *Comply-or-Explain*-Prinzip ist bereits im Zusammenhang mit der Corporate-Governance-Erklärung bekannt. Vgl. dazu bspw. GOETTE, W., in: MüKo AktG, 4. Aufl., § 161, Rn. 35. Mit dem CSR-RUG wurde das *Comply-or-Explain*-Prinzip außerdem auch für die Angaben zur Diversität im Rahmen der Konzernerklärung zur Unternehmensführung eingeführt. Vgl. dazu bspw. KIRSCH, H., in: Hofbauer/Kupsch, 2. Aufl., § 289f, Rn. 126–129.

[207] Vgl. DEUTSCHER BUNDESTAG (Hrsg.), BT-Drucksache 18/9982, S. 52.

[208] Vgl. DEUTSCHER BUNDESTAG (Hrsg.), BT-Drucksache 18/9982, S. 52; Art. 1 Nr. 3 Abs. 1, 4. Unterabs. der Richtlinie 2014/95/EU.

[209] Vgl. Abschn. 224.311.

[210] Vgl. DEUTSCHER BUNDESTAG (Hrsg.), BT-Drucksache 18/9982, S. 52.

[211] Vgl. hier und zu den weiteren Sätzen diese Absatzes WINKELJOHANN, N./SCHÄFER, N., in: Beck Bilanzkomm., 11. Aufl., § 289c, Rn. 85. Indes betont der Gesetzgeber in seiner Begründung zum CSR-RUG, dass häufig ein

nichtfinanziellen Aspekten zu berichten, wenn für diese Aspekte im Konzern kein Konzept verfolgt wird. Umgekehrt entsteht aus § 289c Abs. 4 aber auch keine Berichtspflicht, wenn bestehende Risiken gemäß des in § 315c Abs. 2 verankerten Wesentlichkeitsvorbehalts für den Konzern nicht wesentlich sind und deshalb nicht darüber berichtet wird.[212]

224.32 Risikoberichterstattung

Einen **besonderen Schwerpunkt** in der nichtfinanziellen Konzernerklärung soll die Risikoberichterstattung bilden.[213] Risiken können im bilanzrechtlichen Kontext als „mögliche künftige Entwicklungen oder Ereignisse, die zu einer negativen Abweichung von Prognosen bzw. Zielen des Konzerns führen können"[214] definiert werden. Ob der Gesetzgeber eine solche **Definition des Risikobegriffs** auch im Rahmen der nichtfinanziellen Konzernerklärung als sachgerecht erachtet, bleibt in der Begründung zum CSR-RUG unklar. Dort wird ausgeführt, dass bei der Berichterstattung über Risiken auch in der nichtfinanziellen Konzernerklärung die allgemeinen Grundsätze der Finanzberichterstattung zu beachten sind.[215] Indes könne der Risikobegriff in diesem Kontext aber auch nicht rein bilanzrechtlich bestimmt werden. So liefert der Gesetzgeber zwar erste Hinweise, überlässt eine dezidierte Konkretisierung des Risikobegriffs aber den Anwendern.[216]

Die Vorgaben der CSR-Richtlinie zur **Risikoberichterstattung** wurden mit dem CSR-RUG in § 289c Abs. 3 Nr. 3 und Nr. 4 kodifiziert und sind nach § 315c Abs. 1 für den Konzern verbindlich:

- Erstens ist über die wesentlichen Risiken zu berichten, die mit der Geschäftstätigkeit des Konzerns verknüpft sind und die sehr wahrscheinlich schwerwiegende negative Auswirkungen auf die nichtfinanziellen Aspekte haben oder haben werden, sowie über die Handhabung dieser Risiken durch den Konzern.[217]

- Zweitens muss die nichtfinanzielle Konzernerklärung Angaben zu den wesentlichen Risiken enthalten, die mit den Geschäftsbeziehungen des Konzerns und seinen Produkten und Dienstleistungen verknüpft sind und die sehr wahrscheinlich schwerwiegende negative

sachlicher Zusammenhang zwischen bestehenden wesentlichen Risiken und der Existenz von Konzepten bestehen wird. Vgl. DEUTSCHER BUNDESTAG (Hrsg.), BT-Drucksache 18/9982, S. 52.

212 In diesem Zusammenhang bestehen allerdings ebenso Zweifelsfragen wie an der konzeptionellen Eignung der *Comply-or-Explain*-Regelung im Kontext der nichtfinanziellen Konzernerklärung. Diesbezüglich sei auf die Analyse und Konkretisierung in Abschn. 432.4 verwiesen.

213 Vgl. DEUTSCHER BUNDESTAG (Hrsg.), BT-Drucksache 18/9982, S. 50.

214 DRS 20.11. Vgl. zu diesem Satz außerdem DRS 20.B8.

215 Vgl. hier und zum folgenden Satz DEUTSCHER BUNDESTAG (Hrsg.), BT-Drucksache 18/9982, S. 50.

216 In diesem Zusammenhang sei bereits auf die Analyse und Konkretisierung in Abschn. 433.21. hingewiesen.

217 Vgl. dazu sinngemäß § 289c Abs. 3 Nr. 3. Indes sind die Ausführungen inhaltlich an die Berichterstattung in der nichtfinanziellen Konzernerklärung angepasst.

Auswirkungen auf die nichtfinanziellen Aspekte haben oder haben werden, soweit die Angaben von Bedeutung sind und die Berichterstattung über diese Risiken verhältnismäßig ist, sowie Angaben zur Handhabung dieser Risiken durch den Konzern.[218]

Mit den beiden Einzelvorschriften in § 289c Abs. 3 Nr. 3 und Nr. 4 differenziert der Gesetzgeber die Anforderungen an die Risikoberichterstattung und konkretisiert so die unterschiedlichen Risikoperspektiven aus der CSR-Richtlinie.[219] Dabei ist die Vorschrift des § 289c Abs. 3 Nr. 4 eine **Spezialvorschrift** des § 289c Abs. 3 Nr. 3.[220] In beiden Normen geht es in erster Linie nicht um unmittelbare Risiken für den Konzern, sondern um Risiken für die nichtfinanziellen Aspekte, die jedoch zumindest mittelbar in Zusammenhang mit der **Geschäftstätigkeit** des Konzerns stehen.[221] So ist einerseits über Risiken zu berichten, die direkt mit der Geschäftstätigkeit zusammenhängen und somit vom Konzern selbst (bewusst) eingegangen und ggf. beeinflusst werden können. Andererseits sind auch Risiken zu adressieren, die mit den **Produkten und Dienstleistungen** eines Konzerns sowie seinen **Geschäftsbeziehungen** verbunden sind und damit großteils nur indirekt in seine Einflusssphäre fallen. Dabei geht es primär um Risiken in Bezug auf nichtfinanzielle Aspekte, die i. V. m. den Aktivitäten von Lieferanten, Subunternehmern und Kunden stehen.

Der **Umfang der Risikoberichterstattung** wird trotz der ihr beigemessenen hohen Bedeutung gleich mehrfach begrenzt. Zusätzlich zu dem in § 315c Abs. 2 formulierten allgemeinen Wesentlichkeitsvorbehalt[222] stellt § 289c Abs. 3 Nr. 3 bzw. Nr. 4 zusätzlich „[…] auf die Wesentlichkeit des Risikos ab, also auf das sehr wahrscheinliche Eintreten schwerwiegender negativer Auswirkungen […].“[223] Zwar ist anzunehmen, dass ein wesentliches Risiko i. S. d. § 315c Abs. 2 regelmäßig auch die speziellen Anforderungen an die Wesentlichkeit eines Risikos nach § 289c Abs. 3 Nr. 3 bzw. Nr. 4 erfüllt.[224] Allerdings wird das Berichtserfordernis in § 289c Abs. 3 Nr. 4 noch weiter eingeschränkt. Dieses ist nämlich nur dann gegeben, wenn die Angaben von Bedeutung sind und die Berichterstattung über diese Risiken verhältnismäßig ist. Hintergrund dieses zusätzlichen Wesentlichkeitskriteriums ist die Sorge des Gesetzgebers vor übermäßigen Belastungen kleiner und mittelgroßer Unternehmen. So sollen unverhältnismäßige Auskunftsersuchen von berichtspflichtigen Konzernen bei ihren kleinen und mittelgroßen Geschäftspartnern verhindert werden.

---

[218] Vgl. dazu sinngemäß § 289c Abs. 3 Nr. 4. Indes sind die Ausführungen inhaltlich an die Berichterstattung in der nichtfinanziellen Konzernerklärung angepasst.

[219] Vgl. Art. 1 Nr. 3 Abs. 1, 1. Unterabs., Buchst. d der Richtlinie 2014/95/EU.

[220] Vgl. WULF, I., Neue Berichtspflichten, S. 106.

[221] Vgl. hier und zu den folgenden Sätzen dieses Absatzes DEUTSCHER BUNDESTAG (Hrsg.), BT-Drucksache 18/9982, S. 50 f.

[222] Nach dem allgemeinen in § 315c Abs. 2 kodifizierten Wesentlichkeitsvorbehalt sind nur solche Informationen zu berichten, die für das Verständnis des Geschäftsverlaufs, des Geschäftsergebnisses, der Lage des Konzerns sowie der Auswirkungen seiner Tätigkeit auf die nichtfinanziellen Aspekte erforderlich sind. Vgl. DEUTSCHER BUNDESTAG (Hrsg.), BT-Drucksache 18/9982, S. 50 f., sowie die Ausführungen in Abschn. 224.1.

[223] DEUTSCHER BUNDESTAG (Hrsg.), BT-Drucksache 18/9982, S. 50.

[224] Vgl. hier und zu den verbleibenden Sätzen dieses Absatzes DEUTSCHER BUNDESTAG (Hrsg.), BT-Drucksache 18/9982, S. 50 f.

Die Interdependenzen der einzelnen Wesentlichkeitskriterien werden vom Gesetzgeber nicht erläutert und bleiben ebenso unklar wie die konkrete Bedeutung einzelner Begriffe in § 289c Abs. 3 Nr. 3 und Nr. 4. In diesem Zusammenhang sei bereits auf die Analyse und Auslegung der unterschiedlichen Wesentlichkeitspostulate in Abschn. 433.22 verwiesen. Zu konkretisieren sind ferner u. a. die zeitliche Perspektive der Risikoberichterstattung, die Länge möglicher Prognosehorizonte und der Ausweis der Risiken in der nichtfinanziellen Konzernerklärung.[225]

224.33 Nichtfinanzielle Leistungsindikatoren

Nach § 315c Abs. 1 i. V. m. § 289c Abs. 3 Nr. 5 sind zu den in der nichtfinanziellen Konzernerklärung berichteten Aspekten die bedeutsamsten nichtfinanziellen Leistungsindikatoren, die für die Geschäftstätigkeit des Konzerns von Bedeutung sind, anzugeben. Damit knüpft § 289c Abs. 3 Nr. 5 an die Vorschrift des § 315 Abs. 3 an, nach der im Wirtschaftsbericht des Konzernlageberichts nichtfinanzielle Leistungsindikatoren im Rahmen der Analyse von Geschäftsverlauf und -lage des Konzerns zu berücksichtigen sind, wenn sie für die Geschäftstätigkeit von Bedeutung sind.[226]

Allgemein ist ein Leistungsindikator eine qualitative oder quantitative Größe zur Beurteilung eines Teils der Leistung eines Konzerns.[227] Der Begriff des nichtfinanziellen Leistungsindikators wurde vom Gesetzgeber hingegen weder im Rahmen der Umsetzung der CSR-Richtlinie in nationales Recht noch bei der Einführung des § 315 Abs. 3 durch das BilReG definiert.[228] Im Sinne einer Arbeitsdefinition und in Abgrenzung zu finanziellen Leistungsindikatoren können nichtfinanzielle Leistungsindikatoren als **Größen, die in der Regel keinen unmittelbaren Bezug zur Rechnungslegung eines Konzerns haben, aber dennoch wert- und erfolgsbestimmend für ihn sind**, bestimmt werden.[229]

Welche spezifischen nichtfinanziellen Leistungsindikatoren berichtspflichtig sind, ist abhängig vom Geschäftsmodell eines Konzerns.[230] In diesem Zusammenhang wird im Schrifttum mit Verweis auf den nahezu übereinstimmenden Wortlaut der beiden Vorschriften in § 289c Abs. 3

---

[225] Vgl. zur Identifikation von Auslegungsfragen im Kontext der Risikoberichterstattung Abschn. 433.1. Vgl. außerdem zur zeitlichen Perspektive und zum Prognosehorizont der Risikoberichterstattung Abschn. 433.23, sowie zu den Ausweisfragen Abschn. 433.24.

[226] Vgl. DEUTSCHER BUNDESTAG (Hrsg.), BT-Drucksache 18/9982, S. 51.

[227] Vgl. dazu die Definition nach DRS 20.11.

[228] Vgl. HINZE, A.-K., Nichtfinanzielle Leistungsindikatoren, S. 1168 f. Sowohl in der Begründung zum BilReG als auch in der Begründung zum CSR-RUG werden beispielhaft Anhaltspunkte für nichtfinanzielle Leistungsindikatoren genannt. Auf eine allgemeingültige Definition wird dagegen verzichtet. Vgl. für das BilReG DEUTSCHER BUNDESTAG (Hrsg.), BT-Drucksache 15/3419, S. 51, und für das CSR-RUG DEUTSCHER BUNDESTAG (Hrsg.), BT-Drucksache 18/9982, S. 51.

[229] Vgl. zu dieser Arbeitsdefinition eines nichtfinanziellen Leistungsindikators KIRSCH, H.-J./KÖNIG, C./HUTER, M., in: Baetge u. a., Rechnungslegung nach IFRS, 2. Aufl., Kap. XII, Rn. 67; IDW (Hrsg.), WP-Handbuch 2017, Kap. F, Rn. 1361; BÖCKING, H.-J./ALTHOFF, C., Paradigmenwechsel, S. 246–248. Vgl. für eine alternative Definition nichtfinanzieller Leistungsindikatoren HINZE, A.-K., Nichtfinanzielle Leistungsindikatoren, S. 1172.

[230] Vgl. DEUTSCHER BUNDESTAG (Hrsg.), BT-Drucksache 18/9982, S. 51.

Nr. 5 und § 315 Abs. 3 auf DRS 20.106 abgestellt.[231] Demnach wären nur solche nichtfinanziellen Leistungsindikatoren von einer Berichtspflicht in der nichtfinanziellen Konzernerklärung erfasst, die auch zur internen Steuerung genutzt werden.[232] Insofern wäre der Umfang der berichtspflichtigen nichtfinanziellen Leistungsindikatoren im Konzernlagebericht und in der nichtfinanziellen Konzernerklärung ceteris paribus deckungsgleich.[233] Allerdings wird in der CSR-Richtlinie die Angabe der wichtigsten nichtfinanziellen Leistungsindikatoren gefordert, woraus kein unmittelbarer Bezug zum Kriterium der internen Steuerungsrelevanz abgeleitet werden kann.[234]

Die einzelnen nichtfinanziellen Leistungsindikatoren sind in der nichtfinanziellen Konzernerklärung selbständig darzustellen.[235] Für eine Konkretisierung der Anforderungen an eine selbständige Darstellung nichtfinanzieller Leistungsindikatoren sei auf Abschn. 435.2 verwiesen. Die nichtfinanziellen Leistungsindikatoren sind jedoch nicht nur selbständig darzustellen, sondern ggf. auch in die Ausführungen zu den übrigen Berichtspunkten in der nichtfinanziellen Konzernerklärung zu integrieren.[236] So können nichtfinanzielle Leistungsindikatoren bspw. als Maßgröße zur Operationalisierung von Zielen und Maßnahmen dienen oder die Auswirkungen möglicher Risiken quantifizieren. Mithin fließen einzelne Indikatoren ggf. mehrfach in die nichtfinanzielle Konzernerklärung ein.[237]

224.34 Ergänzende Hinweise auf Beträge im Konzernabschluss

Soweit es für das Verständnis erforderlich ist, sind die nach § 315c Abs. 1 i. V. m. § 289c Abs. 3 Nr. 1–5 geforderten Angaben in der nichtfinanziellen Konzernerklärung gemäß § 315c Abs. 1 i. V. m. § 289c Abs. 3 Nr. 6 um Hinweise auf Beträge im Konzernabschluss, einschließlich weiterer Erläuterungen dazu, zu ergänzen.[238] Demnach sind die Angaben gemäß § 315c Abs. 1 i. V. m. § 289c Abs. 3 Nr. 6 primär kein weiteres eigenständiges Berichtselement, wie es die handelsrechtliche Regelungssystematik zunächst vermuten lässt, sondern i. d. R. Bestandteil der Angaben nach § 315c Abs. 1 i. V. m. § 289c Abs. 3 Nr. 1–5.[239] Folglich sind die

---

231 Vgl. RIMMELSPACHER, D./SCHÄFER, N./SCHÖNBERGER, M. W., Das CSR-Richtlinie-Umsetzungsgesetz, S. 228; WINKELJOHANN, N./SCHÄFER, N., in: Beck Bilanzkomm., 11. Aufl., § 289c, Rn. 75. Zudem weist der Gesetzgeber in der Begründung zum CSR-RUG selbst auf die in DRS 20.107 genannten Beispiele für nichtfinanzielle Leistungsindikatoren hin. Vgl. DEUTSCHER BUNDESTAG (Hrsg.), BT-Drucksache 18/9982, S. 51.

232 Vgl. KAJÜTER, P., CSR-Richtlinie-Umsetzungsgesetz, S. 623.

233 Vgl. KAJÜTER, P., CSR-Richtlinie-Umsetzungsgesetz, S. 623; WINKELJOHANN, N./SCHÄFER, N., in: Beck Bilanzkomm., 11. Aufl., § 289c, Rn. 75.

234 Vgl. Art. 1 Nr. 3 Abs. 1, 1. Unterabs., Buchst. e der Richtlinie 2014/95/EU. Für eine weitergehende Konkretisierung des Berichtsumfangs sei auf Abschn. 435. verwiesen.

235 DEUTSCHER BUNDESTAG (Hrsg.), BT-Drucksache 18/9982, S. 51.

236 Das ist vergleichbar zur Berücksichtigung nichtfinanzieller Leistungsindikatoren im Rahmen der Analyse nach § 315 Abs. 3. Vgl. hier und zum folgenden Satz KAJÜTER, P., CSR-Richtlinie-Umsetzungsgesetz, S. 622 f.

237 Vgl. zur Mehrfachangabe nichtfinanzieller Leistungsindikatoren in der nichtfinanziellen Konzernerklärung ebenfalls Abschn. 435.2.

238 Vgl. zu den Ausführungen dieses Abschnitts die ausführliche Analyse und Konkretisierung des § 289c Abs. 3 Nr. 6 im Kontext der nichtfinanziellen Konzernerklärung in Abschn. 436.

239 Vgl. in diesem Kontext die Regelungssystematik in der CSR-Richtlinie in Art. 1 Nr. 3 Abs. 1, 3. Unterabs., der Richtlinie 2014/95/EU. Vgl. außerdem hier und zum folgenden Satz KIRSCH, H.-J./KÖNIG, C./HUTER, M.,

ergänzenden Hinweise regelmäßig in die Ausführungen zu den übrigen Angaben in der nichtfinanziellen Konzernerklärung zu integrieren. So sollen die Hinweise dazu beitragen, das Verständnis der Adressaten für Zusammenhänge zwischen der nichtfinanziellen Konzernerklärung und der Konzernrechnungslegung i. e. S., also von finanzieller und nichtfinanzieller Perspektive der Geschäftstätigkeit eines Konzerns, zu fördern.[240] „Mithin reicht hier eine bloße Nennung des jeweiligen Betrags [...] nicht aus, sondern dessen Angabe ist um eine weitergehende Erklärung oder Kommentierung zu erweitern [...].“[241]

Mit den Hinweisen auf Beträge im Konzernabschluss werden im Gesetzestext alle Bestandteile eines Konzernabschlusses adressiert. Dieser umfasst neben der Konzernbilanz und -GuV nach § 297 Abs. 1 den Konzernanhang, die Kapitalflussrechnung, den Eigenkapitalspiegel und ggf. eine Segmentberichterstattung. Folglich kann in der nichtfinanziellen Konzernerklärung auf sämtliche dort angegebenen Beträge hingewiesen werden.[242]

Von diesen Hinweisen auf Beträge im Konzernabschluss sind Verweise auf bestimmte Angaben im Konzernabschluss zu unterscheiden, die als Ersatz für berichtspflichtige Angaben nach § 315c Abs. 1 i. V. m. § 289c Abs. 3 Nr. 1–5 fungieren sollen, und damit dem Zweck dienen, im Konzernabschluss gemachte Angaben nicht in der nichtfinanziellen Konzernerklärung wiederholen zu müssen. Solche Verweise und der damit korrespondierende Verzicht auf Angaben in der nichtfinanziellen Konzernerklärung sind unzulässig.[243]

224.4 Ausnahmeregelung

Mutterunternehmen ist es nach § 315c Abs. 3 i. V. m. § 289e Abs. 1 unter bestimmten Voraussetzungen freigestellt, auf die Veröffentlichung einzelner nachteiliger Informationen zu verzichten.[244] Damit wird im Rahmen der Konzernlageberichterstattung erstmals eine explizite, wenn auch restriktive, **Schutzklausel** kodifiziert.[245] Konkret besteht dieses Wahlrecht für Angaben zu künftigen Entwicklungen oder Belangen, über die Verhandlungen geführt werden, wenn die beiden Bedingungen nach § 289e Abs. 1 Nr. 1 und Nr. 2 erfüllt sind:

in: Baetge u. a., Rechnungslegung nach IFRS, 2. Aufl., Kap. XII, Rn. 242.

240 Vgl. KIRSCH, H.-J./KÖNIG, C./HUTER, M., in: Baetge u. a., Rechnungslegung nach IFRS, 2. Aufl., Kap. XII, Rn. 241.

241 WINKELJOHANN, N./SCHÄFER, N., in: Beck Bilanzkomm., 11. Aufl., § 289c, Rn. 80.

242 Vgl. KIRSCH, H.-J./KÖNIG, C./HUTER, M., in: Baetge u. a., Rechnungslegung nach IFRS, 2. Aufl., Kap. XII, Rn. 241.

243 Vgl. DRS 20.244 sowie DRS 20.256.

244 Mit dieser Ausnahmeregelung hat der deutsche Gesetzgeber das Mitgliedstaatenwahlrecht aus Art. 1 Nr. 3 Abs. 1, 4. Unterabs. der Richtlinie 2014/95/EU an die Mitglieder des vertretungsberechtigten Organs des Mutterunternehmens weitergegeben.

245 Vgl. WINKELJOHANN, N./SCHÄFER, N., in: Beck Bilanzkomm., 11. Aufl., § 289e, Rn. 1. Indes strahlt die Schutzklausel nicht auf andere Teile des Lageberichts aus. Vgl. dazu WULF, I., Neue Berichtspflichten, S. 109.

- Die Angaben wären nach vernünftiger kaufmännischer Beurteilung der Mitglieder des vertretungsberechtigten Organs des Mutterunternehmens dazu geeignet, dem Konzern einen erheblichen Nachteil zuzufügen.[246]

- Das Weglassen der Angaben führt nicht dazu, dass ein den tatsächlichen Verhältnissen entsprechendes und ausgewogenes Verständnis des Geschäftsverlaufs, des Geschäftsergebnisses, der Lage des Konzerns und der Auswirkungen seiner Tätigkeit verhindert wird.[247]

Aus dem Wortlaut der **ersten Bedingung** wird deutlich, dass die Entscheidung über den Verzicht auf bestimmte Angaben vom Vorstand bzw. der Geschäftsführung des Mutterunternehmens getroffen werden muss.[248] Die **zweite Bedingung** grenzt die Ausnahmeregelung auf Angaben ein, die i. S. d. § 315c Abs. 2 zwar wesentlich sind und folglich grundsätzlich zu berichten wären, aber nicht so bedeutsam sind, dass ihr Weglassen ein ausgewogenes Gesamtverständnis des Konzerns ausschließt. Somit können sich Mutterunternehmen „[...] nur in eng begrenzten Ausnahmefällen auf die Regelung berufen und von einer Berichterstattung über bestimmte Informationen absehen."[249] Insofern orientiert sich der Gesetzgeber an den Richtlinienvorgaben.[250]

Unterlässt ein Mutterunternehmen bestimmte Angaben unter den Voraussetzungen des § 289e Abs. 1 und entfallen in der Folge die Gründe dafür, so ist es nach § 315c Abs. 3 i. V. m. § 289e Abs. 2 dazu verpflichtet, diese Angaben in die darauf folgende nichtfinanzielle Konzernerklärung aufzunehmen. Hat ein Mutterunternehmen in der Vergangenheit bspw. auf die Berichterstattung zu Risiken in der Lieferkette verzichtet und sind die Gründe dafür entfallen, ist in der nächsten nichtfinanziellen Konzernerklärung sowohl aus aktueller als auch aus dann vergangener Perspektive über Risiken in der Lieferkette zu berichten.[251] Dies ermöglicht es den Adressaten der Berichterstattung nachzuvollziehen, wie die Ausnahmeregelung in Anspruch genommen wurde.[252]

---

246 Vgl. dazu im Konzernkontext § 289e Abs. 1 Nr. 1. Der Wortlaut der Norm, einschließlich des „erheblichen Nachteils", orientiert sich an § 286 Abs. 2, da in den englischen Fassungen der Richtlinien 2014/95/EU und 2013/34/EU jeweils der gleiche Ausdruck genutzt wird. Vgl. DEUTSCHER BUNDESTAG (Hrsg.), BT-Drucksache 18/9982, S. 53.

247 Vgl. dazu im Konzernkontext § 289e Abs. 1 Nr. 2.

248 Vgl. hier und zum folgenden Satz DEUTSCHER BUNDESTAG (Hrsg.), BT-Drucksache 18/9982, S. 53.

249 DEUTSCHER BUNDESTAG (Hrsg.), BT-Drucksache 18/9982, S. 53.

250 Auch in Art. 1 Nr. 3 Abs. 1, 4. Unterabs. der Richtlinie 2014/95/EU wird von „Ausnahmefällen" gesprochen. Indes bestehen im Schrifttum Zweifel, ob es in der Praxis überhaupt relevante Fälle für die Anwendung der Regelung gibt. Vgl. so KIRSCH, H.-J./KÖNIG, C./HUTER, M., in: Baetge u. a., Rechnungslegung nach IFRS, 2. Aufl., Kap. XII, Rn. 244; HOLZMEIER, M./BURTH, M./HACHMEISTER, D., Die nichtfinanzielle Konzernberichterstattung, S. 220.

251 Vgl. KIRSCH, H.-J./KÖNIG, C./HUTER, M., in: Baetge u. a., Rechnungslegung nach IFRS, 2. Aufl., Kap. XII, Rn. 244.

252 Vgl. DEUTSCHER BUNDESTAG (Hrsg.), BT-Drucksache 18/9982, S. 53; WINKELJOHANN, N./SCHÄFER, N., in: Beck Bilanzkomm., 11. Aufl., § 289e, Rn. 4; WULF, I., Neue Berichtspflichten, S. 109.

225. Regelungen zur Prüfung

Die Regelungen zur Prüfung einer nichtfinanziellen Konzernerklärung unterscheiden sich in verschiedenen Punkten von denen zur Prüfung eines Konzernlageberichts.[253] So sind die Angaben in der nichtfinanziellen Konzernerklärung nach § 317 Abs. 2 Satz 4 explizit von der inhaltlichen Prüfung **im Rahmen der Abschlussprüfung ausgeschlossen.**[254] Der Abschlussprüfer muss lediglich feststellen, ob die Angaben gemacht wurden.[255] Demgegenüber ist der **Aufsichtsrat** gemäß § 171 Abs. 1 Satz 4 AktG nicht nur zu einer formalen, sondern auch zu einer inhaltlichen Prüfung der nichtfinanziellen Konzernerklärung verpflichtet.[256] Damit wird erstmals der weitgehende Gleichklang der Prüfungsgegenstände in § 317 und § 171 AktG aufgelöst, so dass sich der Aufsichtsrat bei seiner Prüfung, nicht wie bisher für den Konzernlagebericht üblich, auf die Prüfungsergebnisse des Abschlussprüfers „[...] stützen kann und soll."[257] Dieser Umstand hat bereits im Gesetzgebungsprozess zu erheblicher **Kritik** unterschiedlicher Interessenträger geführt.[258]

Damit der **Aufsichtsrat** seine **Pflicht zur Prüfung** der nichtfinanziellen Konzernerklärung sachgerecht erfüllen kann, wird ihm mit § 111 Abs. 2 Satz 4 AktG das Recht eingeräumt, zu diesem Zweck eine **freiwillige externe inhaltliche Überprüfung** zu beauftragen.[259] Wenngleich der Gesetzgeber die Freiwilligkeit einer externen Überprüfung betont, so ist mit Blick auf das im Zuge des CSR-RUG erheblich verschärfte Sanktionsregime[260] sowie die schon im Zusammenhang mit der Prüfung des Konzernlageberichts bestehenden fachlichen und zeitlichen Engpässe des Aufsichtsrats[261] anzunehmen, dass eine externe Überprüfung eher die Regel als die Ausnahme sein wird.[262] Als Prüfer kommen neben dem Abschlussprüfer, der bereits den

253 Vgl. Meyer, Y. C., Auswirkungen des CSR-Richtlinie-Umsetzungsgesetzes, S. 137.

254 Vgl. Deutscher Bundestag (Hrsg.), BT-Drucksache 18/9982, S. 53.

255 Vgl. Kajüter, P., CSR-Richtlinie-Umsetzungsgesetz, S. 623.

256 Vgl. zur Prüfungspflicht des Aufsichtsrats im Zusammenhang mit der nichtfinanziellen Konzernerklärung ausführlich Kirsch, H.-J./Huter, M., Die Prüfung der nichtfinanziellen Erklärung, S. 1017–1024. Für eine sehr kritische Beurteilung der Regelungen und eine zurückhaltende Auslegung der daraus für den Aufsichtsrat resultierenden Pflichten plädieren Hennrichs/Pöschke. Vgl. dazu ausführlich Hennrichs, J./Pöschke, M., Prüfung des "CSR-Berichts", S. 121–127.

257 IDW (Hrsg.), WP-Handbuch 2017, 15. Aufl., Kap. B, Rn. 38. Vgl. in diesem Kontext zudem Naumann, K.-P./Siegel, D. P., Reichweite der Prüfungspflichten, S. 1175 und S. 1177.

258 Die Kritik adressierte insbesondere die alleinige Pflicht des Aufsichtsrats zur inhaltlichen Prüfung der nichtfinanziellen Konzernerklärung. Vgl. dazu stellvertretend Arbeitskreis "Bilanzrecht Hochschullehrer Rechtswissenschaft" (Hrsg.), Stellungnahme zum RegE, S. 1337 f. Dagegen wurde häufig positiv erwähnt, dass der Gesetzgeber vom Mitgliedstaatenwahlrecht aus Art. 1 Nr. 1 Abs. 6 sowie Art. 1 Nr. 3 Abs. 5 der Richtlinie 2014/95/EU zur Erweiterung des Umfangs der Abschlussprüfung keinen Gebrauch gemacht hat. Vgl. so auch IDW (Hrsg.), Stellungnahme RefE CSR-RUG, S. 1 f.; DRSC (Hrsg.), Stellungnahme RefE CSR-RUG, S. 5. Diesbezüglich a. A. war z. B. der RNE (Hrsg.), Stellungnahme RefE CSR-RUG, S. 4.

259 Vgl. Deutscher Bundestag (Hrsg.), BT-Drucksache 18/11450, S. 47.

260 Die Geldbußen für Verstöße gegen die Vorschriften zur Erstellung von Jahresabschluss und Lagebericht, einschließlich der nichtfinanziellen Konzernerklärung, wurden nach § 334 Abs. 3a für kapitalmarktorientierte KapG i. S. d. § 264d auf maximal € 10 Mio., 5 % des jährlichen Konzerngesamtumsatzes (§ 334 Abs. 3b Satz 3) oder das Zweifache des gezogenen wirtschaftlichen Vorteils erhöht. Dabei bildet der jeweils höchste der drei Beträge die Sanktionsobergrenze. Vgl. zum Sanktionsregime Blöink, T./Halbleib, A., Umsetzung der sog. CSR-Richtlinie 2014/95/EU, S. 193; Seibt, C. H., CSR-Richtlinie-Umsetzungsgesetz, S. 2714 f.

261 Vgl. Koch, J., in: Hüffer/Koch, 13. Aufl., § 171 AktG, Rn. 5.

262 Vgl. Arbeitskreis "Bilanzrecht Hochschullehrer Rechtswissenschaft" (Hrsg.), Stellungnahme

Konzernabschluss und -lagebericht prüft, auch andere Wirtschaftsprüfer oder Erbringer von Bestätigungsdienstleistungen in Betracht. Der Gesetzgeber scheint jedoch den Abschlussprüfer für diese Aufgabe zu bevorzugen.[263]

Gemäß § 315b Abs. 4 HGB-E ist die **Beurteilung der Ergebnisse** einer freiwilligen inhaltlichen Überprüfung der nichtfinanziellen Konzernerklärung auf gleiche Weise wie die nichtfinanzielle Konzernerklärung selbst zu **veröffentlichen**.[264] Dies wird gefordert, um das Vertrauen in die nichtfinanzielle Berichterstattung zu erhöhen.[265] Erstmals anzuwenden ist § 315b Abs. 4 HGB-E für Geschäftsjahre, die nach dem 31.12.2018 beginnen.[266] Dieses zeitlich versetzte Inkrafttreten der Veröffentlichungspflicht war im RegE des CSR-RUG noch nicht vorgesehen.[267] Damit wurde auf kritische Stimmen reagiert, die auf negative Anreizwirkungen im Zusammenhang mit der Pflicht zur Veröffentlichung von ggf. eingeschränkten Prüfungsurteilen hingewiesen hatten.[268] So soll einerseits den Mutterunternehmen und vor allem deren Aufsichtsräten Zeit gegeben werden, um Know-how in Bezug auf die nichtfinanzielle Berichterstattung aufzubauen.[269] Andererseits soll vermieden werden, dass berichtende Konzerne auf freiwillige Überprüfungen der nichtfinanziellen Konzernerklärung verzichten.[270]

23 Anknüpfungspunkte für die Berichterstattung in der nichtfinanziellen Konzernerklärung

231. Bedeutung des DRS 20

Berichtspflichtige Konzerne werden bei der Erstellung ihrer nichtfinanziellen Konzernerklärungen mit unterschiedlichen konzeptionellen und inhaltlichen Herausforderungen konfrontiert. Vor diesem Hintergrund können Standards und Rahmenwerke, deren Gegenstand u. a. die nichtfinanzielle Berichterstattung ist, wichtige Hilfsmittel für die praktische Berichterstattung sein. Für die vorliegende Arbeit enthalten die Standards und Rahmenwerke zudem Anknüp-

---

zum RegE, S. 1037 f.; HOLZMEIER, M./BURTH, M./HACHMEISTER, D., Die nichtfinanzielle Konzernberichterstattung, S. 219; LANFERMANN, G., RefE des CSR-RUG, S. 1335; KAJÜTER, P., RegE CSR-Richtlinie-Umsetzungsgesetz, S. 512. Vgl. zum Zusammenhang von Sanktionsregime und Prüfung der nichtfinanziellen Konzernerklärung außerdem Abschn. 322.222.1.

263 Vgl. zu dieser Einschätzung DEUTSCHER BUNDESTAG (Hrsg.), BT-Drucksache 18/9982, S. 46.

264 Vgl. hier und zum folgenden Satz DEUTSCHER BUNDESTAG (Hrsg.), BT-Drucksache 18/9982, S. 46.

265 Vgl. zur Vertrauensfunktion von Prüfungen MARTEN, K.-U./QUICK, R./RUHNKE, K., Wirtschaftsprüfung, S. 32–34, sowie zu vertrauenswürdigen Prüfungsurteilen allgemein LEFFSON, U., Wirtschaftsprüfung, S. 66–114.

266 Vgl. Gesetz zur Stärkung der nichtfinanziellen Berichterstattung der Unternehmen in ihren Lage- und Konzernlageberichten (CSR-RUG), BGBl. I 2017, S. 811.

267 Vgl. DEUTSCHER BUNDESTAG (Hrsg.), BT-Drucksache 18/9982, S. 14.

268 Vgl. stellvertretend IDW (Hrsg.), Stellungnahme RefE CSR-RUG, S. 3 f.

269 Vgl. DEUTSCHER BUNDESTAG (Hrsg.), BT-Drucksache 18/11450, S. 44 f.

270 Vgl. zu diesem möglichen Wirkungszusammenhang IDW (Hrsg.), Stellungnahme RefE CSR-RUG, S. 4. Erste empirische Erkenntnisse deuten darauf hin, dass regelmäßig freiwillige Überprüfungen der nichtfinanziellen Konzernerklärung beauftragt werden. Vgl. dazu KIRSCH, H.-J./WEGE, D., Die nichtfinanzielle Konzernerklärung, S. 247 f.; PELLENS, B./LLESHAJ, D./STAPPERT, C., Umsetzung der CSR-Richtlinie im HDAX, S. 2286 f.; KAJÜTER, P./WIRTH, M., Praxis der nichtfinanziellen Berichterstattung, S. 1612.

fungspunkte für die Entwicklung eines Zweck-Grundsatz-Systems (Kapitel 3) sowie die kritische Analyse und Konkretisierung der handelsrechtlichen Vorschriften zur Berichterstattung in der nichtfinanziellen Konzernerklärung (Kapitel 4).[271]

Eine besonders wichtige Bedeutung haben in diesem Kontext die sog. Deutschen Rechnungslegungs Standards, wie im Folgenden ausführlich erläutert wird. Durch das Gesetz zur Kontrolle und Transparenz im Unternehmensbereich (KonTraG)[272] vom 27.04.1998 wurde mit § 342 der gesetzliche Rahmen für ein privates deutsches Rechnungslegungsgremium geschaffen.[273] Als solches anerkannt ist durch den Abschluss eines „Standardisierungsvertrages" nach § 342 Abs. 1 das Deutsche Rechnungslegungs Standards Committee e. V. (DRSC). Zu den Aufgaben des DRSC[274] gehört gemäß § 342 Abs. 1 Satz 1 Nr. 1 u. a. die „Entwicklung von Empfehlungen zur Anwendung der Grundsätze über die Konzernrechnungslegung". Hierzu werden vom HGB-Fachausschuss des DRSC sog. Deutsche Rechnungslegungs Standards (DRS) entwickelt und verabschiedet. In diesen werden die handelsrechtlichen Vorschriften zur Konzernrechnungslegung konkretisiert.[275] Die DRS treten nach § 342 Abs. 2 durch Bekanntgabe im Bundesanzeiger in Kraft.

Rechtssystematisch sind die DRS unterhalb der Vorschriften des HGB angesiedelt.[276] Indes wird für eine Konzernrechnungslegung vermutet, dass sie den Grundsätzen ordnungsmäßiger Konzernrechnungslegung[277] (GoK) entspricht, wenn sie nach den bekannt gemachten DRS erstellt wurde.[278] Für Mutterunternehmen, die zur Konzernrechnungslegung nach § 290 verpflichtet sind, entfalten die DRS daher eine Bindungswirkung, obgleich deren Ausmaß teilweise umstritten ist.[279] Unabhängig von dieser Diskussion werden die DRS in der Praxis regelmäßig befolgt, da auch der Berufsstand der Wirtschaftsprüfer faktisch an diese Regelungen

---

271 Vgl. zur konkreten Bedeutung der nachstehend erläuterten Standards und Rahmenwerke für die vorliegende Arbeit die Ausführungen in den folgenden Abschnitten 231.–233.

272 Vgl. allgemein zum Gesetz zur Kontrolle und Transparenz im Unternehmensbereich (KonTraG), BGBl. I 1998, S. 786–794.

273 Vgl. hier und zum folgenden Satz Baetge, J./Kirsch, H.-J./Thiele, S., Konzernbilanzen, S. 29 f. Noch im Jahr 1998 hat das Bundesministerium für Justiz erstmals einen „Standardisierungsvertrag" geschlossen und darin den Deutschen Standardisierungsrat (DSR) nach § 342 Abs. 1 als privates deutsches Rechnungslegungsgremium anerkannt. Trägerorganisation war das DRSC, das den Standardisierungsvertrag zum 31.12.2010 kündigte. Am 02.12.2011 wurde nach internen Umstrukturierungsmaßnahmen des DRSC ein neuer Standardisierungsvertrag geschlossen. Der Standardisierungsvertrag ist im Internet unter folgendem Link verfügbar: https://www.drsc.de/app/uploads/2017/03/111202_SV_BMJ-DRSC.pdf (Stand: 11.02.2019).

274 Vgl. zu den Aufgaben des DRSC ausführlich Kirsch, H.-J./Hepers, L./Ewelt-Knauer, C., in: Baetge/Kirsch/Thiele, Einf., Rn. 252.

275 Vgl. Baetge, J./Kirsch, H.-J./Thiele, S., Konzernbilanzen, S. 30.

276 Vgl. Baetge, J./Kirsch, H.-J./Thiele, S., Konzernbilanzen, S. 31.

277 Vgl. zum Begriff der Grundsätze ordnungsmäßiger Konzernrechnungslegung (GoK) ausführlich Baetge, J./Kirsch, H.-J./Thiele, S., Konzernbilanzen, S. 63–81.

278 Vgl. § 342 Abs. 2. Vgl. zur Kritik an der Vermutung der Richtigkeit aus verfassungsrechtlicher und gesetzessystematischer Sicht m. w. N. Schmidt, S./Holland, B., in: Beck Bilanzkomm., 11. Aufl., § 342, Rn. 19.

279 Vgl. m. w. N. Böcking, H.-J./Dutzi, A./Gros, M., in: Baetge/Kirsch/Thiele, § 342, Rn. 76–99; Fink, C./Kajüter, P./Winkeljohann, N., Lageberichterstattung, S. 24. A. A. sind bspw. Schulze-Osterloh, J., in: HdJ, Abt. I/1, Rn. 24.

gebunden ist.[280] Verstöße gegen einzelne DRS können Auswirkungen auf das Prüfungsurteil im Prüfungsbericht und im Bestätigungsvermerk haben.[281]

Die handelsrechtlichen Vorschriften zur Konzernlageberichterstattung werden im Deutschen Rechnungslegungs Standard Nr. 20 (DRS 20)[282] „Konzernlagebericht" konkretisiert.[283] Dieser wurde vom HGB-Fachausschuss des DRSC am 14.09.2012 verabschiedet und am 04.12.2012 im Bundesanzeiger veröffentlicht.[284] Er gilt branchenübergreifend. Im DRS 20 sind die Regelungen verschiedener vormals separater DRS enthalten, so dass der Standard nun mit Ausnahme der Regelungen zum Vergütungsbericht[285] nach § 315a Abs. 2 HGB alle konzernlageberichtsrelevanten Konkretisierungen umfasst.[286] Die Änderungen der gesetzlichen Anforderungen an die Konzernlageberichterstattung seit der Veröffentlichung des DRS 20 durch das BilRUG, das FüPoG und das CSR-RUG wurden durch die Deutschen Rechnungslegungs Änderungsstandards (DRÄS) Nr. 6 und Nr. 8 im DRS 20 berücksichtigt.[287]

Mit der Bekanntmachung des DRÄS 8 am 04.12.2017 im Bundesanzeiger[288] wurde DRS 20 um Vorgaben zur Erstellung einer nichtfinanziellen Konzernerklärung erweitert.[289] Ziel dieser Überarbeitung war die Konkretisierung der neuen Regelungen des Handelsrechts nach dem CSR-RUG im DRS 20, ohne dabei über die gesetzlichen Vorgaben hinaus zu gehen.[290] Zuvor hatte das DRSC am 21.06.2017 einen Entwurf des DRÄS 8[291] veröffentlicht und in den interessierten Fachkreisen um Stellungnahmen gebeten.[292] Im Zuge dieser Konsultation wurden einzelne Aspekte des Entwurfs, wie z. B. die vorgesehene Änderung des Risikobegriffs[293],

---

280 Vgl. IDW (Hrsg.), IDW PS 201, Tz. 12.

281 Vgl. IDW (Hrsg.), WP-Handbuch 2017, Kap. G, Rn. 11; SCHMIDT, S./HOLLAND, B., in: Beck Bilanzkomm., 11. Aufl., § 342, Rn. 19.

282 Vgl. DRSC (Hrsg.), DRS 20.

283 Vgl. KIRSCH, H.-J./KÖHRMANN, H./HUTER, M., in: Böcking u. a., Beck HdR, B 500, Rn. 45.

284 Vgl. hier und zum folgenden Satz BMJV (Hrsg.), BAnz AT vom 04.12.2012 B1.

285 Im DRS 20 wurden die Regelungen aus DRS 15 (Lageberichterstattung), DRS 5 (Risikoberichterstattung) sowie DRS 5-10 und DRS 5-20 (Risikoberichterstattung für Kreditinstitute und Versicherungen) zusammengefasst. Vgl. FINK, C./KAJÜTER, P./WINKELJOHANN, N., Lageberichterstattung, S. 24–29. Neben DRS 20 existiert mit DRS 17 (Berichterstattung über die Vergütung der Organmitglieder) ein weiterer für die Konzernlageberichterstattung relevanter Rechnungslegungsstandard. Hier werden die handelsrechtlichen Regelungen aus § 315a Abs. 2 konkretisiert.

286 Vgl. zum DRS 20 ausführlich BÖCKING, H.-J. U. A., Der neue Konzernlagebericht nach DRS 20, S. 30–43.

287 Vgl. KIRSCH, H.-J./KÖNIG, C./HUTER, M., in: Baetge u. a., Rechnungslegung nach IFRS, 2. Aufl., Kap. XII, Rn. 32.

288 Vgl. BMJV (Hrsg.), BAnz AT vom 04.12.2017, B1.

289 Vgl. dazu ausführlich BÖCKING, H.-J./ALTHOFF, C., Konzernlagebericht: Änderungen von DRS 20, S. 1450–1458.

290 Vgl. MÜLLER, S./SCHEID, O., Konkretisierung der CSR-Richtlinie im DRS 20, S. 1835.

291 Vgl. DRSC (Hrsg.), E-DRÄS 8, verfügbar im Internet unter https://www.drsc.de/app/uploads/2017/06/170620_E-DRAES_8_website-1.pdf (Stand: 11.02.2019). Vgl. zu den einzelnen in E-DRÄS 8 vorgeschlagenen Änderungen des DRS 20 KIRSCH, H., Erneute Änderung am DRS 20, S. 573–580.

292 Die Stellungnahmen sind abrufbar unter https://www.drsc.de/eingaben-und-stellungnahmen/ (Stand: 11.02.2019). Vgl. zur Beteiligung der Öffentlichkeit am Beispiel des DRÄS 8 SCHMIDT, R./SCHMOTZ, T., Beteiligung der Öffentlichkeit, S. 476–480.

293 Vgl. HAAKER, A./FREIBERG, J., Risikodefinition, S. 278 f.

kontrovers diskutiert bzw. kritisiert, so dass der Entwurf des DRÄS 8 vor seiner finalen Verabschiedung an verschiedenen Stellen noch angepasst wurde.[294]

Strukturell besteht DRS 20 aus verschiedenen Teilen. In den Tz. 1–35 des DRS 20 werden zunächst konzeptionelle Grundlagen, wie z. B. die Grundsätze der Berichterstattung, erläutert und Begriffe für die Zwecke des Standards definiert.[295] Die Grundsätze der Berichterstattung sind standardübergreifend zu beachten.[296] Im Einzelnen handelt es sich um die Grundsätze der Verlässlichkeit und Ausgewogenheit, der Vollständigkeit, der Klarheit und Übersichtlichkeit, der Wesentlichkeit, der Informationsabstufung sowie der Vermittlung der Sicht der Konzernleitung.[297] Die auf diesen Grundsätzen basierenden Konkretisierungen des Handelsrechts sind in den Tz. 36–309 enthalten. Inhaltlich orientiert sich die Gliederung des DRS 20 an der handelsrechtlichen Regelungssystematik.[298] Die einzelnen Bestandteile des Konzernlageberichts – z. B. der Wirtschaftsbericht, der Prognose-, Chancen- und Risikobericht sowie die Angaben zum internen Kontroll- und dem Risikomanagementsystem – werden in separaten Abschnitten konkretisiert.[299] Die Tz. 232–305 umfassen die Vorgaben zur nichtfinanziellen Konzernerklärung. Den Abschluss des DRS 20 bildet die sog. Begründung.[300] Darin werden verschiedene ergänzende Informationen zu den Inhalten des Standards zur Verfügung gestellt. Einerseits werden Konkretisierungen inhaltlich weiterführend erläutert und andererseits Beweggründe für bestimmte Konkretisierungsentscheidungen des DRSC kurz skizziert.[301]

In der vorliegenden Arbeit werden die unterschiedlichen Bestandteile des DRS 20 aufgrund der hohen Bedeutung des Standards für die handelsrechtliche Konzernlageberichterstattung auf konzeptioneller und inhaltlicher Ebene berücksichtigt. So werden die Grundsätze des DRS 20 in die Entwicklung eines Zweck-Grundsatz-Systems für die nichtfinanzielle Konzernerklärung einfließen und die Konkretisierungen der handelsrechtlichen Regelungen, wenn möglich und sachgerecht, den Ausgangspunkt für die Analyse und Auslegung der Berichtspflichten in der nichtfinanziellen Konzernerklärung bilden.

294 Vgl. in diesem Kontext die Ausführungen in Abschn. 433.212.

295 Vgl. zum Aufbau des DRS 20 FREIDANK, C.-C./SEPETAUZ, K., (Konzern-)Lageberichterstattung nach DRS 20, S. 56.

296 Vgl. DRS 20.B11.

297 Vgl. dazu DRS 20.12–35.

298 Vgl. zur Gliederung des Standards DRSC (Hrsg.), DRS 20, S. 4 f.

299 Vgl. zu den Konkretisierungen der Angaben im Wirtschaftsbericht DRS 20.53–113; zum Prognose-, Chancen- und Risikobericht DRS 20.116–167, sowie zu den Angaben zum internen Kontroll- und dem Risikomanagementsystem DRS 20.K168–K178.

300 Die Begründung umfasst insgesamt 91 Textziffern. Vgl. dazu DRS 20.B1–B92.

301 Vgl. dazu exemplarisch DRS 20.B8 zum Risikobegriff. In dieser Begründungsziffer wird einerseits das dem DRS 20 zugrunde liegende Risikoverständnis näher erläutert. Andererseits werden die Beweggründe der Fachausschüsse für die Änderungen im Rahmen des DRÄS 8 kurz skizziert.

232. Bedeutung der Leitlinien für die Berichterstattung über nichtfinanzielle Informationen der EU-Kommission

Am 05.07.2017 hat die EU-Kommission unverbindliche Leitlinien für die Berichterstattung über nichtfinanzielle Informationen veröffentlicht[302] und damit ihre Pflicht aus Art. 2 der CSR-Richtlinie erfüllt.[303] Die EU-Kommission betont, dass die Leitlinien keine neuen rechtlichen Verpflichtungen schaffen, es sich um keinen technischen Standard handelt und die Ersteller einer nichtfinanziellen Konzernerklärung auf eine Entsprechenserklärung mit Bezug zu den Leitlinien verzichten sollen.[304] Stattdessen wird das Ziel verfolgt, „[...] den betroffenen Unternehmen [dabei zu; Anm. d. Verf.] helfen, nichtfinanzielle Informationen auf relevante, zweckdienliche, einheitliche und vergleichbare Weise offenzulegen."[305]

Zu diesem Zweck hat die EU-Kommission mit den Leitlinien eine prinzipienorientierte Anwendungshilfe erarbeitet, die branchenübergreifend anwendbar sein soll.[306] Dabei wurden bewährte Verfahren der Berichterstattung ebenso berücksichtigt, wie aktuelle Entwicklungen und Verlautbarungen unabhängiger Initiativen. Inhaltlich sind die Leitlinien im Wesentlichen in die beiden Abschnitte „Wichtigste Grundsätze" und „Inhalt" untergliedert. Mit den Grundsätzen[307] wird die konzeptionelle Basis für die Berichterstattung in der nichtfinanziellen Konzernerklärung gelegt.[308] Die Ausführungen zum Inhalt konkretisieren die Vorgaben der CSR-Richtlinie und sollen den Unternehmen bei der Auslegung von Berichtspflichten als Orientierungshilfe für ihre Berichterstattung dienen.[309] Aus diesem Grund enthalten die Leitlinien zu den einzelnen Berichtspflichten nach § 315c Abs. 1 i. V. m. § 289c Abs. 3 „klarstellende Ausführungen und Anregungen"[310], konkretisierende Beispiele und eine Auswahl möglicher nichtfinanzieller Leistungsindikatoren.[311] Dabei ist die enge Verzahnung mit den Grundsätzen erkennbar, was deren konzeptionelle Bedeutung unterstreicht.[312] Indes werden die unverbindlichen Leitlinien im Schrifttum mehrheitlich kritisiert.[313] Gegenstand inhaltlicher Kritik ist einerseits, dass bestimmte Aspekte aus der CSR-Richtlinie nur rudimentär thematisiert werden.[314] Andererseits

302 Vgl. EU-Kommission (Hrsg.), ABl. C 215 vom 05.07.2017.

303 Vgl. Art. 2 der Richtlinie 2014/95/EU.

304 Vgl. EU-Kommission (Hrsg.), ABl. C 215 vom 05.07.2017, S. 4.

305 EU-Kommission (Hrsg.), ABl. C 215 vom 05.07.2017, S. 4.

306 Vgl. hier und zum folgenden Satz EU-Kommission (Hrsg.), ABl. C 215 vom 05.07.2017, S. 4.

307 Informationen müssen neben dem Grundsatz der Wesentlichkeit auch den tatsächlichen Verhältnissen entsprechend, ausgewogen und verständlich, umfassend aber prägnant, strategisch und zukunftsorientiert, konsistent und kohärent sowie auf die Interessenträger der Berichterstattung ausgerichtet sein.

308 Vgl. für eine kurze inhaltliche Zusammenfassung der einzelnen Grundsätze Schmotz, T./Schmidt, R., Nichtfinanzielle Berichtspflichten in der Finanzberichterstattung, S. 2881.

309 Vgl. Scheid, O./Müller, S., Leitlinien der Europäischen Kommission, S. 2241 f.

310 Schmotz, T./Schmidt, R., Nichtfinanzielle Berichtspflichten in der Finanzberichterstattung, S. 2882.

311 Vgl. Lanfermann, G., CSR-Berichterstattung: EU-Leitlinien, S. 1252.

312 Vgl. Sopp, K./Baumüller, J., Die Leitlinien der EU-Kommission, S. 380.

313 Vgl. hier und zum folgenden Satz Sopp, K./Baumüller, J., Die Leitlinien der EU-Kommission, S. 383; Schmotz, T./Schmidt, R., Nichtfinanzielle Berichtspflichten in der Finanzberichterstattung, S. 2884; Scheid, O./Müller, S., Leitlinien der Europäischen Kommission, S. 2246; a. A. Boecker, C./Zwirner, C., Nichtfinanzielle Berichterstattung, S. 2157.

314 Bspw. wird die Berichtspflicht gemäß § 289c Abs. 3 Nr. 6 nicht berücksichtigt.

werden für Aspekte, die über die Vorgaben der CSR-Richtlinie hinausgehen, Berichtsanforderungen formuliert.

Im Vergleich zu anderen Rechtsgebieten waren „Leitlinien" der EU-Kommission im europäischen Gesellschafts- und Unternehmensrecht bislang unbekannt.[315] Leitlinien zählen nicht zu den Rechtsakten der EU. Mithin entfalten sie, wie von der EU-Kommission betont, keine Bindungswirkung. Somit ergeben sich für die berichtenden Konzerne auch keine rechtlichen Konsequenzen, wenn sie diese Leitlinien der EU-Kommission bei der Erstellung ihrer nichtfinanziellen Konzernerklärung nicht beachten. Unabhängig von der Rechtsnatur solcher Leitlinien zeigt die Diskussion in der Literatur jedoch, dass sie, wie von der EU-Kommission intendiert[316], Aufmerksamkeit erregen.[317] Erst der Grad der Beachtung in der Praxis wird darüber entscheiden, wie relevant und damit (un-)verbindlich die Leitlinien tatsächlich sind.

Im Rahmen der vorliegenden Arbeit sollen die Leitlinien für die Berichterstattung über nichtfinanzielle Informationen der EU-Kommission keine dominierende oder herausgehobene Rolle spielen. Indes darf die Sichtweise der EU-Kommission auf die Berichtspflichten, die mit der Umsetzung der CSR-Richtlinie verbunden sind, und in den unverbindlichen Leitlinien artikuliert werden, auch nicht ignoriert werden. Vor diesem Hintergrund werden die in den Leitlinien definierten Grundsätze im Folgenden in die Entwicklung eines Zweck-Grundsatz-Systems für die nichtfinanzielle Konzernerklärung (Kapitel 3) einfließen. Zudem werden die Konkretisierungen der Richtlinienvorgaben, wenn möglich und sachgerecht, Anhaltspunkte für die Analyse und Konkretisierung der Berichtspflichten in der nichtfinanziellen Konzernerklärung (Kapitel 4) bilden.

233. Bedeutung von sogenannten anerkannten Rahmenwerken

233.1 Regelung nach § 315c Abs. 3 i. V. m. § 289d HGB

Zusätzlich zum DRS 20 sowie den Leitlinien der europäischen Kommission können Mutterunternehmen nach § 315c Abs. 3 i. V. m. § 289d auch anerkannte nationale, europäische oder internationale **Rahmenwerke der Nachhaltigkeitsberichterstattung** für die Erstellung ihrer nichtfinanziellen Konzernerklärung nutzen.[318] In der Begründung zum CSR-RUG werden konkrete Rahmenwerke wie z. B. die G4-Leitlinien[319] der *Global Reporting Initiative* (GRI), die

[315] Vgl. hier und zu den folgenden zwei Sätzen m. w. N. MOCK, S., Die Leitlinien der Europäischen Kommission, S. 2144, der sich ausführlich mit der juristischen Bedeutung der Leitlinien auseinandersetzt.

[316] Vgl. LANFERMANN, G., CSR-Berichterstattung: EU-Leitlinien, S. 1254. Vgl. in diesem Zusammenhang zur Kritik am Instrument unverbindlicher Leitlinien allgemein m. w. N. MOCK, S., Die Leitlinien der Europäischen Kommission, S. 2144–2146.

[317] Vgl. hier und zum folgenden Satz SCHMOTZ, T./SCHMIDT, R., Nichtfinanzielle Berichtspflichten in der Finanzberichterstattung, S. 2884.

[318] Vgl. § 289d Satz 1. Damit setzt der deutsche Gesetzgeber das Unternehmenswahlrecht aus Art. 1 Nr. 1 Abs. 1, 5. Unterabs., sowie Art. 1 Nr. 3 Abs. 1, 5. Unterabs. der Richtlinie 2014/95/EU im Handelsrecht um.

[319] Vgl. GRI (Hrsg.), Leitlinien zur Nachhaltigkeitsberichterstattung.

Leitsätze der OECD[320] für multinationale Unternehmen und der Deutsche Nachhaltigkeitskodex[321] (DNK) des Rats für nachhaltige Entwicklung (RNE) genannt, an denen sich Konzerne bei ihrer Berichterstattung orientieren können.[322] Die genannten Rahmenwerke entsprechen weitgehend der Aufzählung in der CSR-Richtlinie.[323] Im Schrifttum wurde in diesem Kontext verschiedentlich die Frage aufgeworfen, ob auch das bekannte Rahmenkonzept des *International Integrated Reporting Council* (IIRC) zum *Integrated Reporting* (IR)[324] anwendbar ist, obwohl es weder vom europäischen noch vom deutschen Gesetzgeber explizit genannt wird.[325] Diesbezüglich sei auf die in Abschn. 232. näher erläuterten sog. Leitlinien für die Berichterstattung über nichtfinanzielle Informationen der EU-Kommission verwiesen, in denen der Kreis möglicher Rahmenwerke erweitert wird.[326] Dazu zählt u. a. auch das Rahmenkonzept des IIRC.

Die einzelnen **Rahmenwerke** setzen sowohl konzeptionell als auch inhaltlich **unterschiedliche Schwerpunkte** und adressieren teilweise nur spezifische Zielgruppen.[327] Vor diesem Hintergrund spricht der Gesetzgeber keine Anwendungsempfehlungen aus, sondern überlässt den Unternehmen die Wahl des konkreten Rahmenwerks, da sie am besten einschätzen können, welche Anforderungen es erfüllen muss. Sofern der Konzern ein oder mehrere Rahmenwerke für die Erstellung der nichtfinanziellen Konzernerklärung nutzt, ist gemäß § 315c Abs. 3 i. V. m. § 289d Satz 2 anzugeben, welche(s) konkrete(n) Rahmenwerk(e) genutzt wurde(n). Damit wird den Unternehmen ein **hohes Maß an Flexibilität** zugebilligt. Dies erschwert zwar die zwischenbetriebliche Vergleichbarkeit der nichtfinanziellen Konzernerklärungen.[328] Allerdings ist unabhängig vom verwendeten Rahmenwerk sicherzustellen, dass die nichtfinanzielle Konzernerklärung die nach § 315c Abs. 1 i. V. m. § 289c geforderten Inhalte vollständig enthält.

Anders als bei der Wahl eines konkreten Rahmenwerks, hat der Gesetzgeber mit Blick auf die Erstellung der nichtfinanziellen Konzernerklärung eine klare **Präferenz** für eine an Rahmenwerke angelehnte Berichterstattung.[329] Dies zeigt sich besonders an § 289d Satz 2, dessen finale Fassung erst mit der Beschlussempfehlung des Ausschusses für Recht und Verbraucherschutz

---

320 Vgl. OECD (Hrsg.), OECD-Leitsätze für multinationale Unternehmen.

321 Vgl. RNE (Hrsg.), Der Deutsche Nachhaltigkeitskodex.

322 Vgl. DEUTSCHER BUNDESTAG (Hrsg.), BT-Drucksache 18/9982, S. 52.

323 Vgl. EU (Hrsg.), ABl. L 330 vom 15.11.2014, S. 2.

324 Vgl. IIRC (Hrsg.), The International <IR> Framework.

325 Vgl. VELTE, P., Nichtfinanzielle Erklärung und Diversity-Berichterstattung, S. 296; WULF, I., Neue Berichtspflichten, S. 107.

326 Vgl. hier und zum folgenden Satz EU-KOMMISSION (Hrsg.), ABl. C 215 vom 05.07.2017, S. 3 f.

327 Vgl. hier und zu den verbleibenden Sätzen dieses Absatzes DEUTSCHER BUNDESTAG (Hrsg.), BT-Drucksache 18/9982, S. 52 f.

328 Vgl. DEUTSCHER BUNDESTAG (Hrsg.), BT-Drucksache 18/9982, S. 52 f. Mit dem Ziel, eine bessere zwischenbetriebliche Vergleichbarkeit der nichtfinanziellen Berichterstattung zu erreichen, wird langfristig erwogen, ein oder mehrere Rahmenwerke verbindlich vorzugeben.

329 Vgl. DEUTSCHER BUNDESTAG (Hrsg.), BT-Drucksache 18/11450, S. 45; HECKER, A./BRÖCKER, N., Die CSR-Berichtspflicht, S. 765. Dagegen empfiehlt MOCK mit Verweis auf ungeklärte Rechtsfragen vorerst keine Rahmenwerke für die Erstellung der nichtfinanziellen Konzernerklärung zu nutzen. Vgl. MOCK, S., Berichterstattung über Corporate Social Responsibility, S. 1199 f.

in das CSR-RUG aufgenommen wurde.[330] Sofern ein Konzern kein Rahmenwerk genutzt hat, muss er gemäß § 315c Abs. 3 i. V. m. § 289d Satz 2 die Gründe dafür angeben. Diese mit der *Comply-or-Explain*-Regelung vergleichbare Norm soll Unternehmen dazu bewegen, sich bewusst mit den verschiedenen Rahmenwerken auseinanderzusetzen und diese auch anzuwenden.[331] Wenn Rahmenwerke angewendet werden, sind deren Inhalte zu beachten, auch wenn die einzelnen Rahmenwerke für die Unternehmen per se keine rechtliche Bindungswirkung entfalten.

Der Gesetzgeber unterstreicht mit § 315c Abs. 3 i. V. m. § 289d Satz 2 die Bedeutung, die er Rahmenwerken für die Berichterstattung in der nichtfinanziellen Konzernerklärung beimisst.[332] Daher ist es sachgerecht und geboten, ausgewählte Rahmenwerke sowohl bei der Entwicklung eines Zweck-Grundsatz-Systems für die nichtfinanzielle Konzernerklärung in Kapitel 3 als auch im Rahmen der kritischen Analyse und Konkretisierung der Regelungen zur nichtfinanziellen Konzernerklärung in Kapitel 4 auf konzeptioneller und inhaltlicher Ebene zu berücksichtigen. Da die einzelnen Rahmenwerke jedoch z. B. in Konzeption und Inhalt, Umfang und Detailgrad sowie Adressatenkreis und Berichtsperspektive höchst unterschiedlich sind und eine vollständige Berücksichtigung im Rahmen der vorliegenden Arbeit mit Blick auf die Vielzahl existierender Rahmenwerke nicht möglich ist, werden im Folgenden vier Rahmenwerke für die weitere Untersuchung ausgewählt. Diese sollen einerseits ein möglichst breites Spektrum an Eigenschaften bestehender Rahmenwerke abdecken und andererseits für die konkrete Anwendung relevant sein.

233.2 Ausgewählte anerkannte Rahmenwerke

233.21 GRI-*Standards*

Die Rahmenwerke der GRI zur Erstellung von Nachhaltigkeitsberichten erfüllen die für diese Arbeit relevanten Kriterien zur Auswahl anerkannter Rahmenwerke in besonderem Maße. Die in der Begründung zum CSR-RUG[333] genannten G4-Leitlinien[334] der GRI haben sich zu einem globalen **„De-facto-Standard“** für die freiwillige Nachhaltigkeitsberichterstattung von international tätigen Unternehmen entwickelt.[335] Inhaltlich sind die G4-Leitlinien zudem so konzi-

---

330 Vgl. DEUTSCHER BUNDESTAG (Hrsg.), BT-Drucksache 18/11450, S. 45.

331 Indes handelt es sich bei der Regelung in § 289d Satz 2 eher um eine *Apply-or-Explain*-Vorgabe. Vgl. so KAJÜTER, P., CSR-Richtlinie-Umsetzungsgesetz, S. 623.

332 Vgl. so auch RIMMELSPACHER, D./SCHÄFER, N./SCHÖNBERGER, M. W., Das CSR-Richtlinie-Umsetzungsgesetz, S. 229.

333 Vgl. DEUTSCHER BUNDESTAG (Hrsg.), BT-Drucksache 18/9982, S. 46.

334 Vgl. zum Vorgängerstandard der G4-Leitlinien ausführlich HOFFMANN, T., Unternehmerische Nachhaltigkeitsberichterstattung.

335 Vgl. FISCHER, S./GRÄBSCH, C., Nachhaltigkeitsberichterstattung, S. 4. Damit ist ein zentrales Ziel der GRI, nämlich die Entwicklung international gültiger Standards für die Nachhaltigkeitsberichterstattung, erfüllt. Vgl. zur Zielsetzung der GRI BEIERSDORF, K., Nachhaltigkeit in der Unternehmensberichterstattung, S. 138; HALLER, A./ERNSTBERGER, J., Global Reporting Initiative, S. 2517 f. Weitere Informationen zum Ziel der GRI sind unter folgendem Link verfügbar: https://www.globalreporting.org/information/about-gri/Pages/

piert, dass sie auch die Anforderungen anderer Rahmenwerke, bspw. des *UN Global Compact*[336] und der OECD-Leitsätze, erfüllen.[337] Generell möchte die GRI mithilfe ihrer Rahmenwerke Entscheidungsträger dazu befähigen und ermutigen, Maßnahmen für eine nachhaltige Ökonomie und Weltordnung durchzusetzen.[338] Diese Ambition wird auch mit den sog. ***GRI-Standards*** verfolgt, die die G4-Leitlinien am 01.07.2018 ersetzt haben.[339] Inhaltlich entsprechen sich die beiden Rahmenwerke weitestgehend. Ziel der Überarbeitung war es, den Anwendern mehr Flexibilität, eindeutigere Handlungsanweisungen und einen modularen Aufbau der GRI-*Standards* zu bieten, ohne dabei die Berichterstattungsgrundsätze oder den Berichtsumfang im Vergleich zu den G4-Leitlinien zu verändern bzw. zu erweitern.[340]

In den nun veröffentlichten GRI-*Standards* kann konzeptionell zwischen allgemeinen[341] und themenbezogenen[342] Standards differenziert werden.[343] In den allgemeinen Standards (GRI 101–GRI 103) werden einerseits die Grundsätze für die Berichterstattung definiert (GRI 101) und andererseits Angaben festgelegt, die als Ausgangspunkt für den Nachhaltigkeitsbericht dienen sollen (GRI 102–GRI 103).[344] Die festgelegten Grundsätze können nach GRI 101: „Grundlagen" wiederum in **Grundsätze zur Definition des Berichtsinhalts** („Einbeziehung von Stakeholdern", „Nachhaltigkeitskontext", „Wesentlichkeit", „Vollständigkeit") sowie **Grundsätze für die Berichtsqualität** („Genauigkeit", „Ausgewogenheit", „Klarheit", „Vergleichbarkeit", „Verlässlichkeit", „Aktualität") unterteilt werden.[345] Die Standards GRI 102: „Allgemeine Angaben" und GRI 103: „Managementansatz" fordern einleitend Angaben zum Geschäftsmodell des berichtenden Unternehmens[346] sowie zur Ermittlung von wesentlichen Themen und zum „management-approach"[347], die von jedem Unternehmen zu machen sind.

---

default.aspx (Stand: 11.02.2019). Die dominierende Rolle der GRI-*Standards* ist auch an den Nachhaltigkeitsberichten der DAX30-Unternehmen erkennbar. Vgl. dazu ROLOFF, M., GRI G4-Nachhaltigkeitsberichterstattung, S. 204 f. Erste empirische Untersuchungen bestätigten die Bedeutung der GRI-*Standards* auch für die nichtfinanzielle Konzernerklärung. Vgl. KIRSCH, H.-J./WEGE, D., Die nichtfinanzielle Konzernerklärung, S. 247; PELLENS, B./LLESHAJ, D./STAPPERT, C., Umsetzung der CSR-Richtlinie im HDAX, S. 2284 f.

336 Vgl. UNITED NATIONS (Hrsg.), Global Compact.

337 Vgl. BEIERSDORF, K., Nachhaltigkeit in der Unternehmensberichterstattung, S. 137 f.

338 Vgl. dazu die Homepage der GRI unter https://www.globalreporting.org/information/about-gri/Pages/default.aspx (Stand: 11.02.2019).

339 Vgl. hier und zum folgenden Satz BLAB, D./STOJANOVIĆ-BLAB, M., GRI Standards, S. 308.

340 Vgl. BLAB, D./STOJANOVIĆ-BLAB, M., GRI Standards, S. 306–308. Entsprechend des avisierten Ziels einer modularen Standardstruktur hat die GRI am 19.01.2016 insgesamt 36 einzelne GRI-*Standards* sowie ein Glossar veröffentlicht. Vgl. BLAB, D./STOJANOVIĆ-BLAB, M., GRI Standards, S. 309–313.

341 Dabei handelt es sich um die GRI-*Standards* mit den Ordnungsnummern 101–103.

342 Dabei handelt es sich um die GRI-*Standards* mit den Ordnungsnummern 201–206, 301–308 und 401–419.

343 Vgl. GRI (Hrsg.), GRI 101: "Foundation", S. 3.

344 Vgl. GRI (Hrsg.), GRI 101: "Foundation"; GRI (Hrsg.), GRI 102: "General Disclosures"; GRI (Hrsg.), GRI 103: "Management Approach".

345 Vgl. zu den Grundsätzen im Detail GRI (Hrsg.), GRI 101: "Foundation", S. 7–16, sowie für einen kurzen inhaltlichen Überblick KAJÜTER, P., Nachhaltigkeitsberichterstattung nach den G4-Leitlinien, S. 601 f.

346 Vgl. dazu ausführlich GRI (Hrsg.), GRI 102: "General Disclosures".

347 Vgl. dazu ausführlich GRI (Hrsg.), GRI 103: "Management Approach".

Die **themenbezogenen Standards** können in drei Kategorien eingeteilt werden.[348] Diese umfassen voneinander unabhängige Standards[349] mit Bezug zur Ökonomie (GRI 201–GRI 206), zur Ökologie (GRI 301–GRI 308) sowie zur Gesellschaft (GRI 401–GRI 419). Die Einzelstandards adressieren jeweils spezifische Themen, die charakteristisch weitgehend den in § 289c Abs. 2 konkretisierten Sachverhalten entsprechen. So ist z. B. der in § 289c Nr. 1 genannte Sachverhalt „Treibhausgasemissionen" Gegenstand der Berichterstattung nach GRI 305: „Emissionen".[350] Inhalt der Standards sind jeweils konkrete Vorgaben zu erforderlichen Angaben in einem den Anforderungen der GRI-*Standards* entsprechenden Nachhaltigkeitsbericht.[351] Allerdings sind die einzelnen themenbezogenen Standards nur dann zu berücksichtigen, wenn die darin adressierten Themen wesentlich sind.

Bei einem Vergleich der handelsrechtlichen Vorschriften mit den GRI-*Standards* wird ein zentraler konzeptioneller Unterschied deutlich. Während die Angaben in der nichtfinanziellen Konzernerklärung nach dem Wesentlichkeitsvorbehalt in § 315c Abs. 2 sowohl für die finanzielle als auch für die nichtfinanzielle Ebene des berichtenden Konzerns wesentlich sein sollen[352], nehmen die GRI-*Standards* entweder eine finanzielle (GRI 201–GRI 206) oder eine nichtfinanzielle bzw. nachhaltige (GRI 301–GRI 419) Perspektive ein.[353] Diese Differenzierung steht einer Berücksichtigung der GRI-*Standards* als konzeptioneller und inhaltlicher Anknüpfungspunkt für die nichtfinanzielle Konzernerklärung in Kapitel 3 und in Kapitel 4 indes nicht entgegen.[354]

233.22 Deutscher Nachhaltigkeitskodex

Der DNK wurde vom RNE mit dem Ziel entwickelt, nachhaltige Geschäftsmodelle zu fördern und die Nachhaltigkeitsleistungen der berichterstattenden Unternehmen transparent und vergleichbar zu machen.[355] Im Gegensatz zu den GRI-*Standards* wird der DNK des RNE auf internationaler Ebene nur selten angewendet und kann damit vorwiegend als **nationales Rahmenwerk** für die Nachhaltigkeitsberichterstattung charakterisiert werden.[356] Der Umfang und

---

[348] Vgl. hier und zum folgenden Satz GRI (Hrsg.), GRI 101: "Foundation", S. 3 f.

[349] Alle GRI-*Standards* können unter folgendem Link abgerufen werden: https://www.globalreporting.org/standards/gri-standards-download-center/ (Stand: 11.02.2019).

[350] Vgl. GRI (Hrsg.), GRI 305: "Emissions".

[351] Vgl. hier und zum folgenden Satz BLAB, D./STOJANOVIĆ-BLAB, M., GRI Standards, S. 309.

[352] Vgl. dazu auch die Ausführungen zur sachlichen Ergänzungsfunktion sowie zur Verknüpfungsfunktion der nichtfinanziellen Konzernerklärung in den Abschn. 333.1 und 333.3.

[353] Vor dem Hintergrund, dass die GRI-*Standards* ein Rahmenwerk für die Erstellung eines Nachhaltigkeitsberichts sind, vermag es auch nicht zu überraschen, dass eine deutliche Mehrzahl der Standards eine nichtfinanzielle bzw. nachhaltige Berichtsperspektive vorgeben.

[354] Dies ergibt sich bereits aus dem Wahlrecht zur Nutzung von Rahmenwerken gemäß § 315c Abs. 3 i. V. m. § 289d in Kombination mit der expliziten Nennung der G4-Leitlinien als mögliches Rahmenwerk in der Begründung zum CSR-RUG. Vgl. DEUTSCHER BUNDESTAG (Hrsg.), BT-Drucksache 18/9982, S. 46.

[355] Vgl. RNE (Hrsg.), Der Deutsche Nachhaltigkeitskodex, S. 7.

[356] Vgl. VELTE, P./STAWINOGA, M., Prüfung von Nachhaltigkeitsberichten, S. 843 f. Dennoch hat der RNE den DNK auf europäischer Ebene eingebracht und zwischenzeitlich in unterschiedlichen Sprachen veröffentlicht. Vgl. RNE (Hrsg.), Der Deutsche Nachhaltigkeitskodex, S. 7 und S. 67.

die Anforderungen des DNK sind nicht komplex, so dass er anders als die GRI-*Standards* regelmäßig auch von kleinen und mittelgroßen Unternehmen angewendet wird.[357]

Der DNK ist ein **prinzipienorientiertes Rahmenwerk**, in welchem keine spezifischen Berichtsgrundsätze festgelegt sind. Vielmehr werden insgesamt zwanzig Kriterien genannt und inhaltlich kurz skizziert, über die in einem zum DNK kompatiblen Nachhaltigkeitsbericht informiert werden muss.[358] Diese Kriterien können unter den fünf Themengebieten „Strategie", „Prozessmanagement", „Umweltbelange", „Gesellschaft" und „Compliance" subsumiert werden. Form und Umfang der Berichterstattung obliegt grundsätzlich der Entscheidung des Berichtenden.[359] Die Angaben sollten jedoch grundsätzlich mithilfe von Leistungsindikatoren konkretisiert werden.[360] Diesbezüglich wird im DNK explizit eine Entscheidung zwischen den Indikatorensets der GRI und der *European Federation of Financial Analysts Societies* (EFFAS) [361]gefordert.[362]

Der DNK umfasst zur Unterstützung der Berichterstattung eine Checkliste, die konkret formulierte Berichtsanforderungen zu den einzelnen Kriterien – einschließlich exemplarischer Leistungsindikatoren – enthält.[363] Da die Kriterien, ähnlich wie die Einzelstandards der GRI, teilweise den in § 289c Abs. 2 genannten Sachverhalten entsprechen, können die Berichtsanforderungen des DNK ein inhaltlicher Anknüpfungspunkt für die kritische Analyse und Konkretisierung der Regelungen zur nichtfinanziellen Konzernerklärung in Kapitel 4 sein. Die Kompatibilität des DNK mit den an eine nichtfinanzielle Konzernerklärung gestellten Anforderungen wird auch in einem ausführlichen Gutachten von HECKER bestätigt.[364]

---

357 Vgl. FRANK, R., Warum ein deutscher Nachhaltigkeitskodex?, S. 14; THIEME, M., Deutscher Nachhaltigkeitskodex, S. I. Eine aktuelle Übersicht über die Anwender des DNK ist unter folgendem Link abrufbar: https://www.deutscher-nachhaltigkeitskodex.de/de/datenbank/dnk-datenbank.html (Stand: 11.02.2019). Der RNE bietet speziell für mittelständische Unternehmen einen Leitfaden zur Anwendung des DNK. Vgl. RNE (Hrsg.), Leitfaden zum Deutschen Nachhaltigkeitskodex.

358 Vgl. zu den Kriterien im Detail RNE (Hrsg.), Der Deutsche Nachhaltigkeitskodex, S. 11–17.

359 Vgl. STAWINOGA, M./VELTE, P., Der RefE für ein CSR-RUG, S. 843.

360 Vgl. RNE (Hrsg.), Der Deutsche Nachhaltigkeitskodex, S. 14–63.

361 Vgl. zu den *Environmental, Social and Governance* (ESG) Indikatoren EFFAS (Hrsg.), KPIs for ESG. Weiterführende Informationen zur EFFAS sind unter folgendem Link verfügbar: https://effas.net/ (Stand: 11.02.2019).

362 Vgl. RNE (Hrsg.), Der Deutsche Nachhaltigkeitskodex, S. 30–32; EFFAS (Hrsg.), KPIs for ESG.

363 Die Checkliste enthält jeweils Indikatoren aus den Sets der GRI und der EFFAS.

364 Vgl. HECKER, A., Untersuchung zur Umsetzung der „CSR-Richtlinie", S. 4 f.

233.23 Empfehlungen der TCFD

Die Empfehlungen der TCFD[365] zur Klimaberichterstattung wurden im Juni 2017 final veröffentlicht.[366] Eine Umsetzung dieser Empfehlungen soll zu einem besseren Verständnis der Kapitalmarktakteure über die Zusammenhänge zwischen dem Klimawandel und der wirtschaftlichen Lage von Unternehmen beitragen.[367] Mittelbar soll außerdem das Vertrauen in die berichtenden Unternehmen gestärkt und eine klimafreundliche Unternehmensführung gefördert werden.[368] Damit dies gelingen kann, sind sieben fundamentale Prinzipien der Berichterstattung zu beachten, die in den Empfehlungen beschrieben werden.[369] Bei diesen Prinzipien handelt es sich um „Relevanz", „Vollständigkeit", „Klarheit", „Ausgewogenheit und Verständlichkeit", „interperiodische und zwischenbetriebliche Vergleichbarkeit", „Verlässlichkeit", „Nachprüfbarkeit und Objektivität" sowie „Regelmäßigkeit". Die Prinzipien sind nach Auffassung der TCFD weitestgehend kompatibel mit den Postulaten anderer Rahmenwerke für die Finanzberichterstattung.

Inhaltlicher Kern des Rahmenwerks der TCFD sind elf Empfehlungen für die Klimaberichterstattung, die unter den vier Bereichen „Governance", „Strategie", „Risikomanagement" sowie „Kennzahlen und Ziele" subsumiert werden. Zu diesen Bereichen soll in jeweils unterschiedlichen Zusammenhängen detailliert[370] über die Chancen und Risiken[371] aus dem Klimawandel für das berichtende Unternehmen informiert werden.[372] Schwerpunkt der Berichterstattung sind hierbei die finanziellen Auswirkungen auf das berichterstattende Unternehmen. Systematisch wären die Angaben folglich in der Finanzberichterstattung und dort im Chancen- und Risikobericht des handelsrechtlichen Konzernlageberichts zu verorten.[373]

---

365 Die *Task Force on Climate-related Financial Disclosures* (TCFD) wurde im Dezember 2015 vom Finanzstabilitätsrat der G20 gegründet. Weitere Informationen zur TCFD sind unter folgendem Link verfügbar: https://www.fsb-tcfd.org/about/ (Stand: 11.02.2019). Einen kurzen Überblick bietet der Beitrag von RAVENEL, C., Klimaberichterstattung - TCFD, S. 4 f. Vgl. in diesem Kontext ferner SPEICH, I., Klimathemen im Aufsichtsrat, S. 996–998.

366 Vgl. TCFD (Hrsg.), Climate-related Financial Disclosures; TCFD (Hrsg.), Implementing the Recommendations; TCFD (Hrsg.), Use of Scenario Analysis.

367 Vgl. hier und zum folgenden Satz FISCHER, D./BEHNCKE, N./FINK, H., Klimawandel als Risiko und Chance, S. 1144 f.

368 Vgl. in diesem Zusammenhang die kongruenten übergeordneten Ziele in Abschn. 32, auf die der Gesetzgeber mit der nichtfinanziellen Konzernerklärung abzielt.

369 Vgl. dazu sowie zu den folgenden beiden Sätzen TCFD (Hrsg.), Climate-related Financial Disclosures, S. 18 und S. 51–53.

370 Das DRSC kritisiert in seiner Stellungnahme zu den Empfehlungen der TCFD, dass die geforderten Angaben mit Blick auf das Kosten-Nutzen-Verhältnis nicht ausgewogen seien. Vgl. DRSC (Hrsg.), Stellungnahme zu den Empfehlungen der TCFD, S. 1.

371 Risiken werden in Veränderungs- und Schadensrisiken unterteilt. Vgl. TCFD (Hrsg.), Climate-related Financial Disclosures, S. 8.

372 Vgl. hier und zum folgenden Satz FISCHER, D./BEHNCKE, N./FINK, H., Klimawandel als Risiko und Chance, S. 1143–1149.

373 Vgl. KIRSCH, H.-J./KÖNIG, C./HUTER, M., in: Baetge u. a., Rechnungslegung nach IFRS, 2. Aufl., Kap. XII, Rn. 285.

Anders als die Standards der GRI oder der DNK des RNE adressieren die Empfehlungen der TCFD mithin nicht alle in § 289c Abs. 2 genannten nichtfinanziellen Aspekte. Es werden ausschließlich Empfehlungen zum Sachverhalt Klimawandel (Umweltbelange) gegeben.[374] Obgleich die Empfehlungen damit inhaltlich nur einen kleinen Teil des potentiellen Berichtsumfangs der nichtfinanziellen Konzernerklärung abdecken, sind sie für die vorliegende Arbeit aus unterschiedlichen Gründen relevant. So enthalten die Empfehlungen der TCFD eine Vielzahl konkretisierender Beispiele[375], die mit Blick auf die Risikoberichterstattung in der nichtfinanziellen Konzernerklärung von Bedeutung sein können. Zudem bildet die finanzorientierte Perspektive der Empfehlungen ein Gegengewicht zu den stärker auf nichtfinanzielle bzw. nachhaltige Informationen fokussierten Rahmenwerken der GRI und des RNE. Ferner können die Berichterstattungsprinzipien zur Entwicklung eines Zweck-Grundsatz-Systems für die nichtfinanzielle Konzernerklärung herangezogen werden.

Besondere Relevanz für die vorliegende Arbeit haben die Empfehlungen der TCFD vor dem Hintergrund, dass derzeit auf europäischer Ebene diskutiert wird, inwieweit diese im Rahmen des Evaluierungsprozesses der europarechtlichen Vorgaben zur nichtfinanziellen Berichterstattung durch die EU-Kommission berücksichtigt werden sollen.[376] So empfiehlt die von der EU-Kommission eingesetzte „*High-Level Expert Group on Sustainable Finance* (HLEG)" in ihrem Schlussbericht explizit, die Vorschläge der TCFD umfassend in die Bilanzrichtlinie 2013/34/EU zu integrieren.[377]

233.24 Rahmenwerk des IIRC zum *Integrated Reporting*

Ebenso prominent wie die GRI-*Standards* und die Empfehlungen der TCFD ist das Rahmenwerk zum *Integrated Reporting* (IR)[378] des IIRC.[379] Die Veröffentlichung dieses Rahmenwerks im Dezember 2013 war für das IIRC ein wichtiger Meilenstein, um dem selbst gesetzten Ziel,

---

374 Vgl. zu den Sachverhalten des Aspekts Umweltbelange Abschn. 224.22.

375 Vgl. TCFD (Hrsg.), Climate-related Financial Disclosures, S. 10 f.

376 Vgl. zu diesem Evaluierungsprozess auf europäischer und deutscher Ebene Abschn. 212., sowie SCHMIDT, R./SCHMOTZ, T., Vorgaben zur Unternehmensberichterstattung, S. 1033–1039.

377 Dies empfiehlt die von der EU-Kommission eingesetzte HLEG in ihrem Schlussbericht ebenso wie bereits in ihrem Zwischenbericht. Vgl. HLEG (Hrsg.), Final Report, S. 24 f.; HLEG (Hrsg.), Interim Report; LANFERMANN, G., Sustainable Finance, S. 492 f. Weitere Informationen zu den Zielen, der Arbeit und den Ergebnissen der HLEG sind im Internet unter folgendem Link verfügbar: https://ec.europa.eu/info/publications/180131-sustainable-finance-report_en (Stand: 11.02.2019).

378 Vgl. dazu im Detail DOLDERER, C./RIEHT, L./SCHMIDT, M., in: Baetge u. a., Rechnungslegung nach IFRS, 2. Aufl., Kap. XI, Rn. 65–260, sowie zum Entwicklungsprozess MÜLLER, S./STAWINOGA, M., Aufstellung und Prüfung eines integrierten Berichts, S. 303–307; DIENES, D./VELTE, P., IIRC-Rahmenkonzept Integrated Reporting, S. 67 f.

379 Vgl. KIRSCH, H.-J./KÖNIG, C./HUTER, M., in: Baetge u. a., Rechnungslegung nach IFRS, 2. Aufl., Kap. XII, Rn. 284–287.

die integrierte Berichterstattung als gängige Praxis im öffentlichen und privaten Sektor zu verankern, näher zu kommen.[380] Das IR-Rahmenwerk ist ein Impuls für die in der Literatur geführte Diskussion zur Verknüpfung der Finanz- mit der Nachhaltigkeitsberichterstattung.[381]

Die Idee des IR-Rahmenwerks geht indes über die Verknüpfung von Berichtsinstrumenten hinaus.[382] Vielmehr handelt es sich um ein holistisches Unternehmensführungskonzept, das vom IIRC mit dem Stichwort „*Integrated Thinking*" beschrieben wird, und nicht auf die Nachhaltigkeitsberichterstattung beschränkt ist.[383] Kernelement des Rahmenwerks ist dennoch die Entwicklung einer konzeptionellen Basis, in deren Rahmen u. a.[384] die Finanzberichterstattung mit Informationen aus freiwilligen Nachhaltigkeitsberichten verknüpft wird.[385]

Aufgrund des prinzipienorientierten Charakters des IR-Rahmenwerks werden darin keine konkreten Pflichtangaben festgelegt, sondern die nachstehenden sieben Grundsätze zur Bestimmung der Inhalte eines integrierten Berichts definiert:[386] „Strategischer Fokus und Zukunftsorientierung", „Informationsverknüpfung", „Stakeholderorientierung", „Wesentlichkeit", „Prägnanz", „Verlässlichkeit und Vollständigkeit" sowie „Stetigkeit und Vergleichbarkeit".[387] Zudem werden im IR-Rahmenwerk acht Berichtselemente aufgelistet, zu denen ein integrierter Bericht üblicherweise Informationen enthalten sollte.[388] Diese Berichtselemente können ebenso als Orientierungspunkte für die Erstellung eines integrierten Berichts dienen, wie die verschiedenen Anwendungsempfehlungen, die im IR-Rahmenwerk gegeben werden.

Das IR-Rahmenwerk eignet sich aus mehreren Gründen als konzeptioneller und inhaltlicher Anknüpfungspunkt für die Entwicklung eines Zweck-Grundsatz-Systems für die nichtfinanzielle Konzernerklärung in Kapitel 3 sowie die kritische Analyse und Konkretisierung der Regelungen zur nichtfinanziellen Konzernerklärung in Kapitel 4. Beispielsweise ist die in § 315c

---

380 Allgemeine Informationen zum IIRC und seiner Mission sind unter folgendem Link verfügbar: http://integratedreporting.org/the-iirc-2/ (Stand: 11.02.2019).

381 Vgl. stellvertretend Arbeitskreis „Externe Unternehmensrechnung" der Schmalenbach-Gesellschaft für Betriebswirtschaft e.V. (Hrsg.), Integrated Reporting; Behncke, N./Hoffmann, A./Wulf, I., DRS 20: Auf dem Weg zum Integrated Reporting?; Haller, A./Fuhrmann, C., Die Entwicklung der Lageberichterstattung.

382 Vgl. hier und zum folgenden Satz Haller, A., Die Zukunft der Unternehmensberichterstattung, S. 442 f. Vgl. zur Bedeutung einer integrierten Berichterstattung für eine integrierte Unternehmensführung Dolderer, C./Rieht, L./Schmidt, M., in: Baetge u. a., Rechnungslegung nach IFRS, 2. Aufl., Kap. XI, Rn. 9–29.

383 Vgl. IIRC (Hrsg.), The International <IR> Framework, S. 2. Haller formuliert sechs Grundauffassungen, die die Basis des IR-Rahmenwerks bilden und Voraussetzungen für die Erstellung eines integrierten Berichts sind. Vgl. Haller, A., Die Zukunft der Unternehmensberichterstattung, S. 443.

384 Eine integrierte Berichterstattung i. S. d. IR-Rahmenwerks vermittelt Informationen zu den folgenden sechs Kapitalien: Finanzkapital, Produktionskapital, Intellektuelles Kapital, Humankapital, Soziales Kapital und Natürliches Kapital. Vgl. IIRC (Hrsg.), The International <IR> Framework, Rn. 2.10–2.19.

385 Vgl. IIRC (Hrsg.), The International <IR> Framework, S. 15–32.

386 Vgl. Dolderer, C./Rieht, L./Schmidt, M., in: Baetge u. a., Rechnungslegung nach IFRS, 2. Aufl., Kap. XI, Rn. 84.

387 Vgl. zu den einzelnen Grundsätzen im Detail IIRC (Hrsg.), The International <IR> Framework, Rn. 3.1–3.57; Haller, A., Die Zukunft der Unternehmensberichterstattung, S. 443 f.; Dolderer, C./Rieht, L./Schmidt, M., in: Baetge u. a., Rechnungslegung nach IFRS, 2. Aufl., Kap. XI, Rn. 113–188.

388 Vgl. hier und zum folgenden Satz IIRC (Hrsg.), The International <IR> Framework, Rn. 4.1–4.62; Dolderer, C./Rieht, L./Schmidt, M., in: Baetge u. a., Rechnungslegung nach IFRS, 2. Aufl., Kap. XI, Rn. 84.

Abs. 2 semantisch ausgedrückte Forderung nach einer Verknüpfung von finanzieller und nichtfinanzieller Informationsperspektive ein zentraler Grundgedanke des IR-Rahmenwerks.[389] Damit verbindet es die primär auf Nachhaltigkeitsinformationen fokussierten Rahmenwerke der GRI und des RNE und die vorrangig auf Finanzinformationen konzentrierten Empfehlungen der TCFD, so dass die konzeptionelle und inhaltliche Basis der im Rahmen dieser Arbeit berücksichtigten Rahmenwerke breit angelegt ist.[390] Zudem besteht nach § 315b Abs. 1 Satz 3 explizit die Option zur Integration der nichtfinanziellen Konzernerklärung in den Konzernlagebericht. Leitlinien für eine integrierte Berichterstattung sind im Handelsrecht bislang jedoch nicht verankert. Die Anwendung des IR-Rahmenwerks kann vor diesem Hintergrund zu einer verbesserten Berichterstattung über die Zusammenhänge der finanziellen und der nichtfinanziellen Perspektive eines Konzerns in der nichtfinanziellen Konzernerklärung beitragen.

24 Zwischenfazit

Mit den neuen handelsrechtlichen Regelungen zur Erstellung einer nichtfinanziellen Konzernerklärung stellt der Gesetzgeber die berichtspflichtigen Konzerne vor unterschiedliche Herausforderungen. So erfordert das hohe Maß an Flexibilität, das den berichtenden Unternehmen bspw. bei der Wahl eines Rahmenwerks als Anknüpfungspunkt für die Berichterstattung in der nichtfinanziellen Konzernerklärung gewährt wird, eine umfassende inhaltliche Auseinandersetzung mit den zur Verfügung stehenden Alternativen. Zudem zeigen bereits die elementaren Ausführungen zum Regelinhalt der nichtfinanziellen Konzernerklärung in Abschn. 224., dass die einschlägigen Normen an unterschiedlichen Stellen ausgelegt werden müssen, damit sie für die praktische Berichterstattung angewendet werden können.[391]

Die kritische Analyse und Auslegung der handelsrechtlichen Regelungen zur Berichterstattung in der nichtfinanziellen Konzernerklärung sind Gegenstand von Kapitel 4. Dabei ist es für die konkrete Auslegung zunächst erforderlich, einen konzeptionellen Bezugspunkt zu bestimmen. Als solcher kann – wie auch in anderen Bereichen der Finanzberichterstattung – ein sog. Zweck-Grundsatz-System dienen.[392] Die Entwicklung eines Zweck-Grundsatz-Systems für die Berichterstattung in der nichtfinanziellen Konzernerklärung ist Gegenstand des nachstehenden Kapitels 3.

---

[389] Vgl. dazu auch die Ausführungen zur sachlichen Ergänzungsfunktion sowie zur Verknüpfungsfunktion der nichtfinanziellen Konzernerklärung in den Abschn. 333.1 und 333.3.

[390] Vgl. zu Zusammenhängen zwischen integrierter Berichterstattung nach dem IR-Rahmenwerk und den Nachhaltigkeitsrahmenwerken von GRI und RNE ausführlich NAGEL-JUNGO, G./AFFOLTER, B., Nachhaltigkeitsberichterstattung im Rahmen integrierter Berichterstattung; SIMON-HECKROTH, E., Nachhaltigkeitsberichterstattung und Integrated Reporting; MANIORA, J., GRI G4 IIRC.

[391] Vgl. dazu exemplarisch die Ausführungen zur Risikoberichterstattung in Abschn. 224.32, sowie zur Berichterstattung über nichtfinanzielle Leistungsindikatoren in Abschn. 224.33.

[392] Vgl. zur Bedeutung eines Zweck-Grundsatz-Systems im Kontext der konkreten Auslegung der handelsrechtlichen Normen zur Berichterstattung in der nichtfinanziellen Konzernerklärung sowie in anderen Bereichen der Finanzberichterstattung – einschließlich einschlägiger Quellen – die Abschnitte 311. und 314.

3 Entwicklung eines Zweck-Grundsatz-Systems für die nichtfinanzielle Konzernerklärung

31 Konzeptionelle Grundlagen[393]

311. Bedeutung von Zielen, Zwecken und Grundsätzen

Die Vielfalt und Komplexität der Wirtschaftswelt macht es dem Gesetzgeber praktisch unmöglich, alle denkbaren Einzelfälle durch rechtliche Vorschriften individuell zu erfassen und abschließend zu regeln.[394] Aus diesem Grund ähneln die Vorschriften im Handelsrecht i. d. R. eher allgemeinen Prinzipien, mit denen grundlegende Anforderungen festgelegt werden, als fallbasierten Regelungen für spezifische Sachverhalte. Zudem werden häufig unbestimmte Rechtsbegriffe genutzt, um den gesetzgeberischen Willen zum Ausdruck zu bringen. Auf diese Weise gelingt es dem Gesetzgeber, eine große Bandbreite an denkbaren Einzelfällen zu erfassen und zumindest allgemein zu regeln.[395] So sind auch die handelsrechtlichen Vorschriften zur nichtfinanziellen Konzernerklärung konzipiert.[396]

Für die Berichterstattung in der nichtfinanziellen Konzernerklärung ist es deshalb erforderlich, die handelsrechtlichen Vorschriften zu konkretisieren bzw. auszulegen.[397] Maßgeblich für die Ausgestaltung der Berichterstattung sind hierzu die vom Gesetzgeber mit der nichtfinanziellen Konzernerklärung verfolgten Ziele.[398] Diese sind daher in einem ersten Schritt herzuleiten. Als konzeptioneller Bezugspunkt für eine Konkretisierung kann in einem zweiten Schritt ein Zweck-Grundsatz-System dienen,[399] wie es bspw. bereits für den handelsrechtlichen Jahresabschluss verschiedentlich entwickelt wurde.[400] Ein solches System bildet Zweck-Mittel-Relationen ab.[401] Damit wird sichergestellt, dass die Berichterstattung in der nichtfinanziellen Konzernerklärung den vom Gesetzgeber intendierten Zielen und Zwecken gerecht werden kann.[402] Diese Funktion kann ein Zweck-Grundsatz-System jedoch nur erfüllen, wenn sowohl die Ziele als auch seine Elemente – gemeint sind damit „Zwecke“ und „Grundsätze“ – systematisch „aus

---

393 Die Ausführungen dieses Abschnitts gelten 1:1 für die nichtfinanzielle Konzernerklärung und die nichtfinanzielle Erklärung. Zur Verbesserung des Leseflusses wird in den Ausführungen ausschließlich die nichtfinanzielle Konzernerklärung adressiert.

394 Vgl. MOXTER, A., Bilanzlehre, S. 32 f.; BAETGE, J./ZÜLCH, H., in: HdJ, Abt. I/2, Rn. 3. Vgl. außerdem hier und zu den folgenden drei Sätzen BAETGE, J./KIRSCH, H.-J./THIELE, S., Bilanzen, S. 93; COENENBERG, A. G./HALLER, A./SCHULTZE, W., Jahresabschluss und Jahresabschlussanalyse, S. 38.

395 Vgl. m. w. N. LEFFSON, U., GoB, S. 22–24; BAETGE, J./ZÜLCH, H., in: HdJ, Abt. I/2, Rn. 3.

396 Vgl. BLÖINK, T./HALBLEIB, A., Umsetzung der sog. CSR-Richtlinie 2014/95/EU, S. 185.

397 Vgl. so auch im Zusammenhang mit dem Zweck-Grundsatz-System der Konzernrechnungslegung BAETGE, J./KIRSCH, H.-J./THIELE, S., Konzernbilanzen, S. 66. Vgl. auch BALLWIESER, W., in: Böcking u. a., Beck HdR, B 105, Rn. 1.

398 Vgl. u. a. BAETGE, J., Rechnungslegungszwecke des aktienrechtlichen Jahresabschlusses, S. 13.

399 Vgl. BAETGE, J./KIRSCH, H.-J./THIELE, S., in: Küting/Weber, HdR-E, Kap. 4, Rn. 113 f.

400 Indes unterscheiden sich die in der Literatur entwickelten Systeme im Detail. Vgl. zum Zweck-Grundsatz-System für den handelsrechtlichen Jahresabschluss BAETGE, J./KIRSCH, H.-J./THIELE, S., Bilanzen, S. 144. Davon abweichend bspw. MOXTER, A., Fundamentalgrundsätze, S. 87–100; BALLWIESER, W., in: Baetge/Kirsch/Thiele, § 264, Rn. 81–118.

401 Vgl. LEFFSON, U., GoB, S. 34 f.; KRUSE, H. W., Grundsätze ordnungsmäßiger Buchführung, S. 94. Vgl. zu Zweck-Mittel-Relationen zwischen Zielen, Zwecken und Grundsätzen auch Abbildung 3-1.

402 Vgl. m. w. N. BAETGE, J., Rechnungslegungszwecke des aktienrechtlichen Jahresabschlusses, S. 13.

dem Gesetz extrahiert bzw. außerhalb des Gesetzes gewonnen"[403] werden. Insofern sind die Herleitung eines Zweck-Grundsatz-Systems und die Auslegung der handelsrechtlichen Vorschriften interdependente Prozesse, da für die Herleitung von Zielen, Zwecken und Grundsätzen u. a. auf die gesetzlichen Vorschriften zurückgegriffen werden muss, die dann anschließend auszulegen sind.[404]

Vor dem Hintergrund, dass für die nichtfinanzielle Konzernerklärung bislang weder Ziele identifiziert noch ein spezifisches Zweck-Grundsatz-System entwickelt wurden, wird eben dies Gegenstand des vorliegenden Kapitels sein. Erst im Anschluss kann die in Kapitel 4 beabsichtigte Analyse und Konkretisierung der handelsrechtlichen Vorschriften zweckkonform durchgeführt werden.

In den folgenden Ausführungen ist für die Herleitung der **spezifischen Ziele**, die mit der nichtfinanziellen Konzernerklärung verfolgt werden, sowie für die Entwicklung eines Zweck-Grundsatz-Systems ein einheitliches Begriffsverständnis zugrunde zu legen. So kommen dem **Zielbegriff** je nach Perspektive unterschiedliche Bedeutungen zu.[405] In Zusammenhang mit der Entwicklung eines Zweck-Grundsatz-Systems für die nichtfinanzielle Konzernerklärung ist unter einem Ziel ein sog. „gesetzgeberisches Ziel"[406] zu verstehen. Der Begriff „Ziel" kann laut dem DUDEN als „etwas, worauf jemandes Handeln [...] ganz bewusst gerichtet ist"[407] konkretisiert werden. Handelnder Akteur ist dabei der Gesetzgeber, der nach LEFFSON mit einem Ziel seinen „Willen" präzisiert.[408] Zusammenfassend wird ein Ziel für diese Arbeit als „etwas, auf das gesetzgeberisches Handeln ganz bewusst gerichtet ist" definiert. Ziele können jedoch nur mithilfe des Einsatzes geeigneter Instrumente erreicht werden.[409] Diese Instrumente sind die im Zuge eines Gesetzgebungsverfahrens verabschiedeten (handelsrechtlichen) Normen. Indes wird mit dem Bündel der (handelsrechtlichen) Normen auch ein konkreter Zweck verfolgt.

Obgleich die Begriffe „Ziel" und „Zweck" im allgemeinen Sprachgebrauch häufig synonym verwendet werden, unterscheiden sie sich im Kontext der Wirtschaftswissenschaften und speziell der Rechnungslegung.[410] Diese Unterschiede sind im Abstraktionsniveau des Betrachters begründet[411] und werden in der vorliegenden Arbeit wie folgt differenziert. Ziele sind auf einer

---

403 BAETGE, J./KIRSCH, H.-J./THIELE, S., Konzernbilanzen, S. 64.

404 Vgl. BAETGE, J./KIRSCH, H.-J./THIELE, S., Bilanzen, S. 93; BALLWIESER, W., in: Böcking u. a., Beck HdR, B 105, Rn. 2.

405 Z. B. differenziert LEFFSON bei den mit Buchführung und Jahresabschluss verfolgten Zielen zwischen kaufmännischen und gesetzgeberischen Zielen. Vgl. LEFFSON, U., GoB, S. 36–55.

406 Vgl. zu gesetzgeberischen Zielen im Kontext des Jahresabschlusses LEFFSON, U., GoB, S. 38–55.

407 BIBLIOGRAPHISCHES INSTITUT GMBH (Hrsg.), „Ziel" laut Duden.

408 Vgl. LEFFSON, U., GoB, S. 38. Für den Jahresabschluss identifiziert LEFFSON den Gläubigerschutz als gesetzgeberisches Ziel, das mithilfe der handelsrechtlichen Vorschriften erreicht werden soll. Vgl. Fn. 406. Für die nichtfinanzielle Konzernerklärung sind die gesetzgeberischen Ziele indes noch herzuleiten. Vgl. dazu Abschn. 32.

409 Vgl. hier und zum folgenden Satz LEFFSON, U., GoB, S. 28 f.

410 Vgl. ähnlich auch WEICH, S., Rechnungslegung in der Insolvenz, S. 74.

411 Vgl. BAETGE, J./THIELE, S., Gesellschafterschutz versus Gläubigerschutz, S. 12. Auf dem höchsten Abstraktionsniveau verfolgt der Gesetzgeber i. d. R. Ziele zum Schutz individueller oder allgemeiner Interessen von

abstrakteren Ebene angesiedelt als Zwecke und diesen damit übergeordnet.[412] Die Verfolgung eines Zwecks dient der Realisierung eines oder mehrerer Ziele. Insofern ist es sachgerecht, einen Zweck als „Mittel bzw. Absicht, […] um ein Ziel zu erreichen"[413] zu definieren. Anders ausgedrückt wird ein Zweck verfolgt, um ein Ziel zu erreichen.

Damit ein Zweck erfüllt werden kann, sind grundlegende Regelungen, sog. Grundsätze, zu beachten.[414] Mithilfe dieser Grundsätze ist es möglich, die handelsrechtlichen Normen, die dem Gesetzgeber als Instrument zur Zielerreichung dienen, zweckgerecht zu konkretisieren.[415] Im Kontext der nichtfinanziellen Konzernerklärung werden Grundsätze in Anlehnung an BAETGE/ZÜLCH im Folgenden als „allgemeine und von konkreten Anwendungsproblemen losgelöste grundlegende Regelungen, mit deren Hilfe die vom Gesetzgeber vorgeschriebenen Elemente [der nichtfinanziellen Konzernerklärung; Anm. d. Verfassers] zu konkretisieren sind"[416] verstanden. Die Grundsätze müssen sowohl konform zu den Zielen und Zwecken sowie den handelsrechtlichen Normen sein als auch gemeinsam ein kohärentes und sinneinheitliches System bilden.[417]

Es bleibt festzuhalten, dass zur Entwicklung eines Zweck-Grundsatz-Systems für die nichtfinanzielle Konzernerklärung zunächst die übergeordneten Ziele herzuleiten sind, die der Gesetzgeber mit diesem Berichtsinstrument verfolgt.[418] Anschließend ist der mit den handelsrechtlichen Vorschriften verfolgte Zweck der Berichterstattung zu bestimmen. Unter Berücksichtigung dieser übergeordneten Elemente sind dann Grundsätze zur Konkretisierung der einzelnen Berichtspflichten ab- bzw. herzuleiten.

Im Zuge der Herleitung von Zielen, Zwecken und Grundsätzen sind die handelsrechtlichen Vorschriften zu berücksichtigen, die später in Kapitel 4 mithilfe des entwickelten Zweck-Grundsatz-Systems analysiert und ausgelegt werden. Obgleich Ziele, Zwecke und Grundsätze allgemeingültig bzw. sachverhaltsunabhängig zu formulieren sind, ist es für deren Entwicklung und Plausibilisierung erforderlich, auch die Sachverhaltsebene zu beachten.[419] Mithin existieren bei der Entwicklung eines Zweck-Grundsatz-Systems Interdependenzen zwischen Zielen,

---

Einzelpersonen oder gesellschaftlichen Gruppen.

412 Vgl. LEFFSON, U., GoB, S. 38–40. SCHNEIDER differenziert ebenfalls zwischen Zielen und Zwecken, ordnet den Zielen aber die Zwecke über. Vgl. SCHNEIDER, D., Betriebswirtschaftslehre, S. 45 und S. 88.

413 WEICH, S., Rechnungslegung in der Insolvenz, S. 74. Vgl. so auch BIBLIOGRAPHISCHES INSTITUT GMBH (Hrsg.), „Zweck" laut Duden.

414 Vgl. BAETGE, J./KIRSCH, H.-J./THIELE, S., Bilanzen, S. 104.

415 Vgl. BAETGE, J./FISCHER, T. R./PASKERT, D., Der Lagebericht, S. 6.

416 Zitat in Anlehnung an BAETGE, J./ZÜLCH, H., in: HdJ, Abt. I/2, Rn. 5. Vgl. so auch LEFFSON, U., GoB, S. 151.

417 Vgl. TICHY, E., Inhalt des Lageberichts, S. 37; DÖLLERER, G., Grundsätze ordnungsmäßiger Bilanzierung, S. 1220; BAETGE, J./ZÜLCH, H., in: HdJ, Abt. I/2, Rn. 21–23; BAETGE, J./KIRSCH, H.-J./THIELE, S., in: Küting/Weber, HdR-E, Kap. 4, Rn. 12. Indes ist auch ein kohärentes und sinneinheitliches Grundsatzsystem formal-logisch nicht unangreifbar. Vgl. speziell zu diesem Aspekt BAETGE, J./KIRSCH, H.-J./THIELE, S., Bilanzen, S. 111.

418 Vgl. BAETGE, J./KIRSCH, H.-J./THIELE, S., in: Küting/Weber, HdR-E, Kap. 4, Rn. 29.

419 Vgl. BAETGE, J./ZÜLCH, H., in: HdJ, Abt. I/2, Rn. 5; WEICH, S., Rechnungslegung in der Insolvenz, S. 75.

Zwecken, Grundsätzen und der Sachverhaltsebene, die in der folgenden Abbildung 3-1 durch Pfeile symbolisiert werden:

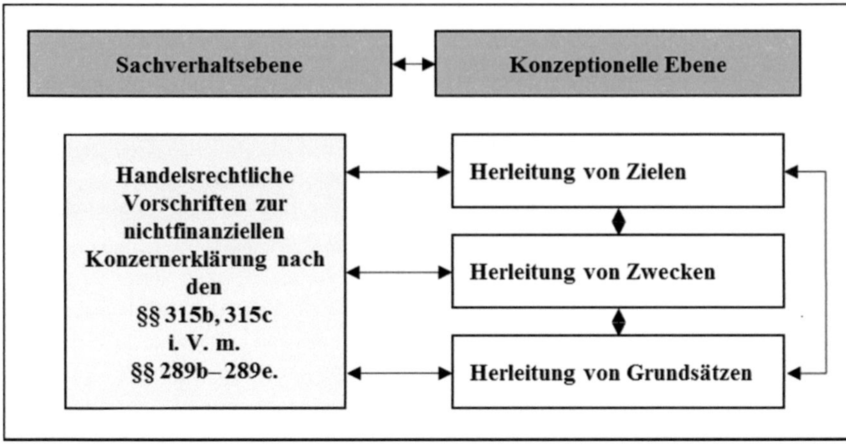

Abbildung 3-1: Interdependenzen bei der Entwicklung eines Zweck-Grundsatz-Systems

312. Charakter der nichtfinanziellen Konzernerklärung

Kernelement des CSR-RUG ist die Verpflichtung bestimmter Unternehmen zur Erstellung einer nichtfinanziellen Konzernerklärung. Darin sind Angaben zu machen, die i. d. R. keinen unmittelbaren Bezug zur Rechnungslegung haben.[420] Damit stellt sich die Frage, ob die nichtfinanzielle Konzernerklärung dennoch, wie der Konzernlagebericht[421], ein Teil der Finanzberichterstattung ist.[422] Sofern dies der Fall wäre, könnte bei der Entwicklung eines Zweck-Grundsatz-Systems für die Berichterstattung in der nichtfinanziellen Konzernerklärung an bestehende Zweck-Grundsatz-Systeme der Finanzberichterstattung angeknüpft werden.[423]

Mit Blick auf die rechtssystematische Verankerung der handelsrechtlichen Vorschriften zur nichtfinanziellen Konzernerklärung ist die Frage, ob die nichtfinanzielle Konzernerklärung ein Teil der Finanzberichterstattung ist, zu bejahen. Rechtlicher Ausgangspunkt für das CSR-RUG war nämlich die CSR-Richtlinie, mit der die Bilanzrichtlinie um die Vorgaben zur Erstellung

[420] Vgl. zum Charakter der vermittelten Informationen auch SPIEẞHOFER, B., Die neue europäische Richtlinie, S. 1281–1287; BÖCKING, H.-J./ALTHOFF, C., Paradigmenwechsel, S. 246 f.

[421] Der Lagebericht zählt nach Art. 4 Abs. 2 der Richtlinie 2004/109/EG zur Finanzberichterstattung. Vgl. zum Charakter des Lageberichts außerdem FINK, C./KAJÜTER, P./WINKELJOHANN, N., Lageberichterstattung, S. 3.

[422] MÖLLER, H. P. U. A., beschäftigen sich ausführlich mit den unterschiedlichen Bestandteilen der Konzernfinanzberichterstattung. Vgl. für einen Überblick über die einzelnen Instrumente MÖLLER, H. P. U. A., Konzern-Finanzberichte, S. 2–4.

[423] Vgl. diesen Ansatz bestätigend BAETGE, J./KIRSCH, H.-J./THIELE, S., Bilanzen, S. 112; WEBER, S. C./VELTE, P., Grundsätze ordnungsmäßigen Corporate Governance Reportings, S. 1824–1829; BAETGE, J./SOLMECKE, H., Das Value Reporting, S. 16–30.

einer nichtfinanziellen Konzernerklärung erweitert wurde.[424] Die Bilanzrichtlinie bzw. deren Vorgänger, die 4. sowie die 7. EG-Richtlinie[425], bilden seit über 30 Jahren die europarechtliche Grundlage für das Handelsrecht und damit für die Finanzberichterstattung.[426] Die gesetzlichen Normen zur nichtfinanziellen Konzernerklärung wurden mit dem CSR-RUG folgerichtig in den zweiten Abschnitt des dritten Buches des HGB integriert und dort an die Vorgaben für den Konzernlagebericht angegliedert. Die enge Verbindung zum Konzernlagebericht wird auch am Wortlaut des § 315b Abs. 1 deutlich.[427] Danach ist der Konzernlagebericht um eine nichtfinanzielle Konzernerklärung zu erweitern. Dies betont den Charakter der nichtfinanziellen Konzernerklärung als Bestandteil des Konzernlageberichts.[428]

Unabhängig von der rechtssystematischen Verankerung geht auch aus dem Inhalt der handelsrechtlichen Vorschriften hervor, dass die nichtfinanzielle Konzernerklärung ein Teil der Finanzberichterstattung ist.[429] So legt der Wesentlichkeitsvorbehalt nach § 315c Abs. 2 fest, dass die Informationen in der nichtfinanziellen Konzernerklärung relevant für „[…] das Verständnis des Geschäftsverlaufs, des Geschäftsergebnisses [und; Anm. d. Verf.] der Lage des Konzerns […]" sein müssen. Damit knüpft der Gesetzgeber direkt an Berichtsinhalte an, die nach § 315 Abs. 1 Satz 1 bereits im Konzernlagebericht gefordert sind. Gemäß § 315c Abs. 1 i. V. m. § 289c Abs. 3 Nr. 6 soll zudem durch Hinweise auf Beträge im Konzernabschluss ein direkter Bezug zwischen der nichtfinanziellen Konzernerklärung und der Rechnungslegung hergestellt werden, wenn dies für das Verständnis erforderlich ist.[430] Indes wäre es auch ohne einen so expliziten Anknüpfungspunkt zur Rechnungslegung fraglich, ob der Charakter der nichtfinanziellen Konzernerklärung als Instrument der Finanzberichterstattung ernsthaft in Zweifel gezogen werden könnte.[431] In der Literatur besteht nämlich weitgehend Einigkeit über die Relevanz nichtfinanzieller Informationen (über nichtfinanzielle Ressourcen)[432] für das Verständnis des

424 Vgl. dazu BLÖINK, T./HALBLEIB, A., Umsetzung der sog. CSR-Richtlinie 2014/95/EU, S. 182.

425 Vgl. Richtlinie 78/660/EWG vom 25.07.1978 sowie Richtlinie 83/349/EWG vom 13.06.1983.

426 Vgl. dazu ZWIRNER, C., Rechnungslegungsvorschriften ab 2016 EU-Rechnungslegungsrichtlinie, S. 439; BLÖINK, T./KNOLL-BIERMANN, T., Bilanzrichtlinie-Umsetzungsgesetz, S. 66.

427 Vgl. zu dieser semantischen Verknüpfung sowie zu den folgenden beiden Sätzen HENNRICHS, J./PÖSCHKE, M., Prüfung des "CSR-Berichts", S. 123, sowie allgemein SCHMOTZ, T./SCHMIDT, R., Nichtfinanzielle Berichtspflichten in der Finanzberichterstattung, S. 2878; KAJÜTER, P., Neuerungen in der Lageberichterstattung, S. 232.

428 Diese Schlussfolgerung gilt unabhängig davon, ob die nichtfinanzielle Konzernerklärung formal als Bestandteil des Konzernlageberichts veröffentlicht wird oder ob eine andere Offenlegungsvariante gewählt wird. Vgl. zu den möglichen Berichtsformen Abschn. 223.

429 Vgl. hier und zu den folgenden beiden Sätzen KAJÜTER, P., CSR-Richtlinie-Umsetzungsgesetz, S. 621 f.; BÖCKING, H.-J./ALTHOFF, C., Konzernlagebericht: Änderungen von DRS 20, S. 1456.

430 Vgl. KIRSCH, H.-J./KÖNIG, C./HUTER, M., in: Baetge u. a., Rechnungslegung nach IFRS, 2. Aufl., Kap. XII, Rn. 241; WINKELJOHANN, N./SCHÄFER, N., in: Beck Bilanzkomm., 11. Aufl., § 289c, Rn. 80.

431 Von dieser Argumentation unbenommen ist die in der Literatur geäußerte Kritik, dass die gesellschaftsrechtlichen Implikationen aus dem CSR-RUG durch den Gesetzgeber nicht hinreichend berücksichtigt wurden. Vgl. in diesem Kontext HOMMELHOFF, P., Nichtfinanzielle Unternehmensziele im Unionsrecht, S. 142–144; HOMMELHOFF, P., Nichtfinanzielle Ziele in Unternehmen, S. 391 f.; MOCK, S., Berichterstattung über Corporate Social Responsibility, S. 1196 f.

432 Vgl. MOXTER, A., Rechnungslegungsmythen, S. 2143.

Geschäftsverlaufs, des Geschäftsergebnisses und der Lage eines Unternehmens respektive Konzerns, welches bei den Adressaten mithilfe der Finanzberichterstattung herzustellen ist.[433]

313. Adressaten der nichtfinanziellen Konzernerklärung

Die nichtfinanzielle Konzernerklärung ist – wie in Abschn. 312. gezeigt – ein Instrument der Finanzberichterstattung zur Vermittlung von Informationen.[434] Ihre Inhalte sind mithilfe eines Zweck-Grundsatz-Systems zu konkretisieren. Die Entwicklung eines solchen Systems ist aber nur dann möglich, wenn der Adressatenkreis der Informationen bekannt ist.[435] Dieser wird für die nichtfinanzielle Konzernerklärung jedoch weder vom europäischen noch vom deutschen Gesetzgeber abschließend definiert und ist daher zunächst zu bestimmen.[436]

Vor dem Hintergrund, dass die nichtfinanzielle Konzernerklärung Teil der handelsrechtlichen Konzernlageberichterstattung ist, sind die Adressaten des Konzernlageberichts grundsätzlich auch Adressaten der nichtfinanziellen Konzernerklärung.[437] In der Literatur wird der Adressatenkreis des Konzernlageberichts jedoch unterschiedlich abgegrenzt. Als Adressat kommt dabei jede Person in Betracht, die Zugang zu den Informationen des Konzernlageberichts hat.[438] Da dieser nach § 325 Abs. 1–2 im elektronischen Bundesanzeiger zu veröffentlichen ist, hat theoretisch jeder die Möglichkeit, die Informationen abzurufen.[439] Daher differenziert MOXTER in diesem Kontext sachgerecht zwischen bloßen Informationsempfängern und echten Adressaten, die berechtigte Informationsinteressen haben.[440]

Einigkeit besteht im Schrifttum darüber, dass sowohl die Kapitalgeber als auch weitere Stakeholder der Gesellschaft Adressaten des Konzernlageberichts sind.[441] Zu den weiteren Stakeholdern zählen bspw. Kunden, Arbeitnehmer und Lieferanten. Strittig ist dagegen, ob die breite Öffentlichkeit zu den Adressaten zu zählen ist. Dies wird vor allem in der älteren Literatur mit dem Argument abgelehnt, dass für die Öffentlichkeit keine spezifischen Informationsinteressen identifizierbar sind und eine umfassende Berücksichtigung der vielfältigen Informationsinteressen auch nicht leistbar wäre.[442] Im Gegensatz dazu wird in neueren Beiträgen auf das große

433 Vgl. stellvertretend BÖCKING, H.-J./ALTHOFF, C., Paradigmenwechsel, S. 246.

434 Vgl. zum Zweck der nichtfinanziellen Konzernerklärung Abschn. 33.

435 Vgl. so für den Lagebericht BAETGE, J., Rechnungslegungszwecke des aktienrechtlichen Jahresabschlusses, S. 26–30; BAETGE, J./FISCHER, T. R./PASKERT, D., Der Lagebericht, S. 10; WEICH, S., Rechnungslegung in der Insolvenz, S. 66.

436 Die exakte Abgrenzung eines Adressatenkreises ist mit unterschiedlichen Herausforderungen verbunden. Vgl. dazu MOXTER, A., Fundamentalgrundsätze, S. 94 f.

437 Vgl. so auch KREIPL, M./MÜLLER, S., Ausweitung der Pflichtpublizität um eine nichtfinanzielle Erklärung, S. 2426; KAJÜTER, P., CSR-Richtlinie-Umsetzungsgesetz, S. 618.

438 Vgl. BAETGE, J./FISCHER, T. R./PASKERT, D., Der Lagebericht, S. 10.

439 Vgl. zu den Vorschriften über die Offenlegung des Konzernlageberichts im Detail GROTTEL, B., in: Beck Bilanzkomm., 11. Aufl., § 325.

440 Vgl. dazu MOXTER, A., Fundamentalgrundsätze, S. 95.

441 Vgl. hier und zum folgenden Satz bspw. STOBBE, T., Der Lagebericht, S. 305; BAETGE, J./FISCHER, T. R./PASKERT, D., Der Lagebericht, S. 10–12; BALLWIESER, W., Informations-GoB, S. 105 f.; MÜLLER, S./STUTE, A./WITHUS, K.-H., Handbuch Lagebericht, S. 30 f.; FINK, C./KAJÜTER, P./WINKELJOHANN, N., Lageberichterstattung, S. 11.

442 Vgl. so bspw. TICHY, E., Inhalt des Lageberichts, S. 50–59; STOBBE, T., Der Lagebericht, S. 305; BAETGE,

Interesse der Gesellschaft an einer verantwortungsvollen Unternehmensführung hingewiesen und deshalb für eine explizite Charakterisierung der Öffentlichkeit als Adressat der Konzernlageberichterstattung argumentiert.[443]

In der Begründung zum CSR-RUG wird die Öffentlichkeit gleich mehrmals als Adressat der Berichterstattung genannt. So werden u. a. im Zusammenhang mit den Berichtspflichten zu den in Bezug auf nichtfinanzielle Aspekte verfolgten Konzepten sowie zur Risikoberichterstattung die Informationsinteressen der Öffentlichkeit betont.[444] Mitunter werden sogar Formulierungen verwendet, die darauf schließen lassen, dass die Öffentlichkeit primärer Adressat einzelner Angaben ist, da sie besonderes Interesse an ihnen hat. So dient die Konkretisierung der nichtfinanziellen Aspekte in § 289c Abs. 2 dem Gesetzgeber zufolge als „Orientierung, was unter den […] Berichtsfeldern aus der Perspektive der Allgemeinheit wesentlich sein könnte."[445] Weiter wird ausgeführt, dass es für die Allgemeinheit wichtig sei „[…] zu erfahren, ob die berichtende Kapitalgesellschaft aufgrund ihres Geschäftsmodells eine Lieferkette eingerichtet hat und bis zu welcher Tiefe der Lieferkette nichtfinanzielle Angaben gemacht werden […]."[446] Daher ist eine Charakterisierung der Öffentlichkeit als Adressat der nichtfinanziellen Konzernerklärung geboten. Neben den Kapitalgebern und den weiteren Stakeholdern wird die Öffentlichkeit im Folgenden als Adressat berücksichtigt.[447]

Im Sinne einer zielkonformen Informationsvermittlung ist es allerdings erforderlich, den Begriff der Öffentlichkeit auf einzelne gesellschaftliche Gruppen einzugrenzen. Die EU-Kommission differenziert in ihren Leitlinien für die Berichterstattung über nichtfinanzielle Informationen zu diesem Zweck die sog. Zivilgesellschaft[448], lokale Gemeinschaften, Behörden und bestimmte schutzbedürftige Gruppen.[449] Vor dem Hintergrund der Bedeutung der Leitlinien für die vorliegende Arbeit und deren direkten Bezug zur CSR-Richtlinie ist es sachgerecht, diese Abgrenzung im Folgenden für die nichtfinanzielle Konzernerklärung zugrunde zu legen.[450]

J./FISCHER, T. R./PASKERT, D., Der Lagebericht, S. 10 f.

443 Vgl. stellvertretend FINK, C./KAJÜTER, P./WINKELJOHANN, N., Lageberichterstattung, S. 11.

444 Vgl. DEUTSCHER BUNDESTAG (Hrsg.), BT-Drucksache 18/9982, S. 47–51.

445 DEUTSCHER BUNDESTAG (Hrsg.), BT-Drucksache 18/9982, S. 47. Vgl. auch HOLZMEIER, M./BURTH, M./HACHMEISTER, D., Die nichtfinanzielle Konzernberichterstattung, S. 217.

446 DEUTSCHER BUNDESTAG (Hrsg.), BT-Drucksache 18/9982, S. 51.

447 Vgl. SPIEẞHOFER, B., Die neue europäische Richtlinie, S. 1282; FIFKA, M. S., CSR und Reporting, S. 133; MOCK, S., in: Hachmeister u. a., BilR, § 289b, Rn. 9. HAAKER/GAHLEN bestreiten die Adressateneigenschaft nicht, sehen sie aber aus praktischen Gründen der Berichterstattung sehr kritisch. Vgl. HAAKER, A./GAHLEN, D., Umsetzung der CSR-Richtlinie, S. 662 f.

448 Der Begriff „Zivilgesellschaft" ist im Kontext der nichtfinanziellen Konzernerklärung ein Neologismus, der Nichtregierungsorganisationen, die bestimmte gesellschaftliche Interessen vertreten, ebenso umfasst wie Non-Profit-Organisationen. Vgl. dazu die Definition des BMZ, abrufbar im Internet unter https://www.bmz.de/de/service/glossar/Z/zivilgesellschaft.html (Stand: 11.02.2019).

449 Vgl. EU-KOMMISSION (Hrsg.), ABl. C 215 vom 05.07.2017, S. 9.

450 Vgl. zur Bedeutung der Leitlinien für die Berichterstattung über nichtfinanzielle Informationen der EU-Kommission Abschn. 232.

Weder die handelsrechtlichen Vorschriften noch die begleitenden gesetzlichen Materialien enthalten Hinweise darauf, dass den Informationsinteressen bestimmter Adressaten durch den Gesetzgeber größere oder geringere Bedeutung beigemessen wird. Mithin sollte i. d. R. der Informationsbedarf der Gesamtheit des Adressatenkreises als Referenzpunkt für die Berichterstattung dienen. Dies schließt im Einzelfall die Dominanz von Partikularinteressen bestimmter Adressaten jedoch nicht aus.[451]

314. Grundlagen für die Entwicklung eines Zweck-Grundsatz-Systems

314.1 Konzeptionelle und inhaltliche Anknüpfungspunkte

Bislang wurde für die nichtfinanzielle Konzernerklärung noch kein spezifisches Zweck-Grundsatz-System entwickelt, mit welchem die Vorschriften zur Berichterstattung in der nichtfinanziellen Konzernerklärung konkretisiert werden könnten. Vor diesem Hintergrund lohnt ein Blick auf Arbeiten und Erkenntnisse zu bestehenden Zweck-Grundsatz-Systemen vergleichbarer Instrumente der Finanzberichterstattung, um daraus Rückschlüsse über die Methodik zur systematischen Herleitung eines solchen Systems zu gewinnen.

Der Gesetzgeber hat bereits für die Erstellung des Geschäftsberichts in § 160 Abs. 4 AktG 1965 a. F. vorgeschrieben, dass die Grundsätze gewissenhafter und getreuer Rechenschaft zu beachten sind. Im Handelsrecht wird bspw. in den §§ 243 Abs. 1, 264 Abs. 2 und 297 Abs. 2 für den Einzel- und den Konzernabschluss auf die Grundsätze ordnungsmäßiger Buchführung (GoB) verwiesen. Diese umfassen u. a. die Grundsätze gewissenhafter und getreuer Rechenschaft.[452] Die GoB wurden in der Literatur vielfach diskutiert und zu verschiedenen Zweck-Grundsatz-Systemen zusammengefasst.[453] Nach herrschender Auffassung im Schrifttum gelten die Grundsätze gewissenhafter und getreuer Rechenschaft prinzipiell auch für die Lageberichterstattung, weil auch ihr, wie im Folgenden noch gezeigt wird, der Rechenschaftszweck zugrunde liegt.[454] BAETGE/FISCHER/PASKERT haben diese Erkenntnis genutzt und die Grundsätze im Zuge der Entwicklung ihres lageberichtsspezifischen Zweck-Grundsatz-Systems formal für den Lagebericht übernommen sowie speziell für dessen Anforderungen inhaltlich adjustiert, konkretisiert und ergänzt.[455] So mussten sie nicht alle Elemente ihres Systems neu entwickeln. Das

---

[451] Vgl. EU-KOMMISSION (Hrsg.), ABl. C 215 vom 05.07.2017, S. 9.

[452] Vgl. LEFFSON, U., GoB, S. 18.

[453] Vgl. zu den Grundsätzen gewissenhafter und getreuer Rechenschaft stellvertretend SPRENGER, R., Grundsätze gewissenhafter und getreuer Rechenschaft; MOXTER, A., Fundamentalgrundsätze, S. 87–100; TICHY, E., Inhalt des Lageberichts, S. 27–34. Vgl. zum Rechenschaftszweck des Konzernlageberichts Abschn. 331.

[454] Vgl. KROPFF, B., Der Lagebericht nach geltendem und künftigem Recht, S. 517 f.; SAHNER, F./KAMMERS, H., Lagebericht, S. 2311 f.; KIRSCH, H.-J./SCHEELE, A., E-DRS 20, Ausweitung der Lageberichterstattung, S. 2734.

[455] BAETGE/FISCHER/PASKERT entwickeln in ihrem Grundlagenwerk zum handelsrechtlichen Lagebericht zunächst ein Zweck-Grundsatz-System und konkretisieren die prinzipienorientierten handelsrechtlichen Vorschriften anschließend inhaltlich. Vgl. dazu umfassend BAETGE, J./FISCHER, T. R./PASKERT, D., Der Lagebericht, S. 1–70. Bei der Entwicklung konnten sie bspw. auf den Arbeiten von TICHY zu den Grundsätzen gewissenhafter und getreuer Rechenschaft im aktienrechtlichen Lagebericht und von LEFFSON zu den GoB im handelsrechtlichen Jahresabschluss aufbauen.

Ergebnis ist das in Abbildung 3-2 dargestellte Zweck-Grundsatz-System für die Lageberichterstattung.[456]

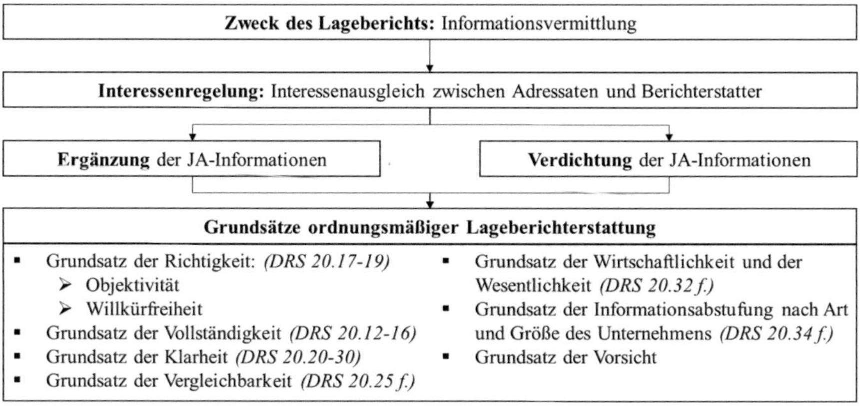

Abbildung 3-2: Zweck-Grundsatz-System nach BAETGE/FISCHER/PASKERT[457]

Die in Abbildung 3-2 genannten Grundsätze ordnungsmäßiger Lageberichterstattung (GoL) wurden im Zeitverlauf erneut verschiedentlich – z. B. als Reaktion auf das BilReG und die damit verbundene Konzeption des DRS 15[458] – weiterentwickelt und an neue gesetzliche Gegebenheiten angepasst.[459] So wurde einerseits der Grundsatz der Klarheit um das Postulat der Übersichtlichkeit erweitert (Grundsatz der Klarheit und Übersichtlichkeit). Andererseits wurde der Grundsatz der Vorsicht durch den Grundsatz der Ausgewogenheit ersetzt.[460] Ferner wurden die GoL auch im DRS 20 weitgehend kodifiziert und dort für den Konzernlagebericht inhaltlich konkretisiert.[461] Da die nichtfinanzielle Konzernerklärung Teil der Finanzberichterstattung ist[462], kann die Entwicklung eines spezifischen Zweck-Grundsatz-Systems der nichtfinanziellen Konzernerklärung, dem Ansatz von BAETGE/FISCHER/PASKERT entsprechend, ebenfalls auf deren in Abbildung 3-2 dargestellten System aufbauen.[463]

---

456 In Abbildung 3-2 ist die Kodifikation der einzelnen GoL in den Textziffern des DRS 20 jeweils in Klammern angegeben. Der Grundsatz der Vorsicht ist nicht im DRS 20 kodifiziert.

457 Quelle: In Anlehnung an BAETGE, J./FISCHER, T. R./PASKERT, D., Der Lagebericht, S. 27.

458 Vgl. zur Weiterentwicklung des Zweck-Grundsatz-Systems nach BAETGE/FISCHER/PASKERT im Zusammenhang mit der Veröffentlichung von DRS 15 BAETGE, J./KIRSCH, H.-J./THIELE, S., Bilanzen, 9. Aufl., S. 788–791.

459 Exemplarisch sei auf die Einführung der expliziten Chancenberichterstattung mit dem BilReG verwiesen. Vgl. zur Chancenberichterstattung DEUTSCHER BUNDESTAG (Hrsg.), BT-Drucksache 15/3419, S. 30; Abschn. 434.

460 Vor diesem Hintergrund werden die Grundsätze der Vorsicht und der Ausgewogenheit in Abschn. 343.4 gemeinsam betrachtet.

461 Vgl. DRS 20.12–35.

462 Vgl. in diesem Kontext die Ausführungen zum Charakter der nichtfinanziellen Konzernerklärung in Abschn. 312.

463 Die Möglichkeit ein bestehendes Zweck-Grundsatz-System zu modifizieren und an neue Gegebenheiten anzupassen betonen auch BAETGE/KIRSCH/THIELE. Vgl. BAETGE, J./KIRSCH, H.-J./THIELE, S., Bilanzen, S. 112.

Die einzelnen Elemente dieses Zweck-Grundsatz-Systems für den Lagebericht werden ebenso wie die im DRS 20 kodifizierten Grundsätze im weiteren Verlauf der Arbeit aufgegriffen und – sofern zweckmäßig – in Bezug auf die spezifischen Anforderungen der nichtfinanziellen Konzernerklärung konkretisiert.[464] Hierfür werden auch weitere konzeptionelle Anknüpfungspunkte, wie z. B. anerkannte Rahmenwerke, die Leitlinien für die Berichterstattung über nichtfinanzielle Informationen der EU-Kommission und aktuelle Erkenntnisse aus der Literatur, berücksichtigt.[465] Indes werden die Elemente des Zweck-Grundsatz-Systems für den Lagebericht nach BAETGE/FISCHER/PASKERT (der Zweck, die Funktionen und die Grundsätze) sowie die Grundsätze des DRS 20 den primären Anknüpfungspunkt bilden.[466] Um ein einheitliches Verständnis der Elemente des Zweck-Grundsatz-Systems nach BAETGE/FISCHER/PASKERT sowie der Grundsätze nach DRS 20 sicherzustellen, werden diese vor deren inhaltlicher Konkretisierung in den einzelnen Abschnitten in ihren Grundzügen deskriptiv erläutert.[467] So werden auch die Interdependenzen des Systems gezeigt.

Analog zu BAETGE/FISCHER/PASKERT, die zusätzlich zur Konkretisierung der Grundsätze gewissenhafter und getreuer Rechenschaft neue spezifische GoL herleiten,[468] wird ggf. auch das Zweck-Grundsatz-System für die nichtfinanzielle Konzernerklärung neue Elemente[469] enthalten müssen. Indes ist die Herleitung neuer Grundsätze kein Selbstzweck, sondern nur dann sachgerecht, wenn dies dem Ziel dient, die handelsrechtlichen Anforderungen an eine nichtfinanzielle Berichterstattung adäquat abzubilden. Die Herleitung neuer und die Konkretisierung bestehender Elemente wird mithilfe der sog. hermeneutischen Methode durchgeführt. Diese wird im folgenden Abschn. 314.2 erläutert.

Zusätzlich zu Zwecken und Grundsätzen sollen auch übergeordnete, mit der nichtfinanziellen Konzernerklärung verfolgte, gesetzgeberische Ziele identifiziert bzw. hergeleitet werden. Die Annahme, dass solche Ziele existieren, wird in den Abschn. 322.–325. belegt. Indes müssen die

Vgl. zu diesem Ansatz im Kontext der Erklärung zur Unternehmensführung WEBER, S. C./VELTE, P., Grundsätze ordnungsmäßigen Corporate Governance Reportings, S. 1824–1829, sowie zum sog. *value reporting* BAETGE, J./SOLMECKE, H., Das Value Reporting, S. 16–30.

464 Anders als bei einer bloßen Übernahme der GoL für die nichtfinanzielle Konzernerklärung (vgl. dazu z. B. KAJÜTER, P., RegE CSR-Richtlinie-Umsetzungsgesetz, S. 509) können so die spezifischen Charakteristika der nichtfinanziellen Konzernerklärung in einem Zweck-Grundsatz-System adäquat berücksichtigt werden.

465 Vgl. zu diesem Vorgehen auch WEICH, S., Rechnungslegung in der Insolvenz, S. 88–97.

466 Das exakte Vorgehen bei der Herleitung von Grundsätzen für die Berichterstattung in der nichtfinanziellen Konzernerklärung wird in Abschn. 341. erläutert.

467 Der Zweck und die Funktionen des Zweck-Grundsatz-Systems nach BAETGE/FISCHER/PASKERT werden in Abschn. 331. deskriptiv erläutert. Für die GoL nach BAETGE/FISCHER/PASKERT sowie die Grundsätze nach DRS 20 erfolgt dies jeweils in den Abschn. 342.1–343.5.

468 Vgl. BAETGE, J./FISCHER, T. R./PASKERT, D., Der Lagebericht, S. 16.

469 Vgl. zur Herleitung neuer Grundsätze Abschn. 344.

Ziele, Zwecke und Grundsätze insgesamt ein inhaltlich geschlossenes, konsistentes und kohärentes System bilden.[470] Vor diesem Hintergrund werden die Ergebnisse aus den Abschn. 32–34 in Abschn. 35 abschließend zusammengeführt.

314.2 Methoden zur Gewinnung und Konkretisierung von Zielen, Zwecken und Grundsätzen

314.21 Induktion und Deduktion

Im Schrifttum wird für die Entwicklung eines Zweck-Grundsatz-Systems zwischen einem induktiven und einem deduktiven Ansatz differenziert.[471] Bei der **induktiven Methode** wird von speziellen Sätzen auf allgemeine Sätze geschlossen.[472] Im Kontext der Entwicklung eines Zweck-Grundsatz-Systems für die nichtfinanzielle Konzernerklärung würde folglich von den Ansichten einzelner berichtender Konzerne auf Grundsätze für die Berichterstattung geschlossen werden.[473] Damit wäre es jedoch möglich, dass die Ziele des Gesetzgebers durch die ggf. nicht neutralen Ansichten der Berichtenden konterkariert werden.[474] Folglich ist ein allein induktives Vorgehen für die Entwicklung eines Zweck-Grundsatz-Systems nicht sinnvoll.[475]

Umgekehrt wird bei der **deduktiven Methode** von allgemeinen Sätzen auf spezielle Sätze geschlossen.[476] Angewandt auf die Entwicklung eines Zweck-Grundsatz-Systems würden Grundsätze (die speziellen Sätze) aus den Zielen und Zwecken (den allgemeinen Sätzen), die der Gesetzgeber mit der nichtfinanziellen Konzernerklärung verfolgt, abgeleitet werden.[477] Es handelt sich bei dieser Methode um ein logisches Verfahren, bei dem keine neuen Informationen berücksichtigt werden, die nicht bereits den Zielen und Zwecken selbst inhärent sind. Vielmehr werden die Elemente eines Zweck-Grundsatz-Systems durch „Nachdenken" gewonnen.[478] Damit die sog. handelsrechtlich deduktive Methode angewendet werden kann, ist jedoch eine Ableitungsbasis[479] erforderlich.[480] Darunter sind die Ziele und Zwecke zu verstehen, über

---

470 Vgl. BAETGE, J./KIRSCH, H.-J./THIELE, S., Bilanzen, S. 112; BAETGE, J./KIRSCH, H.-J./THIELE, S., in: Küting/Weber, HdR-E, Kap. 4, Rn. 22.

471 Vgl. m. w. N. LEFFSON, U., GoB, S. 28–31.

472 Vgl. POPPER, K./KEUTH, H., Logik der Forschung, S. 3.

473 In Anlehnung an die Argumentation für den handelsrechtlichen Lagebericht nach BAETGE, J./FISCHER, T. R./PASKERT, D., Der Lagebericht, S. 6, sowie den handelsrechtlichen Jahresabschluss nach LEFFSON, U., GoB, S. 29.

474 Vgl. stellvertretend BAETGE, J./KIRSCH, H.-J./THIELE, S., Bilanzen, S. 107.

475 Vgl. POPPER, K./KEUTH, H., Logik der Forschung, S. 3–6; LEFFSON, U., GoB, S. 29; BAETGE, J./FISCHER, T. R./PASKERT, D., Der Lagebericht, S. 6; BAETGE, J./ZÜLCH, H., in: HdJ, Abt. I/2, Rn. 20; BAETGE, J./KIRSCH, H.-J./THIELE, S., Bilanzen, S. 107. Verwendet wurde die induktive Methode indes von SCHMALENBACH, E., Grundsätze ordnungsmäßiger Bilanzierung, S. 225–233. Für eine Synthese von induktiver und deduktiver Methode plädiert BEISSE, H., Rechtsfragen der Gewinnung von GoB, S. 502 f.

476 Vgl. LEFFSON, U., GoB, S. 29 f.

477 In Anlehnung an die Argumentation für den handelsrechtlichen Jahresabschluss nach LEFFSON, U., GoB, S. 30.

478 Vgl. WILD, J., in: GROCHLA, E./WITTMANN, W., Betriebswirtschaft: HWB, 4. Aufl., Sp. 2660; LEFFSON, U., GoB, S. 30.

479 BALLWIESER nutzt in diesem Kontext den Begriff „Deduktionsbasis" (lat. deducere ≙ ableiten). Vgl. BALLWIESER, W., Grundsätze ordnungsmäßiger Buchführung, S. 16.

480 Vgl. hier und zum folgenden Satz BAETGE, J./ZÜLCH, H., in: HdJ, Abt. I/2, Rn. 22; BAETGE, J./KIRSCH, H.-

die in der Wissenschaft, der Rechtsprechung und der Bilanzierungspraxis dahingehend Einigkeit besteht, dass sie dem Willen des Gesetzgebers entsprechen. Die fachliche Diskussion hierzu steht im Kontext der nichtfinanziellen Konzernerklärung jedoch noch am Anfang. Ferner wird in den handelsrechtlichen Vorschriften zur nichtfinanziellen Konzernerklärung kein dominierender oder eindeutiger Zweck formuliert. Deshalb ist auch ein rein deduktiver Ansatz für die Entwicklung eines Zweck-Grundsatz-Systems abzulehnen.

314.22 Hermeneutik

314.221. Hermeneutische Kriterien

Da für die Entwicklung eines Zweck-Grundsatz-Systems der nichtfinanziellen Konzernerklärung zunächst die übergeordneten Ziele des Gesetzgebers hergeleitet werden müssen, ist an Stelle der induktiven oder der deduktiven Methode „die in der Jurisprudenz übliche Auslegungsmethode – die Hermeneutik – heranzuziehen."[481] Die Jurisprudenz („Rechtsdogmatik") ist eine wissenschaftliche Disziplin, deren Betrachtungsobjekt das Recht ist.[482] Gegenstand der Jurisprudenz ist der normative „Sinn" von Gesetzesnormen. Dabei ist es nicht Ziel dieser „Normwissenschaft" Recht zu schaffen, sondern „ein System von Aussagen über das Recht"[483] zu entwickeln; das heißt gesetzliche Normen zweckgemäß auszulegen. Methodisch folgt diese Auslegung des Gesetzes dem Konzept der Hermeneutik.[484] Danach sind Normen anhand der folgenden Kriterien auszulegen:[485]

- Wortlaut und Wortsinn der gesetzlichen Normen,
- Bedeutungszusammenhang der gesetzlichen Normen,
- Entstehungsgeschichte der gesetzlichen Normen,
- Gesetzesmaterialien und Ansichten des Gesetzgebers,
- Objektiv-teleologische Gesichtspunkte,
- Verfassungskonformität.

J./THIELE, S., Bilanzen, S. 108.

481 BAETGE, J./KIRSCH, H.-J./THIELE, S., Bilanzen, S. 108. Vgl. für eine analoge Argumentation für den Jahresabschluss BAETGE, J./KIRSCH, H.-J./THIELE, S., Bilanzen, S. 93 und S. 108. Diese sog. „juridische Methodenlehre" enthält indes auch induktive und deduktive Elemente. Vgl. LEFFSON, U., GoB, S. 29–31.

482 Vgl. hier und zu den folgenden beiden Sätzen LARENZ, K./CANARIS, C.-W., Methodenlehre der Rechtswissenschaft, S. 11 und S. 17.

483 LARENZ, K./CANARIS, C.-W., Methodenlehre der Rechtswissenschaft, S. 17.

484 Vgl. BAETGE, J./KIRSCH, H.-J./THIELE, S., Bilanzen, S. 109. Begründet wurde die hermeneutische Methode mit den vier Auslegungskriterien nach VON SAVIGNY, F. C., System des heutigen Römischen Rechts, S. 212–216.

485 Bezeichnung der Kriterien nach BAETGE, J./KIRSCH, H.-J./THIELE, S., Bilanzen, S. 109. Vgl. davon im Detail abweichend LARENZ, K./CANARIS, C.-W., Methodenlehre der Rechtswissenschaft, S. 141–167.

Im Rahmen der Anwendung der hermeneutischen Methode ist es nicht möglich, beliebige weitere Kriterien heranzuziehen.[486] Vielmehr sind die sechs aufgezählten Kriterien entsprechend den anerkannten – im Folgenden noch zu erläuternden – Regeln systematisch und zusammenhängend zu prüfen. Wichtig ist dabei, dass die Auslegung der gesetzlichen Normen mithilfe der Hermeneutik über intersubjektiv nachprüfbare Wertungen und Entscheidungen zu objektiven und in sich schlüssigen Ergebnissen führen muss.[487] Dadurch ist es zwar möglich, dass Vorschriften, bspw. als Folge von unterschiedlichen Wertungen, verschieden ausgelegt werden. Das kann dann zu im Detail voneinander abweichenden Ergebnissen führen. Gleichzeitig ist aber auch sichergestellt, dass der Auslegung objektive Kriterien zugrunde gelegt werden, so dass auch unterschiedliche Ergebnisse separat betrachtet jeweils „richtig" sein können.[488]

Den Ausgangspunkt für die Anwendung der hermeneutischen Methode bilden **Wortlaut und Wortsinn** der gesetzlichen Vorschriften.[489] Darunter ist primär „die Bedeutung eines Ausdrucks oder einer Wortverbindung im allgemeinen Sprachgebrauch"[490] zu verstehen. Existieren fachspezifische, handelsrechtliche oder juristische Sonderbedeutungen eines Ausdrucks, sind diese bei der Auslegung der gesetzlichen Normen bevorzugt zu berücksichtigen.[491] Da Begriffe nur in den seltensten Fällen eindeutig sind, bilden die unterschiedlichen Bedeutungen jeweils den Raum der Möglichkeiten und zugleich die Grenzen der Auslegung einer gesetzlichen Vorschrift. Eine Auslegung entgegen Wortlaut und Wortsinn einer Norm ist nicht zulässig.[492]

Die Erkenntnisse aus der Auslegung von Wortlaut und Wortsinn einer gesetzlichen Vorschrift sind anhand des **Bedeutungszusammenhangs der gesetzlichen Vorschriften** zu überprüfen und zu konkretisieren.[493] Erst im Kontext der übrigen gesetzlichen Vorschriften kann die Bedeutung eines spezifischen Rechtssatzes bestimmt werden, da das Bündel der Rechtssätze ein zusammenhängendes Regelungssystem bildet.[494] Einzelne Normen sind stets systemkonform

---

486 Vgl. hier und zu den übrigen Ausführungen in diesem Absatz BAETGE, J./KIRSCH, H.-J./THIELE, S., Bilanzen, S. 109.

487 Vgl. zu intersubjektiv nachprüfbaren Wertungen und Entscheidungen SCHREINER, H., Die Intersubjektivität von Wertungen.

488 In diesem Kontext wird die hermeneutische Methode vereinzelt kritisiert. Vgl. dazu Fn. 521. Indes dürfte es nur selten in erheblichem Maße unterschiedliche und zugleich richtige Auslegungen geben. Vgl. LARENZ, K./CANARIS, C.-W., Methodenlehre der Rechtswissenschaft, S. 160.

489 Vgl. BAETGE, J./KIRSCH, H.-J./THIELE, S., Bilanzen, S. 111; BEISSE, H., Rechtsfragen der Gewinnung von GoB, S. 505; LEFFSON, U., GoB, S. 32, sowie ausführlich zum Kriterium Wortlaut und Wortsinn LARENZ, K./CANARIS, C.-W., Methodenlehre der Rechtswissenschaft, S. 141–145 und S. 163 f.

490 LARENZ, K./CANARIS, C.-W., Methodenlehre der Rechtswissenschaft, S. 141.

491 Vgl. hier und zum folgenden Satz LARENZ, K./CANARIS, C.-W., Methodenlehre der Rechtswissenschaft, S. 163 f.

492 Vgl. BAETGE, J./KIRSCH, H.-J./THIELE, S., Bilanzen, S. 111. Von einer Auslegung gegen Wortlaut und Wortsinn ist eine Auslegung über Wortlaut und Wortsinn hinaus zu unterscheiden. Letzteres wird als Rechtsfortbildung bezeichnet. Die Grenzen zwischen einer extensiven Auslegung und der Rechtsfortbildung verlaufen fließend. Vgl. KRAMER, E. A., Juristische Methodenlehre, S. 64–68; WEICH, S., Rechnungslegung in der Insolvenz, S. 80.

493 Vgl. hier sowie ausführlich zum Kriterium des Bedeutungszusammenhangs der gesetzlichen Vorschriften LARENZ, K./CANARIS, C.-W., Methodenlehre der Rechtswissenschaft, S. 145–149 und S. 164, sowie allgemein zur systematischen Auslegung PUPPE, I., Kleine Schule des juristischen Denkens, S. 124–135.

494 Vgl. hier und zum folgenden Satz LARENZ, K./CANARIS, C.-W., Methodenlehre der Rechtswissenschaft, S. 164. Indes betonen LARENZ/CANARIS, dass die Systematik des Gesetzes nicht überschätzt werden darf, da

auszulegen. Für die Auslegung der handelsrechtlichen Normen zur nichtfinanziellen Konzernerklärung sind jedoch nicht sämtliche anderen handelsrechtlichen Vorschriften gleichermaßen zu berücksichtigen.[495] Vielmehr kommt den in sachlichem Zusammenhang stehenden Vorschriften besondere Bedeutung zu. Zudem sind bei der Analyse des Bedeutungszusammenhangs der gesetzlichen Vorschriften die folgenden Grundprinzipien zu beachten: Ein spezielles Gesetz geht einem allgemeineren Gesetz vor; ein neueres Gesetz geht einem älteren Gesetz vor und gesetzliche Spezialregelungen dürfen nicht erweiternd ausgelegt werden.[496]

Lässt die Auslegung der gesetzlichen Vorschriften nach den ersten beiden Kriterien unterschiedliche Schlüsse zu, ist die Konklusion zu wählen, die durch die **Entstehungsgeschichte der gesetzlichen Vorschriften** sowie die **Gesetzesmaterialien und Ansichten des Gesetzgebers** am ehesten bestätigt wird.[497] Mit der Entstehungsgeschichte ist „die gesamte vom Gesetzgeber dokumentierte Entwicklung der auszulegenden Vorschrift"[498] gemeint, so dass es erforderlich ist, auf die Gesetzesmaterialien, z. B. Protokolle, Entwürfe und andere offizielle Dokumente, zurückzugreifen.[499] Folglich sind die beiden Kriterien eng miteinander verknüpft.[500] Das Kriterium „Gesetzesmaterialien und Ansichten des Gesetzgebers" ist nichtsdestotrotz auch eigenständig für die Auslegung des Gesetzes bzw. die Entwicklung eines Zweck-Grundsatz-Systems heranzuziehen. So weisen LARENZ/CANARIS darauf hin, dass unter den „Ansichten des Gesetzgebers" die Regelungsabsicht sowie die Zwecke und Normvorstellungen des Gesetzgebers zu verstehen sind.[501] Allerdings darf nicht ohne Weiteres von den Normvorstellungen, die in den Gesetzesmaterialien betont werden, auf die Regelungsabsicht, also den „Willen des Gesetzgebers", geschlossen werden.[502] Die Verfasser von Gesetzesentwürfen gehören nämlich i. d. R. weder der Exekutive noch der Legislative an, sondern sind Mitarbeiter der beteiligten Ministerien.[503] Obgleich dies den hohen Informationsgehalt der Gesetzesmaterialien nicht mindert, bildet dennoch der Wille des Gesetzgebers die verbindliche „Richtschnur" für eine Auslegung. Ein solcher Wille umfasst „[…] die zutage liegende Grundabsicht des Gesetzgebers

---

sich der Gesetzgeber bei Gesetzesänderungen nicht zwangsweise an bestehende Systematiken hält.

[495] Vgl. hier und zum folgenden Satz BYDLINSKI, P., Grundzüge der juristischen Methodenlehre S. 443; WEICH, S., Rechnungslegung in der Insolvenz, S. 80.

[496] Vgl. SOLMECKE, H., Auswirkungen des BilMoG auf die GoB, S. 23, sowie ausführlich KRAMER, E. A., Juristische Methodenlehre, S. 116–125.

[497] Vgl. zu diesem Kriterium ausführlich LARENZ, K./CANARIS, C.-W., Methodenlehre der Rechtswissenschaft, S. 149–153 und S. 164; LEFFSON, U., GoB, S. 32. Diese beiden Kriterien können auch unter dem Begriff „historisch teleologische Gesichtspunkte" subsumiert werden. Vgl. LARENZ, K./CANARIS, C.-W., Methodenlehre der Rechtswissenschaft, S. 164 f.

[498] SIEGEL, D., Bilanzierung latenter Steuern im handelsrechtlichen Jahresabschluss, S. 11.

[499] Vgl. LARENZ, K./CANARIS, C.-W., Methodenlehre der Rechtswissenschaft, S. 151.

[500] Die Kriterien „Entstehungsgeschichte der gesetzlichen Vorschriften" und „Gesetzesmaterialien und Ansichten des Gesetzgebers" werden bei der hermeneutischen Herleitung eines Zweck-Grundsatz-Systems für die nichtfinanzielle Konzernerklärung in Abschn. 32 unter der Überschrift „Entstehungsgeschichte und Ansichten des Gesetzgebers" subsumiert. Mit dieser zusammenfassenden Formulierung sind keine inhaltlichen Reduktionen der Kriterien verbunden.

[501] Vgl. hier und zum folgenden Satz LARENZ, K./CANARIS, C.-W., Methodenlehre der Rechtswissenschaft, S. 149.

[502] Vgl. SIEGEL, D., Bilanzierung latenter Steuern im handelsrechtlichen Jahresabschluss, S. 11.

[503] Vgl. hier und zum folgenden Satz LARENZ, K./CANARIS, C.-W., Methodenlehre der Rechtswissenschaft, S. 149 f.

und diejenigen Vorstellungen, die in den Beratungen der gesetzgebenden Körperschaft oder ihrer zuständigen Ausschüsse zum Ausdruck gebracht und ohne Widerspruch geblieben sind."[504] Mithin ist das Kriterium „Gesetzesmaterialien und Ansichten des Gesetzgebers" für die Ermittlung der Ziele eines Gesetzes von besonderer Bedeutung.[505]

Wenn die bislang erläuterten Kriterien nicht ausreichen, um die gesetzlichen Vorschriften auszulegen bzw. Elemente eines Zweck-Grundsatz-Systems herzuleiten, sind **objektiv teleologische Gesichtspunkte** zu berücksichtigen.[506] Diese basieren auf allgemeinen Erwägungen zur Gerechtigkeit und zum grundlegenden Zweck eines Gesetzes, unabhängig davon, ob sich der Gesetzgeber dessen tatsächlich bewusst war.[507] „Objektiv teleologische Auslegung bedeutet, dass sich der Argumentierende nicht auf die Zwecke irgendwelcher in den Gesetzesmaterialien zum Ausdruck kommenden Ansichten tatsächlich existierender Personen oder Institutionen bezieht, sondern dass er die vernünftigen und objektiv gebotenen Zwecke berücksichtigt."[508] Was die vernünftigen und objektiven Zwecke im Einzelfall sind, entscheidet dabei faktisch der Auslegende.[509] Diesem steht jedoch kein unbegrenzter Entscheidungsraum zur Verfügung.[510] Vielmehr müssen der Rahmen, den die Kriterien „Wortlaut und Wortsinn" sowie „Bedeutungszusammenhang der gesetzlichen Vorschriften" bilden, beachtet und Wertungswidersprüche vermieden werden.

Als letztes Kriterium der hermeneutischen Methode ist die **Verfassungskonformität** einer Norm bzw. ihrer Auslegung zu beachten. Das heißt, dass Auslegungen einer Vorschrift, die z. B. nach Wortlaut und Wortsinn oder nach den anderen Kriterien der Hermeneutik möglich wären, nicht zulässig sind, wenn sie nicht verfassungskonform sind.[511] Anders ausgedrückt ist ein Zweck-Grundsatz-System, das als Ganzes oder in Teilen gegen die Verfassung verstößt, immer ungültig. Gleiches gilt für die Auslegung von Normen. Daraus folgt, dass die Verfassungskonformität einen ausschließenden Charakter hat.[512]

---

504 LARENZ, K./CANARIS, C.-W., Methodenlehre der Rechtswissenschaft, S. 150. Die in Abschn. 311. formulierte Definition von gesetzgeberischen Zielen bleibt von den Ausführungen dieses Absatzes zum Willen des Gesetzgebers unberührt.

505 Vgl. BYDLINSKI, P., Grundzüge der juristischen Methodenlehre, S. 449–451.

506 Vgl. dazu ausführlich LARENZ, K./CANARIS, C.-W., Methodenlehre der Rechtswissenschaft, S. 153–159 und S. 165; BYDLINSKI, P., Grundzüge der juristischen Methodenlehre, S. 453–455.

507 Vgl. SIEGEL, D., Bilanzierung latenter Steuern im handelsrechtlichen Jahresabschluss, S. 12.

508 SOLMECKE, H., Auswirkungen des BilMoG auf die GoB, S. 24.

509 Vgl. in diesem Zusammenhang kritisch und m. w. N. PUPPE, I., Kleine Schule des juristischen Denkens, S. 146 f.

510 Vgl. hier und zum folgenden Satz LARENZ, K./CANARIS, C.-W., Methodenlehre der Rechtswissenschaft, S. 165.

511 Vgl. zum Kriterium der Verfassungskonformität ausführlich LARENZ, K./CANARIS, C.-W., Methodenlehre der Rechtswissenschaft, S. 159–163 und S. 165.

512 Vgl. BAETGE, J./KIRSCH, H.-J./THIELE, S., Bilanzen, S. 111; SOLMECKE, H., Auswirkungen des BilMoG auf die GoB, S. 24.

314.222. Anwendungskonzeption

Bei der Anwendung der hermeneutischen Kriterien bestehen Unterschiede in Abhängigkeit davon, ob die Ziele, Zwecke bzw. Grundsätze der nichtfinanziellen Konzernerklärung im Gesetz kodifiziert sind oder ob diese außerhalb des Gesetzes gewonnen werden. Für die Auslegung von gesetzlich kodifizierten Elementen eines Zweck-Grundsatz-Systems ist zunächst vom Wortlaut und Wortsinn einer gesetzlichen Vorschrift auszugehen.[513] Da es sich bei der hermeneutischen Methode um eine ganzheitliche Methode handelt, sind möglichst auch alle weiteren Kriterien nacheinander anzuwenden, um ein valides Ergebnis zu erhalten. Für den Fall, dass Elemente eines Zweck-Grundsatz-Systems außergesetzlich hergeleitet werden, muss der Auslegende auf einzelne hermeneutische Kriterien verzichten.[514] In diesem Kontext ist zwischen der Herleitung von übergeordneten Elementen (Zielen und Zwecken) sowie davon abhängigen Elementen (Grundsätzen) zu differenzieren. Während in der Literatur zu Recht darauf hingewiesen wird, dass das Kriterium Wortlaut und Wortsinn einer gesetzlichen Vorschrift für die Herleitung aller außergesetzlichen Elemente logischerweise entfällt,[515] ist dies mit Blick auf das Kriterium „Entstehungsgeschichte" nur für herzuleitende Grundsätze der Fall.[516] Für die Herleitung von Zielen und Zwecken ist die Entstehungsgeschichte der gesetzlichen Vorschriften dagegen besonders bedeutend.[517] Alle weiteren Kriterien der hermeneutischen Methode sind sowohl für kodifizierte als auch außergesetzlich gewonnene Elemente eines Zweck-Grundsatz-Systems heranzuziehen.[518]

Unabhängig davon, ob die hermeneutische Methode zur Herleitung gesetzlich kodifizierter oder außergesetzlicher Elemente eines Zweck-Grundsatz-Systems verwendet wird, handelt es sich bei der Anwendung der einzelnen Kriterien um keinen linearen Prozess, der auf direktem Weg zu Ergebnissen führt.[519] LARENZ/CANARIS betonen, dass es vielmehr ein Erkenntnisprozess ist, in dessen Rahmen aufgestellte Hypothesen ggf. revidiert bzw. modifiziert werden müssen, so dass bspw. Ereignisse im Zuge der Gesetzesentwicklung anders als zunächst angenommen zu verstehen und zu interpretieren sind. Dies ist durchaus positiv zu werten, weil damit ein verbessertes Verständnis für bestehende Interdependenzen und die weitere hermeneutische Arbeit verbunden ist.[520] BAETGE/KIRSCH/THIELE bezeichnen diesen Prozess als **hermeneutische Spirale**.[521] Das Bild einer Spirale symbolisiert dabei die stetige Verbesserung der ursprünglichen

---

513 Vgl. hier und zu den folgenden beiden Sätzen BAETGE, J./KIRSCH, H.-J./THIELE, S., Bilanzen, S. 110 f.

514 Vgl. stellvertretend BAETGE, J./KIRSCH, H.-J./THIELE, S., in: Küting/Weber, HdR-E, Kap. 4, Rn. 21.

515 Vgl. stellvertretend BAETGE, J./KIRSCH, H.-J./THIELE, S., in: Küting/Weber, HdR-E, Kap. 4, Rn. 21.

516 Dennoch kann das Kriterium „Entstehungsgeschichte" auch für die Herleitung außergesetzlicher Grundsätze relevant sein. Vgl. dazu BAETGE, J./KIRSCH, H.-J./THIELE, S., Bilanzen, S. 111; BAETGE, J./KIRSCH, H.-J./THIELE, S., in: Küting/Weber, HdR-E, Kap. 4, Rn. 21.

517 Vgl. BYDLINSKI, P., Grundzüge der juristischen Methodenlehre, S. 449–451; LARENZ, K./CANARIS, C.-W., Methodenlehre der Rechtswissenschaft, S. 164 f.

518 Vgl. dazu stellvertretend die Übersicht in SOLMECKE, H., Auswirkungen des BilMoG auf die GoB, S. 22.

519 Vgl. hier und zum folgenden Satz ausführlich LARENZ, K./CANARIS, C.-W., Methodenlehre der Rechtswissenschaft, S. 27–33.

520 Vgl. BAETGE, J./KIRSCH, H.-J./THIELE, S., Bilanzen, S. 114.

521 Vgl. BAETGE, J./KIRSCH, H.-J./THIELE, S., in: Küting/Weber, HdR-E, Kap. 4, Rn. 23. In der Literatur wird im Zusammenhang mit der hermeneutischen Methode vereinzelt auch der Begriff des Zirkelschlusses verwendet.

Hypothese bzw. die fortschreitende Annäherung an ein vollständiges Verständnis der gesetzlichen Vorschriften.[522]

Aus praktischen Erwägungen wird dieser revolvierende Prozess in der vorliegenden Arbeit nur verkürzt dargestellt. Eine vollständige Ausformulierung des gedanklich verlaufenden hermeneutischen Spiralprozesses hätte nämlich nur einen sehr begrenzten Mehrwert für die Adressaten dieser Arbeit. Vielmehr überwiegen die Nachteile, wie z. B. die dann erforderlichen Doppelangaben. Deshalb werden im Folgenden nur die hinreichend fundierten – mithin endgültigen – Erkenntnisse bzw. Einschätzungen zu den einzelnen Kriterien sowie die dafür ausschlaggebenden Argumente erläutert.

32 Herleitung von übergeordneten gesetzgeberischen Zielen der nichtfinanziellen Konzernerklärung

321. Vorbemerkungen

Wie bereits mehrfach erwähnt, ist es für die Entwicklung eines Zweck-Grundsatz-Systems der nichtfinanziellen Konzernerklärung erforderlich, zunächst die Ziele herzuleiten, die der Gesetzgeber mit diesem Berichtsinstrument erreichen möchte. Als Ziel der CSR-Richtlinie nennt der europäische Gesetzgeber in Erwägungsgrund Nr. 20 der Richtlinie „[...] die **Erhöhung der Relevanz, Konsistenz und Vergleichbarkeit der von bestimmten Unternehmen und Gruppen offenzulegenden Informationen** [...]“[523]. Allerdings deuten weder im Richtlinientext noch im Handelsrecht Wortlaut und Wortsinn der Regelungen zur nichtfinanziellen Konzernerklärung explizit auf das genannte oder andere gesetzgeberische Ziele hin.[524] Im Schrifttum werden indes vielfach die Hypothesen vertreten, dass die **Steuerung des Verhaltens** von Unternehmen sowie die **Stärkung des Vertrauens** der Berichtsadressaten in die berichtenden Konzerne primäre gesetzgeberische Ziele seien.[525] Hinweise auf andere als die drei genannten

---

Damit wird impliziert, dass das Ergebnis eines hermeneutischen Erkenntnisprozesses bereits zu dessen Beginn feststeht, so dass dieser sich eigentlich erübrigt. Vgl. zu dieser Begriffsinterpretation LARENZ, K./CANARIS, C.-W., Methodenlehre der Rechtswissenschaft, S. 28. Daher mag es nicht verwundern, dass die hermeneutische Methode teilweise skeptisch betrachtet wird. Vgl. so auch MOXTER, A., Zum Sinn und Zweck, S. 363 f., der gleichwohl den Mehrwert eines Zweck-Grundsatz-Systems betont. Vgl. zu einer sehr ausführlichen Widerlegung der Kritik an der hermeneutischen Methode BAETGE, J./KIRSCH, H.-J./THIELE, S., in: Küting/Weber, HdR-E, Kap. 4, Rn. 23 f.

522 Vgl. BAETGE, J./KIRSCH, H.-J./THIELE, S., Bilanzen, S. 114.

523 EU (Hrsg.), ABl. L 330 vom 15.11.2014, S. 4. Vgl. zu diesem Ziel Abschn. 324.

524 In Abschn. 324. wird ausführlich untersucht, ob das in der CSR-Richtlinie explizit formulierte Ziel ein übergeordnetes Ziel i. S. d. Definition in Abschn. 311. ist.

525 Vgl. zum **Ziel der Verhaltenssteuerung** SPIEẞHOFER, B., Die neue europäische Richtlinie, S. 1282; HOMMELHOFF, P., Nichtfinanzielle Unternehmensziele im Unionsrecht, S. 140; HOMMELHOFF, P., Nichtfinanzielle Ziele in Unternehmen, S. 293; ROTH-MINGRAM, B., Ausweitung der nichtfinanziellen Informationen, S. 1343; EUFINGER, A., CSR-Richtlinie, S. 424; HAAKER, A./FREIBERG, J., Zwang statt freiwilliger CSR-Berichterstattung?, S. 118; KUMM, N./WOODTLI, R. M., Nachhaltigkeitsberichterstattung, S. 219 f.; SEIBT, C. H., CSR-Richtlinie-Umsetzungsgesetz, S. 2708; MOCK, S., Berichterstattung über Corporate Social Responsibility, S. 1196; KAJÜTER, P., Das CSR-Richtlinie-Umsetzungsgesetz, S. 137; HENNRICHS, J., Grundkonzeption der CSR-Berichterstattung, S. 209. Vgl. zum **Ziel der Vertrauensstärkung** WINKELJOHANN, N./SCHÄFER, N., in: Beck Bilanzkomm., 11. Aufl., § 289c, Rn. 2; PAETZMANN, K., in: Haufe HGB Bilanzkommentar, 8. Aufl.,

Ziele können weder im Schrifttum noch in den Gesetzesmaterialien oder anderen relevanten Informationsquellen identifiziert werden. So bilden die drei genannten Ziele den Betrachtungsrahmen für die nachstehenden Ausführungen.

In den folgenden Abschn. 322. und 323. werden zunächst jeweils die Hypothesen zu den gesetzgeberischen Zielen der nichtfinanziellen Konzernerklärung aus dem Schrifttum inhaltlich konkretisiert. Im Anschluss daran wird jeweils mithilfe der hermeneutischen Methode untersucht, ob es sich um gesetzgeberische Ziele i. S. d. vorliegenden Arbeit handelt. Hierzu wird aus didaktischen Gründen das Kriterium „Bedeutungszusammenhang der gesetzlichen Vorschriften" jeweils erst nach dem Kriterium „Entstehungsgeschichte und Ansichten des Gesetzgebers" untersucht. Der Bedeutungszusammenhang der gesetzlichen Vorschriften kann für die beiden vermuteten Ziele nämlich erst unter Berücksichtigung der Entstehungsgeschichte sowie der dokumentierten Ansichten des Gesetzgebers endgültig interpretiert und eingeordnet werden.[526]

In Abschn. 324. wird abschließend überprüft, ob das in Erwägungsgrund Nr. 20 der CSR-Richtlinie genannte Ziel die Voraussetzungen für ein gesetzgeberisches Ziel i. S. d. vorliegenden Arbeit erfüllt. Im Schrifttum werden diesbezüglich verschiedene Zweifel geäußert.[527] Vor diesem Hintergrund wird zunächst untersucht, ob Gegebenheiten existieren, die eine Charakterisierung als gesetzgeberisches Ziel eindeutig ausschließen. Die Ausführungen zur Differenzierung von Zielen, Zwecken und Grundsätzen aus Abschn. 311. werden für diese Beurteilung von zentraler Bedeutung sein.

322. Verhaltenssteuerung als übergeordnetes Ziel des Gesetzgebers

322.1 Hypothese und Definition

Nach der im Schrifttum vertretenen Hypothese ist die Steuerung des Verhaltens von Unternehmen ein primäres gesetzgeberisches Ziel, das mit der nichtfinanziellen Konzernerklärung erreicht werden soll.[528] Demnach soll der **Wille des Gesetzgebers zur Verhaltenssteuerung** über die offensichtliche Steuerung des Unternehmenshandelns im Zusammenhang mit der Berichterstattung über nichtfinanzielle Aspekte hinausgehen. Die neuen Regelungen sollen darauf

§ 289b, Rn. 1; BÖCKING, H.-J./ALTHOFF, C., in: Baetge/Kirsch/Thiele, Aktuelles: Das CSR-Richtlinie-Umsetzungsgesetz, Rn. 4; KIRSCH, H.-J./KÖNIG, C./HUTER, M., in: Baetge u. a., Rechnungslegung nach IFRS, 2. Aufl., Kap. XII, Rn. 166; STAWINOGA, M./VELTE, P., Der RefE für ein CSR-RUG, S. 841.

526 Vgl. dazu die Ausführungen zur Darstellung des hermeneutischen Spiralprozesses im Rahmen dieser Arbeit in Abschn. 314.222.

527 Vgl. stellvertretend SPIEẞHOFER, B., Die neue europäische Richtlinie, S. 1282; MANIORA, J., EU-Richtlinie zur Offenlegung nichtfinanzieller Informationen, S. 153; WINKELJOHANN, N./SCHÄFER, N., in: Beck Bilanzkomm., 11. Aufl., § 289c, Rn. 2.

528 Vgl. hier und zu den folgenden beiden Sätzen stellvertretend EUFINGER, A., CSR-Richtlinie, S. 425, sowie die weiteren in Fn. 525 genannten Quellen zur Verhaltenssteuerung.

abzielen, das Handeln von Unternehmen derart zu beeinflussen, dass diese gesellschaftlich relevanten Interessen mit Verbindung zu den in der CSR-Richtlinie definierten nichtfinanziellen Aspekten einen höheren Stellenwert als bislang einräumen.[529]

Obgleich in der Literatur grundsätzlich Einigkeit über diese Stoßrichtung der Regelungsabsicht besteht, gibt es unterschiedliche Ansichten über das tatsächlich bezweckte Ausmaß der Verhaltenssteuerung. So misst u. a. SPIEẞHOFER der CSR-Richtlinie bzw. den mit dem CSR-RUG eingeführten Berichtspflichten eine politisch-regulatorische Funktion bei.[530] Damit soll bewirkt werden, dass Unternehmen negative Auswirkungen auf nichtfinanzielle Aspekte vermeiden oder zumindest reduzieren. Mithin sollen die Unternehmen zu einem sozial verträglichen Handeln bewegt werden.[531] HOMMELHOFF sieht die Verhaltenssteuerung sogar als dominierendes Ziel des Gesetzgebers, in dessen Kontext weitere gesetzliche Änderungen im Bereich der Unternehmensverfassung, z. B. zur Ergänzung der Unternehmensziele über die Gewinnmaximierung hinaus, angezeigt gewesen wären.[532]

Andere Vertreter des Schrifttums beurteilen solche Interpretationen kritisch und sehen für das vom Gesetzgeber bezweckte Ausmaß der Verhaltenssteuerung Grenzen.[533] KUMM/WOODTLI weisen bspw. darauf hin, dass „eine formale Verpflichtung der Geschäftsleitung auf die (positive) Verfolgung nichtfinanzieller Belange […] weder den Richtlinienvorgaben noch dem Umsetzungsvorschlag zu entnehmen [ist; Anm. d. Verf.].“[534] KAJÜTER sieht in den gesetzlichen Vorschriften – die Ausführungen HOMMELHOFFS ebenfalls relativierend – ein Instrument zur Beeinflussung des Bewusstseins von Unternehmen im Zusammenhang mit nichtfinanziellen Belangen, was diesen in der Folge ein höheres Gewicht bei unternehmerischen Entscheidungsprozessen verleiht.[535] In jedem Fall reicht das Ziel der Verhaltenssteuerung deutlich weiter als das Ziel der traditionellen Finanzberichterstattung, nämlich die Information der Adressaten über die Vermögens-, Finanz- und Ertragslage eines Unternehmens.[536]

Damit im folgenden Abschn. 322.2 untersucht werden kann, ob Verhaltenssteuerung tatsächlich ein übergeordnetes Ziel ist, das der Gesetzgeber mithilfe der nichtfinanziellen Konzernerklärung erreichen möchte, muss der Begriff zunächst inhaltlich definiert werden. Zu diesem

---

529 Vgl. stellvertretend KUMM, N./WOODTLI, R. M., Nachhaltigkeitsberichterstattung, S. 219 f., sowie die weiteren in Fn. 525 genannten Quellen zur Verhaltenssteuerung.

530 Vgl. hier und zu den folgenden drei Sätzen SPIEẞHOFER, B., Die neue europäische Richtlinie, S. 1343. Ähnlicher Auffassung sind u. a. HOMMELHOFF, P., Nichtfinanzielle Ziele in Unternehmen, S. 292–295; SEIBT, C. H., CSR-Richtlinie-Umsetzungsgesetz, S. 2708.

531 Vgl. hier und zu den folgenden beiden Sätzen HOMMELHOFF, P., Nichtfinanzielle Unternehmensziele im Unionsrecht, S. 140.

532 Vgl. zum Ziel von Unternehmen nach dem AktG m. w. N. HOMMELHOFF, P., Nichtfinanzielle Ziele in Unternehmen, S. 292.

533 Vgl. KUMM, N./WOODTLI, R. M., Nachhaltigkeitsberichterstattung, S. 219; ähnlicher Auffassung sind u. a. ROTH-MINGRAM, B., Ausweitung der nichtfinanziellen Informationen, S. 1342.

534 KUMM, N./WOODTLI, R. M., Nachhaltigkeitsberichterstattung, S. 219.

535 Vgl. KAJÜTER, P., Das CSR-Richtlinie-Umsetzungsgesetz, S. 137; KAJÜTER, P., Neuerungen in der Lageberichterstattung, S. 230.

536 Vgl. HOMMELHOFF, P., Nichtfinanzielle Ziele in Unternehmen, S. 292.

Zweck wird „Verhaltenssteuerung“ in die beiden Wortbestandteile „Verhalten“ und „Steuerung“ zerlegt. Der Begriff „Verhalten“ „[…] umfasst i. d. R. drei Dimensionen: Handeln, Dulden und Unterlassen […]“[537]. In Zusammenhang mit der CSR-Richtlinie bzw. der nichtfinanziellen Konzernerklärung wird im Schrifttum insbesondere das Handeln der Unternehmen adressiert.[538] „Steuerung“ kann als Maßnahme zur Beeinflussung von Prozessen definiert werden.[539]

Allerdings scheidet aufgrund der fehlenden formal-gesetzlichen Verankerung eines als Verhaltenssteuerung bezeichneten Ziels eine direkte Steuerung des Unternehmenshandelns aus. In der Literatur ist kongruent dazu von einer weichen bzw. mittelbaren Verhaltenssteuerung die Rede.[540] Einigkeit besteht im Schrifttum hinsichtlich des grundsätzlichen Wirkungsmechanismus, der mit der CSR-Richtlinie bzw. den handelsrechtlichen Vorschriften verbunden ist und vom Gesetzgeber bezweckt sein soll.[541] Danach übt der Gesetzgeber mithilfe der neuen Berichtspflichten Druck auf Unternehmen aus,[542] bzw. setzt – positiv formuliert – Anreize[543], damit bestimmten nichtfinanziellen Belangen im Zuge von Entscheidungsprozessen ein größeres Gewicht zuteilwird. Diese sog. „*Nudge*-Gesetzgebung“[544] ist ein Regulierungsmodell, das ohne direkte Gebote bzw. Verbote Anstoß für Unternehmen zu Veränderungen sein soll.[545]

Unter Verhaltenssteuerung im Kontext der CSR-Richtlinie bzw. der handelsrechtlichen Vorschriften ist zusammenfassend die bewusste mittelbare Beeinflussung unternehmerischen Handelns durch die handelsrechtlichen Berichterstattungspflichten in der nichtfinanziellen Konzernerklärung zu verstehen. Ob es sich bei Verhaltenssteuerung in diesem Sinne um ein übergeordnetes Ziel des Gesetzgebers handelt, wird im folgenden Abschnitt mithilfe der hermeneutischen Methode untersucht.

---

537 SILLER, H., in: Gabler Wirtschaftslexikon, o. S. Die Definition von „Verhalten“ ist im Internet abrufbar unter http://wirtschaftslexikon.gabler.de/Archiv/1408500/verhalten-v4.html (Stand: 11.02.2019).

538 Vgl. stellvertretend HOMMELHOFF, P., Nichtfinanzielle Ziele in Unternehmen, S. 292 f. Die weiteren Dimensionen des Steuerungsbegriffs werden vor diesem Hintergrund im Folgenden nicht weiter berücksichtigt.

539 Vgl. stellvertretend SCHWEITZER, M. U. A., Systeme der Kosten- und Erlösrechnung, S. 5 und S. 42.

540 Vgl. SPIEẞHOFER, B., Die neue europäische Richtlinie, S. 1282; KUMM, N./WOODTLI, R. M., Nachhaltigkeitsberichterstattung, S. 219.

541 Vgl. stellvertretend HOMMELHOFF, P., Nichtfinanzielle Ziele in Unternehmen, S. 292 f.

542 Vgl. MOCK, S., Berichterstattung über Corporate Social Responsibility, S. 1196.

543 Vgl. stellvertretend KAJÜTER, P., Das CSR-Richtlinie-Umsetzungsgesetz, S. 137.

544 Englisch: Nudge – Deutsch: Schubs/Stoß; Vgl. zur Idee der „Nudge-Gesetzgebung“ grundlegend THALER, R./SUNSTEIN, C., Nudge.

545 Vgl. stellvertretend SEIBT, C. H., CSR-Richtlinie-Umsetzungsgesetz, S. 2708.

322.2 Hermeneutische Herleitung

322.21 Entstehungsgeschichte und Ansichten des Gesetzgebers[546]

322.211. Europäischer Gesetzgebungsprozess

Der **Entstehungsprozess der CSR-Richtlinie** auf europäischer Ebene endete am 20.12.2014 mit ihrer Verabschiedung durch das EU-Parlament sowie den Rat der EU. Diese beiden Rechtsorgane werden im Folgenden gemeinsam als europäischer Gesetzgeber bezeichnet.[547] In der CSR-Richtlinie sind insgesamt 22 Erwägungsgründe aufgelistet, in denen die Ansichten des europäischen Gesetzgebers ausformuliert sind. Darin sind mehrere Anhaltspunkte identifizierbar, die darauf hindeuten, dass Verhaltenssteuerung tatsächlich ein übergeordnetes Ziel der CSR-Richtlinie ist, obgleich dieses nicht explizit im Richtlinientext kodifiziert und benannt ist.

In Erwägungsgrund Nr. 3 der CSR-Richtlinie wird ausgeführt, dass „[...] die Angabe nichtfinanzieller Informationen [...] ein wesentliches Element der Bewältigung des Übergangs zu einer nachhaltigen globalen Wirtschaft [ist; Anm. d. Verf.].“[548] Dieser Beweggrund wird inhaltlich mit zwei Entschließungen des EU-Parlaments verknüpft, deren Gegenstand u. a. sozial verantwortungsvolles Unternehmenshandeln ist.[549] Die Erwartung des EU-Parlaments, dass nichtfinanzielle Berichtspflichten zu einem veränderten Unternehmenshandeln führen können, wird aus diesen Entschließungen ebenso deutlich, wie die **regulatorische Funktion**, die ihnen beigemessen wird.[550] So wird in den Entschließungen mit Blick auf mögliche Gesetzgebungsverfahren zur Sozial- und Umweltberichterstattung bspw. angeregt, optionale Übergangszeiten festzulegen. Damit soll den betroffenen Unternehmen die Zeit eingeräumt werden, die Konzepte und Steuerungsmechanismen, über die berichtet werden soll, zunächst in ihre internen Prozesse zu integrieren.[551]

Der europäische Gesetzgeber sieht die Angabe von nichtfinanziellen Informationen in Erwägungsgrund Nr. 12 der CSR-Richtlinie zudem als Schritt auf dem Weg zu einem ressourcenschonend produzierenden Europa, „[...] wonach bis 2020 Marktanreize und politische Anreize eingeführt werden sollen, die Investitionen von Unternehmen in Effizienz belohnen [...].“[552] Damit wird nichtfinanziellen Berichtspflichten vom Gesetzgeber exakt die **Anreizfunktion** zugesprochen, die in der Literatur als Anhaltspunkt für eine auf Verhaltenssteuerung abzielende

[546] Unter der Überschrift „Entstehungsgeschichte und Ansichten des Gesetzgebers“ sind die Kriterien „Entstehungsgeschichte der gesetzlichen Vorschriften“ und „Gesetzesmaterialien und Ansichten des Gesetzgebers“ subsumiert. Mit dieser zusammenfassenden Formulierung sind im Vergleich zur Erläuterung der Kriterien in Abschn. 314.22 keine inhaltlichen Reduktionen verbunden. Vgl. Fn. 500.

[547] Vgl. zum Ablauf eines ordentlichen Gesetzgebungsverfahrens in der EU sowie zu den daran beteiligten Organen DAUNER, M./SOHN, K.-D., Gesetzgebung im Trilog, S. 4–6.

[548] EU (Hrsg.), ABl. L 330 vom 15.11.2014, S. 1.

[549] Vgl. hier und zum folgenden Satz EUROPÄISCHES PARLAMENT (Hrsg.), Bericht über soziale Verantwortung der Unternehmen; EUROPÄISCHES PARLAMENT (Hrsg.), Soziale Verantwortung der Unternehmen, o. S.

[550] SPIEßHOFER und HOMMELHOFF gelangen zu einer ähnlichen Schlussfolgerung. Vgl. SPIEßHOFER, B., Die neue europäische Richtlinie, S. 1282; HOMMELHOFF, P., Nichtfinanzielle Ziele in Unternehmen, S. 294 f.

[551] Vgl. EUROPÄISCHES PARLAMENT (Hrsg.), Soziale Verantwortung der Unternehmen, Nr. 35.

[552] EU (Hrsg.), ABl. L 330 vom 15.11.2014, S. 3.

Gesetzgebung angesehen wird.[553] Indes wird im Folgenden noch zu analysieren sein, ob die bezweckte Anreizwirkung mit den konkreten handelsrechtlichen Vorschriften zur nichtfinanziellen Konzernerklärung erreicht wird.[554]

Die erläuterten Beweggründe deuten darauf hin, dass der europäische Gesetzgeber mit der CSR-Richtlinie eine Verhaltenssteuerung von Unternehmen bezweckt. Diese gesetzgeberische Intention kann auch entlang der Entstehungsgeschichte der CSR-Richtlinie nachgezeichnet werden. Erste informelle, von der EU-Kommission initiierte Gespräche zur Veröffentlichung nichtfinanzieller Informationen fanden nämlich bereits in der zweiten Jahreshälfte 2009 statt.[555] An dieser Stelle sei angemerkt, dass die EU-Kommission erheblichen Einfluss auf die europäische Gesetzgebung ausübt, obwohl es sich bei ihr nicht um den „europäischen Gesetzgeber" handelt.[556] So erarbeitet die EU-Kommission bspw. die Richtlinienvorschläge und bringt auf diesem Weg ihre politischen Ziele in die gesetzliche Entscheidungs- bzw. Diskussionsgrundlage des ordentlichen Gesetzgebungsverfahrens ein.

In der zweiten Jahreshälfte 2009 war indes nicht nur die EU-Kommission aktiv. Von der **schwedischen Ratspräsidentschaft** wurde in diesem Zeitraum eine vielbeachtete politische Konferenz zur *Corporate Social Responsibility* veranstaltet.[557] Als wesentliches Ergebnis dieser Konferenz wurde der politische Wille zur Übernahme der führenden Rolle im Bereich CSR durch die politischen und wirtschaftlichen Institutionen der EU formuliert.[558] In diesem Zusammenhang wurden die Mitgliedstaaten aufgefordert, die Auswirkungen von Berichtspflichten mit Bezug zu CSR auf die Unternehmen zu evaluieren.

Unabhängig davon, dass die **Entwicklung der CSR-Richtlinie** ein **multidimensionaler Prozess** war, an dem verschiedene politische Akteure mitwirkten,[559] vermag die Tatsache, dass einer der Ausgangspunkte dieses Prozesses in die Zeit der schwedischen Ratspräsidentschaft fiel, nicht zu überraschen.[560] So hat die schwedische Regierung mehrfach die Bedeutung von CSR-Aspekten, wie dies z. B. Umweltbelange und Menschenrechte sind, für ihre Arbeit betont.

---

553 Vgl. dazu stellvertretend KUMM, N./WOODTLI, R. M., Nachhaltigkeitsberichterstattung, S. 219 f., sowie die weiteren Quellen zur Verhaltenssteuerung in Fn. 525.

554 Vgl. dazu Abschn. 322.221.

555 Vgl. EU-KOMMISSION (Hrsg.), Disclosure of Non-Financial Information by Companies, S. 2.

556 Vgl. DAUNER, M./SOHN, K.-D., Gesetzgebung im Trilog, S. 4–6.

557 Vgl. dazu allgemein SCHWEDISCHE EU-RATSPRÄSIDENTSCHAFT (Hrsg.), Protect, Respect, Remedy – CSR, verfügbar im Internet unter https://www.business-humanrights.org/sites/default/files/reports-and-materials/EU-Presidency-statement-Protect-Respect-Remedy-Nov-2009.pdf (Stand: 11.02.2019).

558 Vgl. hier und zum folgenden Satz SCHWEDISCHE EU-RATSPRÄSIDENTSCHAFT (Hrsg.), Protect, Respekt, Remedy – CSR, S. 13 f.

559 Vgl. dazu Abbildung 2-1 in Abschn. 211.

560 Vgl. hier und zu den folgenden beiden Sätzen sowie für einen Überblick über die Arbeit der schwedischen Ratspräsidentschaft SCHWEDISCHE EU-RATSPRÄSIDENTSCHAFT (Hrsg.), Report on the Swedish Presidency, verfügbar unter https://www.government.se/49b72d/contentassets/3cef7f96132a4eac96121249dbd5dda2/report-on-the-swedish-presidency-of-the-council-of-the-european-union-1-july---31-december-2009 (Stand: 11.02.2019), sowie speziell im Umweltbereich SCHWEDISCHE EU-RATSPRÄSIDENTSCHAFT (Hrsg.), Summary of the work in the Environment Council, S. 1–5, verfügbar unter https://www.government.se/49b75e/contentassets/07e15646d3cf49f3a223fff521e2975a/swedish-presidency-of-the-european-union-summary-of-the-work-in-the-environment-council-m2009.54 (Stand: 11.02.2019).

Ziel war dabei stets die Förderung des Übergangs zu einer nachhaltigen Ökonomie – besonders unter Umweltgesichtspunkten. Mithin entsprechen die politischen Ambitionen der schwedischen Regierung der in der Literatur vertretenen Hypothese zur Verhaltenssteuerung als übergeordnetes Ziel der CSR-Richtlinie.

Die EU-Kommission initiierte in Anknüpfung an die Arbeit der schwedischen Ratspräsidentschaft eine öffentliche Konsultation zur Berichterstattung von Unternehmen über nichtfinanzielle Informationen.[561] In den Konsultationsunterlagen wird diese u. a. damit begründet, dass Berichtspflichten als Instrument gesehen werden, mit deren Hilfe die Zahl der Unternehmen, die CSR-Aspekte in ihren Strategien berücksichtigen, gesteigert werden kann.[562] Aus dieser Begründung geht der Grundgedanke der Verhaltenssteuerung erneut hervor.

Die EU-Kommission adressierte die Idee einer verhaltenssteuernden Wirkung von Berichtspflichten auch in der Expertengruppe, die die Ergebnisse der öffentlichen Konsultation bewertete.[563] Obwohl die Aussagen der Experten in diesem Kontext zurückhaltend ausfielen, bestätigen die Inhalte der Sitzungsprotokolle dennoch den Eindruck, dass die EU-Kommission einer zu diesem Zeitpunkt noch geplanten Gesetzgebung verhaltenssteuernde Wirkung beimaß. Endgültig verfestigt sich dieser Eindruck bei einer **Evaluation des Richtlinienvorschlags**. Darin wird als Begründung der neuen Regulierungen angeführt, dass nichtfinanzielle Transparenz den betroffenen Unternehmen dabei helfen kann, nichtfinanzielle Belange in die Unternehmensführung und in ihre „Kernstrategie“ zu integrieren.[564] Nichtfinanzielle Transparenz sei daher elementarer Bestandteil jeder CSR-Politik.

Der Richtlinienvorschlag wurde im sog. Trilogverfahren[565] unter Moderation der EU-Kommission zwischen dem EU-Parlament und dem Rat der EU verhandelt und schließlich in der Fassung der CSR-Richtlinie verabschiedet. Im Zuge dieser Verhandlungen wurde der Richtlinienvorschlag zum Teil erheblich verändert.[566] Demgegenüber waren die zu Beginn dieses Abschnitts zitierten Beweggründe zum Übergang zu einer nachhaltigen Wirtschaft[567] sowie zur

---

561 Vgl. hier und zu den übrigen Sätzen dieses Absatzes EU-KOMMISSION (Hrsg.), Disclosure of Non-Financial Information by Companies.

562 Als Beleg für diese Aussage werden die seit dem BilReG im Lagebericht zu berichtenden nichtfinanziellen Informationen herangezogen. Vgl. DEUTSCHER BUNDESTAG (Hrsg.), BT-Drucksache 15/3419, S. 8 und S. 33.

563 Vgl. EU-KOMMISSION (Hrsg.), Expert Group Non-Financial Information - First Meeting, S. 2.

564 Vgl. hier und zum folgenden Satz EU-KOMMISSION (Hrsg.), Mitteilung (2013) 207: Richtlinienvorschlag, S. 2.

565 Vgl. grundlegend zum Trilogverfahren DAUNER, M./SOHN, K.-D., Gesetzgebung im Trilog, S. 1–15.

566 Im Vergleich zum Richtlinienvorschlag wurde insbesondere die Regelungssystematik verändert. Während im Richtlinienvorschlag vorgesehen war, die Vorgaben zur nichtfinanziellen Konzernerklärung in die allgemeinen Vorgaben zur Konzernlageberichterstattung zu integrieren, sind diese nun separat zusammengefasst. Im Richtlinienvorschlag war für die einzelnen Berichtspflichten zudem kein spezifischer Wesentlichkeitsvorbehalt vorgesehen. Vgl. zu den Unterschieden zwischen Richtlinienvorschlag und finaler CSR-Richtlinie im Detail die Ausführungen in Abschn. 211.

567 Vgl. Erwägungsgrund Nr. 3 der Richtlinie 2014/95/EU in EU (Hrsg.), ABl. L 330 vom 15.11.2014, S. 1.

Anreizfunktion nichtfinanzieller Berichtspflichten[568] bereits Bestandteile des Richtlinienvorschlags und wurden nahezu unverändert in die finale CSR-Richtlinie übernommen.[569] Zusammenfassend kann damit konstatiert werden, dass über den gesamten Entstehungsprozess der CSR-Richtlinie Anhaltspunkte identifizierbar sind, die darauf hindeuten, dass der europäische Gesetzgeber mit der CSR-Richtlinie eine **Verhaltenssteuerung** bei den betroffenen Unternehmen bezweckt. Daran ändert auch die Tatsache nichts, dass dieses Ziel nicht explizit im Richtlinientext kodifiziert ist, da die Ansichten des Gesetzgebers an verschiedenen Stellen in den Gesetzesmaterialien dokumentiert sind.

322.212. Deutscher Gesetzgebungsprozess

Das BMJV hat in seinem Umsetzungskonzept für die CSR-Richtlinie zunächst nicht erkennen lassen, ob es ebenfalls der Auffassung ist, dass der europäische Gesetzgeber auf die Steuerung des Verhaltens von Unternehmen abzielt.[570] Vielmehr wurde die **1:1-Umsetzung** der Richtlinie i. S. d. europäischen Gesetzgebers betont.[571] Das BMJV verzichtete damit vorerst auf eigene Impulse im Zusammenhang mit möglichen Zielsetzungen und hat so die Ziele des europäischen Gesetzgebers implizit übernommen.[572] Dieses Vorgehen unterstreicht das BMJV in seinem RefE für ein CSR-RUG.[573] Indes hat es darin auch seine Auffassung zu den Zielen der CSR-Richtlinie konkretisiert und konstatiert, dass „[...] durch die neuen Vorgaben für die Berichterstattung [...] auch das Handeln der Unternehmen [mittelbar; Anm. d. Verf.] beeinflusst und ein Anreiz geschaffen werden [kann; Anm. d. Verf.], nichtfinanziellen Belangen und damit verbundenen Risiken, Konzepten und Prozessen stärkeres Gewicht in der Unternehmensführung beizumessen."[574] Da diese Einschätzung unter der Überschrift **„Ziel der Richtlinie 2014/95/EU"** geäußert wird, ist nicht zu bestreiten, dass das BMJV die in der Literatur vertretene Hypothese zur Verhaltenssteuerung im Rahmen des Gesetzgebungsprozesses teilt.[575]

Die Bundesregierung hat sich der Auffassung des BMJV angeschlossen und die oben zitierten Ausführungen zur Verhaltenssteuerung wortgleich in die Begründung ihres Gesetzentwurfs zum CSR-RUG übernommen.[576] Obwohl weder die Bundesregierung noch der Mitarbeiterstab des BMJV als deutscher Gesetzgeber bezeichnet werden können – gesetzgebende Organe[577] sind Bundestag und Bundesrat –, offenbaren die Begründungen von RefE und RegE des CSR-RUG die sachkundige Meinung der Mitarbeiter dieser Institutionen. Auf deren fachlichen Ein-

---

568 Vgl. Erwägungsgrund Nr. 12 der Richtlinie 2014/95/EU in EU (Hrsg.), ABl. L 330 vom 15.11.2014, S. 3.
569 Vgl. EU-KOMMISSION (Hrsg.), Mitteilung (2013) 207: Richtlinienvorschlag, S. 9–11.
570 Vgl. Abschn. 323.211.
571 Vgl. BMJV (Hrsg.), Konzeptpapier zur Umsetzung der CSR-Richtlinie, S. 2.
572 Vgl. MÜLLER, S., RefE des CSR-RUG, S. I.
573 Vgl. BMJV (Hrsg.), RefE CSR-RUG, S. 28.
574 BMJV (Hrsg.), RefE CSR-RUG, S. 28.
575 Vgl. BMJV (Hrsg.), RefE CSR-RUG, S. 28.
576 Vgl. DEUTSCHER BUNDESTAG (Hrsg.), BT-Drucksache 18/9982, S. 26.
577 Vgl. zum ordentlichen deutschen Gesetzgebungsverfahren im Detail DEUTSCHER BUNDESTAG (Hrsg.), Gesetzgebung, S. 12–59.

schätzungen baut sodann auch die Beschlussempfehlung des Ausschusses für Recht und Verbraucherschutz[578] des Deutschen Bundestages auf.[579] Die Beschlussvorlage, die die Mitglieder des Ausschusses dem Bundestag zur Abstimmung vorgelegt haben, entspricht nahezu vollständig dem Entwurf der Bundesregierung.[580] Insofern stimmten die Abgeordneten der dokumentierten Ansicht der Ministerialbeamten zumindest implizit zu. Dies stützt ein weiteres Mal die Hypothese, dass die neuen Vorschriften zur Erstellung einer nichtfinanziellen Konzernerklärung auf eine **Verhaltenssteuerung** der betroffenen Unternehmen abzielen.

Am deutschen Gesetzgebungsprozess ist auffällig, dass mit dem CSR-RUG zwar einerseits die Vorgaben der CSR-Richtlinie zur nichtfinanziellen Konzernerklärung weitgehend 1:1 umgesetzt wurden. Andererseits sind aber auch Regelungen in Kraft getreten, die nicht in direktem Zusammenhang zur CSR-Richtlinie stehen. So wurden z. B. die Bußgeldvorschriften für ordnungswidrige Verstöße bei der Erstellung des Konzernlageberichts nach § 334 erheblich verschärft.[581] Dies gilt nach § 334 Abs. 1 Nr. 4 auch für Verstöße gegen Normen zur Erstellung der nichtfinanziellen Konzernerklärung. Ob die **Verschärfung des Sanktionsregimes** in einem direkten Bedeutungszusammenhang mit den Vorschriften zur Erstellung einer nichtfinanziellen Konzernerklärung steht, wird im folgenden Abschn. 322.22 analysiert. Gleiches gilt für die Frage, ob mit dem Sanktionsregime selbst verhaltenssteuernde Anreize verbunden sind.

322.22 Bedeutungszusammenhang der gesetzlichen Vorschriften

322.221. Kontext der nichtfinanziellen Konzernerklärung

322.221.1 Mindestangaben

Mit § 315c Abs. 1 i. V. m. § 289c Abs. 1 und Abs. 2 definiert der Gesetzgeber Mindestangaben[582] für die nichtfinanzielle Konzernerklärung. Bei diesen Mindestangaben handelt es sich

---

578 Bei dem Ausschuss für Recht und Verbraucherschutz handelte es sich um den 6. Fachausschuss des 18. Deutschen Bundestages, dessen Zuständigkeit insbesondere die klassische rechtspolitische Gesetzgebung umfasste. Weitere Informationen dazu sind im Internet abrufbar unter https://www.bundestag.de/recht (Stand: 11.02.2019).

579 Vgl. zur Beschlussempfehlung des Ausschusses für Recht und Verbraucherschutz DEUTSCHER BUNDESTAG (Hrsg.), BT-Drucksache 18/11450. In der Beschlussempfehlung wird auch auf DEUTSCHER BUNDESTAG (Hrsg.), BT-Drucksache 18/10344 verwiesen, die die Stellungnahme des Bundesrats zum RegE eines CSR-RUG sowie die Antwort der Bundesregierung darauf enthält. Indes hat diese Stellungnahme zu keinen Änderungen am Gesetzentwurf geführt.

580 In der Beschlussempfehlung des Ausschusses für Recht und Verbraucherschutz werden im Vergleich zum RegE eines CSR-RUG nur einzelne inhaltliche Änderungen vorgenommen, die im Zusammenhang mit dem Ziel der Verhaltenssteuerung nur von untergeordneter Bedeutung sind. Vgl. zu den Änderungen KAJÜTER, P., CSR-Richtlinie-Umsetzungsgesetz, S. 617, sowie im Detail DEUTSCHER BUNDESTAG (Hrsg.), BT-Drucksache 18/11450, S. 4–39.

581 Vgl. zu dem verschärften Sanktionsregime SEIBT, C. H., CSR-Richtlinie-Umsetzungsgesetz, S. 2714 f., sowie zum Bedeutungszusammenhang dieser Verschärfung mit dem Ziel der Verhaltenssteuerung Abschn. 322.22.

582 Während die Regelungen zur Beschreibung des Geschäftsmodells nach § 315c Abs. 1 i. V. m. § 289c Abs. 1 konkrete Berichtspflichten auslöst, werden die Mindestangaben nach § 315c Abs. 1 i. V. m. § 289c Abs. 2 erst durch § 315c Abs. 1 i. V. m. § 289c Abs. 4 festgelegt.

im Kontext der Konzernlageberichterstattung um ein Novum, da bislang für alle Berichtspflichten das Wesentlichkeitsprinzip galt.[583] Die in den genannten Normen verankerte Pflicht zur **Beschreibung des Geschäftsmodells** war von der CSR-Richtlinie indes nicht gefordert.[584] Der deutsche Gesetzgeber hat sich dennoch für eine verpflichtende Regelung entschieden, damit die Zusammenhänge zwischen dem Geschäftsmodell und den nichtfinanziellen Aspekten für die Berichtsadressaten transparent gemacht werden.[585] Da das Geschäftsmodell gegenüber nichtfinanziellen Konzepten eigenständig ist, sollten sich auch solche Konzerne mit nichtfinanziellen Aspekten befassen, die ihr Geschäftsmodell bereits im Konzernlagebericht beschreiben.[586] Mithin bewegt die Berichtspflicht die betroffenen Unternehmen mittelbar dazu, ihr Geschäftsmodell auf Zusammenhänge mit nichtfinanziellen Berichtspflichten zu untersuchen.

322.221.2 *Comply-or-Explain*-Regelung

Die *Comply-or-Explain*-Regelung nach § 315c Abs. 1 i. V. m. § 289c Abs. 4 stellt es Unternehmen grundsätzlich frei, ob sie zu den nichtfinanziellen Aspekten Konzepte i. S. d. § 289c Abs. 3 Nr. 1 verfolgen und diese in der nichtfinanziellen Konzernerklärung erläutern oder ob sie stattdessen erklären, warum sie kein Konzept verfolgen. Indes lässt bereits der ins Deutsche übersetzte Wortlaut der Regelung – „Bedingungen erfüllen oder erläutern" – darauf schließen, dass es sich nur um ein vermeintliches Wahlrecht handelt. Die Regelung ist vielmehr ein maßgebliches Instrument zur Verhaltenssteuerung von Unternehmen.[587]

Auch über den Wortlaut der Regelung hinaus ist offensichtlich, dass mit ihr erhebliche **Anreize** zur Entwicklung von Konzepten für die berichtspflichtigen Unternehmen verbunden sind. So dürfte es der Öffentlichkeit nur schwer zu vermitteln sein, warum ein Unternehmen bspw. kein Konzept zu Umwelt- oder Arbeitnehmerbelangen verfolgt.[588] Schließlich würde der Verzicht auf nichtfinanzielle Konzepte, bzw. die Berichterstattung darüber, Desinteresse an diesen gesellschaftlich relevanten Belangen signalisieren. Die Entwicklung neuer Konzepte verhindert dagegen Reputationsschäden, die aus einer solchen Signalwirkung entstehen könnten. Es ist originäre Leitungsaufgabe der Konzernführung, negative Reputationseffekte zu vermeiden, da

583 Vgl. DRS 20.B11; GROTTEL, B., in: Beck Bilanzkomm., 11. Aufl., § 315, Rn. 16.

584 Vgl. WINKELJOHANN, N./SCHÄFER, N., in: Beck Bilanzkomm., 11. Aufl., § 289c, Rn. 16.

585 Vgl. hier und zum folgenden Satz DEUTSCHER BUNDESTAG (Hrsg.), BT-Drucksache 18/9982, S. 47.

586 Eine Ergänzung der Beschreibung des Geschäftsmodells um Angaben, die für das Verständnis der Informationen in der nichtfinanziellen Konzernerklärung erforderlich sind, empfehlen RIMMELSPACHER, D./SCHÄFER, N./SCHÖNBERGER, M. W., Das CSR-Richtlinie-Umsetzungsgesetz, S. 227; KIRSCH, H., Erneute Änderung am DRS 20, S. 576.

587 Vgl. EUFINGER, A., CSR-Richtlinie, S. 428; HAAKER, A./GAHLEN, D., Umsetzung der CSR-Richtlinie, S. 663; WINKELJOHANN, N./SCHÄFER, N., in: Beck Bilanzkomm., 11. Aufl., § 289c, Rn. 41.

588 Vgl. hier und zum folgenden Satz SPIEßHOFER, B., Die neue europäische Richtlinie, S. 1282; EUFINGER, A., CSR-Richtlinie, S. 428; KUMM, N./WOODTLI, R. M., Nachhaltigkeitsberichterstattung, S. 219; HAAKER, A./GAHLEN, D., Umsetzung der CSR-Richtlinie, S. 663; RIMMELSPACHER, D./SCHÄFER, N./SCHÖNBERGER, M. W., Das CSR-Richtlinie-Umsetzungsgesetz, S. 228; MÜLLER, S./SCHEID, O., Konkretisierung der CSR-Richtlinie im DRS 20, S. 1837.

es sich bei der Reputation eines Konzerns um einen wesentlichen wertbestimmenden Faktor handelt.[589]

Der Gesetzgeber setzt die mit der ***Comply-or-Explain*-Regelung** verbundene **Anreizwirkung** bewusst ein, um das Verhalten der berichtspflichtigen Konzerne zu steuern. Dies zeigt besonders der Verweis in der Begründung zum RegE des CSR-RUG auf die Entsprechenserklärung[590] in der (Konzern-)Erklärung zur Unternehmensführung.[591] In dieser Entsprechenserklärung sind die berichtenden Unternehmen nach § 161 Abs. 1 AktG verpflichtet anzugeben, dass sie den Empfehlungen der Regierungskommission Deutscher Corporate Governance Kodex (DCGK)[592] entsprechen oder andernfalls welchen Empfehlungen sie aus welchen Gründen nicht entsprochen haben.[593] In der Literatur ist unstrittig, dass diese *Comply-or-Explain*-Regelung mittelbar auf die Einhaltung der Empfehlungen abzielt.[594] Vor diesem Hintergrund erscheint es unwahrscheinlich, dass der Gesetzgeber mit § 315c Abs. 1 i. V. m. § 289c Abs. 4 nicht ebenfalls mittelbar auf die Entwicklung von nichtfinanziellen Konzepten abzielt. Im Sinne des gesetzgeberischen Ziels der Verhaltenssteuerung müssen sich die Unternehmen jedenfalls intensiv mit den nichtfinanziellen Aspekten befassen.

322.221.3 Ausnahmeregelung zum Verzicht auf Angaben

Bei der Ausnahmeregelung nach § 315c Abs. 3 i. V. m. § 289e handelt es sich um ein weiteres Novum im handelsrechtlichen Regelungskanon zur Konzernlageberichterstattung. Danach dürfen Konzerne in eng begrenzten Ausnahmefällen auf die Angabe von grundsätzlich berichtspflichtigen – weil wesentlichen – Informationen zu Entwicklungen oder Belangen, über die Verhandlungen geführt werden, verzichten. Voraussetzung dafür ist, dass die Angaben dazu geeignet wären, dem Konzern einen erheblichen Nachteil zuzufügen.[595] Eine Ausnahme kommt nach § 315c Abs. 3 i. V. m. § 289e Abs. 1 Nr. 2 jedoch nur in Betracht, wenn das Weglassen einer Information die Vermittlung eines den tatsächlichen Verhältnissen entsprechenden Bildes des Konzerns nicht vollständig verhindert.

---

[589] Vgl. zu dieser Aufgabe der Konzernführung ausführlich SEIBT, C. H., Corporate Reputation Management, S. 171–178. Die Reputation eines Konzerns ist u. a. deshalb wertbestimmend, weil sie sich mittelbar auf finanzielle Faktoren wie die Kapitalkosten und nichtfinanzielle Faktoren wie die Kunden- und Mitarbeiterbindung auswirkt. Vgl. ferner BACHMANN, G., CSR-bezogene Vorstands- und Aufsichtsratspflichten, S. 234 f.

[590] Vgl. für eine kurze Übersicht zur Entsprechenserklärung nach § 161 Abs. 1 Satz 1 AktG GRIGOLEIT, H. C./ZELLNER, M., in: Grigoleit AktG, 2. Aufl., § 161, sowie grundlegend BAYER, W./SCHOLZ, P., in: Spindler/Stilz AktG, 4. Aufl., § 161.

[591] Vgl. DEUTSCHER BUNDESTAG (Hrsg.), BT-Drucksache 18/9982, S. 52. Vgl. zur Konzernerklärung zur Unternehmensführung grundlegend KIRSCH, H.-J./KÖNIG, C./HUTER, M., in: Baetge u. a., Rechnungslegung nach IFRS, 2. Aufl., Kap. XII, Rn. 246–269.

[592] Vgl. REGIERUNGSKOMMISSION DEUTSCHER CORPORATE GOVERNANCE KODEX (Hrsg.), DCGK. Kommentiert wird der DCGK z. B. von KREMER, T. U. A., Kodex-Kommentar.

[593] Gesetzlich verankert ist diese Pflicht auf Unternehmensebene in § 289f Abs. 2 Nr. 1, sowie für den Konzern in § 315d i. V. m. § 289f Abs. 2 Nr. 1. Vgl. TESCH, J./WIẞMANN, R., Erweiterung der Lageberichterstattung durch das BilMoG, S. 268 f.

[594] Vgl. WITHUS, K.-H., Entsprechenserklärung zum DCGK, S. 143; GOETTE, W., in: MüKo AktG, 4. Aufl., § 161, Rn. 38; LUTTER, M., in: Kölner Komm. AktG, 3. Aufl., § 161, Rn. 23.

[595] Vgl. KAJÜTER, P., CSR-Richtlinie-Umsetzungsgesetz, S. 623.

Die Ausnahmeregelung geht aufgrund ihrer Eigenschaft als **Spezialregelung** dem Prinzip der Wesentlichkeit vor.[596] Auf den ersten Blick widerspricht diese Vorschrift einem Bedeutungszusammenhang zwischen den handelsrechtlichen Normen zur nichtfinanziellen Konzernerklärung und dem gesetzgeberischen Ziel der Verhaltenssteuerung, da auf Angaben verzichtet werden kann.[597] Indes lohnt in diesem Kontext ein Vergleich mit der Konzernlageberichterstattung gemäß §§ 315, 315a. So ist es nach mehrheitlich vertretener Meinung auch dort möglich, auf Angaben zu verzichten, wenn dem Konzern andernfalls erhebliche Nachteile entstehen könnten.[598] Die Regelung nach § 315c Abs. 3 i. V. m. § 289e bedeutet für die nichtfinanzielle Konzernerklärung im Vergleich dazu allerdings eine Konkretisierung bzw. **Verschärfung der Rechtslage**, da kaum praktische Anwendungsfälle für die Ausnahmeregelung existieren.[599] Dies gilt umso mehr vor dem Hintergrund, dass unterlassene Angaben nach § 315c Abs. 3 i. V. m. § 289e Abs. 2 nachzuholen sind, sobald die Gründe für den Verzicht nicht mehr bestehen.[600] Nur aus diesem Grund wurde vom Ausschuss für Recht und Verbraucherschutz ein Petitum zur Streichung[601] von § 289e abgelehnt. Das spricht dafür, dass dem Ausschuss die mit Blick auf das Ziel der Verhaltenssteuerung **konterkarierende Wirkung** einer breiten Ausnahmeregelung bewusst war und eine solche verhindert worden wäre.[602]

322.221.4 Angaben nach § 315c Abs. 1 i. V. m. § 289c Abs. 3 HGB

Aus dem Bedeutungszusammenhang der gesetzlichen Vorschriften zur nichtfinanziellen Konzernerklärung wird deutlich, dass der Gesetzgeber mit dem **konzeptionellen Berichtsrahmen**, bestehend aus Mindestangaben, einer *Comply-or-Explain*-Regelung und einer Ausnahmeregelung, ein verhaltenssteuerndes Anreizsystem im Handelsrecht implementiert hat. Mithilfe der Berichtspflichten gemäß § 315c Abs. 1 i. V. m. § 289c Abs. 3 konkretisiert der Gesetzgeber dieses **Anreizsystem** inhaltlich. Beispielsweise sollen im Zuge der Beschreibung der Konzepte nach § 315c Abs. 1 i. V. m. § 289c Abs. 3 Nr. 1 auch die angewandten Due-Diligence-Prozesse eines Konzerns erläutert werden. Zwar wird in der Begründung zum CSR-RUG ausgeführt, dass weder die CSR-Richtlinie noch das HGB eine Pflicht vorsehen, bestimmte Prozesse durchzuführen.[603] Allerdings zeigt die in der Gesetzesbegründung hergestellte Parallele zu den Angaben zum Risikomanagementsystem eines Konzerns nach § 315 Abs. 4, dass die Einführung

---

596 Vgl. HOLZMEIER, M./BURTH, M./HACHMEISTER, D., Die nichtfinanzielle Konzernberichterstattung, S. 220.

597 Vgl. dazu die Ausführungen zur Anreizwirkung von Pflichtangaben in Abschn. 322.221.1.

598 Vgl. m. w. N. KIRSCH, H.-J./KÖHRMANN, H./HUTER, M., in: Böcking u. a., Beck HdR, B 500, Rn. 67; KAJÜTER, P., in: Küting/Weber, HdR-E, § 289, Rn. 43. Vgl. in diesem Zusammenhang auch die Ausführungen zur Interessenregelung nach BAETGE/FISCHER/PASKERT in Abschn. 331. Diesbezüglich a. A. ist GROTTEL, B., in: Beck Bilanzkomm., 11. Aufl., § 289, Rn. 36.

599 Vgl. KIRSCH, H.-J./KÖNIG, C./HUTER, M., in: Baetge u. a., Rechnungslegung nach IFRS, 2. Aufl., Kap. XII, Rn. 244; DEUTSCHER BUNDESTAG (Hrsg.), BT-Drucksache 18/11450, S. 44.

600 Vgl. DEUTSCHER BUNDESTAG (Hrsg.), BT-Drucksache 18/11450, S. 44.

601 Vgl. in diesem Zusammenhang DEUTSCHER BUNDESTAG (Hrsg.), Protokoll-Nr. 18/116, das die Stellungnahmen der Sachverständigen zum RegE des CSR-RUG enthält.

602 Vgl. zur Begründung der Ablehnung des Petitums DEUTSCHER BUNDESTAG (Hrsg.), BT-Drucksache 18/11450, S. 44.

603 Vgl. DEUTSCHER BUNDESTAG (Hrsg.), BT-Drucksache 18/9982, S. 49 f.

von Due-Diligence-Prozessen dennoch begrüßt wird.[604] Die Einführung der Angaben nach § 315 Abs. 4 hat bei den berichtspflichtigen Konzernen nämlich bereits verhaltenssteuernde Wirkung entfaltet.[605]

Die Implementierung von **Due-Diligence-Prozessen** kann dazu beitragen, negative Auswirkungen der Geschäftstätigkeit auf nichtfinanzielle Aspekte zu vermeiden.[606] Über Risiken, die nicht vermieden werden können, ist gemäß § 315c Abs. 2 i. V. m. § 289c Abs. 3 Nr. 3 und Nr. 4 in der nichtfinanziellen Konzernerklärung zu berichten. Entsprechend entfalten auch diese Berichtspflichten einen Anreiz, negative Auswirkungen auf nichtfinanzielle Aspekte zu verhindern.[607] Ansonsten kann eine mit **negativen Reputationseffekten**[608] verbundene Berichterstattung nur durch einen sanktionierungswürdigen Verstoß gegen das Handelsrecht – gemeint ist das Unterlassen der Angaben – umgangen werden.

322.222. Erweiterter handelsrechtlicher Kontext über die Vorgaben zur nichtfinanziellen Konzernerklärung hinaus

322.222.1 Sanktionsregime

Unter Anreizgesichtspunkten ist die direkte Verknüpfung der Gesetzgebung zur nichtfinanziellen Konzernerklärung mit der **Novellierung der §§ 331, 334**, zur Sanktionierung von Verstößen gegen das Handelsrecht, besonders interessant.[609] So wurde mit dem CSR-RUG einerseits der Anwendungsbereich des Sanktionsregimes auf die Normen zur nichtfinanziellen Konzernerklärung ausgeweitet und andererseits eine erhebliche Verschärfung des Straf- bzw. Bußgeldrahmens umgesetzt.[610] Damit wird u. a. der unrechtmäßige Verzicht der berichterstattenden Konzerne auf nachteilige Angaben in der nichtfinanziellen Konzernerklärung wirksam verhindert bzw. sanktioniert.[611] Dieses Beispiel zeigt exemplarisch die Anreizwirkung, die aus dem Bedeutungszusammenhang der gesetzlichen Vorschriften resultiert.[612] Das verschärfte handelsrechtliche Sanktionsregime fördert und fordert die Einhaltung der gesetzlichen Normen zur

[604] Vgl. zur verhaltenssteuernden Wirkung der Berichtspflichten zu Due-Diligence-Prozessen ausführlich WULF, I., Neue Berichtspflichten, S. 105; SPIEẞHOFER, B., Die neue europäische Richtlinie, S. 1282.

[605] Vgl. dazu inhaltlich Abschn. 322.222.2, sowie zur Diskussion um die verhaltenssteuernde Wirkung dieser Angaben BÖCKING, H.-J./DUTZI, A./GROS, M., in: Baetge/Kirsch/Thiele, § 289, Rn. 319.

[606] Vgl. sinngemäß DEUTSCHER BUNDESTAG (Hrsg.), BT-Drucksache 18/9982, S. 49 f.

[607] Vgl. WULF, I., Neue Berichtspflichten, S. 106.

[608] Vgl. SEIBT, C. H., CSR-Richtlinie-Umsetzungsgesetz; SPIEẞHOFER, B., Die neue europäische Richtlinie, S. 1283.

[609] Vgl. DEUTSCHER BUNDESTAG (Hrsg.), BT-Drucksache 18/9982, S. 59 f.

[610] Vgl. § 331 Nr. 1 und Nr. 2 sowie § 334 Abs. 1 Nr. 3 und Nr. 4. Die Geldbußen für Verstöße gegen die Vorschriften zur Erstellung eines Jahres- bzw. Konzernabschlusses sowie eines (Konzern-)Lageberichts, einschließlich der nichtfinanziellen (Konzern-)Erklärung, wurden nach § 334 Abs. 3a für kapitalmarktorientierte KapG i. S. d. § 264d auf maximal € 10 Mio., 5 % des jährlichen Gesamtumsatzes (§ 334 Abs. 3b Satz 3) oder das Zweifache des gezogenen wirtschaftlichen Vorteils erhöht. Dabei bildet der jeweils höchste der drei Beträge die Sanktionsobergrenze. Vgl. zum Sanktionsregime BLÖINK, T./HALBLEIB, A., Umsetzung der sog. CSR-Richtlinie 2014/95/EU, S. 193; KAJÜTER, P., RegE CSR-Richtlinie-Umsetzungsgesetz, S. 512. Insofern werden die finanzielle und die nichtfinanzielle Berichterstattung gleichgestellt. Vgl. MEYER, Y. C., Auswirkungen des CSR-Richtlinie-Umsetzungsgesetzes, S. 134.

[611] Vgl. MOCK, S., in: Hachmeister u. a., BilR, § 289b, Rn. 78 und Rn. 81.

[612] Vgl. hier und zum folgenden Satz ROTH-MINGRAM, B., Ausweitung der nichtfinanziellen Informationen,

nichtfinanziellen Konzernerklärung, so dass die in Abschn. 322.221. erläuterten verhaltenssteuernden Anreize ihre Wirkung entfalten können.

Die **Verschärfung des Sanktionsregimes** war jedoch ebenso wenig richtlinieninduziert wie die Erweiterung des Anwendungsbereichs der §§ 331, 334 auf die nichtfinanzielle Konzernerklärung.[613] Zwar wird in Erwägungsgrund Nr. 10 der CSR-Richtlinie gefordert, dass die Mitgliedstaaten sicherstellen sollen, „[…] dass es sachgerechte und wirksame Mechanismen gibt, mit denen die Angabe nichtfinanzieller Informationen durch Unternehmen im Einklang mit dieser Richtlinie gewährleistet wird […]“[614], was Sanktionen nicht ausschließt.[615] Allerdings hätte dies z. B. auch mithilfe einer verpflichtenden externen Prüfung erreicht werden können.[616] Wie bereits in Abschn. 225. erläutert hat sich der deutsche Gesetzgeber jedoch gegen eine verpflichtende Prüfung der nichtfinanziellen Konzernerklärung durch den Abschlussprüfer entschieden und stattdessen den **Aufsichtsrat** mit der inhaltlichen Prüfung beauftragt.[617] Es ist jedoch zu erwarten, dass dieser nicht zuletzt aufgrund des verschärften Sanktionsregimes großen Wert auf eine fehlerfreie Berichterstattung legen wird und zur inhaltlichen Absicherung eine **freiwillige externe Überprüfung** beauftragt, die exkulpierende Wirkung hat.[618] Mithin wirkt das Sanktionsregime sowohl bei der Erstellung als auch bei der Prüfung der nichtfinanziellen Konzernerklärung mittelbar verhaltenssteuernd.

322.222.2 Weitere handelsrechtliche Berichtspflichten

Unabhängig von den spezifischen Anreizwirkungen der nichtfinanziellen Konzernerklärung zeigt ein Blick auf weitere handelsrechtliche Berichtspflichten außerhalb der nichtfinanziellen Konzernerklärung, dass die Idee des Gesetzgebers, mithilfe von Berichtspflichten mittelbar verhaltenssteuernden Einfluss auf Unternehmen auszuüben, keineswegs neu ist. So bezweckt der Gesetzgeber mit den Berichtspflichten in der (Konzern-)Erklärung zur Unternehmensführung, die im Rahmen des BilMoG[619] bzw. für den Konzern mit dem BilRUG[620] eingeführt wurden,

S. 1343.

613 Vgl. SEIBT, C. H., CSR-Richtlinie-Umsetzungsgesetz, S. 2712; BLÖINK, T./HALBLEIB, A., Umsetzung der sog. CSR-Richtlinie 2014/95/EU, S. 193.

614 EU (Hrsg.), ABl. L 330 vom 15.11.2014, S. 1.

615 Vgl. ROTH-MINGRAM, B., Ausweitung der nichtfinanziellen Informationen, S. 1343.

616 Vgl. Art. 1 Nr. 1 Abs. 6 sowie Art. 1 Nr. 3 Abs. 6 der Richtlinie 2014/95/EU. Dies wurde im Zuge des Gesetzgebungsprozesses zum CSR-RUG u. a. von Bündnis 90/Die Grünen gefordert. Vgl. DEUTSCHER BUNDESTAG (Hrsg.), BT-Drucksache 18/10030, S. 3 f. In Betracht wäre grundsätzlich auch eine privatrechtliche Durchsetzungsmöglichkeit gekommen, die jedoch – konsistent zu den übrigen Vorschriften des Handelsrechts – nicht in Erwägung gezogen wurde. Vgl. dazu MOCK, S., Berichterstattung über Corporate Social Responsibility, S. 1201 f.

617 Vgl. § 171 Abs. 1 Satz 4 AktG und zur Prüfungspflicht des Aufsichtsrats ausführlich KIRSCH, H.-J./HUTER, M., Die Prüfung der nichtfinanziellen Erklärung, S. 1017–1024.

618 Vgl. KAJÜTER, P., RegE CSR-Richtlinie-Umsetzungsgesetz, S. 512, sowie m. w. N. Fn. 262. Vgl. zum Bedeutungszusammenhang der gesetzlichen Vorschriften zur Prüfung der nichtfinanziellen Konzernerklärung außerdem Abschn. 323.22.

619 Vgl. allgemein zum GESETZ ZUR MODERNISIERUNG DES BILANZRECHTS (BilMoG), BGBl. I 2009, S. 1102–1137.

620 Vgl. allgemein zum BILANZRICHTLINIE-UMSETZUNGSGESETZ (BilRUG), BGBl. I 2015, S. 1245–1267. Es

eine Verbesserung der Corporate Governance[621] der betroffenen Unternehmen.[622] Bereits erwähnt wurde in diesem Zusammenhang die Entsprechenserklärung nach § 161 AktG, die darauf abzielt, dass den Empfehlungen des DCGK entsprochen wird.[623]

Darüber hinaus wurden mit dem FüPoG[624] Angabepflichten zu Zielgrößen für Frauen in Führungspositionen[625] in die (Konzern-)Erklärung zur Unternehmensführung integriert.[626] Nach § 289f Abs. 2 Nr. 4 ist über die Einhaltung dieser Ziele oder – entsprechend des *Comply-or-Explain*-Prinzips – die Gründe für Abweichungen von diesen zu berichten.[627] Ziel des FüPoG ist es, eine gleichberechtigte Teilhabe von Männern und Frauen an Führungspositionen in Kapitalgesellschaften (KapG) herzustellen. Folglich soll das Verhalten der Unternehmen in Besetzungsverfahren beeinflusst werden.[628] Für die Aufsichtsräte paritätisch mitbestimmter börsennotierter Aktiengesellschaften wird dies mithilfe einer verbindlichen Quote gemäß § 96 AktG direkt gesteuert.[629] Dagegen sind für den Vorstand sowie die ersten beiden Führungsebenen einer mitbestimmten KapG aktienrechtlich[630] nur Zielgrößen für den Frauenanteil festzulegen.[631] Die Steuerungswirkung soll hier mittelbar über die Berichtspflichten in der (Konzern-)Erklärung zur Unternehmensführung erreicht werden.[632] Der Gesetzgeber setzt wie bei der

---

diente primär der Umsetzung der sog. Bilanzrichtlinie 2013/34/EU vom 26.06.2013. Vgl. DEUTSCHER BUNDESTAG (Hrsg.), BT-Drucksache 18/4050, S. 76; SCHÄFER, N./RIMMELSPACHER, D., Änderungen im (Konzern-)Lagebericht, S. 58–60, sowie allgemein zu den Änderungen durch das BilRUG m. w. N. OSER, P./ORTH, C./WIRTZ, H., Bilanzrichtlinie-Umsetzungsgesetz.

621 „Corporate Governance bezeichnet den rechtlichen und faktischen Ordnungsrahmen für die Leitung und Überwachung eines Unternehmens." Definition nach VON WERDER, A., in: Gabler Wirtschaftslexikon, o. S. Die Definition von „Corporate Governance" ist im Internet abrufbar unter http://wirtschaftslexikon.gabler.de/Definition/corporate-governance.html (Stand: 11.02.2019).

622 Vgl. GROTTEL, B., in: Beck Bilanzkomm., 11. Aufl., § 289f, Rn. 1, sowie allgemein zur Erklärung zur Unternehmensführung m. w. N. BACHMANN, G., Die Erklärung zur Unternehmensführung, S. 1517–1526, sowie für den Konzern SCHÄFER, N./RIMMELSPACHER, D., Änderungen im (Konzern-)Lagebericht, S. 58–60.

623 Vgl. dazu die Ausführungen zur *Comply-or-Explain*-Regelung in Abschn. 322.221.2, sowie Fn. 589.

624 Vgl. allgemein zum GESETZ FÜR DIE GLEICHBERECHTIGTE TEILHABE VON FRAUEN UND MÄNNERN AN FÜHRUNGSPOSITIONEN IN DER PRIVATWIRTSCHAFT UND IM ÖFFENTLICHEN DIENST (FüPoG), BGBl. I 2015, S. 642–662, sowie für einen inhaltlichen Überblick die Beiträge von HERB, A., Gesetz für die gleichberechtigte Teilhabe an Führungspositionen, S. 964–970; TEICHMANN, C./RÜB, C., Regierungsentwurf zur Geschlechterquote, S. 259–267; IDW (Hrsg.), Frauenquote.

625 Rechtlich verankert wurde die Pflicht zur Festlegung von Zielgrößen in § 76 Abs. 4 AktG sowie in § 111 Abs. 5 AktG. Vgl. dazu PAETZMANN, K., in: Haufe HGB Bilanzkommentar, 8. Aufl., § 289f, Rn. 17; WINTER, M./MARX, E./DECKER, N. de, Frauenanteil in Führungspositionen, S. 1331–1335.

626 Daneben wurden mit dem FüPoG bzw. § 289f Abs. 2 Nr. 5 auch Angaben zur Erfüllung der Mindestanteile von Männern und Frauen börsennotierter Aktiengesellschaften eingeführt. Vgl. dazu inhaltlich KIRSCH, H.-J./KÖNIG, C./HUTER, M., in: Baetge u. a., Rechnungslegung nach IFRS, 2. Aufl., Kap. XII, Rn. 261 f.; RÖHM-KOTTMANN, M./GUNDEL, A., Frauenquote und Zielgrößen für den Frauenanteil, S. 1110–1113.

627 Vgl. DRS 20.231a und DRS 20.B40b.

628 Vgl. DEUTSCHER BUNDESTAG (Hrsg.), BT-Drucksache 18/3784, S. 1 f.; KUMM, N./WOODTLI, R. M., Nachhaltigkeitsberichterstattung, S. 218 und S. 224.

629 Vgl. Fn. 626.

630 Die Vorschriften sind in § 76 Abs. 4 AktG sowie § 111 Abs. 5 AktG kodifiziert.

631 Vgl. für einen Überblick über den Anwenderkreis der einzelnen Berichtspflichten in der (Konzern-)Erklärung zur Unternehmensführung KIRSCH, H.-J./KÖHRMANN, H./HUTER, M., in: Böcking u. a., Beck HdR, B 510, Rn. 313.

632 Vgl. hier und zum folgenden Satz DEUTSCHER BUNDESTAG (Hrsg.), BT-Drucksache 18/3784, S. 132.

nichtfinanziellen Konzernerklärung auf die Anreizwirkung, die mit einer negativen Öffentlichkeitswirkung von nicht besonders ambitionierten Zielgrößen oder deren Verfehlung verbunden ist.[633]

Ein mittelbar verhaltenssteuernder Effekt war nach herrschender Meinung auch mit den im Zuge des BilMoG eingeführten verpflichtenden Angaben zum internen Kontroll- und zum Risikomanagementsystem eines Konzerns nach § 315 Abs. 4 beabsichtigt.[634] Obgleich in der Begründung zum BilMoG darauf hingewiesen wurde, dass mit den Berichtspflichten keine Pflicht zur Einrichtung bestimmter Prozesse verbunden ist[635], muss die Möglichkeit, anstelle der Angaben nach § 315 Abs. 4 eine Fehlanzeige zu berichten, als hypothetische Option betrachtet werden.[636] Das gilt besonders vor dem Hintergrund, dass „eine unterlassene oder unzureichende Einrichtung eines internen Kontroll- oder […] Risikomanagementsystems eine Verletzung der Sorgfaltspflichten des Vorstands bzw. der Geschäftsführung (§ 93 Abs. 1 AktG, § 43 Abs. 1 GmbHG)[637] darstellen kann."[638] Insofern dürfte die Berichtspflicht häufig als Impuls für die Einrichtung eines internen Kontroll- und eines Risikomanagementsystems gedient haben oder zumindest ein Anlass für deren Optimierung gewesen sein.[639] Das mit den Angabepflichten verfolgte Ziel des Gesetzgebers – eine Verbesserung der Corporate Governance der betroffenen Unternehmen – wurde somit erreicht.[640]

322.223. Zwischenfazit zum Bedeutungszusammenhang

Die Analyse des Bedeutungszusammenhangs der gesetzlichen Vorschriften zur nichtfinanziellen Konzernerklärung zeigt, dass das Bündel der Regelungen ein konsistentes **Anreizsystem** bildet, das **kompatibel** zu dem in Abschn. 322.1 definierten gesetzgeberischen **Ziel der Verhaltenssteuerung** ist. So verpflichten die Mindestangaben nach § 315c Abs. 1 i. V. m. § 289c

---

633 Vgl. TEICHMANN, C./RÜB, C., Die gesetzliche Geschlechterquote, S. 903; DEUTSCHER BUNDESTAG (Hrsg.), BT-Drucksache 18/3784, S. 119. Gleiches gilt auch für die ebenfalls mit dem CSR-RUG durchgeführte Erweiterung der (Konzern-)Erklärung zur Unternehmensführung um Angaben zur Diversität nach (§ 315d i. V. m.) § 289f Abs. 2 Nr. 6 und Abs. 5. Vgl. dazu KIRSCH, H., Berichterstattung zum Diversitätskonzept, S. 367–371.

634 § 315 Abs. 4 adressiert das interne Kontroll- und das Risikomanagementsystem im Hinblick auf den Konzernrechnungslegungsprozess. Vgl. MERKT, H., in: Baumbach/Hopt HGB, 38. Aufl., § 289, Rn. 4; WOHLMANNSTETTER, G., Risikomanagement nach dem BilMoG, S. 476; BÖCKING, H.-J./DUTZI, A./GROS, M., in: Baetge/Kirsch/Thiele, § 289, Rn. 319; PAETZMANN, K., in: Haufe HGB Bilanzkommentar, 8. Aufl., § 289, Rn. 108; KIRSCH, H.-J./KÖHRMANN, H./HUTER, M., in: Böcking u. a., Beck HdR, B 510, Rn. 187 f.; a. A. KORT, M., Risikomanagement nach dem BilMoG, S. 445.

635 Vgl. DEUTSCHER BUNDESTAG (Hrsg.), BT-Drucksache 16/10067, S. 76; VELTE, P./WEBER, S. C., Das BilMoG ante portas, S. 644.

636 Vgl. WITHUS, K.-H., Internes Kontrollsystem und Risikomanagementsystem; WITHUS, K.-H., Neue Anforderungen nach BilMoG.

637 Vgl. allgemein zur Sorgfaltspflicht KOCH, J., in: Hüffer/Koch, 13. Aufl., § 93 AktG, Rn. 6–27; FLEISCHER, H., in: MüKo GmbHG, 3. Aufl., § 43, Rn. 21–151.

638 KAJÜTER, P., in: Küting/Weber, HdR-E, § 289, Rn. 43. Vgl. so auch NIMWEGEN, S., Vermeidung und Aufdeckung von Fraud, S. 36.

639 Vgl. KAJÜTER, P., in: Küting/Weber, HdR-E, § 289, Rn. 43; BISCHOF, S./SELCH, B., Neuerungen für den Lagebericht nach BilMoG, S. 1024; MELCHER, W./MATTHEUS, D., Zum Referentenentwurf des BilMoG, S. 53; MELCHER, W./MATTHEUS, D., Umsetzung der HGB-Modernisierung durch das BilMoG, S. 79.

640 Vgl. KIRSCH, H.-J./KÖHRMANN, H./HUTER, M., in: Böcking u. a., Beck HdR, B 510, Rn. 188.

Abs. 1 und Abs. 2, die *Comply-or-Explain*-Regelung nach § 315c Abs. 1 i. V. m. § 289c Abs. 4 und die Konzeption der Ausnahmeregelung gemäß § 315c Abs. 3 i. V. m. § 289e zu einer insgesamt umfassenden Berichterstattung. Damit die Konzerne die Berichtsanforderungen erfüllen können, müssen sich bspw. Konzernmitarbeiter verschiedener Abteilungen mit nichtfinanziellen Aspekten befassen und interdisziplinär austauschen. Dies sensibilisiert einerseits ihren Blick für die Belange nichtfinanzieller Aspekte und andererseits für die Zusammenhänge zwischen der finanziellen und der nichtfinanziellen Ebene eines Konzerns. Die Berichtspflichten nach § 315c Abs. 1 i. V. m. § 289c Abs. 3, die das Anreizsystem inhaltlich konkretisieren, repräsentieren in gewisser Weise die Themen, mit denen sich die Konzernabteilungen beschäftigen müssen.

Der hohe Verpflichtungsgrad der Berichterstattung führt nicht zuletzt dazu, dass auch negative Auswirkungen der Geschäftstätigkeit auf die nichtfinanziellen Aspekte zu berichten sind. Solche Angaben sind regelmäßig mit negativen Reputationseffekten verbunden und können nur durch eine Veränderung der Geschäftsaktivitäten vermieden werden. Entscheidend für die **Effektivität** des beschriebenen Anreizsystems ist das im Zuge des CSR-RUG erheblich verschärfte handelsrechtliche Sanktionsregime, das auf die nichtfinanzielle Konzernerklärung ausgeweitet wurde. Dieses wirkt präventiv, da für Verstöße gegen die handelsrechtlichen Vorschriften, wie etwa das Unterlassen von Pflichtangaben, empfindliche Strafen drohen. Darüber hinaus führen die Sanktionsvorschriften zu einer hohen Zahl von freiwilligen externen Prüfungen der Angaben, was ebenfalls i. S. d. verhaltenssteuernden Anreizsystems ist.

Aus dem weiteren Bedeutungszusammenhang der handelsrechtlichen Vorschriften wird außerdem deutlich, dass die Idee des Gesetzgebers, mithilfe von Berichtspflichten mittelbar verhaltenssteuernden Einfluss auf die Unternehmen auszuüben, nicht neu ist. Ähnliche Impulse hat der Gesetzgeber auch mit der (Konzern-)Erklärung zur Unternehmensführung und den Angaben zu den wesentlichen Merkmalen des internen Kontroll- und des Risikomanagementsystems gesetzt.

322.23 Weitere hermeneutische Auslegungskriterien

Die bislang nach den hermeneutischen Kriterien durchgeführte Analyse deutet klar darauf hin, dass Verhaltenssteuerung – also die bewusste mittelbare Beeinflussung unternehmerischen Handelns – ein übergeordnetes Ziel der CSR-Richtlinie bzw. der handelsrechtlichen Vorschriften zur Erstellung einer nichtfinanziellen Konzernerklärung ist. Gesetzlich kodifiziert ist dieses Ziel nicht. Indes ist auch unter **objektiv teleologischen Gesichtspunkten** darauf zu schließen, dass die neuen Berichtspflichten als Anreiz für Unternehmen dienen sollen, gesellschaftlich relevanten Interessen bzw. nichtfinanziellen Belangen einen höheren Stellenwert beizumessen. Besonders vor dem Hintergrund des eindeutigen Meinungsbildes im Schrifttum und der in den Abschnitten 322.21 und 322.22 gewonnenen Erkenntnisse ist es nicht möglich, das Ziel der Verhaltenssteuerung objektiv zu widerlegen. Bei einer vernünftigen Abwägung der zur Verfügung stehenden Informationen ist deshalb als **Ergebnis** festzuhalten, dass das **übergeordnete**

gesetzgeberische Ziel der Verhaltenssteuerung bei der weiteren Entwicklung eines Zweck-Grundsatz-Systems für die nichtfinanzielle Konzernerklärung zu berücksichtigen ist. Dies gilt vorbehaltlich etwaiger verfassungsrechtlicher Einwendungen.

Da es sich bei den Vorschriften zur nichtfinanziellen Konzernerklärung um Normen handelt, die sowohl Teil eines europäischen als auch Teil eines deutschen Gesetzgebungsprozesses waren, kann das Kriterium der **Verfassungskonformität** nur als erfüllt gelten, wenn beide Prozesse formal ordnungsmäßig verlaufen sind.[641] Für das europäische Gesetzgebungsverfahren ist dies nach Auffassung von europäischem Parlament und Rat der EU explizit der Fall.[642] Die Gesetzgebung des deutschen Bundes ist in den Art. 70–82 GG geregelt. Aus den Dokumenten, die im Rahmen des Gesetzgebungsprozesses zum CSR-RUG erstellt und veröffentlicht wurden, sind keine Anhaltspunkte identifizierbar, die einen Anlass geben würden, an der Verfassungskonformität des Gesetzgebungsprozesses zum CSR-RUG zu zweifeln.[643] Ferner wurden in der Fachliteratur bislang keine wesentlichen Zweifel an der formellen und inhaltlichen Verfassungskonformität der CSR-Richtlinie bzw. des CSR-RUG geäußert. Gleiches gilt für das Ziel der Verhaltenssteuerung. In diesem Kontext wird das Kriterium der Verfassungskonformität deshalb als erfüllt angesehen. Im weiteren Verlauf der hermeneutischen Herleitung eines Zweck-Grundsatz-Systems für die nichtfinanzielle Konzernerklärung wird bezüglich der Verfassungsmäßigkeit des Gesetzgebungsprozesses auf die Ausführungen dieses Absatzes referenziert.

323. Vertrauensstärkung als übergeordnetes Ziel des Gesetzgebers

323.1 Hypothese und Definition

In der Literatur wird – ähnlich übereinstimmend wie für das Ziel der Verhaltenssteuerung – die Hypothese vertreten, dass mit der nichtfinanziellen Konzernerklärung ein weiteres übergeordnetes **gesetzgeberisches Ziel**, die **Vertrauensstärkung**, verfolgt wird. In diesem Kontext soll

---

641 Da es sich bei der vorliegenden Arbeit um keine juristische Analyse der Verfassungskonformität der CSR-Richtlinie bzw. des CSR-RUG handelt, wird im Folgenden auf eine Prüfung der materiellen Verfassungskonformität – das heißt eine materielle Prüfung der einzelnen gesetzlichen Vorschriften zur nichtfinanziellen Konzernerklärung auf Verfassungskonformität – verzichtet. Sofern im weiteren Verlauf der Arbeit keine ernsthaften Zweifel an der materiellen Verfassungskonformität entstehen, bzw. diese in der juristischen Fachliteratur geäußert werden, wird diese im Folgenden als gegeben angesehen. Vgl. Mock, S., Berichterstattung über Corporate Social Responsibility, S. 1195–1203, für eine kritische Auseinandersetzung mit der materiellen Verfassungskonformität der Normen des CSR-RUG.

642 Vgl. EU (Hrsg.), ABl. L 330 vom 15.11.2014, S. 1.

643 Vgl. für eine detaillierte Übersicht zum Gesetzgebungsverfahren des CSR-RUG das Dokumentations- und Informationssystem (DIP) für Parlamentarische Vorgänge, das von den beiden gesetzgebenden Organen Deutschlands – dem Bundestag und dem Bundesrat – gemeinsam betrieben wird. Abrufbar ist das DIP zum CSR-RUG im Internet unter http://dipbt.bundestag.de/extrakt/ba/WP18/769/76955.html (Stand: 11.02.2019).

die Berichterstattung über nichtfinanzielle Aspekte dazu dienen, ein höheres Maß an **Transparenz** herzustellen.[644] Transparenz bedeutet auch „Aufrichtigkeit", „Ehrlichkeit" und „Offenheit".[645] Entsprechend positiv ist das Wort „Transparenz" konnotiert. Konsistent dazu wird in Erwägungsgrund Nr. 3 der CSR-Richtlinie „anerkannt, dass der Offenlegung von Informationen zur Nachhaltigkeit [...] durch die Unternehmen große Bedeutung zukommt, um [...] das Vertrauen von Investoren und Verbrauchern zu stärken."[646] MANIORA sieht die nichtfinanzielle Konzernerklärung vor diesem Hintergrund als „**vertrauensbildendes Instrument**"[647].

Als Beweggrund für diese Zielsetzung wird im Schrifttum übereinstimmend die mit der Finanz- und Wirtschaftskrise verbundene Vertrauenserosion in das ökonomische System der EU bzw. in dessen Vertreter, die Unternehmen, genannt.[648] BÖCKING/ALTHOFF stellen fest, dass diese Krisen „in der Öffentlichkeit zu der Sichtweise [führten; Anm. d. Verf.], dass privatwirtschaftliches Handeln eher zulasten als i. S. d. Gemeinwohls geschieht."[649] HOMMELHOFF führt dazu weiter aus, dass „das Vertrauen in die Wirtschaft, das die Finanzkrise und ihre sozialen Folgen erschüttert haben, wieder hergestellt werden muss"[650]. Dabei kann davon ausgegangen werden, dass die Berichtsadressaten ihr Vertrauen in die Konzerne nicht vollständig verloren haben. Die Wirkung der nichtfinanziellen Konzernerklärung als vertrauensbildendes Instrument kann daher eher als stärkend bzw. erhöhend denn als gründend bzw. entwickelnd beschrieben werden. Im Folgenden wird das Ziel deshalb als „Vertrauensstärkung" bezeichnet.[651]

Erreicht werden soll die **Vertrauensstärkung**, indem die Unternehmen über ihr gesellschaftlich verantwortungsvolles **Handeln** im Zusammenhang mit nichtfinanziellen Aspekten berichten.[652] Dies impliziert bereits die Bezeichnung der europarechtlichen Grundlage als „CSR-Richtlinie".[653] Die EU-Kommission definiert CSR nämlich als „die Verantwortung von Unternehmen für ihre Auswirkungen auf die Gesellschaft."[654]

Die in der nichtfinanziellen Konzernerklärung vermittelten Informationen sollen unmittelbar dazu beitragen, dass die Sichtweise der Berichtsadressaten auf die berichtenden Konzerne verbessert wird.[655] Voraussetzung für eine in diesem Sinne positive Wirkung der Berichterstattung

644 Vgl. BÖCKING, H.-J./ALTHOFF, C., Paradigmenwechsel, S. 247; BLÖINK, T./HALBLEIB, A., Umsetzung der sog. CSR-Richtlinie 2014/95/EU, S. 183; HOMMELHOFF, P., Nichtfinanzielle Ziele in Unternehmen, S. 295; WULF, I./NIEMÖLLER, J., Offenlegung von Informationen im Lagebericht, S. 105.

645 Vgl. BIBLIOGRAPHISCHES INSTITUT GMBH (Hrsg.), „Transparenz" laut Duden.

646 EU (Hrsg.), ABl. L 330 vom 15.11.2014, S. 1.

647 MANIORA, J., EU-Richtlinie zur Offenlegung nichtfinanzieller Informationen, S. 153. [Hervorhebung durch Verfasser]

648 Vgl. stellvertretend VELTE, P., Nichtfinanzielle Erklärung und Diversity-Berichterstattung, S. 294.

649 BÖCKING, H.-J./ALTHOFF, C., Paradigmenwechsel, S. 246. Vgl. so auch SCHWEREN, F. C./BRINK, A., CSR-Berichterstattung in Europa, S. 177.

650 HOMMELHOFF, P., Nichtfinanzielle Unternehmensziele im Unionsrecht, S. 141.

651 Vgl. HAAKER, A./FREIBERG, J., Zwang statt freiwilliger CSR-Berichterstattung?, S. 119.

652 Vgl. dazu mit einem konkreten Beispiel HAAKER, A./FREIBERG, J., Lieferkettenbezogenen CSR-Berichterstattung, S. 28.

653 Vgl. HOMMELHOFF, P., Nichtfinanzielle Ziele in Unternehmen, S. 295.

654 EU-KOMMISSION (Hrsg.), Mitteilung (2011) 681: Neue Strategie für soziale Verantwortung, S. 7.

655 Vgl. WINKELJOHANN, N./SCHÄFER, N., in: Beck Bilanzkomm., 11. Aufl., § 289c, Rn. 2.

über nichtfinanzielle Aspekte ist ein insgesamt verbessertes Transparenzniveau.[656] Das bedeutet, dass in der nichtfinanziellen Konzernerklärung zusätzliche – aus Adressatensicht entscheidungsnützliche – Informationen zur Verfügung gestellt werden.[657] Indes ist Transparenz kein Selbstzweck, sondern dient einerseits dem Abbau von Informationsasymmetrien zwischen dem Berichtersteller und dem Informationsadressat, so dass Vertrauen entstehen kann.[658] Andererseits hat Transparenz eine Präventivfunktion, d. h. negativen Entwicklungen kann durch Transparenzpflichten vorgebeugt werden.[659] **Grundlegende Voraussetzung** dafür, dass mit **Transparenz** die beiden beschriebenen Wirkungszusammenhänge verbunden sind, ist, dass die **Verlässlichkeit der Angaben** für die Berichtsadressaten sichergestellt ist.[660]

Für das Ziel der Vertrauensstärkung ist es ferner erforderlich, dass die Unternehmen aus gesellschaftlicher Perspektive zumindest nicht unverantwortlich handeln. Ergo sind die beiden Ziele Verhaltenssteuerung und Vertrauensstärkung konsistent. Die mittelbare Beeinflussung unternehmerischen Handelns durch die handelsrechtlichen Berichterstattungspflichten trägt nämlich zu einer stärkeren Berücksichtigung gesellschaftlich relevanter Interessen i. S. d. Ziels der Vertrauensstärkung bei.[661]

Im Folgenden wird unter Vertrauensstärkung im Zusammenhang mit der CSR-Richtlinie bzw. mit den durch das CSR-RUG eingeführten handelsrechtlichen Vorschriften zusammenfassend die unmittelbare Stärkung des Vertrauens der Berichtsadressaten in ein gesellschaftlich verantwortliches unternehmerisches Handeln durch die Informationen in der nichtfinanziellen Kon-

---

656 Vgl. zum gesamten verbleibenden Absatz WINKELJOHANN, N./SCHÄFER, N., in: Beck Bilanzkomm., 11. Aufl., § 289c, Rn. 2; PAETZMANN, K., in: Haufe HGB Bilanzkommentar, 8. Aufl., § 289b, Rn. 1; BÖCKING, H.-J./ALTHOFF, C., in: Baetge/Kirsch/Thiele, Aktuelles: Das CSR-Richtlinie-Umsetzungsgesetz, Rn. 4; KIRSCH, H.-J./KÖNIG, C./HUTER, M., in: Baetge u. a., Rechnungslegung nach IFRS, 2. Aufl., Kap. XII, Rn. 166; STAWINOGA, M./VELTE, P., Der RefE für ein CSR-RUG, S. 841.

657 Im Umkehrschluss sind überflüssige Angaben, die eine klare und verständliche Informationsvermittlung verhindern, ebenso wenig zielorientiert wie Angaben, die ausschließlich der positiven Selbstdarstellung des berichtenden Konzerns dienen. Im Schrifttum werden diese beiden Phänomene unter den Stichworten *„information overload"* und *„greenwashing"* diskutiert. Vgl. allgemein zum Hintergrund dieser Phänomene sowie zu empirischen Erkenntnissen im Kontext der Unternehmensberichterstattung HIRSCH, B./VOLNHALS, M., Information Overload, S. 23–55; SCHEWE, G. U. A., Alles nur Greenwashing?, S. 1–27. Vgl. ferner zur Berichtsanforderung der Klarheit die Ausführungen zum Grundsatz der Klarheit in Abschn. 342.3.

658 Vgl. zu diesem Wirkungszusammenhang grundlegend DI PIAZZA, S./ECCLES, R. G., Vertrauen durch Transparenz. Mit den vertrauensstärkenden Effekten einer glaubwürdigen Unternehmenskommunikation setzt sich auch REINMUTH ausführlich auseinander. Vgl. REINMUTH, M., Vertrauen durch Unternehmenskommunikation. Vgl. ferner KLEINFELD, A./MARTENS, A., Berichterstattung über Nachhaltigkeitsleistungen, S. 229.

659 Darauf zielen auch andere Bereiche der Unternehmensberichterstattung ab. Vgl. dazu z. B. die folgenden Quellen zum sog. Zahlungsbericht: TREPTE, F./SIEGEL, D. P., Erstellung von (Konzern-)Zahlungsberichten, S. 317–321; HAVERS, G./SIEGEL, D. P., Zahlungsberichte nach BilRUG, S. 341–348; ROHLEDER, S., Der (Konzern-)Zahlungsbericht, S. 17–22.

660 Die Verlässlichkeit und damit auch die Präventivfunktion der Angaben werden in der Finanzberichterstattung i. d. R. durch eine externe Prüfung sichergestellt. Vgl. WITTMANN, M., in: Handbuch Bilanzrecht, § 316 HGB, Rn. 4; RUHNKE, K./SCHMIDT, M., in: Baetge/Kirsch/Thiele, § 316, Rn. 6; MARTEN, K.-U./QUICK, R./RUHNKE, K., Wirtschaftsprüfung, S. 1.

661 Vice versa sind Unternehmen an positiven Reputationseffekten interessiert, die aus einem – i. S. d. Ziels der Vertrauensstärkung – verbesserten Vertrauensverhältnis resultieren. Vgl. SEIBT, C. H., Corporate Reputation Management, S. 171.

zernerklärung verstanden. Das **Ziel der Vertrauensstärkung** ist jedoch weder im Richtlinientext noch im Handelsrecht explizit kodifiziert. In Anlehnung an die hermeneutische Methode wird daher im folgenden Abschnitt untersucht, ob es sich bei Vertrauensstärkung um ein übergeordnetes Ziel des Gesetzgebers handelt. Mangels gesetzlicher Kodifikation werden zu diesem Zweck zunächst die Entstehungsgeschichte der CSR-Richtlinie und des CSR-RUG sowie die Ansichten des Gesetzgebers analysiert. Der Bedeutungszusammenhang der gesetzlichen Vorschriften – nach der hermeneutischen Methode eigentlich das vorgelagerte Kriterium – wird im Anschluss und unter Berücksichtigung der zuvor gewonnenen Erkenntnisse erörtert.[662]

323.2 Hermeneutische Herleitung

323.21 Entstehungsgeschichte und Ansichten des Gesetzgebers[663]

323.211. Europäischer Gesetzgebungsprozess

Wie in Abschn. 211. erläutert war einer der Auslöser für den europäischen Gesetzgebungsprozess zur CSR-Richtlinie der Vertrauensverlust breiter Bevölkerungsschichten in die Unternehmen und Kapitalmärkte als Folge der globalen Finanz- und Wirtschaftskrise in den Jahren 2008/2009.[664] In den Erwägungsgründen der CSR-Richtlinie wird auf unterschiedliche Mitteilungen und Entschließungen der EU-Kommission verwiesen, in denen dieser direkte Zusammenhang hergestellt wird.[665] Das Europäische Parlament und der Rat der EU – mithin der europäische Gesetzgeber – schließen sich damit im Rahmen des Gesetzgebungsprozesses mittelbar den in den Mitteilungen und Entschließungen vertretenen Auffassungen der EU-Kommission an. Dies gilt auch für die Erwartung, dass mithilfe der nichtfinanziellen Berichtspflichten verlorenes Vertrauen zurückgewonnen werden kann. Dies wird sowohl in den Erwägungsgründen als auch in den Entschließungen deutlich.[666]

Bereits in Erwägungsgrund Nr. 1 der CSR-Richtlinie wird auf die Binnenmarktakte hingewiesen, in der die Sozial- und Umweltberichterstattung von Unternehmen als Instrument „zur Förderung von Wachstum und Vertrauen“[667] anerkannt wird.[668] In der am 25.10.2011 veröffentlichten „EU-Strategie (2011-14) für die soziale Verantwortung der Unternehmen (CSR)“ definiert die EU-Kommission zudem einen Aktionsplan für den Themenbereich CSR.[669] Darin wird

---

[662] Vgl. zur Begründung des beschriebenen Vorgehens auch Abschn. 321.

[663] Unter der Überschrift „Entstehungsgeschichte und Ansichten des Gesetzgebers“ sind die Kriterien „Entstehungsgeschichte der gesetzlichen Vorschriften“ sowie „Gesetzesmaterialien und Ansichten des Gesetzgebers“ subsumiert. Mit dieser zusammenfassenden Formulierung sind im Vergleich zur Erläuterung der Kriterien in Abschn. 314.22 keine inhaltlichen Reduktionen verbunden. Vgl. Fn. 500.

[664] Vgl. dazu Abschn. 211.

[665] Vgl. hier und zum folgenden Satz EU (Hrsg.), ABl. L 330 vom 15.11.2014, S. 1.

[666] Vgl. dazu speziell Erwägungsgrund Nr. 3 in: EU (Hrsg.), ABl. L 330 vom 15.11.2014, S. 1.

[667] EU-KOMMISSION (Hrsg.), Mitteilung (2011) 206: Binnenmarktakte, S. 1.

[668] Vgl. EU (Hrsg.), ABl. L 330 vom 15.11.2014, S. 1; EU-KOMMISSION (Hrsg.), Mitteilung (2011) 206: Binnenmarktakte, S. 1 und S. 16.

[669] Vgl. hier und zum folgenden Satz EU-KOMMISSION (Hrsg.), Mitteilung (2011) 681: Neue Strategie für soziale Verantwortung, S. 10–18.

ausgeführt, dass die Unternehmen grundsätzlich danach streben sollten, „[...] zu den Gruppen und Organisationen zu gehören, denen von der Gesellschaft am meisten Vertrauen entgegengebracht wird [...]“[670], wenngleich dies gegenwärtig nicht der Fall ist. Daran anknüpfend wird festgestellt, dass „[...] die Offenlegung [der nichtfinanziellen Informationen; Anm. d. Verf.] als wesentliches Element der Rechenschaftspflicht auch dazu beitragen [kann; Anm. d. Verf.], dass die Öffentlichkeit den Unternehmen Vertrauen entgegenbringt.“[671] Dieser Zusammenhang zwischen **Transparenz** schaffender nichtfinanzieller Berichterstattung und vertrauensstärkender Wirkung bei den Adressaten entspricht der anfänglich aufgestellten Hypothese zum Ziel der Vertrauensstärkung.[672] Weitere diese Hypothese stützende Anhaltspunkte sind in den in Erwägungsgrund Nr. 3 genannten Entschließungen „Zur sozialen Verantwortung der Unternehmen: Rechenschaftspflichtiges, transparentes und verantwortungsvolles Geschäftsgebaren und nachhaltiges Wachstum“ bzw. „Zur sozialen Verantwortung der Unternehmen: Förderung der Interessen der Gesellschaft und ein Weg zu einem nachhaltigen und integrativen Wiederaufschwung“ enthalten.[673] Die Analyse des europäischen Gesetzgebungsprozesses stützt damit grundsätzlich die Hypothese, dass der Gesetzgeber mit der CSR-Richtlinie das übergeordnete Ziel der Vertrauensstärkung verfolgt.

323.212. Deutscher Gesetzgebungsprozess

Ebenso wie der europäische Gesetzgeber kodifiziert auch der deutsche Gesetzgeber das Ziel der Vertrauensstärkung nicht explizit in den handelsrechtlichen Vorschriften. Durch die im Umsetzungskonzept des **BMJV** festgelegte 1:1-Umsetzung der Richtlinie macht er sich jedoch die Ziele des europäischen Gesetzgebers zu Eigen.[674] Sowohl im RefE als auch im RegE des CSR-RUG wurde in der jeweiligen Begründung festgestellt, dass zu diesen Zielen neben der Verhaltenssteuerung auch die Vertrauensstärkung zählt.[675] Demnach dient die CSR-Richtlinie dazu, „[...] Regelungen zu treffen, die das Vertrauen von Investoren sowie Verbraucherinnen und Verbrauchern in Unternehmen stärken sollen, indem mehr als bisher über nichtfinanzielle Aspekte der Tätigkeit von bestimmten Unternehmen berichtet wird.“[676]

Die parlamentarischen Mitglieder des **Ausschusses für Justiz und Verbraucherschutz** empfehlen in ihrer Beschlussvorlage zum CSR-RUG keine wesentlichen Änderungen im Vergleich

[670] EU-KOMMISSION (Hrsg.), Mitteilung (2011) 681: Neue Strategie für soziale Verantwortung, S. 11.
[671] EU-KOMMISSION (Hrsg.), Mitteilung (2011) 681: Neue Strategie für soziale Verantwortung, S. 14.
[672] Vgl. dazu die Ausführungen in Abschn. 323.1.
[673] Vgl. EUROPÄISCHES PARLAMENT (Hrsg.), Soziale Verantwortung der Unternehmen, S. 4, sowie im Detail EUROPÄISCHES PARLAMENT (Hrsg.), Bericht über soziale Verantwortung der Unternehmen.
[674] Vgl. BMJV (Hrsg.), Konzeptpapier zur Umsetzung der CSR-Richtlinie, S. 2; MÜLLER, S., RefE des CSR-RUG, S. I.
[675] Vgl. BMJV (Hrsg.), RefE CSR-RUG, S. 28; DEUTSCHER BUNDESTAG (Hrsg.), BT-Drucksache 18/9982, S. 26.
[676] DEUTSCHER BUNDESTAG (Hrsg.), BT-Drucksache 18/9982, S. 26.

zum RegE.[677] Daraus kann geschlossen werden, dass sie mit den dort dokumentierten Zielsetzungen übereinstimmen.[678] Mithin können keine ernsthaften Zweifel daran bestehen, dass die Entstehungsgeschichte und die dokumentierten Ansichten des Gesetzgebers die aufgestellte **Hypothese zur Vertrauensstärkung** stützen. Mangels einer handelsrechtlichen Kodifikation scheidet eine entsprechende Auslegung des Gesetzes anhand von Wortlaut und Wortsinn der gesetzlichen Regelungen jedoch aus. Der Bedeutungszusammenhang der gesetzlichen Vorschriften zur nichtfinanziellen Konzernerklärung kann dagegen im Hinblick auf deren Kongruenz zum Ziel der Vertrauensstärkung untersucht werden.[679] Dies gilt in besonderem Maße für Regelungen, die nicht 1:1 mit den Vorgaben der CSR-Richtlinie übereinstimmen, was z. B. auf den Prüfungsrahmen für die nichtfinanzielle Konzernerklärung zutrifft.

323.22 Bedeutungszusammenhang der gesetzlichen Vorschriften

323.221. Angabepflichten in der nichtfinanziellen Konzernerklärung

Mit Blick auf das Ziel der Vertrauensstärkung ist der Bedeutungszusammenhang der gesetzlichen Vorschriften im Kontext der Erkenntnisse zu analysieren, die im Rahmen der Untersuchung ihrer Entstehungsgeschichte sowie der dazu dokumentierten Ansichten des Gesetzgebers gewonnen werden konnten.[680] Die mit der nichtfinanziellen Konzernerklärung nach § 315c i. V. m. den §§ 289c, 289e verbundenen Berichtspflichten entfalten vor diesem Hintergrund **Bestätigungswert**. Bereits in den Abschnitten 322.221.1–322.221.3 wurde aus dem Bedeutungszusammenhang der handelsrechtlichen Normen zu den Mindestangaben, zur *Comply-or-Explain*-Regelung und zur Ausnahmeregelung ein allgemein **hoher Verbindlichkeitsgrad** für die Berichterstattung in der nichtfinanziellen Konzernerklärung abgeleitet.[681]

Mit einem hohen Verbindlichkeitsgrad der Berichtspflichten steigen die Anforderungen an die Pflichtpublizität eines Konzerns, was nicht nur verhaltenssteuernd sondern auch vertrauensstärkend wirken kann. Die Adressaten der nichtfinanziellen Konzernerklärung können sich in diesem Regelungskontext nämlich auf eine umfassende Berichterstattung seitens des berichtenden Konzerns verlassen,[682] was zum Abbau von Informationsasymmetrien zwischen ihm und den

677 In der Beschlussempfehlung des Ausschusses für Recht und Verbraucherschutz werden im Vergleich zum RegE des CSR-RUG nur einzelne inhaltliche Änderungen vorgenommen, die im Zusammenhang mit dem Ziel „Verhaltensstärkung" nur von untergeordneter Bedeutung sind. Vgl. zu den Änderungen KAJÜTER, P., CSR-Richtlinie-Umsetzungsgesetz, S. 617, sowie im Detail DEUTSCHER BUNDESTAG (Hrsg.), BT-Drucksache 18/11450, S. 4–39.

678 Vgl. zu dieser Argumentation auch Abschn. 322.212. zum Ziel der Verhaltenssteuerung.

679 Vgl. für eine Begründung der strukturellen Verortung des Kriteriums „Bedeutungszusammenhang der gesetzlichen Vorschriften" nach dem Kriterium „Entstehungsgeschichte und Ansichten des Gesetzgebers" Abschn. 321.

680 Vgl. dazu die Erkenntnisse in Abschn. 323.211. und Abschn. 323.212. Demnach stützen die Entstehungsgeschichte der Normen zur Berichterstattung in der nichtfinanziellen Konzernerklärung sowie die dazu dokumentierten Ansichten des Gesetzgebers die Hypothese, dass mit der nichtfinanziellen Konzernerklärung neben dem Ziel der Verhaltenssteuerung auch das Ziel der Vertrauensstärkung erreicht werden soll.

681 Vgl. dazu im Detail das Zwischenfazit zum Bedeutungszusammenhang der gesetzlichen Vorschriften in Abschn. 322.223.

682 Eine umfassende Informationsvermittlung entspricht dem Grundsatz der Vollständigkeit. Vgl. Abschn. 342.2.

Berichtsadressaten beitragen kann. Dieser Effekt der Berichterstattung in der nichtfinanziellen Konzernerklärung verbessert die Transparenz des berichtenden Konzerns und kann mithin vertrauensstärkend wirken und so dem Ziel der Vertrauensstärkung dienen.[683] **Voraussetzung** für eine in diesem Sinne zielkonforme Informationsvermittlung ist, dass die Angaben in der nichtfinanziellen Konzernerklärung vollständig und insbesondere **verlässlich** sind.[684] Ob dies der Fall ist, können die Berichtsadressaten jedoch nicht selbständig beurteilen.[685] Sie sind deshalb auf ein **unabhängiges Urteil** über die Vollständigkeit und **Verlässlichkeit der Angaben** angewiesen. Ein solches Urteil wird im Kontext der Finanzberichterstattung regelmäßig im Rahmen einer unabhängigen **externen Prüfung** der vermittelten Informationen getroffen.[686] Vor diesem Hintergrund haben die mit den Vorgaben zur Berichterstattung in der nichtfinanziellen Konzernerklärung in Bedeutungszusammenhang stehenden Regelungen zur Prüfung der nichtfinanziellen Konzernerklärung eine besondere Bedeutung für die Beurteilung, ob der Gesetzgeber mit ihr das Ziel Vertrauensstärkung erreichen kann.

323.222. Regelungen zur Prüfung der nichtfinanziellen Konzernerklärung

Die **Ordnungsmäßigkeit** des Konzernlageberichts beurteilt ein unabhängiger[687] Wirtschaftsprüfer, der die gesetzliche Abschlussprüfung nach § 316 Abs. 2 durchführt.[688] Im Rahmen der Abschlussprüfung ist gemäß § 317 Abs. 2 Satz 4 auch festzustellen, ob die nichtfinanzielle Konzernerklärung vorgelegt wurde. Eine inhaltliche Prüfung der Angaben durch den Abschlussprüfer ist im Gegensatz dazu explizit nicht gefordert.[689] Stattdessen wurde mit dem CSR-RUG ein prüfungsrechtlicher Rahmen gesetzlich verankert, nach dem der Aufsichtsrat gemäß § 171 Abs. 1 Satz 4 AktG zur inhaltlichen Prüfung der nichtfinanziellen Konzernerklärung verpflichtet ist. Damit weicht der deutsche Gesetzgeber ebenso von einer 1:1-Umsetzung

---

[683] Vgl. zu den vertrauensstärkenden Effekten von Transparenz die Ausführungen in Abschn. 323.1.

[684] Die Kriterien Vollständigkeit und Richtigkeit sind nach LEFFSON Voraussetzung für jede zielkonforme Informationsvermittlung. Vgl. LEFFSON, U., GoB, S. 179. Folglich muss die Berichterstattung in der nichtfinanziellen Konzernerklärung diesen Kriterien entsprechen. Diese Anforderungen werden daher in Form von Grundsätzen in einem Zweck-Grundsatz-System für die nichtfinanzielle Konzernerklärung zu berücksichtigen sein. Zur Ermittlung von Grundsätzen ordnungsmäßiger Berichterstattung in der nichtfinanziellen Konzernerklärung sei an dieser Stelle allgemein auf Abschn. 34 verwiesen. In den Abschn. 342.1 und 342.2 werden der „Grundsatz der Verlässlichkeit" sowie der „Grundsatz der Vollständigkeit" hergeleitet.

[685] Vgl. zu Informationsasymmetrien als Motivation für Prüfungsleistungen ausführlich MARTEN, K.-U./QUICK, R./RUHNKE, K., Wirtschaftsprüfung, S. 48–60.

[686] Vgl. WITTMANN, M., in: Handbuch Bilanzrecht, § 316 HGB, Rn. 4; RUHNKE, K./SCHMIDT, M., in: Baetge/Kirsch/Thiele, § 316, Rn. 6.

[687] Nur eine unabhängige Prüfung kann das Vertrauen der Berichtsadressaten fördern. Vgl. dazu ausführlich KIRSCH, H.-J./EWELT-KNAUER, C./GALLASCH, F., Unabhängigkeit des Abschlussprüfers, S. 647–667, die in ihrem Beitrag zwischen tatsächlicher und wahrgenommener Unabhängigkeit differenzieren. Vgl. zum Kriterium der Unabhängigkeit eines Wirtschaftsprüfers außerdem IDW (Hrsg.), WP-Handbuch 2017, Kap. A, Rn. 95–166.

[688] Vgl. IDW (Hrsg.), WP-Handbuch 2017, Kap. A, Rn. 1. Die Vertrauensfunktion der Abschlussprüfung ist europarechtlich verankert. Vgl. EU (Hrsg.), ABl. vom 27.05.2014, S. 77.

[689] Die Berufsgrundsätze verpflichten den Abschlussprüfer jedoch zu einer kritischen Auseinandersetzung mit den Inhalten der nichtfinanziellen Konzernerklärung, was als „Kritisches Lesen" bezeichnet wird. Vgl. IDW (Hrsg.), PS 202, Rn. 6 f. Indes kann „Kritisches Lesen" inhaltlich nicht mit einer Abschlussprüfung gleichgesetzt werden. Vgl. MEYER, Y. C., Auswirkungen des CSR-Richtlinie-Umsetzungsgesetzes, S. 136.

der Richtlinienvorgaben ab wie mit der Pflicht zur Veröffentlichung der Ergebnisse einer freiwillig durchgeführten Überprüfung gemäß § 315b Abs. 4. Diese Regelung ist zwei Jahre versetzt zu den übrigen Inhalten des CSR-RUG in Kraft getreten und ist erstmals für Berichtsjahre anzuwenden, die nach dem 31.12.2018 beginnen.[690] Ob der Gesetzgeber damit einen **Prüfungsrahmen** entwickelt hat, der auf vertrauensstärkende Effekte zielt, oder ob das in Abschn. 323.21 identifizierte Ziel der Vertrauensstärkung davon konterkariert wird, gilt es im Folgenden abzuwägen.

In der CSR-Richtlinie werden die Vorgaben zur Prüfung der nichtfinanziellen Konzernerklärung in Art. 1 Nr. 3 Abs. 5 und Abs. 6 festgelegt. Danach müssen die Nationalstaaten einerseits sicherstellen, dass der Abschlussprüfer die Existenz der nichtfinanziellen Konzernerklärung formell prüft.[691] Andererseits wird den nationalen Gesetzgebern das Wahlrecht eingeräumt, eine verpflichtende inhaltliche Prüfung der nichtfinanziellen Konzernerklärung durch einen externen Erbringer von Bestätigungsleistungen vorzuschreiben.[692] Eine i. S. d. Ziels der Vertrauensstärkung **konsequente Rechtssetzung hätte eine materielle Prüfungspflicht erfordert**.[693] Darauf hat der europäische Gesetzgeber jedoch aus politischen Gründen verzichtet.[694] Er hat damit auf zahlreiche negative Stellungnahmen[695] reagiert, die im Zuge von Reformbestrebungen[696] der gesetzlichen Abschlussprüfung zum Vorschlag einer zwingenden materiellen Prüfung der Nachhaltigkeitsberichterstattung eingegangen waren.[697]

Der deutsche Gesetzgeber hat von dem Wahlrecht, eine verbindliche materielle Prüfungspflicht der nichtfinanziellen Konzernerklärung einzuführen, keinen Gebrauch gemacht.[698] Stattdessen delegiert er die **Pflicht zur inhaltlichen Prüfun**g gemäß § 171 Abs. 1 Satz 4 an den **Aufsichtsrat**. Dabei stellt sich die Frage nach den konkreten Anforderungen, die bei der Prüfung an das

---

690 Vgl. DEUTSCHER BUNDESTAG (Hrsg.), BT-Drucksache 18/11450, Art. 4.

691 Vgl. Art. 1 Nr. 3 Abs. 5 der Richtlinie 2014/95/EU.

692 Vgl. Art. 1 Nr. 3 Abs. 6 der Richtlinie 2014/95/EU.

693 Gl. A. sind u. a. RNE (Hrsg.), Stellungnahme RefE CSR-RUG, S. 4; CDP (Hrsg.), Stellungnahme RefE CSR-RUG, S. 8; IIRC (Hrsg.), Stellungnahme RefE CSR-RUG, S. 1 f. Vgl. in diesem Kontext ferner HUMBERT, F., Frage nach staatlicher Regulierung, S. 314.

694 Vgl. hier und zum folgenden Satz VELTE, P., Nachhaltigkeitsinformationen im (Konzern-)Lagebericht, S. 1048.

695 Vgl. für eine Auswertung der Stellungnahmen zum Grünbuch BÖCKING, H.-J. U. A., Vorgehen im Bereich der Abschlussprüfung, S. 1159–1170.

696 Als Reaktion auf die Finanz- und Wirtschaftskrise veröffentlichte die EU-Kommission ein Grünbuch mit Reformvorschlägen. Vgl. EU-KOMMISSION, Grünbuch (2010) – Abschlussprüfung: Lehren aus der Krise.

697 Hintergrund für die Ablehnung dieses Vorschlags war mit Blick auf die vermeintlich schwer zu objektivierenden Nachhaltigkeitsangaben die Sorge vor einer wachsenden Erwartungslücke. Vgl. VELTE, P., Nachhaltigkeitsinformationen im (Konzern-)Lagebericht, S. 1048. Vgl. allgemein zum Phänomen der Erwartungslücke der Abschlussprüfung KIRSCH, H.-J., Erwartungslücke und Bestätigungsvermerk, S. 959–980. Indes ist zu bezweifeln, dass nichtfinanzielle Informationen tatsächlich nicht hinreichend objektiviert werden können. Vgl. so auch BÖCKING, H.-J., CSR-Richtlinie-Umsetzungsgesetz, S. M5.

698 Der deutsche Gesetzgeber folgte damit der in den Stellungnahmen zum Umsetzungskonzept des BMJV geäußerten Mehrheitsmeinung. Vgl. dazu die Übersicht von MÜLLER, S./STAWINOGA, M./VELTE, P., Einbettung der neuen nichtfinanziellen Erklärung, S. 2222.

Aufsichtsgremium zu stellen sind.[699] Der vertrauensstärkende Effekt steht nämlich in Abhängigkeit von der Verlässlichkeit der Angaben und damit der Prüfungsintensität.[700] KIRSCH/HUTER stellen in diesem Kontext fest, dass an die Prüfung der nichtfinanziellen Konzernerklärung durch den Aufsichtsrat grundsätzlich ähnliche Anforderungen zu stellen sind wie bei der Prüfung der Rechnungslegung.[701] Demzufolge hat der Aufsichtsrat die Rechtmäßigkeit und die Zweckmäßigkeit der Angaben in der nichtfinanziellen Konzernerklärung zu überprüfen.[702]

Während die Zweckmäßigkeitsprüfung generell originäre Aufgabe des Aufsichtsrats ist, „kann und soll"[703] er sich bei der Prüfung der Rechtmäßigkeit der Rechnungslegung auf die Erkenntnisse des Abschlussprüfers stützen.[704] Da diese Zusammenarbeit für die nichtfinanzielle Konzernerklärung ausscheidet, liegt es im **Ermessen des Aufsichtsrats**, wie er seine Funktion erfüllt.[705] So kann z. B. weder aus den gesetzlichen Normen noch aus den Gesetzesmaterialien zum CSR-RUG abgeleitet werden, ob bereits eine Prüfung mit begrenzter Sicherheit (*limited assurance*) die Verlässlichkeit der Angaben ausreichend bestätigt oder dies erst durch eine Prüfung mit hinreichender Sicherheit (*reasonable assurance*) möglich ist.[706] Im Schrifttum werden dazu unterschiedliche Auffassungen vertreten. Während GUNDEL nur eine Prüfung mit hinreichender Sicherheit als ordnungsmäßig i. S. d. § 171 Abs. 1 AktG erachtet, sehen HENNRICHS/PÖSCHKE im Gegensatz dazu auch eine Prüfung mit lediglich begrenzter Sicherheit als gesetzlich nicht erforderlich an.[707]

Indes sendet der deutsche Gesetzgeber mit § 111 Abs. 2 Satz 4 AktG ein klares **Signal**. Dieser Passus wurde erst vom Ausschuss für Recht und Verbraucherschutz in die Beschlussempfehlung zum CSR-RUG aufgenommen und bemächtigt den Aufsichtsrat, eine **externe inhaltliche Überprüfung** der nichtfinanziellen Konzernerklärung zu beauftragen.[708] „Der Ausschuss hält

---

699 Für eine ausführliche Analyse dieser Fragestellung sei auf den Beitrag von KIRSCH/HUTER verwiesen. Vgl. KIRSCH, H.-J./HUTER, M., Die Prüfung der nichtfinanziellen Erklärung, S. 1017–1024. Vgl. ferner allgemein zur Überwachungsfunktion des Aufsichtsrats im Kontext der nichtfinanziellen Konzernerklärung HALLER, A./GRUBER, S., Auswirkungen auf die Überwachungsfunktion des Aufsichtsrats, S. 474–485.

700 Vgl. KIRSCH, H.-J./HUTER, M., Die Prüfung der nichtfinanziellen Erklärung, S. 1019. Vgl. allgemein zur Prüfung als vertrauensstärkendes Instrument NAUMANN, K.-P./SACK, M., Wirtschaftsprüfer als Vertrauensdienstleister, S. 353–368.

701 Vgl. KIRSCH, H.-J./HUTER, M., Die Prüfung der nichtfinanziellen Erklärung, S. 1024; Gl. A. ist LANFERMANN, G., Prüfung der CSR-Berichterstattung, S. 747–750; a. A. sind HENNRICHS, J./PÖSCHKE, M., Prüfung des "CSR-Berichts", S. 121–127, sowie HECKER, A./BRÖCKER, N., Die CSR-Berichtspflicht, S. 766.

702 Vgl. mit weiteren Nachweisen KOCH, J., in: Hüffer/Koch, 13. Aufl., § 171 AktG, Rn. 3.

703 IDW (Hrsg.), WP-Handbuch 2017, Kap. B, Rn. 38.

704 Vgl. HENNRICHS, J./PÖSCHKE, M., in: MüKo AktG, 4. Aufl., § 171, Rn. 32–35.

705 Vgl. MEYER, Y. C., Auswirkungen des CSR-Richtlinie-Umsetzungsgesetzes, S. 136. Unabhängig vom Wahlrecht des Aufsichtsrats steht es auch dem Vorstand frei, eine externe Überprüfung zu beauftragen. Vgl. KOLB, S./NIECHCIAL, M., Verwirrende Vielfalt der CSR-Berichterstattung, S. 701–703.

706 Als Rahmenwerk für die Prüfung von Nachhaltigkeitsberichten hat sich der international anerkannte ISAE 3000 (*revised*) für betriebswirtschaftliche Prüfungen etabliert. Vgl. für einen Überblick über den Standard MOSER, H., Betriebswirtschaftliche Prüfung nach ISAE 3000 (Revised), S. 77–82; MEYER, Y. C., Betriebswirtschaftlichen Prüfung nach ISAE 3000, S. 99–106. Für den Berufsstand der Wirtschaftsprüfer sind zudem die einschlägigen Standards des IDW relevant. Vgl. IDW (Hrsg.), IDW PS 821.

707 Vgl. so im Ergebnis GUNDEL, A., Prüfung der CSR-Berichterstattung durch den Aufsichtsrat, S. 110 f.; HENNRICHS, J./PÖSCHKE, M., Prüfung des "CSR-Berichts", S. 127.

708 Vgl. DEUTSCHER BUNDESTAG (Hrsg.), BT-Drucksache 18/11450, S. 47; .LANFERMANN, G., Prüfung der CSR-

diese Klarstellung für erforderlich, damit der Aufsichtsrat seine eigene Pflicht zur Prüfung der nichtfinanziellen Berichterstattung (§ 171 Abs. 1 [AktG; Korrektur d. Verf.]) sachgerecht erfüllen kann."[709] Diese **Präferenz des Gesetzgebers** für eine externe inhaltliche Überprüfung zeigt, dass er implizit Mindestanforderungen an die Prüfung der nichtfinanziellen Konzernerklärung stellt, die vom Aufsichtsrat nicht selbständig erfüllt werden können.[710] Dies ist für die betroffenen Aufsichtsräte auch vor dem Hintergrund des erheblich verschärften Sanktionsregimes für fehlerhafte Angaben in der nichtfinanziellen Konzernerklärung von Bedeutung.[711] Freiwillige externe Überprüfungen werden mit Blick auf ihre exkulpative Wirkung daher voraussichtlich die Regel und nicht die Ausnahme sein.[712]

Mit der Präferenz des Gesetzgebers für eine freiwillige externe Überprüfung der nichtfinanziellen Konzernerklärung sind indes keine bestimmten Anforderungen an die Prüfungssicherheit oder die Kommunikation von Prüfungsresultaten verbunden.[713] Vor diesem Hintergrund hat § 315b Abs. 4 eine hohe Bedeutung für das Ziel der Vertrauensstärkung. Denn erst mit der Veröffentlichung des Ergebnisses und den einer Überprüfung zugrunde liegenden Prämissen, wie z. B. Prüfungsmethoden, Prüfungsumfang und Prüfungsmaßnahmen, können die Adressaten die Prüfungsqualität beurteilen.[714] Abhängig von dieser Einschätzung ist auch das Urteil der Berichtsadressaten über die Verlässlichkeit der vermittelten Angaben.[715] Ob den Adressaten in diesem Kontext eine Prüfung mit begrenzter Sicherheit ausreicht, um die Angaben als verlässlich zu erachten, bleibt abzuwarten. Eine **vertrauensstärkende Wirkung** können die vermittelten Angaben jedenfalls nur entfalten, wenn die Angaben erstens **unabhängig überprüft** werden und zweitens das **Prüfungsergebnis öffentlich** zugänglich gemacht wird.[716]

Der deutsche Gesetzgeber hat demnach einen Prüfungsrahmen etabliert, mit dem die Verlässlichkeit der Angaben in der nichtfinanziellen Konzernerklärung i. S. d. Ziels der Vertrauensstärkung sichergestellt werden soll. Dabei hat er darauf verzichtet, eine verpflichtende externe Überprüfung der nichtfinanziellen Konzernerklärung im Rahmen der Abschlussprüfung in das Handelsrecht zu integrieren. Stattdessen wurde dem Aufsichtsrat mit § 171 Abs. 1 Satz 4 AktG

Berichterstattung, S. 749.

709 DEUTSCHER BUNDESTAG (Hrsg.), BT-Drucksache 18/11450, S. 47.

710 Vgl. GUNDEL, A., Prüfung der CSR-Berichterstattung durch den Aufsichtsrat, S. 111.

711 Vgl. in diesem Kontext auch Abschn. 322.222.1.

712 Vgl. KAJÜTER, P., RegE CSR-Richtlinie-Umsetzungsgesetz, S. 512, sowie m. w. N. Fn. 262. Dieser Trend ist für die erstmals erstellten nichtfinanziellen Konzernerklärungen bereits zu beobachten. Vgl. KIRSCH, H.-J./WEGE, D., Die nichtfinanzielle Konzernerklärung, S. 247 f.; KAJÜTER, P./WIRTH, M., Praxis der nichtfinanziellen Berichterstattung, S. 1612; ALTHOFF, C./WIRTH, W., Nichtfinanzielle Berichterstattung und Prüfung, S. 1147–1149; FINK, C., Berichtspraxis im MDAX, S. 472 f.; BEHNCKE, N./WULF, I., Erste Berichts- und Prüfungssaison, S. 29 f.

713 Der Aufsichtsrat eines großen börsennotierten Konzerns wird nämlich i. d. R. bereits mit einer Prüfung der nichtfinanziellen Konzernerklärung mit begrenzter Sicherheit überfordert sein. Vgl. HENNRICHS, J./PÖSCHKE, M., Prüfung des "CSR-Berichts", S. 127. Vgl. zu den Limitationen des Aufsichtsrats KOCH, J., in: Hüffer/Koch, 13. Aufl., § 171 AktG, Rn. 5.

714 Vgl. DEUTSCHER BUNDESTAG (Hrsg.), BT-Drucksache 18/9982, S. 46.

715 Vgl. IIRC (Hrsg.), Stellungnahme RefE CSR-RUG, S. 2.

716 Vgl. DEUTSCHER BUNDESTAG (Hrsg.), BT-Drucksache 18/9982, S. 46.

die Verantwortung für die materielle Prüfung der Angaben übertragen. Allerdings führt besonders das strenge Sanktionsregime dazu, dass für den Aufsichtsrat zwingende Anreize bestehen, eine externe Überprüfung zu beauftragen. Dazu bemächtigt und ermuntert ihn der Gesetzgeber in § 111 Abs. 2 Satz 4 AktG explizit. Die Ergebnisse solcher Überprüfungen sind nach § 315b Abs. 4 zu veröffentlichen. So können die Adressaten der nichtfinanziellen Konzernerklärung verifizieren, ob die darin vermittelten Informationen verlässlich sind.

Zusammenfassend kann konstatiert werden, dass das Ziel der Vertrauensstärkung aus dem Bedeutungszusammenhang der gesetzlichen Vorschriften deutlich wird, obgleich es nicht explizit kodifiziert ist. Der hohe Verbindlichkeitsgrad der neuen Berichtspflichten führt nämlich gemeinsam mit dem Prüfungsrahmen, der den Aufsichtsrat faktisch dazu verpflichtet, eine externe Prüfung zu beauftragen, regelmäßig zu einer umfassenden und verlässlichen Berichterstattung. Ein unter diesen **zielkonformen Rahmenbedingungen** erhöhter Publizitätsgrad entfaltet eine Präventivwirkung, dient dem Abbau von Informationsasymmetrien und wirkt so vertrauensstärkend.

323.23 Weitere hermeneutische Auslegungskriterien und Zwischenfazit

Obwohl das Ziel der Vertrauensstärkung in den handelsrechtlichen Vorschriften nicht kodifiziert ist, kann dieses Leitmotiv unter **objektiv teleologischen Gesichtspunkten** nicht bezweifelt werden. Als Beleg können dafür nicht zuletzt weitere Berichtspflichten, wie z. B. die (Konzern-)Erklärung zur Unternehmensführung, herangezogen werden, mit denen der Gesetzgeber u. a. vertrauensstärkende Effekte bewirken möchte.[717] Zudem deutet die bislang nach den hermeneutischen Kriterien durchgeführte Analyse klar darauf hin, dass Vertrauensstärkung – also die unmittelbare Stärkung des Vertrauens der Berichtsadressaten in ein gesellschaftlich verantwortliches unternehmerisches Handeln – ein übergeordnetes Ziel der CSR-Richtlinie bzw. der handelsrechtlichen Vorschriften zur nichtfinanziellen Konzernerklärung ist. Das Meinungsbild im Schrifttum ist in diesem Kontext ebenfalls eindeutig.[718] So ist es nicht möglich objektiv zu widerlegen, dass mit der nichtfinanziellen Konzernerklärung das Ziel der Vertrauensstärkung erreicht werden soll. Bei einer vernünftigen Abwägung der verfügbaren Informationen kann deshalb nur die **Konklusion** sachgerecht sein, dass das **übergeordnete gesetzgeberische Ziel der Vertrauensstärkung** bei der weiteren Entwicklung eines Zweck-Grundsatz-Systems für die nichtfinanzielle Konzernerklärung zu berücksichtigen ist. Dies gilt vorbehaltlich etwaiger verfassungsrechtlicher Einwendungen.

Zur formalen **Verfassungskonformität** des Gesetzgebungsprozesses sei indes auf die Ausführungen in Abschn. 322.23 verwiesen. An einem verfassungskonformen Ablauf werden keine Zweifel geäußert. Das Ziel der Vertrauensstärkung steht auch inhaltlich in keinem Konflikt zum

717 Vgl. MOCK, S., in: Hachmeister u. a., BilR, § 289f, Rn. 3 f.

718 Vgl. dazu m. w. N. die Ausführungen zur Hypothese und Definition des Ziels der Vertrauensstärkung in Abschn. 323.1.

deutschen Grundgesetz, so dass das Kriterium der Verfassungskonformität keinen Einfluss auf die zuvor gewonnenen Erkenntnisse hat.

324. Relevanz, Konsistenz und Vergleichbarkeit der nichtfinanziellen Informationen als übergeordnetes Ziel des Gesetzgebers

324.1 Vorbemerkungen

Die in Anlehnung an die hermeneutische Methode bisher hergeleiteten übergeordneten Ziele der CSR-Richtlinie – Verhaltenssteuerung und Vertrauensstärkung – werden vom europäischen Gesetzgeber nur implizit in den Erwägungsgründen der Richtlinie erwähnt.[719] Im Gegensatz dazu wird in Erwägungsgrund Nr. 21 der CSR-Richtlinie ausgeführt, dass ihr Ziel die Erhöhung der „[...] **Relevanz, Konsistenz und Vergleichbarkeit** der von bestimmten großen Unternehmen und Gruppen [...] offengelegten Informationen“[720] sei. In der Begründung zum CSR-RUG wird dieses Bestreben jedoch nicht explizit wiederholt.[721] Im Folgenden ist zu untersuchen, ob es geboten ist, dieses Ziel als übergeordnetes gesetzgeberisches Ziel bei der Entwicklung eines Zweck-Grundsatz-Systems für die nichtfinanzielle Konzernerklärung zu berücksichtigen, so wie es der Richtlinientext zunächst nahelegt.[722]

Hierzu ist zunächst der Bezugspunkt des in Erwägungsgrund Nr. 21 der CSR-Richtlinie formulierten Ziels zu identifizieren. Aus dem Wortlaut wird deutlich, dass es sich dabei um die Berichterstattung in der nichtfinanziellen Konzernerklärung handelt. Diesbezüglich werden drei Anforderungen unterschieden. So soll nämlich jeweils die Vergleichbarkeit, die Konsistenz und die Relevanz der Informationen erhöht werden. Allerdings handelt es sich bei den drei Postulaten um unbestimmte Rechtsbegriffe, die vom Gesetzgeber nicht genauer definiert werden. Deshalb sollen die Postulate im Folgenden jeweils einzeln konkretisiert werden.

324.2 Postulat der Vergleichbarkeit

Im Kontext der handelsrechtlichen Finanzberichterstattung ist das Postulat der Vergleichbarkeit nicht neu.[723] Sowohl im Zweck-Grundsatz-System für den Lagebericht nach BAETGE/FI-

---

[719] Vgl. zu den hergeleiteten Zielen ausführlich Abschn. 322. und Abschn. 323.

[720] EU (Hrsg.), ABl. L 330 vom 15.11.2014, S. 4. [Hervorhebung durch Verfasser]

[721] In der Begründung zum CSR-RUG werden im Gliederungspunkt „Ziel der Richtlinie 2014/95/EU“ nur die beiden Ziele Verhaltenssteuerung und Vertrauensstärkung implizit adressiert. Vgl. DEUTSCHER BUNDESTAG (Hrsg.), BT-Drucksache 18/9982, S. 26.

[722] In der Literatur wird dazu vielfach die Hypothese vertreten, dass damit zwar grundsätzlich ein Bestreben, das mit der Richtlinie verfolgt wird, zutreffend beschrieben wird. Übergeordnete Ziele der CSR-Richtlinie seien allerdings Verhaltenssteuerung und Vertrauensstärkung. Vgl. SPIEẞHOFER, B., Die neue europäische Richtlinie, S. 1282; MANIORA, J., EU-Richtlinie zur Offenlegung nichtfinanzieller Informationen, S. 153; WINKELJOHANN, N./SCHÄFER, N., in: Beck Bilanzkomm., 11. Aufl., § 289c, Rn. 2; a. A. BURTH, M./HOLZMEIER, M./HACHMEISTER, D., in: Hachmeister u. a., BilR, § 315c, Rn. 4.

[723] Vgl. TICHY, E., Inhalt des Lageberichts, S. 129–133; BAETGE, J./FISCHER, T. R./PASKERT, D., Der Lagebericht, S. 20 f.; BAETGE, J./KIRSCH, H.-J./THIELE, S., Bilanzen, S. 746; BAETGE, J./KIRSCH, H.-J./THIELE, S., Konzernbilanzen, S. 572.

SCHER/PASKERT als auch im DRS 20 ist Vergleichbarkeit ein für die Berichterstattung zumindest indirekt zu beachtender Grundsatz.[724] Informationen sollen zeitlich, das heißt über die Berichtsperioden hinweg, sowie zwischenbetrieblich vergleichbar sein.[725] Aus den Leitlinien für die Berichterstattung über nichtfinanzielle Informationen der EU-Kommission geht hervor, dass der europäische Gesetzgeber durch die Harmonisierung der Vorschriften zur nichtfinanziellen Berichterstattung besonders auf die zwischenbetriebliche Vergleichbarkeit zielt.[726] Im Schrifttum wird jedoch unter Verweis auf die verschiedenen Wahlrechte, die den EU-Mitgliedstaaten in der CSR-Richtlinie zugebilligt und bspw. vom deutschen Gesetzgeber an die berichtspflichtigen Konzerne weitergegeben werden, bezweifelt, dass mithilfe der Regelungen die zwischenbetriebliche Vergleichbarkeit der Berichterstattung erhöht werden kann.[727]

Unabhängig davon, ob die Vorschriften zur Berichterstattung in der nichtfinanziellen Konzernerklärung der Vergleichbarkeit der vermittelten Informationen dienlich sind, betonen die verschiedenen für diese Arbeit relevanten Anknüpfungspunkte den Charakter des Postulats der Vergleichbarkeit als Berichtsgrundsatz.[728] Grundsätze können jedoch nicht mit Zielen gleichgesetzt werden.[729] Vielmehr ist es erforderlich bei der Berichterstattung Grundsätze zu beachten, damit Ziele erreicht werden können. Mithin sind die Kriterien für ein übergeordnetes gesetzgeberisches Ziel der Zieldefinition in Abschn. 311. nicht erfüllt. Ob Vergleichbarkeit hingegen als Grundsatz für die Berichterstattung im Rahmen der nichtfinanziellen Konzernerklärung zu berücksichtigen ist, wird in Abschn. 343.2 analysiert.

324.3 Postulat der Konsistenz

Auch die Dimension der Konsistenz ist im Kontext der handelsrechtlichen Finanzberichterstattung nicht unbekannt, obgleich damit weder im Zweck-Grundsatz-System für den Lagebericht nach BAETGE/FISCHER/PASKERT noch im DRS 20 ein eigenständiger Grundsatz verbunden ist. Vielmehr ist die Forderung nach einer konsistenten Berichterstattung bspw. Bestandteil des Grundsatzes der Verlässlichkeit und Ausgewogenheit nach DRS 20.19. Danach müssen die Angaben im Konzernlagebericht „plausibel, konsistent sowie frei von Widersprüchen gegenüber den entsprechenden Informationen im Konzernabschluss sein“. Informationen sind folglich konsistent, wenn sie einerseits innerhalb des Konzernlageberichts sowie andererseits im Verhältnis zum Konzernabschluss widerspruchsfrei sind. Ähnlich argumentieren WEBER/VELTE im

724 Vgl. BAETGE, J./FISCHER, T. R./PASKERT, D., Der Lagebericht, S. 20 f.; DRS 20.26.

725 Vgl. dazu im Detail Abschn. 343.2.

726 Vgl. EU-KOMMISSION (Hrsg.), ABl. C 215 vom 05.07.2017, S. 3–5. Dieses Ziel wurde im Richtlinienentwurf prominenter beschrieben. Vgl. EU-KOMMISSION (Hrsg.), Mitteilung (2013) 207: Richtlinienvorschlag, S. 2.

727 Vgl. WULF, I./NIEMÖLLER, J., Offenlegung von Informationen im Lagebericht, S. 103–109; VELTE, P., Nichtfinanzielle Erklärung und Diversity-Berichterstattung, S. 298; KOLB, S./NIECHCIAL, M., Verwirrende Vielfalt der CSR-Berichterstattung, S. 697.

728 Vgl. GRI (Hrsg.), GRI 101: "Foundation", S. 7 und S. 14; TCFD (Hrsg.), Climate-related Financial Disclosures, S. 18 und S. 52; IIRC (Hrsg.), The International <IR> Framework, Rn. 3.56 f.

729 Vgl. hier und zu den folgenden beiden Sätzen zur inhaltlichen und begrifflichen Abgrenzung von Zielen, Zwecken und Grundsätzen Abschn. 311.

Zusammenhang mit der (Konzern-)Erklärung zur Unternehmensführung.[730] Die darin berichteten Informationen sollten konsistent zur übrigen Finanzberichterstattung sein.

Das IDW legt das Postulat der Konsistenz für die nichtfinanzielle Konzernerklärung noch weiter aus.[731] Zusätzlich zu einer konsistenten Berichterstattung innerhalb der Erklärung sollten die Informationen nicht nur im Verhältnis zur übrigen Finanzberichterstattung, sondern auch zu freiwillig veröffentlichten Nachhaltigkeitsberichten konsistent sein. Diese Sichtweise wird in den Leitlinien für die Berichterstattung über nichtfinanzielle Informationen der EU-Kommission teilweise bestätigt.[732] So erachtet die EU-Kommission „Konsistenz" als einen der wichtigsten Grundsätze für die Berichterstattung in der nichtfinanziellen Konzernerklärung.

Wie bereits für das Postulat der Vergleichbarkeit in Anlehnung an die Abgrenzung von Zielen, Zwecken und Grundsätzen gezeigt, können Grundsätze der Berichterstattung nicht mit gesetzgeberischen Zielen der nichtfinanziellen Konzernerklärung gleichgesetzt werden.[733] Der Charakter eines übergeordneten Ziels i. S. d. Definition in Abschn. 311. scheidet damit auch für das Postulat der Konsistenz aus. Ob es sich bei Konsistenz alternativ um einen Grundsatz für die Berichterstattung in der nichtfinanziellen Konzernerklärung handelt, der Teil des zu entwickelnden Zweck-Grundsatz-Systems der nichtfinanziellen Konzernerklärung sein muss, wird in Abschn. 344.1 analysiert.

324.4 Postulat der Relevanz

Anders als die Postulate „Konsistenz" und „Vergleichbarkeit" ist „Relevanz" weder direkt noch indirekt im Zweck-Grundsatz-System des Lageberichts nach BAETGE/FISCHER/PASKERT oder im DRS 20 enthalten. Auch im Kontext der unterschiedlichen für die handelsrechtliche Rechnungslegung entwickelten Zweck-Grundsatz-Systeme ist Relevanz kein GoB.[734] Einen möglichen Anknüpfungspunkt zur Auslegung des Relevanzpostulats bietet indes das von BALLWIESER konzipierte System der sog. Informations-GoB für die Finanzberichterstattung, das auch die Rahmenkonzepte der IAS und der US-GAAP berücksichtigt.[735] Die Informations-GoB sollen – unabhängig vom Rechnungslegungsinstrument – generell für die Vermittlung von Informationen zu beachten sein; so auch der sog. Grundsatz der Entscheidungsrelevanz. Nach diesem Grundsatz sind Informationen zu vermitteln, die für die Kapitalanlageentscheidungen der Berichtsadressaten nützlich sind.[736]

---

[730] Vgl. hier und zum folgenden Satz WEBER, S. C./VELTE, P., Grundsätze ordnungsmäßigen Corporate Governance Reportings, S. 1829.
[731] Vgl. hier und zum folgenden Satz IDW (Hrsg.), IDW Positionspapier, S. 5.
[732] Vgl. hier und zum folgenden Satz EU-KOMMISSION (Hrsg.), ABl. C 215 vom 05.07.2017, S. 9.
[733] Vgl. dazu die Ausführungen in Abschn. 324.2.
[734] Vgl. zur Übersicht über die verschiedenen von LEFFSON, MOXTER und BAETGE entwickelten Zweck-Grundsatz-Systeme für die handelsrechtliche Rechnungslegung BALLWIESER, W., Grundsätze ordnungsmäßiger Buchführung, S. 9–14.
[735] Vgl. hier und zum folgenden Satz BALLWIESER, W., Informations-GoB, S. 115–121.
[736] Vgl. BALLWIESER, W., Informations-GoB, S. 116 f.

Der Bezug der Informations-GoB zu den IAS bzw. IFRS, wird am Grundsatz der Entscheidungsrelevanz besonders deutlich. Das *Conceptual Framework for Financial Reporting* (CF) definiert den Zweck der Rechnungslegung nach IFRS nämlich als die Vermittlung von entscheidungsnützlichen Informationen.[737] Angaben müssen deshalb u. a. den Fundamentalgrundsatz der Relevanz erfüllen.[738] Dies ist der Fall, wenn sie geeignet sind, die Kapitalanlageentscheidungen der Rechnungslegungsadressaten zu beeinflussen. Mithin ist ein wichtiges Element der Relevanz die Wesentlichkeit einer Information.[739] Wesentlichkeit ist wiederum ein integraler Bestandteil der Grundsätze der handelsrechtlichen Konzernlageberichterstattung.[740] Das Entscheidungsnützlichkeitspostulat ist zudem indirekter Bestandteil des Grundsatzes der Vollständigkeit.[741] Diese Zusammenhänge deuten darauf hin, dass das in der CSR-Richtlinie adressierte Relevanzpostulat den Charakter eines Grundsatzes hat bzw. anderen Grundsätzen inhärent ist. Diese Schlussfolgerung wird von den Ausführungen in den Leitlinien für die Berichterstattung über nichtfinanzielle Informationen der EU-Kommission gestützt.[742]

Das Postulat der Relevanz entspricht damit ebenso wenig der Zieldefinition in Abschn. 311. wie die Anforderungen der Konsistenz und der Vergleichbarkeit. Im Rahmen der Entwicklung eines Zweck-Grundsatz-Systems für die nichtfinanzielle Konzernerklärung wird das Postulat der Relevanz jedoch an unterschiedlichen Stellen, besonders im Kontext des Wesentlichkeitsgrundsatzes, berücksichtigt.[743] Abschließend kann konstatiert werden, dass das in Erwägungsgrund Nr. 21 der CSR-Richtlinie formulierte Ziel nicht als übergeordnetes gesetzgeberisches Ziel der nichtfinanziellen Konzernerklärung in Betracht kommt.

325. Zwischenfazit

Zur Entwicklung eines Zweck-Grundsatz-Systems für die nichtfinanzielle Konzernerklärung war es in einem ersten Schritt erforderlich, die übergeordneten Ziele herzuleiten, die der Gesetzgeber mit der CSR-Richtlinie bzw. dem CSR-RUG verfolgt. Dies hat in den Abschnitten 322.–324. zu folgenden Ergebnissen geführt:

---

[737] Vgl. CF 1.2 sowie allgemein zum Ziel der Rechnungslegung nach IFRS BAETGE, J./KIRSCH, H.-J./THIELE, S., Bilanzen, S. 145–147.

[738] Vgl. hier und zum folgenden Satz CF 2.6–2.10 sowie allgemein zum Postulat der Relevanz PELLENS, B. U. A., Internationale Rechnungslegung, S. 106 f.

[739] Vgl. CF 2.11.

[740] Vgl. so für den Lagebericht BAETGE, J./FISCHER, T. R./PASKERT, D., Der Lagebericht, S. 21 f.; DRS 20.32 f. Vgl. zum Grundsatz der Wesentlichkeit im Kontext der nichtfinanziellen Konzernerklärung Abschn. 343.1.

[741] Vgl. BAETGE, J./FISCHER, T. R./PASKERT, D., Der Lagebericht, S. 18 f.; DRS 20.12. Vgl. zum Grundsatz der Vollständigkeit im Kontext der nichtfinanziellen Konzernerklärung Abschn. 342.2.

[742] Unter dem Gliederungspunkt „Wichtigste Grundsätze" wird in den Leitlinien der EU-Kommission für die Berichterstattung über nichtfinanzielle Informationen mehrfach die Angabe relevanter Informationen gefordert. Obgleich das Postulat der Relevanz nicht als separater Grundsatz genannt wird, ist es ein wichtiger Bestandteil anderer Grundsätze – besonders des Grundsatzes der Wesentlichkeit. Vgl. EU-KOMMISSION (Hrsg.), ABl. C 215 vom 05.07.2017, S. 5–9.

[743] Vgl. allgemein Abschn. 34, sowie insbesondere Abschn. 343.1 zum Wesentlichkeitsgrundsatz.

- Erstens wurden **zwei übergeordnete gesetzgeberische Ziele** hergeleitet, die mit der nichtfinanziellen Konzernerklärung verfolgt werden:
  - Einerseits soll mithilfe der Berichtspflichten das Verhalten der berichtenden Konzerne gesteuert werden. Das Ziel der **Verhaltenssteuerung** wird für die vorliegende Arbeit als die bewusste mittelbare Beeinflussung unternehmerischen Handelns durch die handelsrechtlichen Berichterstattungspflichten in der nichtfinanziellen Konzernerklärung definiert.
  - Andererseits soll mithilfe der Angabepflichten das Vertrauen der Berichtsadressaten in die berichtenden Konzerne gestärkt werden. Das Ziel der **Vertrauensstärkung** wird für die Zwecke dieser Arbeit als die unmittelbare Stärkung des Vertrauens der Berichtsadressaten in ein gesellschaftlich verantwortliches unternehmerisches Handeln durch die Informationen in der nichtfinanziellen Konzernerklärung definiert.
- Zweitens ist das vom europäischen Gesetzgeber für die CSR-Richtlinie formulierte Ziel – die Erhöhung der Relevanz, Konsistenz und Vergleichbarkeit der offenzulegenden Informationen – kein übergeordnetes gesetzgeberisches Ziel i. S. d. Definition aus Abschn. 311. Vielmehr handelt es sich dabei um konkrete Anforderungen an die Berichterstattung in der nichtfinanziellen Konzernerklärung. Ob diese in Form von Grundsätzen in einem Zweck-Grundsatz-System für die nichtfinanzielle Konzernerklärung abzubilden sind, wird in Abschn. 34 untersucht.

Als nächstes sind in einem zweiten Schritt, beginnend mit dem Zweck, die Elemente eines Zweck-Grundsatz-Systems für die nichtfinanzielle Konzernerklärung herzuleiten. Die beiden Ziele Verhaltenssteuerung und Vertrauensstärkung sind dabei stets als Leitmotive zu berücksichtigen. Gemäß des in Abschn. 314.1 erläuterten methodischen Ansatzes dienen das von BAETGE/FISCHER/PASKERT für den Lagebericht entwickelte Zweck-Grundsatz-System sowie DRS 20 als konzeptionelle Basis. Die einzelnen Elemente dieser Basis werden in den folgenden Abschnitten zunächst jeweils in ihren Grundzügen deskriptiv erläutert. Auf diesen Grundlagen aufbauend folgt dann die hermeneutische Herleitung der einzelnen Elemente des spezifischen Zweck-Grundsatz-Systems für die nichtfinanzielle Konzernerklärung.

33 Herleitung des Zwecks der nichtfinanziellen Konzernerklärung

331. Zweck und Funktionen der handelsrechtlichen Lageberichterstattung nach BAETGE/FISCHER/PASKERT als Anknüpfungspunkt[744]

Zweck des handelsrechtlichen Lageberichts ist nach BAETGE/FISCHER/PASKERT die **Informationsvermittlung**. Wie mit dem Jahresabschluss soll auch mit dem Lagebericht der Rechenschaftszweck verfolgt werden. Das wird an den inhaltlich nahezu identischen Kernaussagen des

[744] Vgl. BAETGE, J./FISCHER, T. R./PASKERT, D., Der Lagebericht, S. 1–15.

§ 289 Abs. 1 Satz 1 und des § 264 Abs. 2 Satz 1 deutlich.[745] Demnach haben Jahresabschluss und Lagebericht jeweils „ein den tatsächlichen Verhältnissen entsprechendes Bild" der Lage(n) des Unternehmens zu vermitteln. Indes adressiert der Rechenschaftsgedanke ausschließlich Informationen, die ihren Ursprung in der Vergangenheit oder Gegenwart haben.[746] Im Lagebericht ist dagegen nach § 289 Abs. 1 Satz 4 auch über künftige Entwicklungen zu berichten. Insofern wäre Rechenschaft als Zweck des Lageberichts zu eng gefasst, so dass BAETGE/FISCHER/PASKERT den Lageberichtszweck als Informationsvermittlung bezeichnen. Da der Kapitalerhaltung, die ebenfalls Zweck des Jahresabschlusses ist, im Kontext der Lageberichterstattung keine besondere Rolle zukommt, ist Informationsvermittlung der einzige unmittelbare Zweck des Lageberichts.[747] Darüber hinaus leiten BAETGE/FISCHER/PASKERT durch den Vergleich des Wortlauts der Generalnormen in § 289 Abs. 1 Satz 1 und § 264 Abs. 2 Satz 1 zwei zentrale Aufgaben bzw. Funktionen des Lageberichts ab, die den Informationszweck konkretisieren. Diese werden als **Verdichtungs- und Ergänzungsaufgabe** bezeichnet.[748]

Die **Verdichtungsaufgabe** des Lageberichts wird daran deutlich, dass gemäß § 289 Abs. 1 Satz 1 über die „Lage" der Gesellschaft zu berichten ist, wohingegen im Jahresabschluss nach § 264 Abs. 2 Satz 2 die Vermögens-, die Finanz- und die Ertragslage der Gesellschaft zu adressieren sind.[749] Der Lagebericht hat folglich die Aufgabe, die einzelnen „Teillagen" verbal zu verdichten. So sollen die Adressaten des Lageberichts zusammenhängende Informationen erhalten, die die im Jahresabschluss verteilten Angaben inhaltlich zusammenfassen.

Ferner sollen im Rahmen der **Ergänzungsaufgabe** des Lageberichts Informationen vermittelt werden, die über die Angaben im Jahresabschluss hinausgehen.[750] Dies erfordert Angaben zur wirtschaftlichen Gesamtsituation des berichtenden Unternehmens.[751] Damit wird der Jahresabschluss **sachlich ergänzt**. Mit einer sachlichen Ergänzung können bspw. auch Angaben zu Bereichen wie Personal- und Kundenstamm verbunden sein, die im Jahresabschluss zwar nicht direkt adressiert werden, für die Beurteilung der wirtschaftlichen Lage einer Gesellschaft aber von hoher Bedeutung sein können.[752] Ferner wird der Jahresabschluss durch den Lagebericht auch **zeitlich ergänzt**.[753] Dies wird besonders durch die Angaben deutlich, die zur künftigen Entwicklung im Prognosebericht der Gesellschaft gemacht werden müssen.

---

745 BAETGE, J./FISCHER, T. R./PASKERT, D., Der Lagebericht, S. 7.

746 Vgl. hier und zu den folgenden beiden Sätzen BAETGE, J./FISCHER, T. R./PASKERT, D., Der Lagebericht, S. 7 f. Siehe zum Zweck der Informationsvermittlung auch MOXTER, A., Bilanzlehre, S. 449.

747 Vgl. MOXTER, A., Bilanzlehre, S. 449.

748 Vgl. BAETGE, J./FISCHER, T. R./PASKERT, D., Der Lagebericht, S. 9.

749 Vgl. hier und zum folgenden Satz BAETGE, J./FISCHER, T. R./PASKERT, D., Der Lagebericht, S. 9.

750 Dies zeigt sich ebenfalls an einem Vergleich des Wortlauts der Regelungen nach § 264 Abs. 2 Satz 2 und § 289 Abs. 1 Satz 1. Vgl. BAETGE, J./FISCHER, T. R./PASKERT, D., Der Lagebericht, S. 10.

751 Vgl. SCHRUFF, L., 4. EG-Richtlinie, S. 206 f.

752 Vgl. BAETGE, J./FISCHER, T. R./PASKERT, D., Der Lagebericht, S. 9.

753 Vgl. hier und zum folgenden Satz BAETGE, J./FISCHER, T. R./PASKERT, D., Der Lagebericht, S. 10.

Der Informationszweck des Lageberichts ist auch daran erkennbar, dass die Berichterstattung, anders als im Jahresabschluss, nicht durch einzelne GoB begrenzt wird.[754] Vielmehr ist die Informationsvermittlung an den **Interessen der Lageberichtsadressaten** auszurichten bzw. sind die handelsrechtlichen Vorschriften entsprechend zu konkretisieren.[755] Adressat ist, wer schutzwürdige Informationsinteressen hat, also Informationen für seine wirtschaftlichen Entscheidungen im Zusammenhang mit der berichtenden Kapitalgesellschaft benötigt.[756] Dazu zählen nach BAETGE/FISCHER/PASKERT neben den Kapitalgebern einer Gesellschaft auch weitere Stakeholder wie Kunden und Mitarbeiter.[757] Die breitere Öffentlichkeit scheidet dagegen als Adressat aus, da es die Gesellschaft überfordern würde, die vielfältigen Interessen der Öffentlichkeit zu ermitteln und zu berücksichtigen. Begrenzt wird die Berichterstattung durch die berechtigten schutzwürdigen Interessen der berichtenden Gesellschaft.[758]

Obgleich die handelsrechtlichen Vorschriften keine expliziten Regelungen zum Unterlassen von Angaben enthalten, gehen BAETGE/FISCHER/PASKERT von einer **Interessenregelung** aus. Diese sieht eine Abwägung der Interessen von Adressaten und der berichtenden Gesellschaft vor. Sollten einzelne preiszugebende Informationen nach vernünftiger kaufmännischer Beurteilung die Gesellschaft erheblich benachteiligen, kann auf die Veröffentlichung solcher Informationen verzichtet werden. Indes wird die grundsätzliche Dominanz der Informationsinteressen der Lageberichtsadressaten betont, so dass nicht von gleichgewichtigen Interessen ausgegangen werden kann. Vielmehr überwiegen die Interessen der Gesellschaft nur bei erheblichen potentiellen Schäden.[759]

332. Informationsvermittlung als Zweck der nichtfinanziellen Konzernerklärung

Fraglich ist, ob auch mit der nichtfinanziellen Konzernerklärung der Informationszweck verfolgt wird, um die Ziele der Verhaltenssteuerung und der Vertrauensstärkung zu erreichen. Die handelsrechtlichen Vorschriften zur nichtfinanziellen Konzernerklärung enthalten in § 315c i. V. m. § 289c unterschiedliche Berichtspflichten. Nach § 315c Abs. 2 i. V. m. § 289c Abs. 3 sind im Rahmen dieser Berichtspflichten allgemein jene Angaben zu machen, „[...] die für das Verständnis des Geschäftsverlaufs, des Geschäftsergebnisses, der Lage des Konzerns sowie der Auswirkungen seiner Tätigkeit auf die in § 289c Abs. 2 genannten [nichtfinanziellen; Anm. d. Verf.] Aspekte erforderlich sind.“ Der Wortlaut des ersten Halbsatzes dieser Generalnorm[760] für die Berichterstattung in der nichtfinanziellen Konzernerklärung entspricht inhaltlich der Formulierung der Generalnorm für den Konzernabschluss bzw. nahezu wörtlich dem

754 Vgl. BAETGE, J./FISCHER, T. R./PASKERT, D., Der Lagebericht, S. 9.
755 Vgl. BAETGE, J./FISCHER, T. R./PASKERT, D., Der Lagebericht, S. 10.
756 Vgl. SPRENGER, R., Grundsätze gewissenhafter und getreuer Rechenschaft S. 40–42.
757 Vgl. hier und zum folgenden Satz BAETGE, J./FISCHER, T. R./PASKERT, D., Der Lagebericht, S. 10–12. Vgl. zu den Adressaten der nichtfinanziellen Konzernerklärung Abschn. 313.
758 Vgl. hier und zu den folgenden beiden Sätzen BAETGE, J./FISCHER, T. R./PASKERT, D., Der Lagebericht, S. 13 f.
759 Vgl. BAETGE, J./FISCHER, T. R./PASKERT, D., Der Lagebericht, S. 15.
760 Die Bezeichnung „Generalnorm“ ist auch im Kontext der Lageberichterstattung gängig. Vgl. dazu STUTE, A., in: Federmann/Kußmaul/Müller, HdB, Kap. 83, Rn. 2.

Pendant für den Konzernlagebericht.[761] Durch diese gesetzlichen Anforderungen kommt jeweils der Rechenschaftszweck dieser Berichtsinstrumente zum Ausdruck.[762] Folglich ist zu vermuten, dass der Rechenschaftszweck auch der nichtfinanziellen Konzernerklärung innewohnt.[763]

Rechenschaft bedeutet nach LEFFSON die „[...] Offenlegung der Verwendung anvertrauten Kapitals in dem Sinne, daß dem Informationsberechtigten – das kann auch der Rechenschaftslegende selbst sein – ein so vollständiger, klarer und zutreffender Einblick in die Geschäftstätigkeit gegeben wird, daß dieser sich ein eigenes Urteil über das verwaltete Vermögen und die damit erzielten Erfolge bilden kann."[764] Wortlaut und Wortsinn der Generalnorm in § 315c Abs. 2 fordern vom Berichterstattenden eben solche Informationen in der nichtfinanziellen Konzernerklärung offenzulegen, die für das Verständnis der wirtschaftlichen Lage des Konzerns erforderlich sind. Folglich kann kein Zweifel bestehen, dass Rechenschaft ein Zweck der nichtfinanziellen Konzernerklärung ist.[765] Auch der Bedeutungszusammenhang der gesetzlichen Vorschriften bestätigt ihre Rechenschaftsfunktion. Dies trifft z. B. auf die Berichterstattung nach § 315c Abs. 1 i. V. m. § 289c Abs. 3 Nr. 3 und Nr. 4 zu. Danach ist über Risiken im Zusammenhang mit der Geschäftstätigkeit eines Konzerns zu berichten. Folglich dient die Regelung unmittelbar dazu, den Adressaten einen Einblick in die Geschäftstätigkeit eines Konzerns – nach LEFFSON ein Kernelement der Rechenschaft[766] – zu ermöglichen.[767] Auch die im Verlauf der Entstehungsgeschichte verschiedentlich dokumentierten Ansichten des Gesetzgebers belegen den Rechenschaftszweck der nichtfinanziellen Konzernerklärung. So führt bspw. der europäische Gesetzgeber aus, dass Angaben in der nichtfinanziellen Konzernerklärung dazu beitragen, „[...] das Geschäftsergebnis von Unternehmen [...] zu messen, zu überwachen und handzuhaben."[768]

Mit dem Rechenschaftszweck werden in erster Linie Informationen mit vergangenheitsorientiertem Charakter adressiert.[769] Die nichtfinanzielle Konzernerklärung umfasst jedoch ebenso

---

[761] Vgl. dazu § 297 Abs. 2 Satz 2. Danach soll der Konzernabschluss „unter Beachtung der Grundsätze ordnungsmäßiger Buchführung ein den tatsächlichen Verhältnissen entsprechendes Bild der Vermögens-, Finanz- und Ertragslage des Konzerns [...] vermitteln." Vgl. weiterhin § 315 Abs. 1 Satz 1. Demnach sind im Konzernlagebericht „der Geschäftsverlauf einschließlich des Geschäftsergebnisses und die Lage des Konzerns so darzustellen, dass ein den tatsächlichen Verhältnissen entsprechendes Bild vermittelt wird." Entsprechende Generalnormen existieren in § 264 Abs. 2 Satz 1 und in § 289 Abs. 1 Satz 1 auch für den Jahresabschluss und den Lagebericht.

[762] Vgl. BAETGE, J./KIRSCH, H.-J./THIELE, S., Bilanzen, S. 97; BAETGE, J./KIRSCH, H.-J./THIELE, S., Konzernbilanzen, S. 43; KLEINDIEK, D., in: MüKo BilR, § 289, Rn. 13.

[763] Vgl. zu dieser Argumentation für den Lagebericht BAETGE, J./FISCHER, T. R./PASKERT, D., Der Lagebericht, S. 7; BAETGE, J./KIRSCH, H.-J./THIELE, S., in: Küting/Weber, HdR-E, Kap. 4, Rn. 34–41.

[764] LEFFSON, U., GoB, S. 64.

[765] Vgl. dazu im Zusammenhang mit dem Lagebericht BAETGE, J./COMMANDEUR, D./HIPPEL, B., in: Küting/Weber, HdR-E, Kap. 4, Rn. 18–46.

[766] Vgl. LEFFSON, U., GoB, S. 64.

[767] Ein direkter Einblick in die Geschäftstätigkeit eines Konzerns soll in der nichtfinanziellen Konzernerklärung, dem Wortlaut von § 315c Abs. 1 i. V. m. § 289c Abs. 3 Nr. 5 entsprechend, auch durch die Angabe der bedeutsamsten nichtfinanziellen Leistungsindikatoren erreicht werden.

[768] EU (Hrsg.), ABl. L 330 vom 15.11.2014, S. 1.

[769] Vgl. stellvertretend BAETGE, J./FISCHER, T. R./PASKERT, D., Der Lagebericht, S. 8.

wie der Konzernlagebericht auch Informationen mit ausgeprägtem Zukunftsbezug.[770] Nach § 315c Abs. 1 i. V. m. § 289c Abs. 3 Nr. 3 und Nr. 4 ist u. a. über Risiken[771] und deren Handhabung in der Zukunft zu berichten.[772] Der Rechenschaftszweck adressiert folglich zwar eine Teilmenge der in der nichtfinanziellen Konzernerklärung offenzulegenden Informationen. Angaben mit Zukunftsbezug aber nicht. Weitere nicht dem Rechenschaftszweck folgende Informationen sind solche, deren Fokus nicht auf dem Unternehmen selbst liegt. Der nach LEFFSON geforderte „Einblick in die Geschäftstätigkeit“[773] adressiert vor allem Informationen über die Verwendung des anvertrauten Kapitals durch das Unternehmen.[774] Angaben zu Auswirkungen dieser Verwendung außerhalb des Unternehmens, wie sie z. B. für nichtfinanzielle Aspekte nach § 315c Abs. 1 i. V. m. § 289c Abs. 3 Nr. 3 vorgesehen sind, werden dagegen nicht gefordert. Vor diesem Hintergrund ist es in Anlehnung an BAETGE/FISCHER/PASKERT treffender, den **Zweck der nichtfinanziellen Konzernerklärung** als **Informationsvermittlung** zu bezeichnen.[775]

Neben dem Rechenschaftszweck wird im Kontext der Rechnungslegung auch regelmäßig der Zweck der Kapitalerhaltung genannt.[776] Dieser wird von MOXTER auch als „Ausschüttungsregelung“[777] bezeichnet, was begrifflich aber nur eine der beiden Ausprägungen der Kapitalerhaltung erfasst.[778] Nach dieser einen Ausprägung sollen die durch ein Unternehmen veranlassten Ausschüttungen an seine Anteilseigner begrenzt werden.[779] Vor dem Hintergrund, dass sol-

---

770 Nach § 315 Abs. 1 Satz 4 muss der Konzernlagebericht einen Prognosebericht enthalten, in dem die voraussichtliche künftige Entwicklung mit ihren wesentlichen Chancen und Risiken zu erläutern und zu beurteilen ist. Vgl. dazu ausführlich KIRSCH, H.-J./KÖHRMANN, H./HUTER, M., in: Böcking u. a., Beck HdR, B 510, Rn. 101–141, sowie für den Konzern KIRSCH, H.-J./KÖNIG, C./HUTER, M., in: Baetge u. a., Rechnungslegung nach IFRS, 2. Aufl., Kap. XII, Rn. 74–83.

771 Bereits die Risikodefinition macht den Zukunftsbezug jeder Risikoberichterstattung deutlich. So definiert DRS 20.11 Risiken als „mögliche künftige Entwicklungen oder Ereignisse, die zu einer negativen Abweichung von Prognosen bzw. Zielen des Konzerns führen können“.

772 Auch die Berichterstattung zu Konzepten nach § 315c Abs. 1 i. V. m. § 289c Abs. 3 Nr. 1 hat einen klaren Zukunftsbezug. So ist u. a. über künftige Ziele zu berichten. Vgl. DRS 20.B71.

773 LEFFSON, U., GoB, S. 64.

774 Vgl. LEFFSON, U., GoB, S. 64; HINZ, M., in: Böcking u. a., Beck HdR, B 100, Rn. 21.

775 Vgl. BAETGE, J./FISCHER, T. R./PASKERT, D., Der Lagebericht, S. 8; so auch für den Konzernlagebericht KIRSCH, H.-J./KÖNIG, C./HUTER, M., in: Baetge u. a., Rechnungslegung nach IFRS, 2. Aufl., Kap. XII, Rn. 2. Der Zweck der Informationsvermittlung entspricht dem von MOXTER als Informationsregelung bezeichneten Zweck des Geschäftsberichts. Vgl. MOXTER, A., Bilanzlehre, S. 449. Nach Auffassung TICHYS ist die Rechenschaft dagegen die übergeordnete Idee des zusammenhängenden Systems der einzelnen Rechnungslegungsinstrumente. Vgl. TICHY, E., Inhalt des Lageberichts, S. 31.

776 Vgl. stellvertretend m. w. N. BAETGE, J./ZÜLCH, H., in: HdJ, Abt. I/2, Rn. 36 f. Neben den beiden Zwecken Rechenschaft und Kapitalerhaltung wird in der Literatur im Zusammenhang mit der Rechnungslegung auch der Dokumentationszweck genannt. Vgl. stellvertretend BAETGE, J./ZÜLCH, H., in: HdJ, Abt. I/2, Rn. 31–33. Indes wird mit dem Dokumentationszweck ausschließlich die Führung der Bücher eines Unternehmens adressiert, so dass dieser Zweck für die nichtfinanzielle Konzernerklärung nicht in Frage kommt. Vgl. zum Dokumentationszweck auch LEFFSON, U., GoB, S. 45–56.

777 MOXTER, A., Bilanzlehre, S. 16.

778 Vgl. BAETGE, J./KIRSCH, H.-J./THIELE, S., Konzernbilanzen, S. 44.

779 Vgl. BAETGE, J./KIRSCH, H.-J./THIELE, S., Bilanzen, S. 98–102, sowie ausführlich zu Ausschüttungsrestriktionen als Instrumente der Kapitalerhaltung ECKERT, T., Ausschüttungsrestriktionen.

che Ausschüttungen festgelegt werden können, ohne den Inhalt der nichtfinanziellen Konzernerklärung zu berücksichtigen, scheidet Kapitalerhaltung – zumindest in ihrer Ausprägung als Ausschüttungssperre – als Zweck der nichtfinanziellen Konzernerklärung aus.[780]

Gleiches gilt für die zweite Ausprägung des Kapitalerhaltungszwecks: „Kapitalerhaltung aufgrund von Information"[781]. Demnach wäre es Zweck der Informationen in der nichtfinanziellen Konzernerklärung einen übermäßigen Kapitalabfluss zu verhindern, indem das Ausschüttungsverhalten der Konzerne mittelbar beeinflusst wird.[782] Beispielsweise könnten Informationen in der nichtfinanziellen Konzernerklärung über mögliche Umweltrisiken, die im Konzernabschluss (noch) nicht erfasst sind, zu einer zurückhaltenden Ausschüttungspolitik führen. Dieser Effekt wird auch als „Kapitalverminderungskontrolle"[783] bezeichnet. Obgleich solche Effekte eintreten können, existieren keine Anhaltspunkte, die darauf hindeuten, dass eine solche Kapitalverminderungskontrolle mit der nichtfinanziellen Konzernerklärung explizit intendiert ist. Ohnehin würde der mit ihr verfolgte Informationszweck diese Ausprägung der Kapitalerhaltung bereits umfassen.[784]

In Zusammenhang mit der nichtfinanziellen Konzernerklärung kommen grundsätzlich noch weitere Ausprägungen von „Kapitalerhaltung" in Betracht. So wird in der Volkswirtschaftslehre zwischen unterschiedlichen Kapitalarten – z. B. dem Finanzkapital, dem Humankapital und dem natürlichen Kapital[785] – differenziert, auf die Unternehmen als Produktionsfaktoren für ihre Geschäftsaktivitäten angewiesen sind.[786] Der Kapitalerhaltungszweck im Kontext der Rechnungslegung adressiert jedoch ausschließlich das Finanzkapital.[787] Die Berichtspflichten nach § 315c Abs. 1 i. V. m. § 289c Abs. 2 und Abs. 3 berühren zusätzlich jedoch die beiden weiteren Kapitalarten. So betrifft bspw. die Berichterstattung über die Auswirkungen der Geschäftstätigkeit auf Umwelt- und Arbeitnehmerbelange unmittelbar das natürliche Kapital sowie das Humankapital.[788] Grundsätzlich wäre deshalb denkbar, dass mit der nichtfinanziellen Konzernerklärung der Zweck verfolgt wird, z. B. das natürliche Kapital zu erhalten, also die Umwelt zu schützen. Eine solche Interpretation wäre allerdings zu weitreichend. Der Gesetzgeber zielt mit der nichtfinanziellen Konzernerklärung zwar darauf ab, Unternehmen derart zu beeinflussen, dass sie nichtfinanziellen Aspekten größere Bedeutung in Rahmen ihrer Entschei-

---

780 Vgl. dazu auch für den Lagebericht MOXTER, A., Bilanzlehre, S. 449; BAETGE, J./FISCHER, T. R./PASKERT, D., Der Lagebericht, S. 8.

781 BAETGE, J./KIRSCH, H.-J./THIELE, S., Konzernbilanzen, S. 44.

782 Vgl. hier und zum folgenden Satz für den Konzernabschluss BAETGE, J./KIRSCH, H.-J./THIELE, S., Konzernbilanzen, S. 44.

783 Vgl. zum Begriff „Kapitalverminderungskontrolle" LEFFSON, U., GoB, S. 98–104.

784 Vgl. in diesem Kontext KLEINDIEK, D., in: MüKo BilR, § 289, Rn. 15.

785 Vgl. für eine ähnliche Differenzierung IIRC (Hrsg.), The International <IR> Framework, Rn. 2.15.

786 Vgl. MANKIW, N. G./TAYLOR, M. P., Grundzüge der Volkswirtschaftslehre S. 678–683; KRUGMAN, P. U. A., Volkswirtschaftslehre, S. 578 f.

787 Vgl. LEFFSON, U., GoB, S. 93 f.

788 Nach § 289c Abs. 2 ist im Zusammenhang mit natürlichem Kapital bspw. über Sachverhalte wie Treibhausgasemissionen und Wasserverbrauch zu berichten. In Bezug zum Humankapital eines Konzerns ist z. B. über den Gesundheitsschutz und die Sicherheit der Mitarbeiter am Arbeitsplatz zu informieren.

dungsprozesse einräumen. Aus den gesetzlichen Vorschriften zur nichtfinanziellen Konzernerklärung ist aber kein direkter Bezug zum Schutz der Umwelt im Sinne eines Kapitalerhaltungszwecks erkennbar, so dass dieser daraus auch nicht abgeleitet werden kann.

Damit ist als **Ergebnis** zu konstatieren, dass die **Informationsvermittlung der einzige Zweck der nichtfinanziellen Konzernerklärung** ist.[789] Mithilfe der durch die handelsrechtlichen Berichtspflichten bedingten Informationsvermittlung möchte der Gesetzgeber folglich seine beiden Ziele – Verhaltenssteuerung und Vertrauensstärkung – erreichen. Im Zuge der weiteren Entwicklung eines Zweck-Grundsatz-Systems ist diese Ziel-Zweck-Beziehung stets zu beachten. Bei der Herleitung von Grundsätzen für die ordnungsmäßige Berichterstattung in der nichtfinanziellen Konzernerklärung in Abschn. 34 ist daher sicherzustellen, dass die Grundsätze den Informationszweck in Übereinstimmung mit den Zielen des Gesetzgebers konkretisieren. Vor diesem Hintergrund ist es jedoch zunächst erforderlich, den abstrakten Informationszweck inhaltlich näher zu charakterisieren.

Da der Zweck der nichtfinanziellen Konzernerklärung dem Zweck des Lageberichts entspricht und darüber hinaus in direktem sachlichen Zusammenhang mit selbigem steht, kann für die Konkretisierung erneut an das Zweck-Grundsatz-System für den handelsrechtlichen Lagebericht nach BAETGE/FISCHER/PASKERT angeknüpft werden. Wie bereits erläutert, leiten die Autoren in ihrer Arbeit zwei zweckkonforme Funktionen der handelsrechtlichen Lageberichterstattung im Verhältnis zum Jahresabschluss ab,[790] indem sie den Wortlaut der beiden Generalnormen vergleichen.[791] Die Funktionen werden als Verdichtungs- und Ergänzungsfunktion bezeichnet.[792] Im Schrifttum werden aus diesem Vergleich teilweise noch weitere Funktionen des Lageberichts abgeleitet, die auch für die nichtfinanzielle Konzernerklärung relevant sein könnten.[793] Um zu klären, welche Funktionen tatsächlich relevant sind, werden im folgenden Abschnitt die beiden Generalnormen von Konzernabschluss und nichtfinanzieller Konzernerklärung gegenübergestellt.

---

[789] Den Informationszweck der nichtfinanziellen Konzernerklärung sehen im Ergebnis auch BURTH, M./HOLZMEIER, M./HACHMEISTER, D., in: Hachmeister u. a., BilR, § 315c, Rn. 4.

[790] Vgl. SELCHERT, F. U. A., Prüfung des Lageberichts, S. 31.

[791] Vgl. hier und zum folgenden Satz BAETGE, J./FISCHER, T. R./PASKERT, D., Der Lagebericht, S. 9.

[792] Diese beiden Funktionen konkretisieren den Informationszweck. Vgl. dazu GREINERT, M., Weitergehende Anforderungen an den Konzernlagebericht, S. 51; KAJÜTER, P., in: Küting/Weber, HdR-E, § 289, Rn. 4.

[793] Häufig wird in der Literatur die **„Beurteilungsfunktion"** des Lageberichts betont. Danach dient der Lagebericht als Instrument, in dem die wirtschaftliche Gesamtlage durch die Unternehmensleitung beurteilt werden kann. Vgl. SELCHERT, F. U. A., Prüfung des Lageberichts S. 31 f.; KIRSCH, H.-J./KÖHRMANN, H./HUTER, M., in: Böcking u. a., Beck HdR, B 500, Rn. 18; GROTTEL, B., in: Beck Bilanzkomm., 11. Aufl., § 289, Rn. 8; TESCH, J./WIßMANN, R., Lageberichterstattung, S. 26 f. Ebenfalls häufig wird die **„Analysefunktion"** des Lageberichts genannt, die aus der Verpflichtung der Geschäftsleitung zur Analyse von Geschäftsverlauf und Lage nach § 289 Abs. 1 Satz 2 und Satz 3 abgeleitet wird. Vgl. dazu inhaltlich SCHEELE, A., Strategieorientierte Lageberichterstattung, S. 162; KIRSCH, H.-J./KÖNIG, C./HUTER, M., in: Baetge u. a., Rechnungslegung nach IFRS, 2. Aufl., Kap. XII, Rn. 5; LANGE, K. W., in: MüKo HGB, 3. Aufl., Bd. 4, § 289, Rn. 7. Generell ablehnend zur Konkretisierung des Informationszwecks positioniert sich KLEINDIEK, D., in: MüKo BilR, § 289, Rn. 15.

333. Zweckkonforme Funktionen der nichtfinanziellen Konzernerklärung

333.1 Ergänzungsfunktion

Bevor analysiert wird, ob die mit der nichtfinanziellen Konzernerklärung vermittelten Informationen eine Ergänzungsfunktion erfüllen, ist der Begriff der Ergänzungsfunktion inhaltlich zu erörtern. Synonyme für Ergänzung sind z. B. „Erweiterung“, „Hinzufügung“ und „Vervollständigung“.[794] Synonyme für „Funktion“ sind bspw. „Aufgabe“ und „Bestimmung“.[795] Für den Lagebericht definiert LANGE, dass „die Adressaten[796], wie Gesellschafter, Arbeitnehmer, Lieferanten, Investoren oder Gläubiger, […] zusätzliche Informationen erhalten [sollen; Anm. d. Verf.], mit denen die Aussagen des Jahresabschlusses ergänzt werden, um eine Gesamtwürdigung vornehmen zu können.“[797] Kern der Ergänzungsfunktion eines Berichtsinstruments ist es folglich, seinen Adressaten Informationen zur Verfügung zu stellen, die über einen im Vergleich zu einem anderen Berichtsinstrument erweiternden Informationsgehalt verfügen. Mit einem anderen Berichtsinstrument ist im Kontext der nichtfinanziellen Konzernerklärung der Konzernabschluss gemeint.[798]

Ein Vergleich des Wortlauts der Generalnorm aus § 315c Abs. 2 für die nichtfinanzielle Konzernerklärung mit der Generalnorm aus § 297 Abs. 2 Satz 2 für den Konzernabschluss offenbart zunächst, dass die Berichterstattung in der nichtfinanziellen Konzernerklärung nicht von den GoK begrenzt wird.[799] Ferner wird in § 315c Abs. 2 der allgemeine Begriff „Lage“ verwendet, um den Berichtsinhalt in der nichtfinanziellen Konzernerklärung zu determinieren. Auf die aus § 297 Abs. 2 Satz 2 bekannte Differenzierung in die Vermögens-, die Finanz- und die Ertragslage wird verzichtet. Aus diesem Unterschied kann die **Ergänzungsfunktion der nichtfinanziellen Konzernerklärung** abgeleitet werden.[800] Zur Beurteilung der wirtschaftlichen Gesamtlage eines Konzerns sind nämlich Informationen erforderlich, die über das mit dem Konzernabschluss vermittelte Informationsbild hinausgehen.[801] Mit Blick auf die Berichtspflichten in der nichtfinanziellen Konzernerklärung sowie den zweiten Halbsatz der Generalnorm nach

---

794 Vgl. ALSLEBEN, B., Duden - Das Wörterbuch der Synonyme, S. 103.

795 Vgl. ALSLEBEN, B., Duden - Das Wörterbuch der Synonyme, S. 122.

796 Vgl. zu den Adressaten der nichtfinanziellen Konzernerklärung Abschn. 313.

797 LANGE, K. W., in: MüKo HGB, 3. Aufl., Bd. 4, § 289, Rn. 4.

798 Indes ist umstritten, ob und in welchem Umfang in der nichtfinanziellen Konzernerklärung Informationen vermittelt werden, die über die Angaben im Konzernlagebericht hinausgehen und diesen insofern ergänzen. Dazu sei an dieser Stelle auf Abschn. 431. verwiesen, in dem das Verhältnis der Informationspflichten in der nichtfinanziellen Konzernerklärung und im Konzernlagebericht näher analysiert wird. Daraus ergeben sich an dieser Stelle jedoch keine Konsequenzen für die Beantwortung der Frage, ob die nichtfinanzielle Konzernerklärung im Verhältnis zum Konzernabschluss eine Ergänzungsfunktion hat.

799 Nach § 297 Abs. 2 Satz 2 hat der Konzernabschluss unter Beachtung der GoK ein den tatsächlichen Verhältnissen entsprechendes Bild der Vermögens-, Finanz- und Ertragslage des Konzerns zu vermitteln. Eine entsprechende Gültigkeit der GoK für die nichtfinanzielle Konzernerklärung wird in § 315c Abs. 2 nicht vorgeschrieben. Mithin ist es grundsätzlich möglich, in der nichtfinanziellen Konzernerklärung Informationen zu vermitteln, die über den Informationsgehalt des Konzernabschlusses hinausgehen. Vgl. zu dieser Argumentation für den Lagebericht hier und zum folgenden Satz BAETGE, J./FISCHER, T. R./PASKERT, D., Der Lagebericht, S. 10; KAJÜTER, P., in: Küting/Weber, HdR-E, § 289, Rn. 6.

800 Vgl. so für den Lagebericht argumentierend BAETGE, J./FISCHER, T. R./PASKERT, D., Der Lagebericht, S. 10.

801 Vgl. zu dieser Argumentation im Kontext der Lageberichts SCHRUFF, L., 4. EG-Richtlinie, S. 206 f.

§ 315c Abs. 2, demzufolge die Angaben in der nichtfinanziellen Konzernerklärung für die Auswirkungen der Geschäftstätigkeit auf die nichtfinanziellen Aspekte erforderlich sein müssen, ergänzt die nichtfinanzielle Konzernerklärung den Konzernabschluss primär um Informationen zu nichtfinanziellen Aspekten.[802] Vor dem Hintergrund, dass nichtfinanzielle Faktoren für Unternehmen in zunehmendem Maße wertbestimmend sind,[803] spielen solche Informationen sowohl für die externen Adressaten, z. B. bei Kapitalanlageentscheidungen, als auch für die unternehmensinternen Adressaten, z. B. im Rahmen von Entscheidungsprozessen, eine bedeutende Rolle.[804] Beispielsweise können Angaben zu im Zusammenhang mit nichtfinanziellen Aspekten verfolgten Konzepten hilfreich sein, um eine wirtschaftliche Gesamtbeurteilung des Konzerns vorzunehmen.[805] Aufgabe der nichtfinanziellen Konzernerklärung ist es folglich, den Konzernabschluss **sachlich zu ergänzen**.[806]

Zusätzlich zur sachlichen Ergänzungsfunktion erfüllt die nichtfinanzielle Konzernerklärung – wie der Konzernlagebericht – die Aufgabe, den Konzernabschluss **zeitlich zu ergänzen**. Während im Konzernabschluss ausschließlich über vergangene bzw. gegenwärtige Ereignisse zu berichten ist,[807] werden in der nichtfinanziellen Konzernerklärung auch prospektive Informationen vermittelt.[808] Nach § 315c Abs. 1 i. V. m. § 289c Abs. 3 Nr. 3 und Nr. 4 ist z. B. über Risiken zu berichten, die per Definition Zukunftsbezug haben.[809] Auch die Berichterstattung zu Konzepten gemäß § 315c Abs. 1 i. V. m. § 289c Abs. 3 Nr. 1 hat einen klaren Zukunftsbezug.[810] **Die nichtfinanzielle Konzernerklärung ergänzt den Konzernabschluss mithin sachlich und zeitlich.**

333.2 Verdichtungsfunktion

BAETGE/FISCHER/PASKERT konkretisieren den Informationszweck des Lageberichts zusätzlich zur Ergänzungsfunktion durch die sog. **Verdichtungsfunktion**.[811] Synonyme für Verdichtung sind z. B. „Bündelung", „Komprimierung" und „Konzentration".[812] Die Verdichtungsfunktion

---

[802] Vgl. so für den Konzernlagebericht argumentierend SENGER, T./BRUNE, W., in: MüKo BilR, § 315, Rn. 1; HACHMEISTER, D./GLASER, A., in: Böcking u. a., Beck HdR, C 610, Rn. 8 f.

[803] Vgl. zur Bedeutung nichtfinanzieller Informationen BÖCKING, H.-J./ALTHOFF, C., Paradigmenwechsel, S. 246–248; SEIBT, C. H., CSR-Richtlinie-Umsetzungsgesetz, S. 2709 f.

[804] Vgl. DEUTSCHER BUNDESTAG (Hrsg.), BT-Drucksache 18/9982, S. 1.

[805] Vgl. STUTE, A., in: Federmann/Kußmaul/Müller, HdB, Kap. 83, Rn. 4. Vgl. so auch für den Konzernlagebericht argumentierend ADS, 6. Aufl., § 315, Rn. 12.

[806] Vgl. SENGER, T./BRUNE, W., in: MüKo BilR, § 315, Rn. 1.

[807] Vgl. KÜTING, K./WEBER, C.-P., Der Konzernabschluss, S. 690; BAETGE, J./KIRSCH, H.-J./THIELE, S., Konzernbilanzen, S. 571.

[808] Vgl. KIRSCH, H.-J./KÖNIG, C./HUTER, M., in: Baetge u. a., Rechnungslegung nach IFRS, 2. Aufl., Kap. XII, Rn. 233; STUTE, A., in: Federmann/Kußmaul/Müller, HdB, Kap. 83, Rn. 4.

[809] Vgl. dazu die Risikodefinition in DRS 20.11: Risiken sind „mögliche künftige Entwicklungen oder Ereignisse, die zu einer negativen Abweichung von Prognosen bzw. Zielen des Konzerns führen können."

[810] Vgl. KIRSCH, H.-J./KÖNIG, C./HUTER, M., in: Baetge u. a., Rechnungslegung nach IFRS, 2. Aufl., Kap. XII, Rn. 220.

[811] Vgl. BAETGE, J./FISCHER, T. R./PASKERT, D., Der Lagebericht, S. 9.

[812] Vgl. BIBLIOGRAPHISCHES INSTITUT GMBH (Hrsg.), „Verdichtung" laut Duden.

wird ebenso wie die Ergänzungsfunktion aus einem Vergleich der Generalnormen von Jahresabschluss und Lagebericht abgeleitet.[813] Demnach impliziert der in § 289 Abs. 1 Satz 1 verwendete Begriff „Lage", dass die Informationen aus dem Jahresabschluss nach § 264 Abs. 2 Satz 1 zur Vermögens-, Finanz- und Ertragslage im Lagebericht verbal verdichtet werden müssen.[814] Das heißt, die Informationen aus dem Jahresabschluss sind so miteinander zu verknüpfen, dass die Vermögens-, Finanz- und Ertragslage zu einem komprimierten und zusammenhängenden Bild der wirtschaftlichen Gesamtlage des Unternehmens zusammengefasst wird. Unter formalen Gesichtspunkten lässt sich das ebenso für den Vergleich der Generalnormen für den Konzernabschluss und die nichtfinanzielle Konzernerklärung argumentieren, da zwischen den Wortlauten der gleiche Unterschied besteht.

Anders als der Lagebericht kann die nichtfinanzielle Konzernerklärung jedoch nicht als „Instrument aggregierter Jahresabschlussinformationen"[815] bezeichnet werden, da ihr Berichtsfokus nicht allein auf der Rechnungslegung, sondern zumindest gleichermaßen auf den nichtfinanziellen Aspekten liegt.[816] Mithin kann eine Verdichtungsfunktion der nichtfinanziellen Konzernerklärung für den Konzernabschluss – vergleichbar zur Verdichtungsfunktion des Lageberichts für den Jahresabschluss – ausgeschlossen werden. Da auch sonst keine Hinweise auf eine Verdichtungsfunktion der nichtfinanziellen Konzernerklärung existieren, scheidet eine entsprechende Konkretisierung des Informationszwecks für die nichtfinanzielle Konzernerklärung aus.

333.3 Verknüpfungsfunktion

Obgleich für die nichtfinanzielle Konzernerklärung eine Verdichtungsfunktion auszuschließen war, kann sie dennoch eine verknüpfende Funktion haben. Dies wird durch die Generalnorm in § 315c Abs. 2 bestätigt. Danach sind „[…] diejenigen Angaben zu machen […], die für das Verständnis des Geschäftsverlaufs, des Geschäftsergebnisses, der Lage des Konzerns sowie der Auswirkungen seiner Tätigkeit auf die in § 289c Absatz 2 genannten Aspekte erforderlich sind." Die Konjunktion „sowie" macht deutlich, dass die finanzielle und die nichtfinanzielle Ebene eines Konzerns im Rahmen der Berichterstattung inhaltlich und technisch so miteinander zu verknüpfen sind, dass die vermittelten Informationen beide Ebenen adressieren.[817] Diese Aufgabe wird in der vorliegenden Arbeit fortan als **Verknüpfungsfunktion** bezeichnet.[818] Im Un-

---

813 Vgl. hier und zum folgenden Satz BAETGE, J./FISCHER, T. R./PASKERT, D., Der Lagebericht, S. 9. Vgl. zur Ergänzungsfunktion ausführlich Abschn. 333.1.

814 Vgl. STUTE, A., in: Federmann/Kußmaul/Müller, HdB, Kap. 83, Rn. 4; LANGE, K. W., in: MüKo HGB, 3. Aufl., Bd. 4, § 289, Rn. 7. Vgl. ebenso für den Konzernlagebericht argumentierend BAETGE, J./KIRSCH, H.-J./THIELE, S., Konzernbilanzen, S. 571.

815 BAETGE, J./FISCHER, T. R./PASKERT, D., Der Lagebericht, S. 9.

816 Vgl. DEUTSCHER BUNDESTAG (Hrsg.), BT-Drucksache 18/9982, S. 50.

817 Vgl. dazu auch DEUTSCHER BUNDESTAG (Hrsg.), BT-Drucksache 18/9982, S. 50; EU-KOMMISSION (Hrsg.), ABl. C 215 vom 05.07.2017, S. 5. Die Interdependenzen von finanzieller und nichtfinanzieller Ebene beschreibt MOCK, S., in: Hachmeister u. a., BilR, § 289b, Rn. 3 f.

818 Synonyme für Verknüpfung sind z. B. „Verbindung", „Vernetzung" und „Verzahnung". Vgl. BIBLIOGRAPHISCHES INSTITUT GMBH (Hrsg.), „Verknüpfung" laut Duden.

terschied zur sachlichen Ergänzungsfunktion der nichtfinanziellen Konzernerklärung – der zufolge der Konzernabschluss allgemein um Informationen zu nichtfinanziellen Aspekten zu ergänzen ist – bedingt die Verknüpfungsfunktion, dass aus der Berichterstattung in der nichtfinanziellen Konzernerklärung hervorgeht, welche Interdependenzen es zwischen Größen des Konzernabschlusses und nichtfinanziellen Aspekten gibt.[819]

Die Verknüpfungsfunktion der nichtfinanziellen Konzernerklärung ist unabhängig von der Generalnorm auch in den Einzelvorschriften des § 289c Abs. 3 kodifiziert. Nach § 315c Abs. 1 i. V. m. § 289c Abs. 3 Nr. 5 sind bspw. die bedeutsamsten nichtfinanziellen Leistungsindikatoren, die für die Geschäftstätigkeit des Konzerns von Bedeutung sind, anzugeben. Die nichtfinanziellen Leistungsindikatoren fungieren dabei ebenso als verknüpfendes Element wie die ergänzenden Hinweise auf im Konzernabschluss ausgewiesene Beträge sowie zusätzliche Erläuterungen dazu gemäß § 315c Abs. 1 i. V. m. § 289c Abs. 3 Nr. 6. In der Begründung zum CSR-RUG wird die Verknüpfungsfunktion der nichtfinanziellen Konzernerklärung ebenfalls angedeutet.[820] Konkret werden die Richtlinienvorgaben zur Risikoberichterstattung als Beispiel für die Verknüpfung der finanziellen und der nichtfinanziellen Perspektive eines Konzerns in der nichtfinanziellen Konzernerklärung angeführt.[821]

334. Zwischenfazit

Zur Entwicklung eines Zweck-Grundsatz-Systems für die nichtfinanzielle Konzernerklärung war in Abschn. 332. zunächst der Zweck der nichtfinanziellen Konzernerklärung zu bestimmen. Ausgangspunkt bildete dafür das Zweck-Grundsatz-System des Lageberichts nach BAETGE/FISCHER/PASKERT.[822] Folgende Ergebnisse sind im weiteren Verlauf der Arbeit zu beachten:

- Mit der nichtfinanziellen Konzernerklärung wird ausschließlich der **Zweck der Informationsvermittlung** verfolgt. Dem Informationszweck wohnt dabei der Rechenschaftszweck der Rechnungslegung inne. Da im Rahmen der nichtfinanziellen Konzernerklärung aber auch prospektive Informationen vermittelt werden sollen, kann der Zweck der nichtfinanziellen Konzernerklärung nicht auf Rechenschaft begrenzt werden. Vielmehr ist der Informationszweck als solcher Bestandteil des Zweck-Grundsatz-Systems der nichtfinanziellen Konzernerklärung.
- Der Informationszweck kann durch **zwei Funktionen** – die Ergänzungs- und die Verknüpfungsfunktion – inhaltlich beschrieben werden. Die **Ergänzungsfunktion** der nichtfinanziellen Konzernerklärung bedingt die Vermittlung von Informationen zur wirtschaftlichen Gesamtbeurteilung eines Konzerns. Die Informationsbasis des Konzernabschlusses soll

819 Vgl. so im Ergebnis KUMM, N./WOODTLI, R. M., Nachhaltigkeitsberichterstattung, S. 219 f.

820 Vgl. hier und zum folgenden Satz DEUTSCHER BUNDESTAG (Hrsg.), BT-Drucksache 18/9982, S. 50.

821 Nach Art. 1 Nr. 3 Abs. 1 Buchst. d der Richtlinie 2014/95/EU ist über Risiken für nichtfinanzielle Aspekte zu berichten, die aus der Geschäftstätigkeit des Konzerns resultieren.

822 Vgl. Abschn. 331.

durch die nichtfinanzielle Konzernerklärung sachlich und zeitlich ergänzt werden. Die **Verknüpfungsfunktion** erfordert, dass die in der nichtfinanziellen Konzernerklärung vermittelten Informationen sowohl die finanzielle als auch die nichtfinanzielle Perspektive eines Konzerns adressieren, so dass die bestehenden Zusammenhänge erkennbar sind. Dagegen kann die dem Lagebericht inhärente Verdichtungsfunktion nicht auf die nichtfinanzielle Konzernerklärung übertragen werden.

Obwohl die Informationsvermittlung als einziger Zweck der nichtfinanziellen Konzernerklärung fungiert, ist sie kein Selbstzweck. Vielmehr haben sich Inhalt und Umfang an den berechtigten Informationsinteressen der Berichtsadressaten zu orientieren.[823] Da die Öffentlichkeit den Adressatenkreis der nichtfinanziellen Konzernerklärung im Vergleich zur klassischen Konzernlageberichterstattung tendenziell erweitert, kann auf einen relativ breiten Kreis berechtigter Informationsinteressen geschlossen werden. Eine Interessenregelung[824], wie BAETGE/FISCHER/PASKERT sie in ihr Zweck-Grundsatz-System für den Lagebericht integriert haben, existiert für die nichtfinanzielle Konzernerklärung weder explizit noch implizit.[825] Vielmehr sind die Bedingungen für einen in Ausnahmefällen möglichen Verzicht auf bestimmte Angaben in § 315c Abs. 3 i. V. m. § 289e eindeutig festgelegt.

Bevor diese restriktive Ausnahmeregelung zum Tragen kommt, wird der Umfang der zu vermittelnden Informationen jedoch bereits durch die im Folgenden noch herzuleitenden Grundsätze ordnungsmäßiger Berichterstattung in der nichtfinanziellen Konzernerklärung[826] – besonders durch den Wesentlichkeitsgrundsatz[827] – geregelt. Denn obwohl die Informationsvermittlung nicht wie in der Rechnungslegung von den GoK eingeschränkt wird, sind bei der Berichterstattung bestimmte Regeln zu beachten.[828] Dies gilt auch dann, wenn in der nichtfinanziellen Konzernerklärung freiwillig über den Pflichtumfang hinaus berichtet wird.[829]

---

823 Vgl. WINKELJOHANN, N./SCHÄFER, N., in: Beck Bilanzkomm., 11. Aufl., § 289c, Rn. 4.

824 Vgl. inhaltlich zur Interessenregelung nach BAETGE/FISCHER/PASKERT Abschn. 331.

825 Die Existenz einer Interessenregelung ist für den Lagebericht indes keineswegs Konsens. Grundsätzlich gleicher, wenn auch im Detail unterschiedlicher Auffassung wie BAETGE/FISCHER/PASKERT sind z. B. IDW (Hrsg.), WP-Handbuch 2017, Kap. F, Rn. 1350; KAJÜTER, P., in: Küting/Weber, HdR-E, § 289, Rn. 59. Die Existenz einer solchen Interessenregelung dagegen generell bestreitend KLEINDIEK, D., in: MüKo BilR, § 289, Rn. 35.

826 Vgl. Abschn. 34.

827 Vgl. KUMM, N./WOODTLI, R. M., Nachhaltigkeitsberichterstattung, S. 222 f.

828 Vgl. WINKELJOHANN, N./SCHÄFER, N., in: Beck Bilanzkomm., 11. Aufl., § 289c, Rn. 7.

829 Zusätzlich zu den Angaben, die für das Verständnis des Geschäftsverlaufs, des Geschäftsergebnisses, der Lage des Konzerns sowie der Auswirkungen seiner Tätigkeit auf nichtfinanzielle Aspekte erforderlich sind, können in der nichtfinanziellen Konzernerklärung weitere Informationen freiwillig berichtet werden. Die Veröffentlichung von zusätzlichen Informationen ist in der Konzernlageberichterstattung grundsätzlich möglich. Vgl. dazu KOLB, S./NEUBECK, G., Lagebericht, Rn. D.241; HENCKEL, N./RIMMELSPACHER, D./SCHÄFER, N., Erfahrungen aus der erstmaligen Anwendung des DRS 20, S. 390; KIRSCH, H.-J./KÖHRMANN, H./HUTER, M., in: Böcking u. a., Beck HdR, B 510, Rn. 352–357, sowie ausführlich SCHEELE, A., Strategieorientierte Lageberichterstattung. Indes darf die freiwillige Berichterstattung den Pflichtangaben inhaltlich nicht widersprechen oder deren Informationsgehalt verfremden. Diese Grenzen gelten grundsätzlich auch für freiwillige Informationen in der nichtfinanziellen Konzernerklärung. Vgl. WINKELJOHANN, N./SCHÄFER, N., in: Beck Bilanzkomm., 11. Aufl., § 289c, Rn. 13; Abschn. 431.

34 Grundsätze ordnungsmäßiger Berichterstattung in der nichtfinanziellen Konzernerklärung

341. Vorbemerkungen

Entsprechend des in Abschn. 314.1 erläuterten methodischen Ansatzes dieser Arbeit erfolgt die Herleitung der Grundsätze ordnungsmäßiger Berichterstattung in der nichtfinanziellen Konzernerklärung in zwei Schritten. Im ersten Schritt wird konzeptionell an die etablierten GoL nach BAETGE/FISCHER/PASKERT sowie die im DRS 20 kodifizierten Grundsätze für den Konzernlagebericht angeknüpft. Diese Grundsätze werden in den Abschnitten 342.1–343.5 zunächst jeweils grundlegend erläutert.[830] Anschließend wird überprüft, ob sie grundsätzlich auch für die Berichterstattung in der nichtfinanziellen Konzernerklärung zu beachten sind. Sofern dies der Fall ist, werden diese Grundsätze für den Zweck der Berichterstattung in der nichtfinanziellen Konzernerklärung konkretisiert.

Im zweiten Schritt werden dann mithilfe der Hermeneutik neue spezifische Grundsätze für die Berichterstattung in der nichtfinanziellen Konzernerklärung hergeleitet.[831] Als Basis dienen dazu Grundsätze, die in den Leitlinien der EU-Kommission sowie in den für diese Arbeit relevanten Rahmenwerken jeweils den konzeptionellen Rahmen bilden. Dabei werden nur Berichtsgrundsätze berücksichtigt, die als Schnittmenge unterschiedlicher Rahmenwerke identifiziert werden können. Auf diese Weise wird sichergestellt, dass nur solche Grundsätze hergeleitet werden, die für die Berichterstattung in der nichtfinanziellen Konzernerklärung relevant sind. In der nachstehenden Abbildung 3-3 werden die GoL, die Grundsätze nach DRS 20 sowie die Grundsätze der im Zuge der Konkretisierung berücksichtigten Rahmenwerke gegenübergestellt:

[830] Vgl. Abbildung 3-3 für eine Übersicht über die betrachteten Grundsätze nach BAETGE/FISCHER/PASKERT und DRS 20. Die Schattierung der ersten beiden „Grundsatzkategorien" differenziert Rahmengrundsätze und GoL.

[831] Vgl. Abschn. 344. Dieser Ansatz entspricht der Forderung des deutschen Gesetzgebers, die in der Begründung zum CSR-RUG dokumentiert ist. Vgl. DEUTSCHER BUNDESTAG (Hrsg.), BT-Drucksache 18/9982, S. 46 und S. 50. Demnach sollen die Grundsätze der Finanzberichterstattung sinngemäß auch für die nichtfinanzielle Konzernerklärung gelten.

GoL nach BAETGE/ FISCHER/ PASKERT	DRS 20	Leitlinien für die Berichterstattung der EU-Kommission	GRI-Standards	Empfehlungen der TCFD	IR-Rahmenwerk des IIRC
Richtigkeit	Verlässlichkeit & Ausgewogenheit	Den tatsächlichen Verhältnissen entsprechende Darstellung	Verlässlichkeit	Verlässlichkeit, Nachprüfbarkeit, Objektivität	Verlässlichkeit & Vollständigkeit
Vollständigkeit	Vollständigkeit	umfassende, aber prägnante Berichterstattung	Vollständigkeit	Vollständigkeit	Verlässlichkeit & Vollständigkeit
Klarheit	Klarheit & Übersichtlichkeit	umfassende, aber prägnante Berichterstattung	Klarheit	Klarheit	Prägnanz
Wirtschaftlichkeit & Wesentlichkeit	Wesentlichkeit	Wesentlichkeit	Wesentlichkeit	Relevanz	Wesentlichkeit
Vergleichbarkeit			Vergleichbarkeit	interperiodische & zwischen-betriebliche Vergleichbarkeit	Stetigkeit & Vergleichbarkeit
Informations-abstufung	Informations-abstufung				
Vorsicht					
	Verlässlichkeit & Ausgewogenheit	ausgewogene & verständliche Berichterstattung	Ausgewogenheit	Ausgewogenheit & Verständlichkeit	
	Vermittlung der Sicht der Konzernleitung				
		konsistente & kohärente Berichterstattung			Informations-verknüpfung
		Ausrichtung auf Interessenträger	Einbeziehung von Stakeholdern		Stakeholder-orientierung
		strategische & zukunfts-orientierte Berichterstattung	Nachhaltigkeits-kontext		Strategischer Fokus & Zukunfts-orientierung
			Genauigkeit		
			Aktualität		
				Regelmäßigkeit	

Legende:

- Rahmengrundsätze (vgl. Abschn. 342.)
- spezifische Grundsätze (vgl. Abschn. 344.)
- weitere GoL (vgl. Abschn. 343.)
- keine Betrachtung

Abbildung 3-3: Grundsätze der Berichterstattung – Überblick

BAETGE/FISCHER/PASKERT nennen insgesamt sieben GoL[832], mit deren Hilfe die handelsrechtlichen Vorschriften zur Lageberichterstattung ausgelegt werden können.[833] Zwischen den Grundsätzen gibt es Bedeutungsunterschiede. So haben einzelne Grundsätze im Grundsatzsystem eine dominierende Stellung und beeinflussen die weiteren Grundsätze oder sind deren Deduktionsgrundlage.[834] Dabei handelt es sich um die drei nachstehenden **Rahmengrundsätze**, „[...] die Bedingungen jeder Vermittlung nützlicher Informationen [...]“[835] sind:[836]

- Grundsatz der Richtigkeit
- Grundsatz der Vollständigkeit
- Grundsatz der Klarheit

Es wäre jedoch nicht sachgerecht, von der dominierenden Bedeutung der Rahmengrundsätze auf ein bloßes Über-/Unterordnungsverhältnis mit den **weiteren GoL** zu schließen.[837] Vielmehr konkretisieren, ergänzen und beschränken die nachstehenden GoL die Rahmengrundsätze:

- Grundsatz der Wirtschaftlichkeit und der Wesentlichkeit
- Grundsatz der Vergleichbarkeit
- Grundsatz der Informationsabstufung
- Grundsatz der Vorsicht

Die Interdependenzen zwischen den Rahmengrundsätzen und den weiteren GoL werden im Rahmen der einleitenden deskriptiven Erläuterungen der Grundsätze in den folgenden Abschn. 342.1–343.4 jeweils kurz skizziert.

Die im DRS 20 geltenden Berichtsgrundsätze basieren maßgeblich auf den GoL nach BAETGE/FISCHER/PASKERT.[838] Ebenso wie die GoL dienen die Grundsätze des DRS 20 als kon-

---

832 Vgl. dazu BAETGE, J./FISCHER, T. R./PASKERT, D., Der Lagebericht, S. 16–27.

833 Vgl. für eine Übersicht über die sieben Grundsätze Abbildung 3-2 in Abschn. 314.1.

834 Vgl. allgemein zum Verhältnis der verschiedenen Grundsätze untereinander m. w. N. LEFFSON, U., GoB, S. 179 f.

835 LEFFSON, U., GoB, S. 179.

836 Indes werden die Rahmengrundsätze in der Literatur nicht einheitlich abgegrenzt. Vgl. dazu bspw. das Zweck-Grundsatz-System nach BAETGE, J./KIRSCH, H.-J./THIELE, S., Bilanzen, S. 144. BALLWIESER entwickelt ein System von sog. Informations-GoB, die bei der Informationsvermittlung zu beachten sind. Vgl. dazu BALLWIESER, W., Informations-GoB, S. 115–121.

837 Vgl. in diesem Kontext hier und zum folgenden Satz zum sog. „Eiffelturmprinzip“ auch die Ausführungen von BAETGE, J./KIRSCH, H.-J./THIELE, S., Bilanzen, S. 142 f.

838 Vgl. hier und zum folgenden Satz KIRSCH, H.-J./KÖNIG, C./HUTER, M., in: Baetge u. a., Rechnungslegung nach IFRS, 2. Aufl., Kap. XII, Rn. 36. So hat der Deutsche Standardisierungsrat bei der Entwicklung des DRS 15 auf die allgemein akzeptierten GoL zurückgegriffen. Vgl. BAETGE, J./KIRSCH, H.-J./THIELE, S., Bilanzen, 9. Aufl., S. 790 f. Die in DRS 15 festgelegten Berichtsgrundsätze wurden, mit Ausnahme des Grundsatzes der Konzentration auf die nachhaltige Wertschaffung, in den DRS 20 übernommen und dort weiterentwickelt. Vgl. SENGER, T./BRUNE, J., DRS 20: neue Anforderungen an den Konzernlagebericht, S. 1286.

zeptionelle Basis dazu, die handelsrechtlichen Vorschriften – in diesem Fall für den Konzernlagebericht – auszulegen und zu konkretisieren bzw. Interpretationsspielräume zu begrenzen.[839] Insgesamt enthält DRS 20 sechs Grund-sätze, die in den Tz. 12–36 kodifiziert sind.[840] Dabei handelt es sich um die nachstehenden Grundsätze, die standardübergreifend gelten:

- Grundsatz der Verlässlichkeit und Ausgewogenheit
- Grundsatz der Vollständigkeit
- Grundsatz der Klarheit und Übersichtlichkeit
- Grundsatz der Wesentlichkeit
- Grundsatz der Informationsabstufung
- Grundsatz der Vermittlung der Sicht der Konzernleitung

Die Grundsätze, die weder Bestandteil des DRS 20 noch des Zweck-Grundsatz-Systems nach BAETGE/FISCHER/PASKERT sind, aber in mehreren Rahmenwerken gelten, sind in Abbildung 3-3 als „weitere Grundsätze" markiert. Inhaltlich ähnliche Grundsätze sind in einer gemeinsamen Zeile verzeichnet. In den Abschn. 344.1–344.3 wird geprüft, ob diese Grundsätze in das Zweck-Grundsatz-System für die nichtfinanzielle Konzernerklärung aufzunehmen sind. Die Bezeichnungen der „weiteren Grundsätze" wurden für den Zweck der Berichterstattung in der nichtfinanziellen Konzernerklärung angepasst und weichen daher von der Terminologie in den Rahmenwerken ab.[841] Konkret werden die „weiteren Grundsätze" – entsprechend der Reihenfolge in Abbildung 3-3 – wie folgt bezeichnet:

- Grundsatz der Dualität
- Grundsatz der Adressatenorientierung
- Grundsatz der Nachhaltigkeit

342. Rahmengrundsätze für die Vermittlung von Informationen – Konkretisierung für die nichtfinanzielle Konzernerklärung

342.1 Grundsatz der Verlässlichkeit

Der erste Rahmengrundsatz, dem nach BAETGE/FISCHER/PASKERT eine dominierende Bedeutung zukommt, ist der Grundsatz der Richtigkeit.[842] Eine „absolut richtige" Berichterstattung ist indes nur selten möglich. Deshalb wird der Grundsatz der Richtigkeit durch die Kriterien

[839] Vgl. ZÜLCH, H./HÖLTKEN, M., Lageberichterstattung nach DRS 20, S. 2458; KIRSCH, H.-J./SCHEELE, A., E-DRS 20, Ausweitung der Lageberichterstattung, S. 2734.

[840] Vgl. DRSC (Hrsg.), DRS 20, S. 2, sowie zum folgenden Satz DRS 20.B11.

[841] Die konkreten Bezeichnungen werden in den Abschnitten 344.1–344.3 näher erläutert.

[842] Vgl. hier und zu den folgenden vier Sätzen BAETGE, J./FISCHER, T. R./PASKERT, D., Der Lagebericht, S. 17.

der Objektivität und der Willkürfreiheit konkretisiert. Diese sollen für die Berichterstattung einen hinreichenden Grad an „Richtigkeit“ sicherstellen. Objektiv sind Informationen, wenn sie entsprechend der weiteren GoL vermittelt werden und allgemein nachprüfbar sind. Die GoL werden zum Teil vom Grundsatz der Richtigkeit abgeleitet, was dessen herausgehobene Bedeutung zeigt.[843] Während das Kriterium der Objektivität besonders vergangenheitsbasierte Informationen adressiert, ist für zukunftsorientierte Informationen im Lagebericht zusätzlich das Postulat der Willkürfreiheit zu beachten.[844] Dies darf als erfüllt gelten, wenn Prognosen schlüssig sowie widerspruchsfrei hergeleitet werden und auf plausiblen, offengelegten Prämissen beruhen. Mithin sind vermittelte Informationen für die Adressaten richtig und somit entscheidungsnützlich, wenn sie objektiv und willkürfrei sind.[845]

In Anlehnung an den Rahmengrundsatz der Richtigkeit wird in DRS 20.17–19 der Grundsatz der Verlässlichkeit und Ausgewogenheit definiert.[846] Indes ist der Teilaspekt der „Ausgewogenheit“[847] für BAETGE/FISCHER/PASKERT ursprünglich eine dem Grundsatz der Vollständigkeit immanente Anforderung. Für die Zwecke dieser Arbeit wird der Grundsatz der Ausgewogenheit separat in Abschn. 343.4 betrachtet.[848] Nach dem dann verbleibenden **Grundsatz der Verlässlichkeit** aus DRS 20 müssen die Informationen im Konzernlagebericht zutreffend und nachvollziehbar sein.[849] Das bedeutet für vergangenheitsbezogene Angaben, dass sie intersubjektiv nachprüfbar sein müssen.[850] Für zukunftsorientierte Angaben ist sicherzustellen, dass sie konsistent und widerspruchsfrei sind.[851] Zudem müssen die Angaben im Konzernlagebericht auch im Kontext des Konzernabschlusses plausibel sein.[852]

Die im DRS 20 verwendete und im Vergleich zum Zweck-Grundsatz-System nach BAETGE/FISCHER/PASKERT geänderte **Bezeichnung des Grundsatzes** – „Verlässlichkeit“ anstatt „Richtigkeit“ – ist vor diesem Hintergrund sachgerecht.[853] Denn nur Tatsachenangaben können richtig sein. Der allgemeinere Begriff „Verlässlichkeit“ ist deshalb auch für die Angaben in der nichtfinanziellen Konzernerklärung, die häufig auf Prognosen und Annahmen basieren, sachgerecht.

---

843 Vgl. TICHY, E., Inhalt des Lageberichts, S. 71.

844 Vgl. hier und zum folgenden Satz LEFFSON, U., GoB, S. 202 f.

845 Vgl. BAETGE, J./FISCHER, T. R./PASKERT, D., Der Lagebericht, S. 17.

846 Vgl. KAJÜTER, P., Instrument einer kapitalmarktorientierten Rechnungslegung, S. 199; GREINERT, M., Weitergehende Anforderungen an den Konzernlagebericht, S. 56.

847 Eine Berichterstattung, die dem Postulat der Ausgewogenheit entspricht, ist weder einseitig positiv noch einseitig negativ. Vgl. dazu DRS 20.18.

848 Vgl. zu den Gründen für die separate Betrachtung die Ausführungen in Abschn. 343.4.

849 Vgl. DRS 20.17.

850 Vgl. hier und zum folgenden Satz GREINERT, M., Weitergehende Anforderungen an den Konzernlagebericht, S. 56.

851 Vgl. DRS 20.19.

852 Vgl. KAJÜTER, P., Instrument einer kapitalmarktorientierten Rechnungslegung, S. 199.

853 Vgl. hier und zum verbleibenden Absatz GREINERT, M., Weitergehende Anforderungen an den Konzernlagebericht, S. 56.

Da der Grundsatz der Verlässlichkeit, ebenso wie die weiteren Rahmengrundsätze, Voraussetzung für jede zweckkonforme Informationsvermittlung ist,[854] kann es nur sachgerecht sein, diesen Grundsatz auch als Element eines Zweck-Grundsatz-Systems für die nichtfinanzielle Konzernerklärung vorzuschreiben. Schließlich ist die Informationsvermittlung deren alleiniger Zweck.[855] Dies gilt besonders vor dem Hintergrund, dass auch die in Abschn. 233.2 ausgewählten anerkannten Rahmenwerke vorgeben, dass der Grundsatz der Verlässlichkeit im Rahmen der Berichterstattung zu beachten ist.[856] Auch die EU-Kommission stellt für die nichtfinanzielle Konzernerklärung klar, dass „[...] die Adressaten der Angaben [...] nicht durch wesentliche Falschdarstellungen irregeführt werden [sollten; Anm. d. Verf.]“[857].

Der Grundsatz der Verlässlichkeit ist im Kontext der hergeleiteten Ziele und Funktionen der nichtfinanziellen Konzernerklärung von besonderer Bedeutung. So kann nur eine verlässliche Berichterstattung in Einklang mit dem Ziel der Vertrauensstärkung stehen. Falsche bzw. nicht verlässliche Angaben führen nämlich zu Vertrauensverlusten und wirken damit zielkonträr.[858] Dies gilt besonders vor dem Hintergrund, dass die nichtfinanzielle Konzernerklärung als „typisches Vertrauensgut“ charakterisiert werden kann.[859] Das bedeutet, dass Vertrauensverluste innerhalb relativ kurzer Zeit eintreten, wohingegen Vertrauensgewinne, die dem Ziel der Vertrauensstärkung entsprechen, nur über einen relativ langen Zeitraum realisiert werden können.[860] Mithin sind unzutreffende, willkürliche oder geschönte Angaben nach dem Grundsatz der Verlässlichkeit zu unterlassen.[861]

Die Ausführungen von BAETGE/FISCHER/PASKERT sowie die Standardvorgaben in DRS 20.17 und in DRS 20.19 zum **Grundsatz der Verlässlichkeit** gelten vor dem Hintergrund der sachlichen und zeitlichen Ergänzungsfunktion der nichtfinanziellen Konzernerklärung entsprechend.[862] Indes ist der Grundsatz der Verlässlichkeit inhaltlich zu erweitern. Mit Blick auf die

---

[854] Vgl. LEFFSON, U., GoB, S. 179.

[855] Vgl. zu dieser Argumentation für das sog. *value reporting* HEUMANN, R., Value Reporting in IFRS-Abschlüssen und Lageberichten, S. 63.

[856] Vgl. GRI (Hrsg.), GRI 101: "Foundation", S. 7 und S. 15; TCFD (Hrsg.), Climate-related Financial Disclosures, S. 18 und S. 53; IIRC (Hrsg.), The International <IR> Framework, Rn. 3.40–3.46. Indes unterscheidet sich die Abgrenzung des Grundsatzes der Verlässlichkeit zwischen den Rahmenwerken. Während bspw. die GRI-*Standards* den Grundsatz der Verlässlichkeit als eigenständig ansehen, wird Verlässlichkeit in den Empfehlungen der TCFD mit den Postulaten der Nachprüfbarkeit und der Objektivität verknüpft. Da diese Abgrenzungsdifferenzen nicht mit grundlegenden inhaltlichen Unterschieden verbunden sind, ergeben sich daraus für die vorliegende Arbeit keine Implikationen. Vgl. dazu auch Abbildung 3-3 in Abschn. 341.

[857] EU-KOMMISSION (Hrsg.), ABl. C 215 vom 05.07.2017, S. 7.

[858] Vgl. dazu beispielhaft die im Zusammenhang mit unterschiedlichen Bilanzskandalen beobachteten Vertrauensverluste als Ergebnis nicht verlässlicher Angaben in PEEMÖLLER, V. H./HOFMANN, S., Bilanzskandale, S. 29–58 und S. 98–122.

[859] Vgl. allgemein zum Begriff „typisches Vertrauensgut“ WEIBER, R., Informationsökonomisch begründete Typologisierung von Kaufprozessen, S. 54.

[860] Vgl. BACKHAUS, K. U. A., Selbst- und Fremdbild der Wirtschaftsprüfer, S. 625 f.

[861] Vgl. WINKELJOHANN, N./SCHÄFER, N., in: Beck Bilanzkomm., 11. Aufl., § 315c, Rn. 6 i. V. m. GROTTEL, B., in: Beck Bilanzkomm., 11. Aufl., § 289, Rn. 21.

[862] Das heißt, dass vergangenheitsorientierte Angaben intersubjektiv nachprüfbar sein müssen und zukunftsorientierte Angaben einerseits auf plausiblen Annahmen basieren und andererseits konsistent und widerspruchsfrei sind.

sachliche Ergänzungsfunktion der nichtfinanziellen Konzernerklärung ist nämlich zu konstatieren, dass es häufig nicht zum Geschäftsmodell und damit auch nicht zu den Kernkompetenzen der berichtenden Unternehmen gehört, die Auswirkungen der eigenen Geschäftstätigkeit und vor allem der Geschäftstätigkeit der Lieferkette auf nichtfinanzielle Aspekte zu messen. Entsprechende Angaben, z. B. im Rahmen der Risikoberichterstattung, sollten deshalb nachprüfbar belegt werden. Beispielsweise sollten Zertifizierungen und Prüfungsergebnisse spezialisierter Dienstleister zugänglich gemacht werden, damit die Adressaten erkennen können, dass die Verlässlichkeit der Angaben dank externem Know-how gewährleistet ist. Mit Blick auf die Verknüpfungsfunktion der nichtfinanziellen Konzernerklärung dürfen zudem keine willkürlichen Scheinzusammenhänge zwischen finanzieller und nichtfinanzieller Ebene eines Konzerns hergestellt werden.[863] Vielmehr sollten Interdependenzen plausibel erläutert und bestenfalls quantitativ belegt werden. Dies gilt für die nichtfinanzielle Konzernerklärung sowohl im Zusammenhang mit der übrigen Finanzberichterstattung als auch im Verhältnis zu freiwilligen Nachhaltigkeitsberichten.[864] Nur so kann das in der CSR-Richtlinie adressierte Postulat der Konsistenz bzw. der Grundsatz der Verlässlichkeit erfüllt werden.

342.2 Grundsatz der Vollständigkeit

Eng mit dem Rahmengrundsatz der Verlässlichkeit verbunden ist der **Rahmengrundsatz der Vollständigkeit**.[865] Informationen können nach BAETGE/FISCHER/PASKERT nämlich nur verlässlich vermittelt werden, wenn bei der Informationsgewinnung alle verfügbaren Erkenntnisquellen berücksichtigt werden.[866] Eben dies fordert der Grundsatz der Vollständigkeit und impliziert außerdem, dass umfassend zu berichten ist. Indes ist „umfassend" nicht mit „lückenlos" gleichzusetzen. Vielmehr ist ein Lagebericht vollständig, wenn er die schutzwürdigen Informationsinteressen der Adressaten erfüllt, so dass diese alle Informationen erhalten, die sie für ihre wirtschaftlichen Entscheidungen benötigen.[867] Damit verbunden ist eine Berichterstattung, die sowohl über positive als auch über negative Entwicklungen informiert, also z. B. über Chancen und Risiken.

Gleiches fordert der im DRS 20 kodifizierte **Grundsatz der Vollständigkeit**.[868] Demnach sind im Konzernlagebericht alle Informationen zu vermitteln, „[…] die ein verständiger Adressat benötigt, um die Verwendung der anvertrauten Ressourcen und um den Geschäftsverlauf im Berichtszeitraum und die Lage des Konzerns sowie die voraussichtliche Entwicklung mit ihren wesentlichen Chancen und Risiken beurteilen zu können."[869] Chancen und Risiken sind dabei

---

863 Konkretisiert wird dieser Aspekt des Grundsatzes der Verlässlichkeit durch den Grundsatz der Dualität. Vgl. dazu Abschn. 344.1.

864 Vgl. so auch IDW (Hrsg.), IDW Positionspapier, S. 5.

865 Vgl. hier und zu den folgenden beiden Sätzen LEFFSON, U., GoB, S. 219.

866 Vgl. hier und zum verbleibenden Absatz BAETGE, J./FISCHER, T. R./PASKERT, D., Der Lagebericht, S. 18 f.

867 Konkretisiert wird der Grundsatz der Vollständigkeit durch den Grundsatz der Wesentlichkeit sowie den Grundsatz der Adressatenorientierung. Vgl. dazu die Abschn. 343.1 und 344.2.

868 Vgl. DRS 20.12–16.

869 DRS 20.12.

separat darzustellen.[870] Nach DRS 20.13 ist es gemäß dem Grundsatz der Vollständigkeit zudem wichtig, dass der Konzernlagebericht als eigenständiges Instrument der Rechnungslegung aus sich heraus verständlich ist.[871]

Da die sog. Rahmengrundsätze nach LEFFSON als Voraussetzung für jede zweckkonforme Informationsvermittlung zu beachten sind, muss der **Rahmengrundsatz der Vollständigkeit** ebenso Bestandteil eines Zweck-Grundsatz-Systems für die nichtfinanzielle Konzernerklärung sein wie der Rahmengrundsatz der Verlässlichkeit.[872] Die herausgehobene konzeptionelle Bedeutung des Vollständigkeitsgrundsatzes zeigt sich u. a. daran, dass er in allen für diese Arbeit relevanten Rahmenwerken eine Anforderung an die Berichterstattung ist.[873] Auch im Kontext der hergeleiteten Ziele der nichtfinanziellen Konzernerklärung wird deutlich, dass der Grundsatz der Vollständigkeit Bestandteil eines spezifischen Zweck-Grundsatz-Systems sein muss. Erst die Verpflichtung zu einer vollständigen Berichterstattung veranlasst die berichterstattenden Konzerne nämlich dazu, sich intensiv mit nichtfinanziellen Aspekten zu beschäftigen. Dieser mittelbare Steuerungseffekt der nichtfinanziellen Konzernerklärung ist das Kernelement des übergeordneten Ziels der Verhaltenssteuerung. Ferner wäre eine Berichterstattung, in deren Rahmen bspw. negative Angaben unterlassen werden, nicht nur unvollständig, sondern auch nicht verlässlich. Eine vollständige Berichterstattung ist damit auch Voraussetzung für das Ziel der Vertrauensstärkung.

Mithin kann das zu Beginn dieses Abschnitts erläuterte Verständnis des Grundsatzes der Vollständigkeit nach BAETGE/FISCHER/PASKERT als Ausgangspunkt für die nichtfinanzielle Konzernerklärung dienen. Dies gilt für die Ausführungen im DRS 20 zu diesem Grundsatz indes nur partiell. So ist es nicht möglich, die Forderung nach einer aus sich heraus schlüssigen Form der Berichterstattung auf die nichtfinanzielle Konzernerklärung zu übertragen, da § 315b Abs. 1 Satz 3 sowie § 315b Abs. 3 Satz 2 die Möglichkeit eröffnen, die Angaben nach § 315c i. V. m. § 289c in den Konzernlagebericht zu integrieren bzw. in einem gesonderten Konzernbericht zu veröffentlichen.[874] Eine geschlossene Form der Berichterstattung, die aus sich heraus verständlich ist, wird vom Gesetz folglich nicht generell gefordert und kann damit auch nicht

[870] Vgl. DRS 20.16.

[871] Für die Vermittlung weitergehender Informationen sind Verweise auf den Konzernabschluss legitim. Vgl. KIRSCH, H.-J./SCHEELE, A., E-DRS 20, Ausweitung der Lageberichterstattung, S. 2734. Zudem sind die in DRS 20.21 genannten Verweise aus dem Konzernlagebericht unschädlich für die Vollständigkeit (DRS 20.12–14).

[872] Vgl. LEFFSON, U., GoB, S. 179.

[873] Vgl. GRI (Hrsg.), GRI 101: "Foundation", S. 7 und S. 12; TCFD (Hrsg.), Climate-related Financial Disclosures, S. 18 und S. 52; IIRC (Hrsg.), The International <IR> Framework, Rn. 3.47 f. Vgl. für einen Überblick zudem Abbildung 3-3 in Abschn. 341.

[874] DRS 20 ist an dieser Stelle inkonsistent. Zusätzlich zur Option, die Angaben der nichtfinanziellen Konzernerklärung in den Konzernlagebericht zu integrieren (vgl. DRS 20.241), kann sie auch in einen bestehenden gesonderten Konzernbericht integriert werden (vgl. DRS 20.252). Zudem bestehen verschiedene Möglichkeiten, Angaben in der nichtfinanziellen Konzernerklärung durch Verweise zu ersetzen (vgl. DRS 20.243 und DRS 20.256). Eine Erweiterung der in diesem Kontext heilenden Ausnahmetatbestände nach DRS 20.14 i. V. m. DRS 20.21 war indes nicht Bestandteil des DRÄS 8.

Bestandteil eines allgemeingültigen berichtsübergreifenden Grundsatzes sein. Über diese Einschränkung hinaus ist der Grundsatz der Vollständigkeit für den Zweck und die Funktionen der nichtfinanziellen Konzernerklärung weiter zu konkretisieren.

Generell sind für eine vollständige Berichterstattung in der nichtfinanziellen Konzernerklärung alle in § 315c i. V. m. § 289c kodifizierten Berichtspunkte – unabhängig von der gewählten Berichtsform – zu beachten, sofern sie für den Konzern wesentlich sind.[875] Dabei sind die geforderten Informationen für jeden nichtfinanziellen Aspekt separat anzugeben. Eine vollständige nichtfinanzielle Konzernerklärung umfasst mithin zumindest Angaben zu den fünf nichtfinanziellen Aspekten in § 289c Abs. 2.[876] Darüber hinaus ist es erforderlich, über alle weiteren wesentlichen nichtfinanziellen Aspekte zu berichten.[877] Bezugspunkt des Wesentlichkeitskriteriums sind die berechtigten Informationsinteressen der Adressaten.[878]

Der Grundsatz der Vollständigkeit impliziert für die nichtfinanzielle Konzernerklärung außerdem, dass sowohl über positive als auch über negative Ereignisse oder Entwicklungen zu berichten ist und die Effekte separat darzustellen sind.[879] Für die Berichterstattung bedeutet dies u. a., dass neben Risiken auch über Chancen zu berichten ist, die mit der eigenen Geschäftstätigkeit, den Geschäftsbeziehungen sowie den Produkten und Dienstleistungen eines Konzerns verbunden sind und positiven Einfluss auf die nichtfinanziellen Aspekte haben und/oder haben werden.[880] Obgleich nur die Risikoberichterstattung nach § 315c Abs. 1 i. V. m. § 289c Abs. 3 Nr. 3 und Nr. 4 gesetzlich kodifiziert ist, wäre eine nichtfinanzielle Konzernerklärung ohne Angaben zu Chancen unvollständig, da nach § 315c Abs. 2 diejenigen Angaben zu machen sind, die für das Verständnis des Geschäftsverlaufs, des Geschäftsergebnisses, der Lage des Konzerns sowie der Auswirkungen seiner Tätigkeit auf die in § 289c Abs. 2 genannten Aspekte erforderlich sind.[881] Dazu zählen neben Risiken selbstverständlich auch Chancen.[882]

---

[875] Vgl. zum Grundsatz der Wesentlichkeit Abschn. 343.1.

[876] Vgl. EU-Kommission (Hrsg.), ABl. C 215 vom 05.07.2017, S. 7 f.

[877] Vgl. Deutscher Bundestag (Hrsg.), BT-Drucksache 18/9982, S. 47.

[878] Der im Vergleich zum Konzernlagebericht tendenziell erweiterte Adressatenkreis der nichtfinanziellen Konzernerklärung ist mit dementsprechend höheren Anforderungen an den Umfang der Berichtsinhalte verbunden. Vgl. zum Adressatenkreis Abschn. 313., sowie zum Grundsatz der Wesentlichkeit Abschn. 343.1.

[879] Die Forderung nach einer Berichterstattung über positive und negative Effekte ist in den Leitlinien der EU-Kommission für die Berichterstattung über nichtfinanzielle Informationen konzeptioneller Bestandteil gleich zweier Grundsätze. Vgl. EU-Kommission (Hrsg.), ABl. C 215 vom 05.07.2017, S. 5 und S. 7. Da die Leitlinien jedoch kein rechtlich verbindliches Instrument sind, sei für eine ausführliche Analyse, ob in der nichtfinanziellen Konzernerklärung über Chancen zu berichten ist, auf Abschn. 434. verwiesen. Dennoch ist bereits an dieser Stelle darauf hinzuweisen, dass gemäß der für diese Arbeit relevanten Rahmenwerke eine Berichterstattung nur vollständig ist, wenn sowohl über positive als auch über negative Aspekte berichtet wird. Vgl. GRI (Hrsg.), GRI 101: "Foundation", S. 12; TCFD (Hrsg.), Climate-related Financial Disclosures, S. 52; IIRC (Hrsg.), The International <IR> Framework, Rn. 3.39.

[880] Dies entspricht der in Abschn. 333.1 erläuterten Ergänzungsfunktion.

[881] Vgl. hier und zum folgenden Satz Abschn. 434. sowie Deutscher Bundestag (Hrsg.), BT-Drucksache 18/9982, S. 1.

[882] Vgl. Wiechers, K., Neue Anforderungen gemäß KonTraG, S. 131; Fink, C./Keck, B., Lageberichterstattung nach BilReG und DRS 15, S. 143 f.

342.3 Grundsatz der Klarheit

Der **Grundsatz der Klarheit** ist nach BAETGE/FISCHER/PASKERT wiederum eng mit den Grundsätzen der Verlässlichkeit und der Vollständigkeit verknüpft.[883] Danach ist nur für Lageberichte, die i. S. e. klaren Berichterstattung übersichtlich, prägnant und verständlich verfasst sind, sichergestellt, dass die Grundsätze der Verlässlichkeit und der Vollständigkeit nicht durch eine verzerrte Informationsvermittlung verletzt werden. Sprachlich übermäßig simplifizierte bzw. verkomplizierte Darstellungen sind damit ebenso unzulässig wie ein strukturell unübersichtlicher Aufbau des Lageberichts. Zudem sollten eindeutige Formulierungen genutzt werden, die nur ein „unvermeidliches Minimum an Interpretationsspielraum bieten“[884].

Im DRS 20 wird der **Grundsatz der Klarheit** durch das Postulat der **Übersichtlichkeit** konkretisiert.[885] Kernelement dieses sehr umfassend erläuterten Grundsatzes sind formale Vorgaben zu Form und Struktur des Konzernlageberichts, die stark vom Postulat der Übersichtlichkeit dominiert werden.[886] So wird u. a. die eindeutige Trennung des Konzernlageberichts vom Konzernabschluss und den sonstigen veröffentlichten Berichtsinstrumenten gefordert, so dass er in geschlossener Form publiziert werden kann.[887] Dabei ist er inhaltlich zu untergliedern.[888] Dem Grundsatz der Klarheit und Übersichtlichkeit ist zudem das Kriterium der Vergleichbarkeit inhärent. Indes ist „Vergleichbarkeit“ nach BAETGE/FISCHER/PASKERT ein eigenständiger GoL und wird im Rahmen dieser Arbeit deshalb in Abschn. 324.2 separat betrachtet.[889]

Der Grundsatz der Klarheit wird einerseits von LEFFSON[890] als Rahmengrundsatz charakterisiert und ist andererseits auch in den für diese Arbeit relevanten Rahmenwerken von konzeptioneller Bedeutung.[891] Mithin muss dieser Grundsatz Bestandteil eines spezifischen Zweck-Grundsatz-Systems für die nichtfinanzielle Konzernerklärung sein. Dies fordert auch die EU-Kommission. So „[…] soll die nichtfinanzielle [(Konzern-); Anm. d. Verf.]Erklärung möglichst kurz und prägnant sein und keine unwesentlichen Angaben enthalten. Die Angabe unwesentlicher Infor-

---

883 Vgl. hier und für den verbleibenden Absatz BAETGE, J./FISCHER, T. R./PASKERT, D., Der Lagebericht, S. 19 f.

884 MOXTER, A., Fundamentalgrundsätze, S. 93.

885 Vgl. DRS 20.20–30. Der Grundsatz wird daher als „Grundsatz der Klarheit und Übersichtlichkeit“ bezeichnet. An dieser Stelle sei darauf hingewiesen, dass das Zweck-Grundsatz-System für den Lagebericht nach BAETGE/FISCHER/PASKERT im Zusammenhang mit der Einführung des DRS 15 modifiziert wurde und der Grundsatz der Klarheit seitdem ebenfalls durch das Postulat der Übersichtlichkeit konkretisiert wird. Vgl. BAETGE, J./KIRSCH, H.-J./THIELE, S., Bilanzen, 9. Aufl., S. 787–789.

886 Indes ist der Grundsatz der Klarheit und Übersichtlichkeit mit Blick auf die strukturellen Anforderungen an den Konzernlagebericht im Vergleich zu DRS 15 bereits abgemildert. Vgl. BÖCKING, H.-J. U. A., Der neue Konzernlagebericht nach DRS 20, S. 37.

887 Vgl. DRS 20.20.

888 Vgl. DRS 20.25; KIRSCH, H.-J./SCHEELE, A., E-DRS 20, Ausweitung der Lageberichterstattung, S. 2735.

889 Vgl. zu den Gründen für eine separate Betrachtung des Grundsatzes der Vergleichbarkeit Abschn. 343.2, sowie für die Bedeutung des Postulats der Vergleichbarkeit in der CSR-Richtlinie Abschn. 324.2.

890 Vgl. LEFFSON, U., GoB, S. 179.

891 Vgl. GRI (Hrsg.), GRI 101: "Foundation", S. 7 und S. 14; TCFD (Hrsg.), Climate-related Financial Disclosures, S. 18 und S. 52; IIRC (Hrsg.), The International <IR> Framework, Rn. 3.36–3.38. Vgl. für einen Überblick zudem Abbildung 3-3 in Abschn. 341.

mationen könnte die Verständlichkeit der nichtfinanziellen [(Konzern-); Anm. d. Verf.]Erklärung beeinträchtigen, da die wesentlichen Informationen schwerer erkennbar werden."[892] Zudem sind Standardangaben ohne relevanten Informationsgehalt, wie sie bspw. in Nachhaltigkeitsberichten üblich sind und in der Literatur unter dem Stichwort „Greenwashing"[893] subsumiert werden, nach dem Grundsatz der Klarheit zu vermeiden.[894]

Die Ausführungen der EU-Kommission entsprechen weitgehend dem Verständnis des Klarheitsgrundsatzes von BAETGE/FISCHER/PASKERT, das im Folgenden auch dem Zweck-Grundsatz-System für die nichtfinanzielle Konzernerklärung zugrunde gelegt wird. Dies gilt auch für die Bedeutung des Postulats der Übersichtlichkeit. So sollte die nichtfinanzielle Konzernerklärung zwar grundsätzlich übersichtlich strukturiert sein, damit erkennbar ist, welchen nichtfinanziellen Aspekt einzelne Angaben adressieren.[895] Eine vollständig geschlossene und von anderen Berichtsinstrumenten getrennte Berichterstattung, wie dies DRS 20.20 für den Konzernlagebericht vorsieht, kann mit Blick auf die nach § 315b Abs. 1 Satz 3 sowie § 315b Abs. 3 Satz 2 möglichen Berichtsformen jedoch nicht Gegenstand eines allgemeingültigen Grundsatzes für die nichtfinanzielle Konzernerklärung sein.

343. Weitere Grundsätze ordnungsmäßiger Lageberichterstattung – Konkretisierung für die nichtfinanzielle Konzernerklärung

343.1 Grundsatz der Wesentlichkeit

Der **Grundsatz der Wirtschaftlichkeit und Wesentlichkeit** nach BAETGE/FISCHER/PASKERT relativiert die Rahmengrundsätze.[896] Informationen sind nämlich nur zu berichten, wenn der Informationsertrag der Adressaten den Informationsaufwand des berichtenden Unternehmens übersteigt. Umfang und Qualität der Lageberichterstattung sind folglich nur bis zur Parität von Ertrag und Aufwand zu erweitern bzw. zu erhöhen. Indes ist eine Bewertung von Informationen in Geldeinheiten i. d. R. nicht (zuverlässig) möglich.[897] Daher tritt das Wesentlichkeitskriterium an die Stelle einer Wirtschaftlichkeitsbetrachtung.[898] Danach sind all jene Informationen in den

[892] EU-KOMMISSION (Hrsg.), ABl. C 215 vom 05.07.2017, S. 8.

[893] „Greenwashing bezeichnet den Versuch von Unternehmen, durch Marketing- und PR-Maßnahmen ein „grünes Image" zu erlangen, ohne allerdings entsprechende Maßnahmen im Rahmen der Wertschöpfung zu implementieren." Definition nach LIN-HI, in: Gabler Wirtschaftslexikon, o. S. Die Definition von „Greenwashing" ist im Internet abrufbar unter http://wirtschaftslexikon.gabler.de/Archiv/1408500/verhalten-v4.html (Stand: 11.02.2019). Vgl. außerdem für eine Untersuchung der deutschen Automobilindustrie in diesem Kontext SCHEWE, G. U. A., Alles nur Greenwashing?, S. 1–27.

[894] Vgl. EU-KOMMISSION (Hrsg.), ABl. C 215 vom 05.07.2017, S. 8.

[895] Für eine im Vergleich zu DRS 20.20 gemilderte Auslegung des Postulats der Übersichtlichkeit plädieren auch WINKELJOHANN, N./SCHÄFER, N., in: Beck Bilanzkomm., 11. Aufl., § 289c, Rn. 12.

[896] Vgl. TICHY, E., Inhalt des Lageberichts, S. 135; sowie hier und für den verbleibenden Absatz BAETGE, J./FISCHER, T. R./PASKERT, D., Der Lagebericht, S. 21 f.

[897] Vgl. BAETGE, J./KIRSCH, H.-J./THIELE, S., in: Küting/Weber, HdR-E, Kap. 4, Rn. 73.

[898] Vgl. TICHY, E., Inhalt des Lageberichts, S. 134; LUDEWIG, R., Die Darstellung der wirtschaftlichen Lage, S. 46.

Lagebericht aufzunehmen, die für die schutzwürdigen Interessen der Adressaten bedeutsam sind und deren Fehlen daher schädlich für die Adressaten wäre.[899]

Im DRS 20 wird, wie auch im Folgenden für die nichtfinanzielle Konzernerklärung, direkt auf das Wesentlichkeitskonzept abgestellt und zu diesem Zweck der **Grundsatz der Wesentlichkeit**[900] definiert.[901] Die Berichterstattung im Konzernlagebericht ist dementsprechend auf wesentliche Informationen zu begrenzen. Mithin sind nur Informationen, die für das Verständnis des Geschäftsverlaufs, der Lage und der voraussichtlichen Entwicklung des Konzerns erforderlich sind, zu berichten. Damit schränkt der Grundsatz der Wesentlichkeit den Grundsatz der Vollständigkeit mit Blick auf den Umfang der Berichterstattung ein.[902] Bezugspunkt für die Wesentlichkeit sind insbesondere das Geschäftsmodell und die Branche des Konzerns.

Für die Berichterstattung in der nichtfinanziellen Konzernerklärung ist das Wesentlichkeitspostulat in § 315c Abs. 2 kodifiziert. Demnach sind die Angaben zu machen, „die für das Verständnis des Geschäftsverlaufs, des Geschäftsergebnisses, der Lage des Konzerns sowie der Auswirkungen seiner Tätigkeit auf die in § 289c Absatz 2 genannten Aspekte erforderlich sind." Die Wesentlichkeit einer Information ist folglich auf Ebene des gesamten Konzerns und nicht auf Ebene einzelner Tochterunternehmen zu bewerten.[903] In der Bilanzrichtlinie wird korrespondierend dazu festgelegt, dass der Status von Informationen wesentlich ist, „[...] wenn vernünftigerweise zu erwarten ist, dass ihre Auslassung oder fehlerhafte Angabe Entscheidungen beeinflusst, die Nutzer auf der Grundlage des Abschlusses des [Konzerns; Anm. d. Verf.] treffen."[904] Demzufolge bilden diese beiden Konkretisierungsansätze einen Korridor, in welchem der Wesentlichkeitsgrundsatz den Umfang der Berichterstattung bestimmt.[905] So fungiert er einerseits als begründendes Kriterium, mit dessen Hilfe bestimmt werden kann, ob eine Information berichtet werden muss.[906] Damit wird der Mindestumfang der Berichterstattung i. S. d. Vollständigkeitsgrundsatzes festgelegt. Andererseits wirkt der Grundsatz der Wesent-

899 Vgl. TICHY, E., Inhalt des Lageberichts, S. 134.

900 Die Grundsätze der Wesentlichkeit sowie der Informationsabstufung wurden in den DRS 20 neu eingefügt. Sie waren in den Vorgängerstandards nicht enthalten. Vgl. FREIDANK, C.-C./SEPETAUZ, K., (Konzern-)Lageberichterstattung nach DRS 20, S. 58.

901 Vgl. hier und zu den folgenden beiden Sätzen DRS 20.32 f.

902 Vgl. hier und zum folgenden Satz BÖCKING, H.-J. U. A., Der neue Konzernlagebericht nach DRS 20, S. 37; BÖCKING, H.-J./DUTZI, A./GROS, M., in: Baetge/Kirsch/Thiele, § 289, Rn. 62; KIRSCH, H.-J./KÖNIG, C./HUTER, M., in: Baetge u. a., Rechnungslegung nach IFRS, 2. Aufl., Kap. XII, Rn. 43.

903 Zu diesem Zweck ist auf den gesamten Konsolidierungskreis nach § 294 Abs. 1 abzustellen. Vgl. so auch WINKELJOHANN, N./SCHÄFER, N./GROTTEL, B., in: Beck Bilanzkomm., 11. Aufl., § 315c, Rn. 5 f.

904 Art. 2 Nr. 16 der Richtlinie 2013/34/EU.

905 Vgl. zu einem vergleichbaren Verständnis des Wesentlichkeitsgrundsatzes WINKELJOHANN, N./SCHÄFER, N., in: Beck Bilanzkomm., 11. Aufl., § 289c, Rn. 13.

906 Vgl. zur Wesentlichkeit als begründendes Kriterium ausführlich Abschn. 431.

lichkeit auch als begrenzendes Kriterium, das irrelevante Informationen von der Berichterstattung ausschließt, so dass der Grundsatz der Klarheit nicht konterkariert wird.[907] Dieses grundlegende auf dem Gesetz basierende Verständnis von „Wesentlichkeit" wird im Folgenden auch dem Zweck-Grundsatz-System der nichtfinanziellen Konzernerklärung zugrunde gelegt.

Bislang existiert für den Grundsatz der Wesentlichkeit im Schrifttum keine einheitliche Definition, die über das bis hierhin beschriebene allgemeine Verständnis des Grundsatzes hinausgeht, obwohl Einigkeit über seine hohe Bedeutung für die nichtfinanzielle Konzernerklärung herrscht.[908] Obgleich dem Wesentlichkeitsgrundsatz auch in allen relevanten Rahmenwerken erhebliche Bedeutung zukommt, sind die dort erläuterten Wesentlichkeitskonzepte sowohl aus konzeptioneller als auch aus inhaltlicher Perspektive höchst unterschiedlich und selten konkret.[909] Die Diskussion zu den Unwägbarkeiten bei der Konkretisierung des Wesentlichkeitsbegriffs ist in der Rechnungslegung jedoch nicht neu und wird lebhaft geführt.[910] Gegen starre Wesentlichkeitsgrenzen spricht dabei grundsätzlich, dass Informationen kontextbezogen bewertet werden müssen.[911] Das heißt, dass Angaben in einem bestimmten Kontext wesentlich sein können, dies in einem anderen Kontext jedoch nicht sein müssen. Welche Informationen nach dem Grundsatz der Wesentlichkeit letztlich in die nichtfinanzielle Konzernerklärung einfließen, ist besonders von den spezifischen Rahmenbedingungen eines Konzerns – z. B. seiner individuellen wirtschaftlichen Lage oder der Branchensituation – abhängig.

Die Bestimmung der spezifischen Wesentlichkeit einer Information ist für die berichtenden Konzerne mit hohem Aufwand verbunden, da dies eine intensive Auseinandersetzung mit den verschiedenen nichtfinanziellen Informationen voraussetzt.[912] Aus Sicht des Gesetzgebers ist eine solche fachliche Auseinandersetzung zu begrüßen, da dies mit dem Ziel der Verhaltenssteuerung korreliert. Die zahlreichen Herausforderungen bei der Auslegung des Grundsatzes der Wesentlichkeit dürfen jedoch weder bei den berichtenden Konzernen noch im Rahmen dieser Arbeit dazu führen, dass sogar der Versuch einer Annäherung unterbleibt. In besonderem

---

[907] Vgl. ähnlich argumentierend EU-KOMMISSION (Hrsg.), ABl. C 215 vom 05.07.2017, S. 8; FINK, C./KAJÜTER, P./WINKELJOHANN, N., Lageberichterstattung, S. 72.

[908] Vgl. stellvertretend WINKELJOHANN, N./SCHÄFER, N., in: Beck Bilanzkomm., 11. Aufl., § 289c, Rn. 13; HAAKER, A./FREIBERG, J., Kodifizierung und Definition von Wesentlichkeit, S. 351 f.; KUMM, N./WOODTLI, R. M., Nachhaltigkeitsberichterstattung, S. 222.

[909] Vgl. GRI (Hrsg.), GRI 101: "Foundation", S. 10; TCFD (Hrsg.), Climate-related Financial Disclosures, S. 51; IIRC (Hrsg.), The International <IR> Framework, Rn. 3.35–3.39.

[910] Vgl. dazu stellvertretend HOFFMANN, W.-D., Die Wesentlichkeit im Anhang; HOFFMANN, W.-D., Wegweiser zur Wesentlichkeit, S. 165 f.

[911] Vgl. HIRSCHBERGER, W./LEUZ, N., Wesentlichkeit bei der Jahresabschlusserstellung, S. 2530, sowie hier und zu den folgenden beiden Sätzen EU-KOMMISSION (Hrsg.), ABl. C 215 vom 05.07.2017, S. 5 f.

[912] Die hohen Kosten werden u. a. dadurch verursacht, dass Wesentlichkeitsprüfungen bzw. -bewertungen regelmäßig durchgeführt werden sollten. Vgl. EU-KOMMISSION (Hrsg.), ABl. C 215 vom 05.07.2017, S. 6. Indes wird in der Begründung zum CSR-RUG an verschiedenen Stellen betont, dass die Kosten der Informationsbeschaffung verhältnismäßig sein müssen, z. B. im Zusammenhang mit der Berichterstattung über die Lieferkette nach § 315c Abs. 1 i. V. m. § 289c Abs. 3 Nr. 4. Vgl. DEUTSCHER BUNDESTAG (Hrsg.), BT-Drucksache 18/9982, S. 51, sowie zur Analyse und Konkretisierung Abschn. 433.223.

Maße gilt das für die konzeptionellen Besonderheiten, durch die der Wesentlichkeitsgrundsatz im Kontext der nichtfinanziellen Konzernerklärung gekennzeichnet ist.[913]

Ein Vergleich der Generalnorm für die nichtfinanzielle Konzernerklärung nach § 315c Abs. 2 mit der Pflicht zur Angabe nichtfinanzieller Informationen im Konzernlagebericht gemäß § 315 Abs. 3 offenbart, dass der Grundsatz der Wesentlichkeit in der nichtfinanziellen Konzernerklärung zwei Bezugspunkte hat.[914] Die Berücksichtigung von finanzieller und nichtfinanzieller Ebene begründet u. a. die Verknüpfungsfunktion der nichtfinanziellen Konzernerklärung.[915] Ob damit auch ein „doppelter Wesentlichkeitsvorbehalt"[916] im Sinne erhöhter Anforderungen an die Wesentlichkeit einer Information verbunden ist, für den u. a. KAJÜTER[917] plädiert, wird im Zuge der Analyse und Konkretisierung der handelsrechtlichen Vorschriften erörtert.[918] Gleiches gilt für die zusätzlichen spezifischen Wesentlichkeitspostulate, die auf Ebene der einzelnen Berichtspflichten gemäß § 315c Abs. 1 i. V. m. § 289c Abs. 3 determiniert werden.[919] Deren explizite und differenzierte Kodifikation deuten darauf hin, dass mit den verschiedenen Begriffen unterschiedlich hohe Anforderungen an die Informationsschwere der einzelnen Angaben gestellt werden.[920]

343.2 Grundsatz der Vergleichbarkeit

Als weiteren GoL definieren BAETGE/FISCHER/PASKERT den **Grundsatz der Vergleichbarkeit**.[921] Mit diesem Grundsatz soll gewährleistet werden, dass die Aussagen in Lageberichten sowohl im Zeitverlauf als auch zwischen verschiedenen Unternehmen vergleichbar sind. Lageberichte sind im Zeitverlauf vergleichbar, wenn in ihnen strukturell und inhaltlich stetig berichtet wird. Abweichungen im Vergleich zu älteren Lageberichten sind anzugeben und zu erläutern. Nach dem Kriterium der zwischenbetrieblichen Vergleichbarkeit sind Lageberichte strukturell an die handelsrechtlichen Vorschriften anzulehnen und eindeutig zu gliedern. Damit ist der Grundsatz der Vergleichbarkeit eng mit dem Grundsatz der Klarheit verbunden.[922] Dies gilt

---

913 Vgl. zu den konzeptionellen Besonderheiten des Wesentlichkeitsgrundsatzes Abschn. 431., sowie zur Auslegung der Wesentlichkeit Abschn. 433.22.

914 Gleiches lässt sich auch im Rahmen eines Vergleichs des § 315c Abs. 2 mit der Generalnorm des Konzernlageberichts nach § 315 Abs. 1 Satz 1 sowie den Generalnormen des Einzel- und Konzernabschlusses nach § 264 Abs. 2 Satz 1 und § 297 Abs. 2 Satz 2 konstatieren.

915 Vgl. zur Verknüpfungsfunktion Abschn. 333.3. In diesem Kontext sei zudem auf die Herleitung des Grundsatzes der Dualität in Abschn. 344.1 hingewiesen.

916 MÜLLER, S., in: Haufe HGB Bilanzkommentar, 8. Aufl., § 315c, Rn. 5.

917 Vgl. KAJÜTER, P., CSR-Richtlinie-Umsetzungsgesetz, S. 620 f.

918 Vgl. dazu Abschn. 431. In diesem Kontext werden auch die für diese Arbeit relevanten Rahmenwerke berücksichtigt.

919 Vgl. dazu die Abschnitte 433.221.–433.223. In diesem Kontext werden auch die für diese Arbeit relevanten Rahmenwerke berücksichtigt.

920 Insofern kann sich das Wesentlichkeitsverständnis im Kontext der nichtfinanziellen Konzernerklärung vom Verständnis im DRS 20 unterscheiden. Dort wird in DRS 20.B11 explizit ausgeführt, dass Bezüge zur Wesentlichkeit, die in den einzelnen Tz. des DRS 20 hergestellt werden, ausschließlich klarstellenden Charakter haben und keine besonderen Wesentlichkeitsanforderungen neben dem allgemeinen Grundsatz der Wesentlichkeit determinieren.

921 Vgl. hier und für den verbleibenden Absatz BAETGE, J./FISCHER, T. R./PASKERT, D., Der Lagebericht, S. 20 f.

922 Vgl. dazu auch die Ausführungen zum Grundsatz der Klarheit in Abschn. 342.3.

so auch im DRS 20. Indes wird dort kein separater Vergleichbarkeitsgrundsatz definiert. Vielmehr ist das Postulat der Vergleichbarkeit Bestandteil des Grundsatzes der Klarheit und Übersichtlichkeit.[923] In DRS 20.26 wird sodann die Einhaltung des Prinzips der Stetigkeit gefordert. Form und Inhalt des Konzernlageberichts sind danach stetig beizubehalten und etwaige Änderungen des Konzernlageberichts im Zeitverlauf anzugeben und zu begründen. Gleichzeitig werden in DRS 20.20 strenge formale und strukturelle Vorgaben formuliert.

Der Grundsatz der Vergleichbarkeit ist auch in den für diese Arbeit relevanten Rahmenwerken der Nachhaltigkeitsberichterstattung von besonderer konzeptioneller Bedeutung.[924] In den Leitlinien der EU-Kommission für die Berichterstattung über nichtfinanzielle Informationen wird er demgegenüber nicht explizit genannt. Es wird lediglich im Rahmen der Beschreibung des Grundsatzes einer konsistenten und kohärenten Berichterstattung gefordert, dass die nichtfinanzielle Konzernerklärung im Zeitverlauf vergleichbar sein sollte.[925] Ob die Leitlinien entsprechend ihrer Zielsetzung dennoch dazu beitragen, den Unternehmen dabei zu helfen „hochwertige, relevante, zweckdienliche und besser vergleichbare nichtfinanzielle Informationen […] offenzulegen“[926], erscheint vor diesem Hintergrund zumindest aus konzeptioneller Sicht fraglich.[927]

In Folge des in Erwägungsgrund Nr. 21 der CSR-Richtlinie formulierten Richtlinienziels ist es sachgerecht, dass der Grundsatz der Vergleichbarkeit Bestandteil eines Zweck-Grundsatz-Systems für die nichtfinanzielle Konzernerklärung ist.[928] Damit wird der Bedeutung, die der europäische Gesetzgeber dem Postulat der Vergleichbarkeit beimisst, Rechnung getragen. Im Rahmen der Berichterstattung in der nichtfinanziellen Konzernerklärung dominiert jedoch die Forderung nach einer zeitlich vergleichbaren Berichterstattung. Das hohe Maß an Flexibilität, das einem berichtspflichtigen Konzern nach § 315c Abs. 3 i. V. m. § 289d für die Wahl eines Rahmenwerks sowie nach § 315b für die strukturelle Gestaltung seiner nichtfinanziellen Konzernerklärung zur Verfügung steht, schränkt die zwischenbetriebliche Vergleichbarkeit zwangsläufig ein. Dies gilt besonders dann, wenn die Angaben nach § 315b Abs. 1 Satz 3 und Abs. 3 Satz 2 in den Konzernlagebericht oder einen anderen gesonderten Konzernbericht integriert werden.[929] Der Gesetzgeber hat der zwischenbetrieblichen Vergleichbarkeit zugunsten einer großen Flexibilität für die berichtenden Konzerne bei der Wahl einer Berichtsform nur geringe

---

[923] Vgl. DRS 20.20–30.

[924] Vgl. GRI (Hrsg.), GRI 101: "Foundation", S. 7 und S. 14; TCFD (Hrsg.), Climate-related Financial Disclosures, S. 18 und S. 52; IIRC (Hrsg.), The International <IR> Framework, Rn. 3.56 f. Vgl. für einen Überblick zudem Abbildung 3-3 in Abschn. 341.

[925] Vgl. EU-Kommission (Hrsg.), ABl. C 215 vom 05.07.2017, S. 9.

[926] EU-Kommission (Hrsg.), ABl. C 215 vom 05.07.2017, S. 4. [Unterstreichung durch Verfasser]

[927] Vgl. so auch Sopp, K./Baumüller, J., Die Leitlinien der EU-Kommission, S. 383.

[928] Der europäische Gesetzgeber formuliert in Erwägungsgrund Nr. 21 der Richtlinie 2014/95/EU, dass die Erhöhung der „Relevanz, Konsistenz und Vergleichbarkeit der von bestimmten großen Unternehmen und Gruppen […] offengelegten Informationen“ ihr Ziel sei. Vgl. EU (Hrsg.), ABl. L 330 vom 15.11.2014, S. 4, sowie zum zielimmanenten Postulat der Vergleichbarkeit Abschn. 343.2.

[929] Vgl. IIRC (Hrsg.), The International <IR> Framework, Rn. 3.56.

Bedeutung beigemessen.[930] Zwischenbetriebliche Vergleichbarkeit ist folglich kein Charakteristikum eines für die nichtfinanzielle Konzernerklärung allgemeingültigen Grundsatzes der Vergleichbarkeit. Davon unabhängig trägt eine im Zeitverlauf vergleichbare Berichterstattung maßgeblich dazu bei, dass die nichtfinanzielle Konzernerklärung ihren Informationszweck erfüllen kann.[931]

343.3 Grundsatz der Informationsabstufung

Als weiteren Grundsatz im Zweck-Grundsatz-System für den Lagebericht nennen BAETGE/FISCHER/PASKERT den **Grundsatz der Informationsabstufung nach Art und Größe des Unternehmens.**[932] Nach diesem Grundsatz müssen größere bzw. diversifiziertere Unternehmen umfassender und detaillierter berichten als kleinere bzw. weniger diversifizierte Unternehmen.[933] Begründet wird dies mit den unterschiedlich umfassenden Berichtssystemen und Ressourcen in großen bzw. kleinen Unternehmen sowie den relativ unterschiedlichen schutzwürdigen Unternehmensinformationen.[934] Nach dem in DRS 20.34 f. definierten **Grundsatz der Informationsabstufung**[935] sind Umfang und Detailgrad der Berichterstattung im Konzernlagebericht an den spezifischen Charakteristika eines Konzerns zu orientieren. Als Kriterien werden in DRS 20.34 die Art der Geschäftstätigkeit eines Konzerns, seine Größe sowie dessen mögliche Kapitalmarktorientierung genannt. Indes ist es nicht möglich, mit Verweis auf den Grundsatz der Informationsabstufung eine Berichterstattung zu einzelnen Berichtspunkten zu unterlassen.[936] Vielmehr werden an die Berichterstattung eines größeren bzw. diversifizierteren Konzerns höhere Anforderungen gestellt als an kleine und nur in geringerem Umfang diversifizierte Konzerne.[937]

Im Gegensatz zu den bislang analysierten Grundsätzen wird der Grundsatz der Informationsabstufung weder in den Rahmenwerken, die für diese Arbeit relevant sind, noch in den Leitlinien der EU-Kommission explizit adressiert.[938] Dies spricht jedoch nicht per se gegen dessen

---

[930] Vgl. dazu die Ausführungen zu den möglichen Berichtsformen der nichtfinanziellen Konzernerklärung in Abschn. 223.

[931] Vgl. so für den Lagebericht TICHY, E., Inhalt des Lageberichts, S. 129.

[932] Vgl. zum Grundsatz der Informationsabstufung nach Art und Größe des Unternehmens sowie zu dessen Verhältnis zum Grundsatz der Wesentlichkeit hier und für den verbleibenden Absatz BAETGE, J./FISCHER, T. R./PASKERT, D., Der Lagebericht, S. 22–25.

[933] Vgl. SIEBEN, G., Offene Fragen bei der Erstellung und Prüfung des Lageberichts, S. 588. Der Grundsatz der Informationsabstufung setzt der zwischenbetrieblichen Vergleichbarkeit von Lageberichten damit natürliche Grenzen. Dies hat für die vorliegende Arbeit indes keine Implikationen, da das Postulat der Vergleichbarkeit im Zweck-Grundsatz-System für die nichtfinanzielle Konzernerklärung auf die zeitliche Vergleichbarkeit begrenzt ist.

[934] Vgl. so auch DRS 20.B14.

[935] Der Grundsatz der Informationsabstufung war im DRS 15 nicht enthalten. Vgl. zu den Beweggründen des DRSC für eine Aufnahme des Grundsatzes in den DRS 20 allgemein DRS 20.B14; SENGER, T./BRUNE, J., DRS 20: neue Anforderungen an den Konzernlagebericht, S. 1286.

[936] Vgl. DRS 20.35.

[937] Vgl. DRS 20.35. Die Formulierung in DRS 20.35 ist eng an die Ausführungen nach BAETGE/FISCHER/PASKERT zum Grundsatz der Informationsabstufung nach Art und Größe des Unternehmens angelehnt. Vgl. BAETGE, J./FISCHER, T. R./PASKERT, D., Der Lagebericht, S. 23.

[938] Vgl. für einen Überblick Abbildung 3-3 in Abschn. 341.

Implementierung in ein spezifisches Zweck-Grundsatz-System für die nichtfinanzielle Konzernerklärung. Bereits zwischen den im DAX 30 gelisteten Konzernen existieren hinsichtlich der Kriterien Größe und Diversifizierung erhebliche Unterschiede.[939] Da der Anwenderkreis der nichtfinanziellen Konzernerklärung nach § 315b im Vergleich dazu noch heterogener ist, scheint der Grundsatz der Informationsabstufung sogar geboten zu sein. Dem steht auch nicht entgegen, dass an die Berichterstattung der Unternehmen von öffentlichem Interesse[940] – in Deutschland sind das die kapitalmarktorientierten Unternehmen nach § 264d sowie Kredit- und Versicherungsunternehmen – besondere Anforderungen zu stellen sind.[941] Der Referenzpunkt für die damit verbundenen vergleichsweise hohen Berichtspflichten sind nämlich die Offenlegungspflichten der Unternehmen, die nicht von öffentlichem Interesse sind.[942] Der Grundsatz der Informationsabstufung differenziert dagegen die Anforderungen an die Berichterstattung zwischen den Mutterunternehmen von öffentlichem Interesse, die eine nichtfinanzielle Konzernerklärung erstellen müssen. Da dies neben Finanzkonzernen, wie z. B. die Deutsche Bank AG, auch zahlreiche ausschließlich regional tätige, nicht kapitalmarktorientierte Kreditinstitute betrifft, sind abgestufte Informationsanforderungen sachgerecht.[943] Im Vergleich zur (Konzern-)Lageberichterstattung, zu der z. B. auch mittelgroße GmbHs verpflichtet sind[944], hat der Grundsatz der Informationsabstufung im Kontext der nichtfinanziellen Konzernerklärung dennoch ein verhältnismäßig geringeres Gewicht, da der Anwenderkreis vergleichsweise homogen ist.

343.4 Grundsatz der Ausgewogenheit

Nach dem Grundsatz der Vollständigkeit ist in der nichtfinanziellen Konzernerklärung über alle – also sowohl über positive als auch über negative – Ereignisse und Entwicklungen zu berichten.[945] Dabei besteht ein natürliches Interesse des berichtenden Konzerns an einer möglichst

[939] Die Volkswagen AG als großer DAX 30-Konzern weist für das Geschäftsjahr 2017 folgende Werte für die Größenmerkmale nach § 267 aus: Umsatzerlöse: ca. 230 Mrd. € / Arbeitnehmer: 642.292 / Bilanzsumme: ca. 422 Mrd. €. Im Vergleich dazu weist die Deutsche Börse AG als vergleichsweise sehr kleiner DAX 30-Konzern folgende Werte aus: Umsatzerlöse: ca. 2,5 Mrd. € / Arbeitnehmer: 5.640 / Bilanzsumme: ca. 135 Mrd. €. Vgl. VOLKSWAGEN AG (Hrsg.), Geschäftsbericht 2017; DEUTSCHE BÖRSE AG (Hrsg.), Finanzbericht 2017.

[940] In Deutschland wurde darauf verzichtet, die Gruppe der „Unternehmen von öffentlichem Interesse" über den in Art. 2 Nr. 1 Buchst. a–c der Richtlinie 2013/34/EU definierten Kreis hinaus zu erweitern.

[941] A. A. im Kontext der Erklärung zur Unternehmensführung sind WEBER/VELTE, die den Grundsatz der Informationsabstufung explizit mit Verweis auf das den berichtspflichtigen Unternehmen gemeine Kriterium der Kapitalmarktorientierung ablehnen. Vgl. WEBER, S. C./VELTE, P., Grundsätze ordnungsmäßigen Corporate Governance Reportings, S. 1825.

[942] Vgl. Art. 17 der Richtlinie 2013/34/EU.

[943] Vgl. außerdem zur Praxis der Berichterstattung regional tätiger Kreditinstitute MEHRING, S./HARTKE, V./PIEPER, K., CSR-Berichterstattung regional tätiger Banken, S. 494–500.

[944] Vgl. zur Pflicht zur Erstellung eines (Konzern-)Lageberichts die §§ 264, 290.

[945] Vgl. dazu Abschn. 342.2.

positiven Selbstdarstellung gegenüber den Adressaten.[946] Eine im Vergleich zu den tatsächlichen Verhältnissen eines Konzerns geschönte nichtfinanzielle Konzernerklärung ist nach dem Grundsatz der Verlässlichkeit jedoch unzulässig.[947]

Zum Schutz der Lageberichtsadressaten vor einer übermäßig positiven Selbstdarstellung, haben BAETGE/FISCHER/PASKERT bei der Entwicklung ihres Zweck-Grundsatz-Systems für den Lagebericht zunächst den **Grundsatz der Vorsicht** festgelegt.[948] Demzufolge ist die Lage des Unternehmens im Zweifel negativer darzustellen, so dass die Adressaten nicht durch zu positive Informationen in ihren wirtschaftlichen Entscheidungen beeinflusst werden.[949] Für die nichtfinanzielle Konzernerklärung ist der Grundsatz der Vorsicht aufgrund seiner engen sachlogischen Verbindung mit dem Zweck der Kapitalerhaltung indes **abzulehnen**.[950] Schließlich wurde in Abschn. 332. explizit festgestellt, dass Kapitalerhaltung kein Zweck der nichtfinanziellen Konzernerklärung ist. Ohnehin wurde der Grundsatz der Vorsicht für den Lagebericht literaturseitig allgemein abgelehnt und im Zuge der Einführung der expliziten Chancenberichterstattung mit dem BilReG und der damit verbundenen Veröffentlichung des DRS 15 auch im Zweck-Grundsatz-System nach BAETGE/FISCHER/PASKERT **durch den Grundsatz der Ausgewogenheit ersetzt**.[951]

Im DRS 20 ist das Postulat der Ausgewogenheit gemäß DRS 20.18 ein Teilaspekt des Grundsatzes der Verlässlichkeit und Ausgewogenheit. Demnach ist eine einseitige Darstellung positiver oder negativer Aspekte nicht standardkonform. Vielmehr ist stets ausgewogen über diese zu berichten. Eine unausgewogene und damit verzerrte Informationsvermittlung würde den Grundsatz der Verlässlichkeit verletzen und so das gesetzgeberische Ziel der Vertrauensstärkung gefährden. Die EU-Kommission präzisiert in ihren Leitlinien, dass in der nichtfinanziellen Konzernerklärung positive und negative Aspekte gleichermaßen berücksichtigt werden sollen.[952] Dabei sind die Angaben unvoreingenommen zu bewerten und ausgewogen darzustellen. Auch nach GRI 101 umfasst eine ausgewogene Berichterstattung sowohl vorteilhafte als auch

946 Vgl. zu den Auswirkungen „guter Berichterstattung" BAETGE, J. U. A., Lohnt sich "gute Berichterstattung" am Kapitalmarkt?, S. 65–104. GABRIEL und LACKMANN befassen sich in ihren empirischen Dissertationen mit den Auswirkungen einer Nachhaltigkeitsberichterstattung auf den Kapitalmarkt. Vgl. GABRIEL, A., GRI-Nachhaltigkeitsberichte; LACKMANN, J., Auswirkungen Nachhaltigkeitsberichterstattung.

947 Vgl. dazu Abschn. 342.1.

948 Vgl. allgemein zum Grundsatz der Vorsicht im Kontext des Lageberichts BAETGE, J./FISCHER, T. R./PASKERT, D., Der Lagebericht, S. 25 f.

949 Indes wäre eine durchgehend negative bzw. pessimistische Informationsvermittlung nicht gestattet, da so kein zutreffendes Bild von der Lage der Gesellschaft vermittelbar ist.

950 Vgl. BALLWIESER, W., Die Analyse von Jahresabschlüssen nach neuem Recht, S. 57; STOBBE, T., Der Lagebericht, S. 303. Vgl. außerdem zum Zusammenhang des Grundsatzes der Vorsicht mit dem Zweck der Kapitalerhaltung im Einzel- und Konzernabschluss BAETGE, J./KIRSCH, H.-J./THIELE, S., Bilanzen, S. 139–141; BAETGE, J./KIRSCH, H.-J./THIELE, S., Konzernbilanzen, S. 75 f.

951 Vgl. stellvertretend STOBBE, T., Der Lagebericht, S. 303, sowie zur Weiterentwicklung des von BAETGE/FISCHER/PASKERT entwickelten Zweck-Grundsatz-Systems für den Lagebericht allgemein die Ausführungen in Abschn. 314.1, sowie im Besonderen zu den Grundsätzen der Ausgewogenheit und der Vorsicht sowie zur Einführung der expliziten Chancenberichterstattung mit dem BilReG die Fn. 458 und Fn. 459.

952 Vgl. hier und zum folgenden Satz EU-KOMMISSION (Hrsg.), ABl. C 215 vom 05.07.2017, S. 7.

unvorteilhafte Informationen für den berichtenden Konzern.[953] Zudem sollten die Formulierungen so gewählt werden, dass eindeutig zwischen Fakten und Interpretationen selbiger durch den Konzern unterschieden werden kann. In den Empfehlungen der TCFD ist mit dem Grundsatz der Ausgewogenheit zudem die Forderung verbunden, quantitative, qualitative und grafische Berichtselemente i. S. e. entscheidungsnützlichen Informationsvermittlung ausgewogen einzusetzen.[954] Dieser Aspekt wird dem Verständnis des Ausgewogenheitsgrundsatzes im Folgenden ebenso zugrunde gelegt wie die zuvor genannten Punkte.

Für die berichtenden Konzerne existieren erhebliche Anreize, sich in der nichtfinanziellen Konzernerklärung möglichst positiv darzustellen.[955] Positive Informationen zur Nachhaltigkeit eines Konzerns können bspw. Reputationsgewinne bewirken und neue Finanzierungsquellen nachhaltig investierender Kapitalgeber eröffnen.[956] Deshalb ist es **sachgerecht**, das Zweck-Grundsatz-System für die nichtfinanzielle Konzernerklärung um einen separaten **Grundsatz der Ausgewogenheit** zu ergänzen, da so die Bedeutung einer ausgewogenen Berichterstattung betont wird. Für die konkrete Berichterstattung bedeutet dies z. B., dass der Stellenwert von Risiken nicht kleiner und der von Chancen nicht größer dargestellt werden darf, als dies nach den tatsächlichen Verhältnissen zutreffend ist. Dies gilt gleichfalls für die Beschreibung der verfolgten Konzepte und den damit verbundenen Chancen und Risiken.

343.5 Grundsatz der Vermittlung der Sicht der Konzernleitung

Mit dem **Grundsatz der Vermittlung der Sicht der Konzernleitung** ist im DRS 20 ein Grundsatz implementiert, der im Zweck-Grundsatz-System für den Lagebericht nach BAETGE/FISCHER/PASKERT unbekannt ist.[957] Nach DRS 20.31 muss der Konzernlagebericht „die Einschätzungen und Beurteilungen der Konzernleitung zum Ausdruck bringen". So wird der sog. *management approach*[958] im DRS 20 verankert.[959] Dieser folgt dem Gedanken, dass das Management eines Konzerns dessen Lage am besten beurteilen kann, da es über unternehmensinterne Informationen verfügt.[960] Zudem soll die Berichterstattung auf Informationen beruhen, die auch intern zur Steuerung verwendet werden.[961] Damit sind zwangsweise subjektive

---

953 Vgl. hier und zum folgenden Satz GRI (Hrsg.), GRI 101: "Foundation", S. 13.
954 Vgl. TCFD (Hrsg.), Climate-related Financial Disclosures, S. 52.
955 Vgl. hier und zum folgenden Satz SEIBT, C. H., Corporate Reputation Management, S. 171. Vgl. dazu weiterhin die Ausführungen in Abschn. 322.221.2.
956 Vgl. LACKMANN, J., Auswirkungen Nachhaltigkeitsberichterstattung, S. 173.
957 Vgl. die Gegenüberstellung in KIRSCH, H.-J./KÖNIG, C./HUTER, M., in: Baetge u. a., Rechnungslegung nach IFRS, 2. Aufl., Kap. XII, Rn. 37.
958 Die Unternehmensberichterstattung ist nach dem *management approach* an die internen Führungs- und Kontrollprozesse anzulehnen. Vgl. FINK, C./KAJÜTER, P./WINKELJOHANN, N., Lageberichterstattung, S. 69, sowie grundlegend BENECKE, B., Internationale Rechnungslegung und Management Approach; MERSCHDORF, M., Management Approach in der IFRS-Rechnungslegung. Nach KAJÜTER sind bei der Berichterstattung nach dem *management approach* zwei grundlegende Aspekte zu beachten: Die Vermittlung der Sichtweise der Unternehmensleitung sowie die Verwendung von Informationen, die zu internen Steuerungszwecken eingesetzt werden. Vgl. KAJÜTER, P., in: Baetge u. a., Rechnungslegung nach IFRS, 2. Aufl., Kap. VIII, Rn. 14.
959 Vgl. DRS 20.B13.
960 Vgl. hier und zum folgenden Satz BAETGE, J./SOLMECKE, H., Das Value Reporting, S. 21.
961 Vgl. FINK, C./KAJÜTER, P./WINKELJOHANN, N., Lageberichterstattung, S. 69 f.

Einschätzungen des Managements zur Lage des Konzerns verbunden.[962] Diese Ermessensspielräume der Konzernleitung bei der Berichterstattung in der nichtfinanziellen Konzernerklärung werden jedoch von den Grundsätzen der Verlässlichkeit und der Ausgewogenheit eingeschränkt.[963]

Der Grundsatz der Vermittlung der Sicht der Konzernleitung sollte Bestandteil eines Zweck-Grundsatz-Systems für die nichtfinanzielle Konzernerklärung sein.[964] Dies folgt zwar nicht primär aus der Begründung zum CSR-RUG, nach der die Grundsätze der Finanzberichterstattung auch für die nichtfinanzielle Konzernerklärung gelten sollen.[965] Vielmehr wird mit Art. 1 Nr. 4 der CSR-Richtlinie europarechtlich die Vorgabe verankert, dass die Mitglieder der Verwaltungs-, Leitungs- und Aufsichtsorgane eines Unternehmens im Rahmen der ihnen durch einzelstaatliche Rechtsvorschriften übertragenen Zuständigkeiten die gemeinsame Aufgabe haben, sicherzustellen, dass die nichtfinanzielle Konzernerklärung richtlinienkonform erstellt wird.[966]

Die Verantwortung des Vorstands für die Erfüllung der nichtfinanziellen Berichtspflichten geht, obgleich nicht explizit kodifiziert, aus dem AktG hervor.[967] Denn mit dem CSR-RUG wurde § 170 Abs. 1 AktG dahingehend erweitert, dass der Vorstand dem Aufsichtsrat die nichtfinanzielle Konzernerklärung vorlegen muss. Aus dieser Vorlagepflicht des Vorstands folgt, dass er die grundlegenden Entscheidungen, die mit der Berichtspflicht nach § 315b verbunden sind, selbst verantworten und damit die Grundzüge der Berichterstattung selbst vorgeben muss.[968] Es ist davon auszugehen, dass der Vorstand seine Entscheidungen auf Basis eigener Beurteilungen trifft, die annahmegemäß auf intern generierten Informationen beruhen.[969] Damit sind die beiden wesentlichen Elemente, die den *management approach* und den Grundsatz der Vermittlung der Sicht der Konzernleitung charakterisieren – nämlich die Vermittlung der Sichtweise der Unternehmensleitung sowie die Verwendung von Informationen, die zu internen Steuerungszwecken eingesetzt werden – zugleich die Voraussetzung dafür, dass der Vorstand seine Vorlagepflicht gegenüber dem Aufsichtsrat erfüllen kann.[970]

Der Grundsatz der Vermittlung der Sicht der Konzernleitung sollte auch deshalb Bestandteil eines Zweck-Grundsatz-Systems für die nichtfinanzielle Konzernerklärung sein, weil er den

---

962 Vgl. zur Subjektivität der Angaben KAJÜTER, P., Instrument einer kapitalmarktorientierten Rechnungslegung, S. 199 f.

963 Vgl. KIRSCH, H.-J./KÖNIG, C./HUTER, M., in: Baetge u. a., Rechnungslegung nach IFRS, 2. Aufl., Kap. XII, Rn. 37.

964 Vgl. so auch WINKELJOHANN, N./SCHÄFER, N., in: Beck Bilanzkomm., 11. Aufl., § 289c, Rn. 13.

965 Vgl. DEUTSCHER BUNDESTAG (Hrsg.), BT-Drucksache 18/9982, S. 46 und S. 50.

966 Vgl. Art. 33 Abs. 1 Buchst. b der Richtlinie 2013/34/EU i. d. F. der Richtlinie 2014/95/EU. Auf die Zuständigkeit des Vorstands wird auch in der Begründung zum CSR-RUG hingewiesen. Vgl. DEUTSCHER BUNDESTAG (Hrsg.), BT-Drucksache 18/9982, S. 49.

967 Vgl. hier und zum folgenden Satz DEUTSCHER BUNDESTAG (Hrsg.), BT-Drucksache 18/9982, S. 65.

968 Es handelt sich dabei um eine geschäftsführende Maßnahme. Vgl. HENNRICHS, J./PÖSCHKE, M., Prüfung des "CSR-Berichts", S. 123; HECKER, A./BRÖCKER, N., Die CSR-Berichtspflicht, S. 765.

969 Davon unbenommen sind Maßnahmen zur Vorbereitung solcher Entscheidungen, wie z. B. die Erarbeitung einer Entscheidungsgrundlage. Vgl. FLEISCHER, H., Corporate Social Responsibility, S. 522.

970 Vgl. zu den beiden wesentlichen Elementen Fn. 958.

gesetzgeberischen Zielen der Verhaltenssteuerung und der Vertrauensstärkung dient. So führt die Zuständigkeit des Vorstands für die Erstellung der nichtfinanziellen Konzernerklärung dazu, dass er sich mit den Sachverhalten beschäftigt, die in Zusammenhang mit den Berichtspflichten zu nichtfinanziellen Aspekten stehen. Es ist anzunehmen, dass hierzu weitere Prozesse im berichtenden Konzern, bspw. zur Informationsbeschaffung, initiiert werden. Mithilfe der publizierten und durch den Vorstand verantworteten Angaben werden zudem vertrauensmindernde Informationsasymmetrien zwischen dem berichtenden Konzern und den Berichtsadressaten begrenzt.[971] Der Grundsatz der Vermittlung der Sicht der Konzernleitung trägt durch diesen Effekt außerdem dazu bei, dass die nichtfinanzielle Konzernerklärung ihre sachliche Ergänzungsfunktion erfüllt.

Für die praktische Anwendung[972] im Kontext der nichtfinanziellen Konzernerklärung ist der Grundsatz zu konkretisieren. So darf das Kriterium der Steuerungsrelevanz nicht so eng ausgelegt werden, dass auf Angaben zu angewandten nichtfinanziellen Konzepten verzichtet wird, nur weil die Konzernleitung nicht direkt in die darin festgelegten Maßnahmen und Prozesse eingebunden ist.[973] Sachgerecht ist es in Übereinstimmung mit WINKELJOHANN/SCHÄFER stattdessen, bereits die Einrichtung solcher Konzepte als Teil der Sorgfaltspflichten der Konzernleitung zu begreifen, so dass die Beschreibung dieser Konzepte berichtspflichtig ist. Weniger eindeutig ist die Bedeutung des Grundsatzes der Vermittlung der Sicht der Konzernleitung im Zusammenhang mit der Berichterstattung über die bedeutsamsten nichtfinanziellen Leistungsindikatoren gemäß § 315c Abs. 1 i. V. m. § 289c Abs. 3 Nr. 5. Hier knüpft der Gesetzgeber nämlich an die Berichtspflicht nach § 315 Abs. 3 an, die in DRS 20.106 dahingehend ausgelegt wird, dass nur die zu internen Steuerungszwecken genutzten nichtfinanziellen Leistungsindikatoren von der Regelung adressiert werden.[974] Ob diese Auffassung auch für die Berichterstattung in der nichtfinanziellen Konzernerklärung sachgerecht ist, wird in Abschn. 435. evaluiert.

971 Vgl. ARBEITSKREIS EXTERNE UNTERNEHMENSRECHNUNG DER SCHMALENBACH-GESELLSCHAFT (Hrsg.), Das Value Reporting, S. 2337–2340.

972 Besondere Bedeutung hat der Grundsatz der Vermittlung der Sicht der Konzernleitung u. a. für die Risikoberichterstattung nach § 315c Abs. 1 i. V. m. § 289c Abs. 3 Nr. 3 und Nr. 4. Vgl. DRS 20.B8, sowie Abschn. 433.3.

973 Vgl. hier und zum folgenden Satz WINKELJOHANN, N./SCHÄFER, N., in: Beck Bilanzkomm., 11. Aufl., § 289c, Rn. 11.

974 Diese Auffassung wird im Schrifttum geteilt. Vgl. stellvertretend SENGER, T./BRUNE, J., DRS 20: neue Anforderungen an den Konzernlagebericht, S. 1287; GROTTEL, B., in: Beck Bilanzkomm., 11. Aufl., § 315, Rn. 205; BAETGE, J./KIRSCH, H.-J./THIELE, S., Konzernbilanzen, S. 576.

344. Spezifische Grundsätze für die Berichterstattung in der nichtfinanziellen Konzernerklärung

344.1 Grundsatz der Dualität

344.11 Hypothese und Definition

Obgleich die nichtfinanzielle Konzernerklärung als ein Instrument der Finanzberichterstattung zu charakterisieren ist, unterscheidet sie sich von den anderen Instrumenten besonders dahingehend, dass die mit ihr vermittelten Informationen häufig keinen unmittelbaren Bezug zur Rechnungslegung haben.[975] Dennoch wird aus der Generalnorm nach § 315c Abs. 2 deutlich, dass die Berichterstattung sowohl die finanzielle als auch die nichtfinanzielle Ebene eines Konzerns adressieren muss. Im Schrifttum wird diese Anforderung überwiegend als „technische" Konkretisierung des Wesentlichkeitsgrundsatzes verstanden.[976] Wie in Abschn. 343.1 erläutert, wird diese Ansicht hier – unter gewissen Einschränkungen – grundsätzlich geteilt und mit dem Grundsatz der Wesentlichkeit im Zweck-Grundsatz-System der nichtfinanziellen Konzernerklärung determiniert.[977] Indes werden die inhaltlichen Anforderungen, die mit der Generalnorm verbunden sind, auf diese Weise nicht hinreichend berücksichtigt. Deshalb ist der Grundsatz der Wesentlichkeit durch einen weiteren Grundsatz zu konkretisieren.

Damit die Informationen in der nichtfinanziellen Konzernerklärung die ihnen zugeschriebene Verknüpfungsfunktion erfüllen, müssen zwei konkrete inhaltliche Voraussetzungen gegeben sein.[978] Die Angaben müssen erstens für das Verständnis des Geschäftsverlaufs, des Geschäftsergebnisses und der Lage des Konzerns sowie zweitens für das Verständnis der Auswirkungen der Geschäftstätigkeit des Konzerns auf die nichtfinanziellen Aspekte erforderlich sein.[979] Mithin sollten die Informationen zur finanziellen und zur nichtfinanziellen Ebene eines Konzerns eine Einheit bilden. Diese duale Informationsvermittlung ist für die Berichterstattung in der nichtfinanziellen Konzernerklärung so bedeutsam, dass sie als berichtsübergreifender Grundsatz formalisiert werden muss. Dieser wird im Folgenden **Grundsatz der Dualität** genannt. Bevor diese Hypothese im folgenden Abschn. 344.12 überprüft wird, ist der Inhalt dieses potentiellen Grundsatzes zunächst noch weiter zu konkretisieren. Da weder die GoL nach BAETGE/FISCHER/PASKERT noch die Grundsätze aus DRS 20 ähnliche Berichtsanforderungen formulieren, ist zunächst zu konstatieren, dass es sich um einen spezifischen Grundsatz für die Berichterstattung in der nichtfinanziellen Konzernerklärung handelt.

---

[975] Vgl. dazu Abschn. 312.

[976] Vgl. stellvertretend KAJÜTER, P., CSR-Richtlinie-Umsetzungsgesetz, S. 620 f.; BÖCKING, H.-J./ALTHOFF, C., Konzernlagebericht: Änderungen von DRS 20, S. 1456.

[977] Vgl. für eine eingehende Analyse und Konkretisierung des Wesentlichkeitskriteriums im Rahmen der nichtfinanziellen Konzernerklärung Abschn. 431.

[978] Vgl. dazu Abschn. 333.3.

[979] Vgl. hier und zum folgenden Satz WINKELJOHANN, N./SCHÄFER, N., in: Beck Bilanzkomm., 11. Aufl., § 289c, Rn. 30.

Anknüpfungspunkte für eine Konkretisierung des Grundsatzes bieten die Leitlinien für die Berichterstattung über nichtfinanzielle Informationen der EU-Kommission und das IR-Rahmenwerk des IIRC.[980] So sieht die EU-Kommission den Zweck ihrer Leitlinien u. a. darin, finanzielle und nichtfinanzielle Informationen miteinander zu verknüpfen, so dass bestehende Wechselwirkungen transparent werden.[981] Mit dem Grundsatz der Konsistenz und Kohärenz wird gefordert, dass Zusammenhänge, die zwischen der nichtfinanziellen Konzernerklärung und den anderen im Lagebericht enthaltenen Informationen – also zwischen nichtfinanzieller und finanzieller Ebene – bestehen, deutlich gemacht werden.[982] Damit soll gewährleistet werden, dass die Adressaten der nichtfinanziellen Konzernerklärung Interdependenzen nachvollziehen können.

Kernelement des IR-Rahmenwerks ist die Entwicklung einer konzeptionellen Basis, mit deren Hilfe u. a. die Finanzberichterstattung mit Informationen aus freiwilligen Nachhaltigkeitsberichten verknüpft werden kann, was dem Grundsatz der Dualität sehr nahe kommt.[983] Zu diesem Zweck wird auch der Grundsatz der Informationsverknüpfung definiert.[984] Demnach soll das Zusammenspiel verschiedener Erfolgsfaktoren ebenso berichtet werden wie die Effekte, die sich daraus auf finanzieller Ebene für den Konzern ergeben.[985] Übertragen auf die nichtfinanzielle Konzernerklärung wären die finanziellen Implikationen zu berichten, die sich aus den Auswirkungen der Geschäftstätigkeit auf die nichtfinanziellen Aspekte ergeben.

Im folgenden Abschn. 344.12 wird mithilfe der hermeneutischen Methode überprüft, ob das Zweck-Grundsatz-System für die nichtfinanzielle Konzernerklärung um einen Grundsatz der Dualität zu ergänzen ist. Kernelement des Grundsatzes ist die Verknüpfung finanzieller und nichtfinanzieller Informationen im Rahmen der Berichterstattung, so dass die positiven und negativen Interdependenzen zwischen finanziellen und nichtfinanziellen Faktoren für die Adressaten deutlich werden.

344.12 Hermeneutische Herleitung

Die im vorstehenden Abschn. 344.11 verfasste Hypothese wird vom **Wortlaut und Wortsinn** der Generalnorm nach § 315c Abs. 2 bestätigt.[986] Die darin formulierte grundlegende Anforderung an die Berichterstattung in der nichtfinanziellen Konzernerklärung adressiert mit dem Satzteil „[…] die für das Verständnis des Geschäftsverlaufs, des Geschäftsergebnisses, der

---

980 Vgl. Abbildung 3-3 in Abschn. 341.

981 Vgl. EU-Kommission (Hrsg.), ABl. C 215 vom 05.07.2017, S. 5.

982 Vgl. EU-Kommission (Hrsg.), ABl. C 215 vom 05.07.2017, S. 9.

983 Vgl. IIRC (Hrsg.), The International <IR> Framework, Rn. 2.6–2.9.

984 Vgl. dazu ausführlich Kajüter, P./Blaesing, D./Hannen, S., "Connectivity of information" as a key principle of integrated reporting, S. 199–205.

985 Vgl. Dolderer, C./Rieht, L./Schmidt, M., in: Baetge u. a., Rechnungslegung nach IFRS, 2. Aufl., Kap. XI, Rn. 142.

986 Die Generalnorm nach § 315c Abs. 2 lautet wörtlich: „§ 289c Absatz 3 gilt mit der Maßgabe, dass diejenigen Angaben zu machen sind, die für das Verständnis des Geschäftsverlaufs, des Geschäftsergebnisses, der Lage des Konzerns sowie der Auswirkungen seiner Tätigkeit auf die in § 289c Absatz 2 genannten Aspekte erforderlich sind.“

Lage des Konzerns […] erforderlich sind […]" die finanzielle Ebene eines Konzerns. Die nichtfinanzielle Ebene eines Konzerns wird anschließend vom Satzteil „Auswirkungen seiner Tätigkeit auf die in § 289c Absatz 2 genannten [nichtfinanziellen; Anm. d. Verf.] Aspekte" erfasst. Die Konjunktion „sowie" verbindet die beiden Anforderungen an die Informationsvermittlung.[987] Folglich wird die Generalnorm nur von Angaben erfüllt, die beide Ebenen adressieren. Damit dies gelingt, sind die beiden Ebenen miteinander zu verknüpfen, so dass Interdependenzen für die Adressaten transparent werden. Ob der duale Informationscharakter auf quantitativen oder qualitativen Verknüpfungen basiert ist dabei unerheblich. Mithin würde sowohl die Angabe, dass die Minderung von Kohlenstoffdioxidemissionen um X-% zu Einsparungen i. H. v. Betrag-Y geführt hat, als auch die Information, dass künftig ergebniswirksame Effekte aus dem Erwerb von zusätzlichen Emissionszertifikaten zu erwarten sind, die Anforderungen an die Berichterstattung in der nichtfinanziellen Konzernerklärung i. S. d. Grundsatzes der Dualität erfüllen.[988] Die Unbestimmtheit der Angaben wird dabei vom Grundsatz der Klarheit begrenzt.[989]

Der **Bedeutungszusammenhang der gesetzlichen Vorschriften** zur nichtfinanziellen Konzernerklärung expliziert die Anforderungen aus der Generalnorm. Wie bereits in Abschn. 333.3 ausführlich erläutert, ist der Grundsatz der Dualität nach § 315c Abs. 1 i. V. m. § 289c Abs. 3 gleich mehrfach kodifiziert. Die einzelnen Berichtspflichten adressieren – vergleichbar zur Konzeption der Generalnorm – jeweils sowohl die finanzielle als auch die nichtfinanzielle Ebene eines Konzerns.[990] Zudem bilden die Berichtspflichten nach § 315c Abs. 1 i. V. m. § 289c Abs. 2 sowie nach § 315c Abs. 1 i. V. m. § 289c Abs. 3 Nr. 6 ein systematisches „Korsett", das eine duale Informationsvermittlung sicherstellen soll. Während § 315c Abs. 1 i. V. m. § 289c Abs. 2 die nichtfinanziellen Aspekte und damit die nichtfinanzielle Ebene eines Konzerns als eindeutigen Bezugspunkt der Berichterstattung bestimmt, stellt § 315c Abs. 1 i. V. m. § 289c Abs. 3 Nr. 6 eine Verbindung zur finanziellen Ebene eines Konzerns her. Die Angaben in der nichtfinanziellen Konzernerklärung sind jedoch nur um Hinweise auf Beträge im Konzernabschluss zu ergänzen, sofern dies für das Verständnis erforderlich ist. Damit knüpft der Wortlaut in § 289c Abs. 3 Nr. 6 an die Generalnorm nach § 315c Abs. 2, da jeweils die für das Verständnis erforderlichen Angaben zu machen sind. Die Norm fungiert in diesem Kontext als Auffangregelung, die immer dann greift, wenn die Forderung aus der Generalnorm nach einer Verknüpfung der Berichterstattung mit der finanziellen Ebene eines Konzerns nicht bereits ohnehin erfolgt.

[987] Vgl. für die verknüpfende Funktion der Konjunktion „sowie" BIBLIOGRAPHISCHES INSTITUT GMBH (Hrsg.), „sowie" laut Duden.

[988] Obgleich beide Beispiele grundsätzlich die Anforderungen des Grundsatzes der Dualität erfüllen, ist die Informationsqualität dieser Angaben unterschiedlich hoch.

[989] Vgl. für eine besonders gelungene Informationsverknüpfung allgemein den integrierten Geschäftsbericht der SAP AG und speziell für ein ähnliches Bsp. SAP (Hrsg.), Geschäftsbericht 2017, S. 97 f.

[990] Dies gilt bereits nach dem Wortlaut z. B. für die Berichtspflichten zu nichtfinanziellen Leistungsindikatoren nach § 315c Abs. 1 i. V. m. § 289c Abs. 3 Nr. 5. Vgl. dazu auch die Ausführungen in Abschn. 333.3.

Bereits die ersten beiden Kriterien der hermeneutischen Methode lassen unter objektiven Gesichtspunkten nur den Schluss zu, dass nach den handelsrechtlichen Vorschriften eine Berichterstattung entsprechend dem Grundsatz der Dualität geboten ist.[991] Diese Einschätzung ändert sich auch bei einer isolierten Betrachtung der **Entstehungsgeschichte** des CSR-RUG sowie den dazu dokumentierten **Ansichten des Gesetzgebers** nicht. Die mithilfe der bislang betrachteten hermeneutischen Kriterien gewonnenen Erkenntnisse zum Grundsatz der Dualität können zudem auch unter **objektiv teleologischen Gesichtspunkten** bestätigt werden. Schließlich fördern die mit dem Grundsatz der Dualität zusammenhängenden Anforderungen eine zielkonforme Informationsvermittlung. So ist es für eine sinnvoll verknüpfte Berichterstattung – i. S. d. Ziels der Verhaltenssteuerung – erforderlich, innerhalb des Konzerns Know-how über die Bedeutung nichtfinanzieller Aspekte aufzubauen, um die Zusammenhänge zwischen finanzieller und nichtfinanzieller Ebene identifizieren und bewerten zu können. Zudem bietet diese Form der Berichterstattung den Adressaten einen bedeutenden Mehrwert, da vertrauensmindernde Informationsasymmetrien begrenzt werden können.

Da keine Anhaltspunkte dafür bekannt sind, dass mit der Generalnorm nach § 315c Abs. 2 **verfassungsrechtliche** Bedenken verbunden sind, ist das Zweck-Grundsatz-System für die nichtfinanzielle Konzernerklärung um den Grundsatz der Dualität zu erweitern. Demnach müssen Angaben sowohl die finanzielle als auch die nichtfinanzielle Ebene des berichtenden Konzerns adressieren. Dies setzt voraus, dass die beiden Ebenen inhaltlich miteinander verknüpft werden, damit bestehende Zusammenhänge für die Adressaten transparent werden. Angaben können quantitativ oder qualitativ verknüpft werden.

344.2 Grundsatz der Adressatenorientierung

344.21 Hypothese und Definition

Die Vermittlung von Informationen im handelsrechtlichen Lagebericht hat sich nach BAETGE/FISCHER/PASKERT an den **Informationsinteressen der Berichtsadressaten** zu orientieren, wobei die Interessen der Adressaten die Unternehmensinteressen dominieren.[992] Eine ähnlich gelagerte Interessenregelung existiert für die nichtfinanzielle Konzernerklärung nicht explizit.[993] Dennoch wird im Schrifttum der auffallend adressatenorientierte Charakter der

991 An dieser Stelle sei darauf hingewiesen, dass eine i. S. d. IR-Rahmenwerks verknüpfte und damit dem Grundsatz der Dualität entsprechende Berichterstattung auch im Rahmen der Konzernlageberichterstattung nicht unbekannt ist. Vgl. für einen kurzen Überblick DOLDERER, C./RIEHT, L./SCHMIDT, M., in: Baetge u. a., Rechnungslegung nach IFRS, 2. Aufl., Kap. XI, Rn. 142–150. Nach § 315 Abs. 3 sind in die Analyse des Geschäftsverlaufs und der Lage des Konzerns die wichtigsten nichtfinanziellen Leistungsindikatoren einzubeziehen. Mithin werden die finanzielle und die nichtfinanzielle Ebene eines Konzerns auch im Konzernlagebericht partiell miteinander verknüpft. Vgl. dazu NAUMANN, K.-P., Integrierte Finanz- und Nachhaltigkeitsberichterstattung, S. I; SCHMIDT, M., Möglichkeiten und Grenzen einer integrierten Finanz- und Nachhaltigkeitsberichterstattung, S. 137 f.

992 Vgl. dazu Abschn. 331.

993 Vgl. dazu Abschn. 334.

nichtfinanziellen Konzernerklärung hervorgehoben.[994] Dabei wird betont, dass einzelne Adressatengruppen bei der Informationsvermittlung weder bevorzugt noch ausgeschlossen werden dürfen.[995] Indes ist fraglich, wie die Informationsinteressen des breiten Adressatenkreises der nichtfinanziellen Konzernerklärung – besonders der Öffentlichkeit – praktisch erfüllt werden können. Fraglich ist ferner, ob die adressatenorientierte Ausrichtung der nichtfinanziellen Konzernerklärung als berichtsübergreifender Grundsatz in das zu entwickelnde Zweck-Grundsatz-System aufzunehmen ist.

BALLWIESER bejaht diese Frage allgemein für die Finanzberichterstattung mit den von ihm entwickelten Informations-GoB.[996] Mit Verweis auf MOXTER konstatiert er, dass eine sinnvolle Informationsvermittlung ohne einen klar definierten Adressaten nicht möglich ist.[997] Eine adressatenneutrale Berichterstattung kann mithin weder ziel- noch zweckkonform sein.[998] Gemäß dem Grundsatz der Adressatenorientierung nach BALLWIESER ist es erforderlich, Angaben eindeutig an den Informationsinteressen der spezifischen Adressaten zu orientieren.[999]

Ähnlich konzipiert ist der sog. Grundsatz der Ausrichtung auf Interessenträger in den Leitlinien für die Berichterstattung über nichtfinanzielle Informationen der EU-Kommission.[1000] Demnach soll den Informationsbedürfnissen aller relevanter Adressaten Rechnung getragen werden. Je nach Sachverhalt kann der Adressatenkreis variieren. Eine Dominanz bestimmter Interessenträger sieht die EU-Kommission nicht. Allerdings kann es zweckdienlich sein, im Rahmen der nichtfinanziellen Konzernerklärung die Beziehungen zu den Adressaten zu erläutern sowie darüber zu berichten, wie die Adressaten Entscheidungen mit Auswirkungen auf nichtfinanzielle Aspekte beeinflussen.

Weitere inhaltliche Anknüpfungspunkte für einen Grundsatz der Adressatenorientierung enthalten die Rahmenwerke der GRI und des IIRC.[1001] So müssen die Ersteller eines Nachhaltigkeitsberichts nach den Vorgaben der GRI-*Standards* den Grundsatz der Einbeziehung der Stakeholder beachten.[1002] Nach diesem sind die Berichtsadressaten zunächst eindeutig zu identifizieren. Bei Entscheidungen über den Inhalt des Berichts müssen dann die berechtigten und angemessenen Erwartungen der Adressaten berücksichtigt werden. So soll das Vertrauen der Ad-

---

994 Vgl. hier und zum folgenden Satz stellvertretend m. w. N. WULF, I., Neue Berichtspflichten, S. 100–110; MOCK, S., in: Hachmeister u. a., BilR, § 289c, Rn. 9; WINKELJOHANN, N./SCHÄFER, N., in: Beck Bilanzkomm., 11. Aufl., § 289c, Rn. 3.

995 Damit scheidet ein im älteren Schrifttum vertretener Ansatz, demzufolge die Öffentlichkeit kein regulärer Adressat der Lageberichterstattung sein kann, für die nichtfinanzielle Konzernerklärung aus. Vgl. im Kontext des Lageberichts TICHY, E., Inhalt des Lageberichts, S. 50–59; STOBBE, T., Der Lagebericht, S. 305; BAETGE, J./FISCHER, T. R./PASKERT, D., Der Lagebericht, S. 10 f.

996 Vgl. hier und zum folgenden Satz BALLWIESER, W., Informations-GoB, S. 115.

997 Vgl. MOXTER, A., Fundamentalgrundsätze, S. 94.

998 Vgl. MOXTER, A., Fundamentalgrundsätze, S. 95.

999 Vgl. BALLWIESER, W., Informations-GoB, S. 115 f.

1000 Vgl. hier und zum verbleibenden Absatz EU-KOMMISSION (Hrsg.), ABl. C 215 vom 05.07.2017, S. 9.

1001 Vgl. Abbildung 3-3 in Abschn. 341.

1002 Vgl. hier und zu den folgenden vier Sätzen GRI (Hrsg.), GRI 101: "Foundation", S. 8.

ressaten in die berichtenden Organisationen gestärkt werden. Zu diesem Zweck kann es erforderlich sein, im Rahmen der Informationsvermittlung einzelne Adressatengruppen explizit anzusprechen. Der Grundsatz der Stakeholderorientierung aus dem IR-Rahmenwerk fordert primär Informationen über die Beziehung zu den verschiedenen Adressaten.[1003] Zudem soll darüber berichtet werden, in welchem Umfang die Informationsbedürfnisse berücksichtigt werden und wie die Adressaten selbst an der Bestimmung von Berichtsinhalten mitwirken.[1004]

Im folgenden Abschn. 344.22 wird mit der hermeneutischen Methode überprüft, ob der Grundsatz der Adressatenorientierung in das Zweck-Grundsatz-System der nichtfinanziellen Konzernerklärung aufzunehmen ist. Nach diesem Grundsatz wären die vermittelten Informationen jeweils auf die spezifischen Bedürfnisse der relevanten Adressatengruppen – also die Kapitalgeber des Konzerns, weitere Stakeholder wie z. B. Mitarbeiter und Kunden sowie die Öffentlichkeit – anzupassen.[1005] Darüber hinaus sollte zu den einzelnen Angaben erläutert werden, inwieweit die relevanten Adressatengruppen Einfluss darauf haben, ob bestimmte Elemente in die nichtfinanzielle Konzernerklärung integriert werden.

344.22 Hermeneutische Herleitung

Der **Wortlaut und Wortsinn** der Generalnorm nach § 315c Abs. 2 bedingt, dass in der nichtfinanziellen Konzernerklärung „[...] diejenigen Angaben zu machen sind, die für das Verständnis [...] erforderlich sind.“ Indes wird aus der Vorschrift nicht explizit klar, wessen Verständnis damit adressiert wird. Faktisch kann es sich aber nur um die Adressaten der nichtfinanziellen Konzernerklärung handeln. Das heißt, die Angaben in der nichtfinanziellen Konzernerklärung sind mit den Informationsbedürfnissen der Adressaten in Einklang zu bringen. Insofern bestätigt der Inhalt der Generalnorm die Hypothese zum Grundsatz der Adressatenorientierung. Da jedoch bereits in Abschn. 343.1 und in Abschn. 344.1 die Grundsätze der Wesentlichkeit und der Dualität aus der Generalnorm abgeleitet wurden, ist fraglich, ob ein weiterer Grundsatz zur Konkretisierung der Berichtsanforderungen in § 315c Abs. 2 erforderlich ist.

Während der Grundsatz der Dualität die inhaltliche Verknüpfung von Informationen zur finanziellen und zur nichtfinanziellen Ebene des berichtenden Konzerns im Rahmen der nichtfinanziellen Konzernerklärung fordert und die Adressatenfrage nicht berührt, determiniert der Grundsatz der Wesentlichkeit, ob bestimmte Angaben zu berichten sind oder nicht.[1006] Obgleich eine Information grundsätzlich wesentlich ist, wenn die Adressaten ohne sie Schaden nehmen würden, wird die Wesentlichkeit einer Information häufig nicht qualitativ im Kontext der Informationsinteressen der Stakeholder, sondern technisch bzw. mithilfe quantitativer Größen bestimmt.[1007] Der Grundsatz der Wesentlichkeit wird diesbezüglich mit dem Grundsatz der

[1003] Vgl. IIRC (Hrsg.), The International <IR> Framework, Rn. 3.10–3.16.
[1004] In DRS 20.B82 wird die Bedeutung eines kontinuierlichen Stakeholderdialogs ebenfalls betont.
[1005] Vgl. für eine detaillierte Differenzierung der Adressatengruppen der nichtfinanziellen Konzernerklärung Abschn. 313.
[1006] Vgl. zum Grundsatz der Dualität Abschn. 344.1, sowie zum Grundsatz der Wesentlichkeit Abschn. 343.1.
[1007] Vgl. IDW (Hrsg.), WP-Handbuch 2017, Kap. F, Rn. 1345. Besonders anschaulich sind die praxisbewährten

Adressatenorientierung konkretisiert. So ist die Wesentlichkeit einer Angabe auch unabhängig von quantitativen Größen daran zu bemessen, ob sie für einzelne Adressaten einen besonders hohen Informationsnutzen hat.

Auch der **Bedeutungszusammenhang der gesetzlichen Vorschriften** zeigt, dass sich die Berichterstattung in der nichtfinanziellen Konzernerklärung in hohem Maße an den Informationsinteressen der Adressaten orientieren sollte. So adressieren die nichtfinanziellen Aspekte, die nach § 315c Abs. 1 i. V. m. § 289c Abs. 2 den inhaltlichen Bezugsrahmen der nichtfinanziellen Konzernerklärung bilden, offensichtlich gezielt bestimmte Stakeholder.[1008] Hauptadressaten der Informationen zu Arbeitnehmerbelangen nach § 315c Abs. 1 i. V. m. § 289c Abs. 2 werden z. B. regelmäßig die Mitarbeiter eines Konzerns sein. Dabei berühren die vom Gesetzgeber konkretisierten Sachverhalte teilweise noch spezifischere Adressatenkreise. Dies gilt im Kontext der Arbeitnehmerbelange bspw. für den Sachverhalt „Achtung der Rechte der Gewerkschaften", der in besonderem Maße für die organisierte Arbeitnehmerschaft eines Konzerns von Interesse sein dürfte. Die Berichterstattung zum Aspekt Sozialbelange bzw. zu dessen Sachverhalten richtet sich demgegenüber in erster Linie an die Vertreter von Kommunen und lokalen Gemeinschaften, wie z. B. Behörden und Bürgerinitiativen.

Die **Entstehungsgeschichte der Vorschriften** und die dazu dokumentierten **Ansichten des Gesetzgebers** bestätigen die Erkenntnisse der Analyse der beiden zuvor untersuchten hermeneutischen Kriterien. So wird die Adressatenorientierung der nichtfinanziellen Konzernerklärung in den Erwägungsgründen der CSR-Richtlinie, die die Entstehungsgeschichte der Richtlinie zumindest teilweise widerspiegeln, gleich mehrfach betont.[1009] In Erwägungsgrund Nr. 10 wird bspw. das Informationsrecht der Adressaten hervorgehoben. Diesbezüglich sollen die Mitgliedstaaten dafür sorgen, „dass wirksame nationale Verfahren eingerichtet sind, mit denen die Erfüllung der Pflichten nach […] [der CSR-Richtlinie; Anm. d. Verf.] gewährleistet wird, und dass diese Verfahren allen natürlichen und juristischen Personen offenstehen, die gemäß nationalen Rechts ein berechtigtes Interesse daran haben, dass sichergestellt wird, dass die Bestimmungen dieser Richtlinie eingehalten werden."[1010] Auch in der Gesetzesbegründung zum CSR-RUG wird mehrfach auf die Bedeutung der Informationsinteressen der Adressaten hingewiesen. So soll die Konkretisierung der nichtfinanziellen Aspekte insbesondere als Orientierungshilfe dabei dienen, aus Sicht der Adressaten relevante Berichtsfelder zu identifizieren.[1011] Zudem werden in unterschiedlichen Zusammenhängen, z. B. mit Blick auf die Berichterstattung

technischen Wesentlichkeitsgrenzen in der Abschlussprüfung IDW (Hrsg.), WP-Handbuch 2017, Kap. L, Rn. 43.

1008 Die nichtfinanziellen Aspekte bestimmen die Reichweite der nichtfinanziellen Berichterstattung und bilden so den inhaltlichen Bezugsrahmen. Vgl. WINKELJOHANN, N./SCHÄFER, N., in: Beck Bilanzkomm., 11. Aufl., § 289c, Rn. 20.

1009 Vgl. hier und zum folgenden Satz EU (Hrsg.), ABl. L 330 vom 15.11.2014, S. 2.

1010 EU (Hrsg.), ABl. L 330 vom 15.11.2014, S. 2. Der Inhalt des zitierten Erwägungsgrundes wurde europarechtlich nicht verankert. Dass der deutsche Gesetzgeber den handelsrechtlichen Sanktionsrahmen dennoch erheblich verschärft hat, zeigt die Bedeutung, die der Gesetzgeber den Informationsinteressen beimisst. Vgl. m. w. N. Abschn. 322.222.1.

1011 Vgl. DEUTSCHER BUNDESTAG (Hrsg.), BT-Drucksache 18/9982, S. 47.

über Due-Diligence-Prozesse sowie der Lieferkette inhärente Risiken, spezifische Informationsadressaten der Angaben benannt.[1012]

Unter **objektiv teleologischen Gesichtspunkten** scheint es ebenfalls geboten zu sein, den Grundsatz der Adressatenorientierung in das Zweck-Grundsatz-System der nichtfinanziellen Konzernerklärung aufzunehmen. Eine explizite inhaltliche Orientierung der Berichtsinhalte an den Informationsbedürfnissen der Berichtsadressaten führt dazu, dass das Vertrauen in die Konzerne gestärkt wird. Diese Zielkongruenz ist auch für das Ziel der Verhaltenssteuerung gegeben, da die Auseinandersetzung mit den Informationsbedürfnissen der Adressaten berichtende Konzerne für die Belange nichtfinanzieller Aspekte sensibilisiert.

Vor dem Hintergrund, dass mit dem Grundsatz der Adressatenorientierung **keine verfassungsrechtlich bedenklichen** Forderungen verbunden sind, was im Übrigen auch für dessen Deduktionsgrundlage, die Generalnorm nach § 315c Abs. 2 gilt, wird er in Abschn. 35 mit den zuvor hergeleiteten Elementen zu einem Zweck-Grundsatz-System für die nichtfinanzielle Konzernerklärung zusammengeführt.

344.3 Grundsatz der Nachhaltigkeit

344.31 Hypothese und Definition

Im Schrifttum wird die nichtfinanzielle Konzernerklärung oftmals in einem engen Bedeutungszusammenhang zur Nachhaltigkeitsberichterstattung diskutiert.[1013] Obgleich die nichtfinanzielle Konzernerklärung ein Instrument der Finanzberichterstattung ist, ist dieser Bedeutungszusammenhang mit Blick auf die Verknüpfungsfunktion der nichtfinanziellen Konzernerklärung nicht falsch.[1014] Demnach soll die Berichterstattung in der nichtfinanziellen Konzernerklärung die finanzielle und die nichtfinanzielle Ebene des berichtenden Konzerns miteinander verknüpfen und die nachhaltigen Wirkungszusammenhänge zeigen. Indes hat der Begriff der Nachhaltigkeit unterschiedliche Bedeutungen. Synonyme für das dem Wortstamm zugehörige Adjektiv „nachhaltig" sind bspw. „anhaltend", „auf lange Sicht" und „dauerhaft".[1015] Dem Begriff der Nachhaltigkeit ist folglich eine zeitliche Dimension inhärent. In diesem Zusammenhang sei auf die zeitliche Ergänzungsfunktion hingewiesen, die von den Angaben in der nichtfinanziellen Konzernerklärung erfüllt werden soll.[1016]

Im Kontext der Nachhaltigkeitsberichterstattung wird der Begriff der Nachhaltigkeit zudem gleichbedeutend mit einem verantwortungsbewussten Handeln von Unternehmen im Sinne des

[1012] Vgl. Deutscher Bundestag (Hrsg.), BT-Drucksache 18/9982, S. 49–53.
[1013] Vgl. Nemet, M./Eggert, K., Berichtspflicht für Nachhaltigkeit, S. 156–161; Kumm, N./Woodtli, R. M., Nachhaltigkeitsberichterstattung, S. 218–232; Lühn, M., Nachhaltigkeitsberichterstattung, S. 102–107.
[1014] Vgl. zum Charakter der nichtfinanziellen Konzernerklärung Abschn. 312.
[1015] Bibliographisches Institut GmbH (Hrsg.), „nachhaltig" laut Duden.
[1016] Vgl. dazu Abschn. 333.1.

Ziels der Verhaltenssteuerung verstanden.[1017] Eine einheitliche Definition hat sich bislang jedoch nicht durchgesetzt.[1018] Allgemein anerkannt ist die Begriffsbestimmung der *World Commission on Environment and Development* (WCED). Nachhaltigkeit ist nach dieser Definition gegeben, „wenn die Bedürfnisse der Gegenwart befriedigt [werden; Anm. d. Verf.], ohne zu riskieren, dass künftige Generationen ihre eigenen Bedürfnisse nicht befriedigen können.“[1019] Inwiefern die berichtspflichtigen Konzerne nachhaltig handeln, sollte aus der nichtfinanziellen Konzernerklärung i. S. d. sachlichen Ergänzungsfunktion deutlich werden.

Fraglich ist, ob der Nachhaltigkeitsaspekt in seiner zeitlichen und/oder seiner inhaltlichen Ausprägung als berichtsübergreifender Grundsatz in ein Zweck-Grundsatz-System für die nichtfinanzielle Konzernerklärung zu implementieren ist. Konzeptionelle Anknüpfungspunkte für einen entsprechenden Grundsatz bieten sowohl die Leitlinien für die Berichterstattung über nichtfinanzielle Informationen der EU-Kommission (Grundsatz der strategischen und zukunftsorientierten Berichterstattung) als auch die Rahmenwerke der GRI (Grundsatz des Nachhaltigkeitskontexts) und des IIRC (Grundsatz des strategischen Fokusses und der Zukunftsorientierung).[1020] So fordert die EU-Kommission eine Berichterstattung, die strategisch und zukunftsorientiert ist.[1021] Damit soll eine kurz-, mittel- und langfristige Informationsperspektive verbunden sein. Zudem wird erwartet, dass Unternehmen Informationen zu ihrer nachhaltigen Geschäftsstrategie offenlegen. In diesem Zusammenhang sollen z. B. die Einflüsse der in den Konzepten zu beschreibenden Ziele und Maßnahmen in Bezug auf die nichtfinanziellen Aspekte erläutert werden.

In einem Nachhaltigkeitsbericht entsprechend der GRI-*Standard*s bedingt der Grundsatz des Nachhaltigkeitskontexts, dass das Geschäftsergebnis in einen Zusammenhang mit den nichtfinanziellen Entwicklungen zu bringen ist.[1022] Das Verhältnis der Geschäftstätigkeit des berichtenden Konzerns und den daraus resultierenden Auswirkungen auf die nichtfinanziellen Aspekte soll deutlich werden. Mithin sind nach dem Grundsatz des Nachhaltigkeitskontexts Angaben zu machen, die den positiven oder negativen Beitrag des berichterstattenden Konzerns zur Situation der nichtfinanziellen Aspekte beschreiben.

Nach dem Grundsatz des strategischen Fokusses und der Zukunftsorientierung des IR-Rahmenwerks sollten die berichtenden Konzerne einen Einblick in die von ihnen verfolgte Geschäfts- und Nachhaltigkeitsstrategie gewähren.[1023] Mithilfe dieser Angaben soll es den Adressaten möglich sein, zu erkennen, wie kurz-, mittel- und langfristig der Unternehmenswert gesteigert

[1017] Vgl. THIEMANN, M., Nachhaltigkeitsberichterstattung, S. 277.

[1018] Vgl. BEIERSDORF, K., Nachhaltigkeit in der Unternehmensberichterstattung, S. 51. Ursprünglich wurde der Begriff der Nachhaltigkeit im Kontext der Forstwirtschaft verwendet, deren wichtigste Aufgabe die dauerhafte Erhaltung des Waldes ist. Vgl. DÄZEL, G. A., Anleitung zur Forstwirtschaft, S. 258.

[1019] WCED (Hrsg.), Our Common Future, S. 41. Diese Definition wird z. B. im Brundtland Report erneut aufgegriffen. Vgl. UNITED NATIONS (Hrsg.), Our Common Future, S. 37.

[1020] Vgl. Abbildung 3-3 in Abschn. 341.

[1021] Vgl. hier und zu den folgenden drei Sätzen EU-KOMMISSION (Hrsg.), ABl. C 215 vom 05.07.2017, S. 8 f.

[1022] Vgl. hier und zu den folgenden beiden Sätzen GRI (Hrsg.), GRI 101: "Foundation", S. 9.

[1023] Vgl. hier und zum folgenden Satz IIRC (Hrsg.), The International <IR> Framework, Rn. 3.3–3.5.

werden kann und wie sich die dafür erforderlichen Aktivitäten u. a. auf die nichtfinanziellen Aspekte auswirken.

Den drei betrachteten Grundsätzen ist gemein, dass sie einen kurz-, mittel- und langfristigen Berichtshorizont adressieren sowie Informationen zur Nachhaltigkeit der Geschäftsstrategie und den damit verbundenen Auswirkungen auf die nichtfinanziellen Aspekte fordern. Ähnlich war der „Grundsatz der Konzentration auf die nachhaltige Wertschaffung" im zwischenzeitlich durch DRS 20 ersetzten DRS 15 konzipiert, der von BAETGE/SOLMECKE als „Grundsatz der Nachhaltigkeit" bezeichnet wird.[1024] Nach diesem Grundsatz waren „alle zum Berichtszeitpunkt bekannten Ereignisse, Entscheidungen und Faktoren anzugeben und zu erläutern, die aus Sicht der Unternehmensleitung einen wesentlichen Einfluss auf die weitere Wertentwicklung des Unternehmens haben können."[1025] An diesem Zitat wird die enge Verbindung zum Grundsatz der Vermittlung der Sicht der Konzernleitung deutlich.[1026] Inhaltlich fordert der Grundsatz der Konzentration auf die nachhaltige Wertschaffung einen mehrperiodigen Berichtshorizont, der die kurz- und die langfristige Perspektive miteinander verknüpft.[1027] Dies bedingt ggf. auch einen Soll-Ist-Vergleich.[1028] Darüber hinaus wurden mit diesem Grundsatz erstmals explizit Informationen zu nichtfinanziellen Aspekten und deren Beitrag zur nachhaltigen Wertentwicklung des berichtenden Konzerns postuliert.[1029] Der Grundsatz der Konzentration auf die nachhaltige Wertschaffung ist im DRS 20 jedoch nicht mehr enthalten.[1030] Begründet wird dies in DRS 20.B12 damit, dass es sich um kein standardübergreifendes Berichterstattungsprinzip handelt.[1031] Dies spricht jedoch nicht per se gegen die Berücksichtigung eines ähnlich konzipierten Nachhaltigkeitsgrundsatzes in einem Zweck-Grundsatz-System der nichtfinanziellen Konzernerklärung, da hierbei andere handelsrechtliche Vorschriften zu beurteilen sind als im Kontext des Konzernlageberichts.[1032]

Im folgenden Abschn. 344.32 wird deshalb mithilfe der hermeneutischen Methode untersucht, ob für die Berichterstattung in der nichtfinanziellen Konzernerklärung der **Grundsatz der**

1024 Vgl. zum „Grundsatz der Konzentration auf die nachhaltige Wertschaffung" DRS 15.30–35; MÜßIG, A., Lagebericht und Value Reporting, S. 200–203. Vgl. zur abgeänderten Bezeichnung BAETGE, J./SOLMECKE, H., Das Value Reporting, S. 22.

1025 DRS 15.30.

1026 Vgl. MÜßIG, A., Lagebericht und Value Reporting, S. 200.

1027 Vgl. DRS 15.33–35; WILLEKE, C., Der E-DRS 20 „Lageberichterstattung", S. 361.

1028 Vgl. DRS 15.33; BUCHHEIM, R./KNORR, L., Der Lagebericht nach DRS 15, S. 417; DEUTSCHER BUNDESTAG (Hrsg.), BT-Drucksache 15/3419, S. 30.

1029 Vgl. DRS 15.31 f.; MÜßIG, A., Lagebericht und Value Reporting, S. 200–203.

1030 Vgl. hier und zum folgenden Satz GROS, M./KOCH, S./WALLEK, C., E-DRS 27, S. 114; BÖCKING, H.-J. U. A., Der neue Konzernlagebericht nach DRS 20, S. 37.

1031 Zudem sind bspw. die Angaben zu Zielen und Strategien nur freiwillig zu berichten. Vgl. ZÜLCH, H./HÖLTKEN, M., Lageberichterstattung nach DRS 20, S. 2462. Im Entwurf des DRS 20 (dem E-DRS 27) war noch eine verpflichtende Strategieberichterstattung vorgesehen. Vgl. GROS, M./KOCH, S./WALLEK, C., E-DRS 27, S. 114.

1032 Ohnehin muss auch eine dem DRS 20 entsprechende Berichterstattung mindestens den gleichen Bezug zur Nachhaltigkeit haben wie DRS 15. Vgl. LACKMANN, J./STICH, M., Anwendung des DRS 20, S. 239–241; ZÜLCH, H./KRETZMANN, C. W., Profitabilität und Verantwortung, S. 2463.

Nachhaltigkeit zu berücksichtigen ist. Im Kern wären in diesem Fall im Zuge der Berichterstattung dann ein kurz-, mittel- und langfristiger Berichtshorizont zu adressieren und Informationen zur Nachhaltigkeit der Geschäftsstrategie und den damit verbundenen Auswirkungen auf die nichtfinanziellen Aspekte offenzulegen.

344.32 Hermeneutische Herleitung

Der **Wortlaut und Wortsinn** der Generalnorm nach § 315c Abs. 2 enthält einen ersten Anhaltspunkt dafür, dass der Grundsatz der Nachhaltigkeit, wie er zuvor in Abschn. 344.31 charakterisiert wurde, in ein Zweck-Grundsatz-System für die nichtfinanzielle Konzernerklärung aufzunehmen ist. So müssen die Angaben für das Verständnis der Auswirkungen der Geschäftstätigkeit auf die nichtfinanziellen Aspekte erforderlich sein.[1033] Zwar wird die Hypothese zum Grundsatz der Nachhaltigkeit damit partiell bestätigt. Dies ist jedoch nicht ausreichend, um auf eine Betrachtung der weiteren hermeneutischen Kriterien zu verzichten.

Der Bedeutungszusammenhang der gesetzlichen Vorschriften liefert im Gegensatz zu ihrem Wortlaut und Wortsinn klare Hinweise, dass der Grundsatz der Nachhaltigkeit tatsächlich berichtsübergreifend zu berücksichtigen ist. Nach § 315c Abs. 1 i. V. m. § 289c Abs. 1 muss die nichtfinanzielle Konzernerklärung eine Beschreibung des Geschäftsmodells des berichtenden Konzerns enthalten. Eine eindeutige Definition, was unter einem Geschäftsmodell zu verstehen ist, existiert im Schrifttum nicht.[1034] Diesbezüglich wird i. d. R. auf die Vorgaben des DRS 20.37 zur Beschreibung des Geschäftsmodells verwiesen, die im Zuge des DRÄS 8 überarbeitet wurden.[1035] Demnach sind bspw. der Geschäftszweck, die organisatorische Struktur des Konzerns, die erforderlichen Einsatzfaktoren, Geschäftsprozesse sowie Produkte und Dienstleistungen zu beschreiben.[1036] Mithin sind Angaben zu berichten, die Rückschlüsse auf die Nachhaltigkeit der Geschäftstätigkeit des Konzerns ermöglichen. Anders als im Konzernlagebericht ist nach § 315c Abs. 1 i. V. m. § 289c Abs. 3 Nr. 1 u. a. verpflichtend über Ziele mit Bezug zu nichtfinanziellen Aspekten zu berichten.[1037] Obgleich der Gesetzgeber den Begriff „Konzept" verwendet, muss in diesem Zusammenhang faktisch über die wesentlichen Elemente der verfolgten Nachhaltigkeitsstrategie des berichtenden Konzerns informiert werden.[1038] Das inhaltliche Element des Nachhaltigkeitsgrundsatzes geht damit aus dem Bedeutungszusammenhang der gesetzlichen Vorschriften hervor. Gleiches gilt für das zeitliche Element des Grundsatzes.

[1033] Vgl. § 315c Abs. 2.

[1034] Vgl. FINK, C./KAJÜTER, P./WINKELJOHANN, N., Lageberichterstattung, S. 80. Vgl. Abschn. 421. für eine Konkretisierung der Berichtspflicht in § 315c Abs. 1 i. V. m. § 289c Abs. 1.

[1035] Vgl. BÖCKING, H.-J./ALTHOFF, C., Konzernlagebericht: Änderungen von DRS 20, S. 1425. MÜLLER/SCHEID kritisieren die Anforderungen in DRS 20.37 als zu weitgehend für die Belange der nichtfinanziellen Konzernerklärung. Vgl. MÜLLER, S./SCHEID, O., Konkretisierung der CSR-Richtlinie im DRS 20, S. 1836.

[1036] In der Begründung zum CSR-RUG wird betont, dass das Geschäftsmodell gegenüber nichtfinanziellen Aspekten eigenständig ist. Vgl. DEUTSCHER BUNDESTAG (Hrsg.), BT-Drucksache 18/9982, S. 46.

[1037] Vgl. dazu Abschn. 224.311.

[1038] So befasst sich die Strategieberichterstattung nach DRS 20.39–44 überwiegend mit Zielen.

Bereits aus der Kombination der Berichtspflichten gemäß § 315c Abs. 1 i. V. m. § 289c Abs. 3 Nr. 1 und Nr. 2 wird deutlich, dass für die Berichterstattung in der nichtfinanziellen Konzernerklärung im Berichtszeitpunkt ein mehrperiodiger Berichtshorizont anzuwenden ist, da sowohl über Ziele der Zukunft als auch über Ergebnisse der Vergangenheit berichtet werden muss. Ohnehin umfassen die Angaben zur Beschreibung der nichtfinanziellen Konzepte mehrere Perioden, da angegebene Ziele nur mit Zeitbezug einen Informationsnutzen besitzen.[1039] Auch die Risikoberichterstattung nach § 315c Abs. 1 i. V. m. § 289c Abs. 3 Nr. 3 und Nr. 4 muss mehrere Perioden umfassen. Das wird an der Formulierung „haben oder haben werden" der Normen deutlich.[1040] Die Angaben zu Risiken müssen folglich mindestens die Gegenwart und die Zukunft berücksichtigen. Angaben zu nichtfinanziellen Leistungsindikatoren sind ohne Vergleichsgrößen ebenfalls nicht aussagekräftig.[1041] Zusammenfassend kann deshalb konstatiert werden, dass der Bedeutungszusammenhang der gesetzlichen Vorschriften zur nichtfinanziellen Konzernerklärung die Anforderungen unterstreicht, die mit dem Grundsatz der Nachhaltigkeit an die Berichterstattung gestellt werden.

Diese Konklusion wird von der **Entstehungsgeschichte der gesetzlichen Vorschriften** und den **dokumentierten Ansichten des Gesetzgebers** bestätigt. So dokumentiert der europäische Gesetzgeber in Erwägungsgrund Nr. 3 der CSR-Richtlinie, die Entstehungsgeschichte zusammenfassend, ausführlich die Bedeutung von Informationen zur Nachhaltigkeit eines Konzerns.[1042] Zum Beispiel wird anerkannt, „dass der Offenlegung von Informationen zur Nachhaltigkeit, wie sozialen und umweltbezogenen Faktoren, durch die Unternehmen eine große Bedeutung zukommt, um Gefahren für die Nachhaltigkeit aufzuzeigen und das Vertrauen von Investoren und Verbrauchern zu stärken."[1043] Mit dem Grundsatz der Nachhaltigkeit soll dieser Wirkungszusammenhang durch die Berichterstattung in der nichtfinanziellen Konzernerklärung erzielt werden. Die Bedeutung der Angaben, die nach dem Nachhaltigkeitsgrundsatz zu machen sind, wird auch in der Begründung zum RegE des CSR-RUG betont.[1044] Die deutsche Bundesregierung begründet dies u. a. mit der Kohärenz entsprechender Informationen zu ihrer nationalen Nachhaltigkeitsstrategie.[1045]

Unter **objektiv teleologischen Gesichtspunkten** erscheint es ebenfalls sachgerecht, den Grundsatz der Nachhaltigkeit im Zweck-Grundsatz-System für die nichtfinanzielle Konzernerklärung festzuschreiben. Wie bereits in Abschn. 344.31 erläutert, ist er nämlich kohärent zu den Zielen, die der Gesetzgeber mit den handelsrechtlichen Berichtspflichten zur Berichterstattung

---

[1039] Vgl. Abschn. 224.311. Vgl. Abschn. 433.23 zur Konkretisierung des Berichtshorizonts der Angaben nach § 315c Abs. 1 i. V. m. § 289c Abs. 3 Nr. 1 und Nr. 2.

[1040] Vgl. dazu auch die ausführliche Analyse des Risikobegriffs in Abschn. 433.21.

[1041] Vgl. BMJV (Hrsg.), RefE CSR-RUG, S. 37 und S. 50.

[1042] Vgl. hier und zum folgenden Satz EU (Hrsg.), ABl. L 330 vom 15.11.2014, S. 1.

[1043] EU (Hrsg.), ABl. L 330 vom 15.11.2014, S. 1.

[1044] Vgl. hier und zum folgenden Satz DEUTSCHER BUNDESTAG (Hrsg.), BT-Drucksache 18/9982, S. 31.

[1045] Umfangreiche Informationen zur Nachhaltigkeitsstrategie der deutschen Bundesregierung sind im Internet unter folgendem Link abrufbar: https://www.bundesregierung.de/Content/DE/Infodienst/2017/01/2017-01-11-Nachhaltigkeitsstrategie/2017-01-10-Nachhaltigkeitsstrategie_2016.html (Stand: 11.02.2019).

in der nichtfinanziellen Konzernerklärung verfolgt. Da abschließend auch zur **Verfassungskonformität** eines solchen Grundsatzes keine Bedenken existieren, wird er im folgenden Abschn. 35 mit den weiteren in den Abschn. 32–34 hergeleiteten Elementen zu einem Zweck-Grundsatz-System für die Berichterstattung in der nichtfinanziellen Konzernerklärung zusammengeführt.

35 Zusammenfassung des entwickelten Zweck-Grundsatz-Systems für die nichtfinanzielle Konzernerklärung

Die Ziele, der Zweck – einschließlich der Funktionen – sowie die Grundsätze können zu folgendem Zweck-Grundsatz-System der nichtfinanziellen Konzernerklärung zusammengeführt werden:

Abbildung 3-4: Zweck-Grundsatz-System der nichtfinanziellen Konzernerklärung

Wie Abbildung 3-4 zeigt, bilden die beiden gesetzgeberischen Ziele Verhaltenssteuerung[1046] und Vertrauensstärkung[1047] den übergeordneten Rahmen für die Herleitung des Zwecks und der Grundsätze ordnungsmäßiger Berichterstattung in der nichtfinanziellen Konzernerklärung. Um eine in diesem Sinne zielkonforme Informationsvermittlung zu gewährleisten, wurde vom europäischen Gesetzgeber die CSR-Richtlinie und vom deutschen Gesetzgeber das CSR-RUG verabschiedet. Ergebnis dieses Prozesses sind die in den §§ 315b und 315c i. V. m. den

[1046] Das Ziel der Verhaltenssteuerung ist im Rahmen dieser Arbeit als die bewusste mittelbare Beeinflussung unternehmerischen Handelns durch die handelsrechtlichen Berichterstattungspflichten in der nichtfinanziellen Konzernerklärung definiert. Vgl. dazu im Detail Abschn. 322.

[1047] Das Ziel der Vertrauensstärkung ist im Rahmen dieser Arbeit als die unmittelbare Stärkung des Vertrauens der Berichtsadressaten in ein gesellschaftlich verantwortliches unternehmerisches Handeln durch die Informationen in der nichtfinanziellen Konzernerklärung definiert. Vgl. dazu im Detail Abschn. 323.

§§ 289b–289e kodifizierten handelsrechtlichen Vorschriften. Die damit verbundene Pflicht zur Berichterstattung führt zu einer Erhöhung der Pflichtpublizität der betroffenen Konzerne. Alleiniger Zweck der nichtfinanziellen Konzernerklärung, mit dem die übergeordneten Ziele des Gesetzgebers erreicht werden sollen, ist die Informationsvermittlung.[1048] Dieser Zweck wird inhaltlich von der Ergänzungs- und der Verknüpfungsfunktion konkretisiert. Danach dienen die Angaben in der nichtfinanziellen Konzernerklärung einerseits dazu, die Informationen des Konzernabschlusses und des Konzernlageberichts sachlich und zeitlich zu ergänzen. So wird die Berichterstattung über die Vermögens-, Finanz- und Ertragslage eines Konzerns vervollständigt.[1049] Andererseits sind Informationen zur finanziellen sowie zur nichtfinanziellen Ebene des berichtenden Konzerns systematisch miteinander zu verknüpfen, so dass die Zusammenhänge zwischen den Ebenen für die Berichtsadressaten deutlich werden.

Damit die Angaben in der nichtfinanziellen Konzernerklärung ihren Zweck erfüllen, müssen sie verschiedene Anforderungen erfüllen. Diese Anforderungen sind die Grundsätze ordnungsmäßiger Berichterstattung in der nichtfinanziellen Konzernerklärung. In Abbildung 3-4 werden Rahmengrundsätze, weitere GoL und spezifische Grundsätze für die Berichterstattung in der nichtfinanziellen Konzernerklärung unterschieden. Unabhängig davon, welcher Kategorie ein Grundsatz zugeordnet ist, gilt er für die gesamte Berichterstattung in der nichtfinanziellen Konzernerklärung. Rahmengrundsätze sind Bedingung jeder zweckkonformen Informationsvermittlung und werden von den weiteren Grundsätzen konkretisiert. Die GoL sind im Kontext der Konzernlageberichterstattung bereits etabliert und wurden in Abschn. 343. zweckkonform konkretisiert. Die Grundsätze der Dualität, der Adressatenorientierung und der Nachhaltigkeit wurden mithilfe der hermeneutischen Methode hergeleitet und explizieren die Besonderheiten der Berichterstattung in der nichtfinanziellen Konzernerklärung. Zwischen den verschiedenen Grundsätzen bestehen sowohl innerhalb der Kategorien als auch kategorieübergreifend zahlreiche Interdependenzen, auch wenn diese in Abbildung 3-4 nicht veranschaulicht werden. Im folgenden Kapitel 4 wird das beschriebene Zweck-Grundsatz-System als Analyse- und Würdigungsrahmen dienen.

[1048] Vgl. zur Herleitung des Zwecks sowie der Funktionen der nichtfinanziellen Konzernerklärung Abschn. 33.
[1049] Vgl. MOCK, S., in: Hachmeister u. a., BilR, § 289b, Rn. 3 f.

4 Kritische Analyse und Konkretisierung der handelsrechtlichen Vorschriften zur nichtfinanziellen Konzernerklärung vor dem Hintergrund des entwickelten Zweck-Grundsatz-Systems

41 Vorbemerkungen

Betrachtungsobjekt des vierten Kapitels sind die **handelsrechtlichen Vorschriften** zur Berichterstattung in der nichtfinanziellen Konzernerklärung. Diese werden in Einklang mit dem Ziel dieser Arbeit in einem ersten Schritt systematisch analysiert und ausgelegt.[1050] In einem zweiten Schritt werden sie dann inhaltlich konkretisiert. Abschließend werden die so gewonnenen Erkenntnisse ganzheitlich gewürdigt.[1051] Als **Analyse- und Würdigungsrahmen** dient das in Kapitel 3 entwickelte Zweck-Grundsatz-System. Damit wird sichergestellt, dass die einzelnen Schritte ziel- und zweckkonform durchgeführt werden.

Während die **Analyse und Konkretisierung** der handelsrechtlichen Vorschriften in den Abschn. 42–44 erfolgt, ist die Würdigung Gegenstand des Abschn. 45. Strukturell ist die Untersuchung nach dem abnehmenden Verpflichtungsgrad der in der nichtfinanziellen Konzernerklärung vermittelten Informationen gegliedert, was im Wesentlichen der Normenstruktur des HGB entspricht. Aus diesem Grund werden in Abschn. 42 zunächst die **Pflichtangaben** – die Beschreibung des Geschäftsmodells sowie die Angaben zu nichtfinanziellen Aspekten – untersucht, bevor dann in Abschn. 43 die Angaben unter **Wesentlichkeitsvorbehalt** – also die Berichtspflichten nach § 315c i. V. m. § 289c Abs. 3 – behandelt werden.[1052]

Ziel der Analyse ist es, diejenigen handelsrechtlichen Regelungsbestandteile zu identifizieren, die ausgelegt werden müssen. Die Auslegung der entsprechenden Passagen beginnt jeweils mit einer Untersuchung des Wortlauts und Wortsinns der zugrunde liegenden Vorschriften.[1053] Besonders relevant ist in diesem Kontext der **DRS 20**, der als gesetzlich legitimierter Standard die Vorschriften zur Konzernlageberichterstattung konkretisiert.[1054] Wenn möglich und sachgerecht bilden die Konkretisierungen des DRS 20 den Ausgangspunkt für die Analyse und Auslegung der Berichtspflichten in der nichtfinanziellen Konzernerklärung.

Ist es nicht möglich, die **Auslegungsfragen** anhand von Wortlaut und Wortsinn einer Regelung zu beantworten, wird versucht, aus dem Bedeutungszusammenhang der gesetzlichen Vorschriften neue Erkenntnisse für die Interpretation der betrachteten Normbestandteile zu gewinnen. In diesem Zusammenhang gilt es sowohl die spezifischen handelsrechtlichen Berichtspflichten zur nichtfinanziellen Konzernerklärung als auch weitere in einem Sinnzusammenhang stehende

---

[1050] Vgl. hier und zum folgenden Satz die Abschn. 42–44, sowie zur Zielsetzung der vorliegenden Arbeit Abschn. 11.

[1051] Vgl. zur abschließenden Gesamtbetrachtung Abschn. 45.

[1052] In Abschn. 43 werden zudem die Möglichkeiten und Grenzen freiwilliger Berichterstattung im Rahmen der nichtfinanziellen Konzernerklärung kurz evaluiert.

[1053] Vgl. zum gesamten Absatz die Ausführungen zur hermeneutischen Methode in Abschn. 314.22.

[1054] Der DRS 20 wird in Abschn. 231. ausführlich erläutert.

gesetzliche Vorschriften zu berücksichtigen. Eine bedeutende Rolle spielt in diesem Zusammenhang § 315c Abs. 3 i. V. m. § 289d, wonach die berichtspflichtigen Konzerne etablierte Rahmenwerke als Orientierung für ihre Berichterstattung nutzen dürfen. Damit sind Auslegungen in Anlehnung an diese **Rahmenwerke** sachgerecht. Dies kann bspw. für Begriffe relevant sein, die im Kontext **der Nachhaltigkeitsberichterstattung** eine einheitliche, im Vergleich zur klassischen Finanzberichterstattung aber abweichende Bedeutung haben. Den **Leitlinien** für die Berichterstattung über nichtfinanzielle Informationen der EU-Kommission ist die gleiche Rolle wie den etablierten Rahmenwerken zuzusprechen.[1055]

Ausschlaggebend bei der Entscheidung für oder gegen eine bestimmte Auslegung ist immer das in Kapitel 3 entwickelte Zweck-Grundsatz-System für die Berichterstattung in der nichtfinanziellen Konzernerklärung. Die zweckkonform ausgelegten handelsrechtlichen Normen werden abschließend unter inhaltlichen Gesichtspunkten konkretisiert.

Scheitert eine zweckkonforme Auslegung der handelsrechtlichen Vorschriften, liegt die Vermutung einer unzulänglich erfolgten Gesetzgebung nahe. Dabei kann es sich bspw. um unpräzise Formulierungen im Gesetzestext handeln oder aber um technische Konstruktionsfehler. Die handelsrechtlichen Berichtspflichten konterkarieren dann die Ziele bzw. den Zweck der nichtfinanziellen Konzernerklärung. In welchem Maße einzelne Normen sowie das gesamte Normensystem zielkonform wirken, wird im Rahmen der Gesamtbetrachtung abschließend in Abschn. 45 vor dem Hintergrund der hergeleiteten Ziele gewürdigt. Für unpräzise oder sogar zielkonträre handelsrechtliche Normen werden zudem Vorschläge für zweckkonforme technische Anpassungen des Handelsrechts konzipiert und formuliert.

42 Pflichtangaben

421. Beschreibung des Geschäftsmodells

Nach § 315c Abs. 1 i. V. m. § 289c Abs. 1 muss die nichtfinanzielle Konzernerklärung zunächst eine kurze **Beschreibung des Geschäftsmodells** des Konzerns enthalten. Die entsprechende Gesetzesnorm lautet:

§ 315c Abs. 1 i. V. m. § 289c Abs. 1:

„(1) In der nichtfinanziellen Erklärung im Sinne des § 289b ist das Geschäftsmodell der Kapitalgesellschaft kurz zu beschreiben."

Abbildung 4-1: Gesetzliche Regelung zur Beschreibung des Geschäftsmodells[1056]

[1055] Die für die vorliegende Arbeit relevanten etablierten Rahmenwerke werden in Abschn. 233.2 erläutert. Vgl. zu den Leitlinien für die Berichterstattung über nichtfinanzielle Informationen der EU-Kommission Abschn. 232.

[1056] Obgleich der Wortlaut des § 289c Abs. 1 die nichtfinanzielle Erklärung auf Einzelunternehmensebene adressiert, wird aus der Referenzierung in § 315c Abs. 1, der den inhaltlichen Rahmen der nichtfinanziellen Konzernerklärung determiniert, deutlich, dass § 289c Abs. 1 sinngemäß auf die nichtfinanzielle Konzernerklärung

Aus dem **Wortlaut und Wortsinn** der Regelung („ist […] zu beschreiben“) geht zweifelsfrei hervor, dass es sich bei der kurzen Beschreibung des Geschäftsmodells um eine Pflichtangabe handelt, die in jede nichtfinanzielle Konzernerklärung aufzunehmen ist.[1057] Die Verweismöglichkeiten auf bereits bestehende Angaben zum Geschäftsmodell bleiben davon unberührt.[1058] Indes konkretisiert der Gesetzgeber weder den Begriff des „Geschäftsmodells“ noch die inhaltlichen Anforderungen an eine „kurze Beschreibung“.[1059]

Bei einer **Beschreibung** handelt es sich um **zusammenhängende Angaben** zu den wesentlichen Merkmalen eines Sachverhalts – in diesem Fall also zu den Merkmalen des Geschäftsmodells des berichtenden Konzerns.[1060] Weitergehende Erklärungen, Bewertungen oder Interpretationen des Geschäftsmodells sind aufgrund des deskriptiven Charakters der Angaben nicht erforderlich. Daraus darf jedoch nicht geschlossen werden, dass eine „kurze Beschreibung“ eine möglichst knappe Darstellung impliziert. Vielmehr sind alle **wesentlichen Merkmale** des Geschäftsmodells i. S. d. Grundsatzes der Klarheit prägnant und aussagekräftig zu beschreiben.[1061] Zudem bedingt der Grundsatz der Vollständigkeit, dass Konzerne, die mehrere bedeutsame Geschäftsmodelle verfolgen, diese jeweils separat beschreiben.[1062]

Für den **Begriff des Geschäftsmodells** existiert weder im Schrifttum noch in den handelsrechtlichen Vorschriften zur Konzernlageberichterstattung eine explizite Definition.[1063] Auch in der Begründung zum CSR-RUG sind diesbezüglich keine Hinweise enthalten.[1064] Etabliert haben sich im Kontext der Konzernlageberichterstattung derweil die in DRS 20.36–38 konkretisierten Angaben. Jüngst wurde DRS 20.37 mit DRÄS 8 überarbeitet und klargestellt, dass die danach zu berichtenden Merkmale eines Konzerns sein Geschäftsmodell charakterisieren können.[1065]

anzuwenden ist. Dies gilt auch für die weiteren gesetzlichen Berichtsanforderungen, die im Folgenden in den Abbildung 4-2 bis Abbildung 4-13 dargestellt werden.

1057 Vgl. so auch WINKELJOHANN, N./SCHÄFER, N., in: Beck Bilanzkomm., 11. Aufl., § 289c, Rn. 16.

1058 Vgl. WINKELJOHANN, N./SCHÄFER, N., in: Beck Bilanzkomm., 11. Aufl., § 289b, Rn. 26 und Rn. 52.

1059 Stattdessen wird in der Begründung zum CSR-RUG auf die bislang üblichen Angaben im Konzernlagebericht hingewiesen, die sich im Wesentlichen an DRS 20.36–38 orientieren. Vgl. DEUTSCHER BUNDESTAG (Hrsg.), BT-Drucksache 18/9982, S. 47.

1060 Vgl. zu diesem Verständnis des Begriffs „Beschreibung“ sowie zum folgenden Satz die Definitionen der Begriffe „Angabe“, „Darstellung“ und „Erläuterung“ in DRS 20.11.

1061 Vgl. so auch LERCHENMÜLLER, U., in: BeckOK HGB, 22. Edition, § 289c, Rn. 1.

1062 Vgl. KAJÜTER, P., CSR-Richtlinie-Umsetzungsgesetz, S. 621; LERCHENMÜLLER, U., in: BeckOK HGB, 22. Edition, § 289c, Rn. 3.

1063 Vgl. FINK, C./KAJÜTER, P./WINKELJOHANN, N., Lageberichterstattung, S. 80. Die Autoren begründen dies mit den unterschiedlichen und teilweise sehr spezifischen Charakteristika von Unternehmen. Gleiches gilt auch für die Vorgaben zum *management commentary* nach IFRS. Hier werden die entsprechenden Angaben in PS MC.24 (a) i. V. m. PS MC.26 ebenfalls nur knapp umschrieben. Vgl. dazu BAETGE, J./KIRSCH, H.-J./DITTMAR, P., in: Baetge u. a., Rechnungslegung nach IFRS, 2. Aufl., Kap. VIII, Rn. 61 f.; MELCHER, W./MURER, A., Lageberichterstattung, S. 431.

1064 Vgl. hier und zum folgenden Satz DEUTSCHER BUNDESTAG (Hrsg.), BT-Drucksache 18/9982, S. 47.

1065 Vgl. MÜLLER, S./SCHEID, O., Konkretisierung der CSR-Richtlinie im DRS 20, S. 1836. Zuvor waren in DRS 20.37 nur beispielhaft Angaben aufgezählt worden, ohne diese in einen konkreten Zusammenhang zum Geschäftsmodell eines Konzerns zu stellen. Vgl. DRS 20.37 a. F.

Demnach sind die für das Verständnis des Geschäftsmodells wesentlichen Merkmale zu skizzieren.[1066] Neben dem Geschäftszweck kann es sich dabei bspw. um die organisatorische Struktur eines Konzerns, Produkte und Dienstleistungen, Beschaffungs- und Absatzmärkte sowie externe Einflussfaktoren handeln. Zudem sind Veränderungen des Geschäftsmodells oder der Konzernstruktur im Vergleich zum Vorjahr zu erläutern. Von Seiten der Anwender wurden die mit DRÄS 8 verbundenen Änderungen mehrheitlich begrüßt.[1067] Diese Zustimmung wird häufig mit der Begründung des DRSC verbunden, wonach die Änderungen ausschließlich klarstellenden Charakter haben und von ihnen folglich keine neuen Berichtsanforderungen ausgehen.[1068] Ob dies vor dem Hintergrund der besonderen Eigenschaften der nichtfinanziellen Konzernerklärung sachgerecht ist, soll im Folgenden mithilfe von weiteren Anknüpfungspunkten für die Berichterstattung evaluiert werden.

In den Leitlinien für die Berichterstattung über nichtfinanzielle Informationen äußert sich die EU-Kommission zum Geschäftsmodell wie folgt: „Das Geschäftsmodell eines Unternehmens gibt Auskunft darüber, wie es durch seine Produkte oder Dienstleistungen langfristig Wert schöpft und bewahrt. [...] Es liefert einen Überblick über die Unternehmensprozesse und die Grundprinzipien der Unternehmensstruktur, indem beschrieben wird, wie das Unternehmen durch seine Geschäftstätigkeit Inputs in Outputs umwandelt. Vereinfacht gesagt wird vermittelt, was ein Unternehmen tut, wie es dabei vorgeht und welchen Zweck es verfolgt."[1069] Diese Ausführungen weisen in erheblichem Maße Überschneidungen mit dem Rahmenwerk des IIRC zum *Integrated Reporting* auf.[1070] Darin wird das Geschäftsmodell als ein System charakterisiert, in dessen Rahmen Inputfaktoren durch Geschäftsaktivitäten zu Outputfaktoren transformiert werden, mit denen bestimmte positive und negative Auswirkungen – u. a. auch auf nichtfinanzielle Aspekte – verbunden sind.[1071] Mithilfe dieses Systems sollen die strategischen Ziele eines Konzerns erreicht und kurz-, mittel- und langfristig Wertzuwächse generiert werden.

Zusammenfassend ist damit zu konstatieren, dass das mit den in DRS 20.36–38 determinierten Angaben zum Ausdruck gebrachte Verständnis eines Geschäftsmodells sowohl in den Leitlinien der EU-Kommission als auch im Rahmenwerk des IIRC grundsätzlich bestätigt wird. Mit-

---

[1066] Vgl. zum Inhalt der Tz. auch Abschn. 224.21. Vgl. außerdem hier und zu den folgenden beiden Sätzen die ausführliche inhaltliche Aufbereitung der in DRS 20.37 aufgezählten Berichtspunkte in FINK, C./KAJÜTER, P./WINKELJOHANN, N., Lageberichterstattung, S. 81–89.

[1067] Vgl. stellvertretend folgende zustimmende Stellungnahmen ALLIANZ SE (Hrsg.), Stellungnahme E-DRÄS 8, S. 1; BASF SE (Hrsg.), Stellungnahme E-DRÄS 8, S. 3 f.; WPK (Hrsg.), Stellungnahme E-DRÄS 8, S. 1; a. A. SIEMENS AG (Hrsg.), Stellungnahme E-DRÄS 8, S. 4.

[1068] Vgl. DRSC (Hrsg.), E-DRÄS 8, S. 3. E-DRÄS 8 ist im Internet verfügbar unter https://www.drsc.de/app/uploads/2017/06/170620_E-DRAES_8_website-1.pdf (Stand: 11.02.2019).

[1069] EU-KOMMISSION (Hrsg.), ABl. C 215 vom 05.07.2017, S. 10.

[1070] Diese Übereinstimmung scheint auch LERCHENMÜLLER zu sehen. Vgl. so auch LERCHENMÜLLER, U., in: BeckOK HGB, 22. Edition, § 289c, Rn. 2. Die EU-Kommission weist in ihren Leitlinien explizit darauf hin, dass diese u. a. auf den Inhalten des Rahmenwerks des IIRC zum *Integrated Reporting* fußen. Vgl. EU-KOMMISSION (Hrsg.), ABl. C 215 vom 05.07.2017, S. 3.

[1071] Vgl. hier und zum folgenden Satz IIRC (Hrsg.), The International <IR> Framework, Rn. 4.11–4.20. Vgl. inhaltlich außerdem KAJÜTER, P./BLAESING, D./HANNEN, S., IIRC Consultation Draft Würdigung, S. 1681 f.

hin können die in DRS 20 konkretisierten Angabepflichten auf die nichtfinanzielle Konzernerklärung übertragen werden. Indes werden trotz des weitgehend übereinstimmenden Verständnisses im Rahmenwerk des IIRC umfangreichere Angabepflichten zum Geschäftsmodell gefordert als nach DRS 20. Dies betrifft besonders die vorgeschriebenen Angaben zu den Auswirkungen der Geschäftsaktivitäten auf nichtfinanzielle Aspekte.[1072] Solche Angaben sind i. S. d. Grundsätze der Dualität und der Nachhaltigkeit zwar erforderlich, damit die nichtfinanzielle Konzernerklärung ihren Zweck erfüllen kann. Allerdings sind diese im handelsrechtlichen Kontext in erster Linie im Rahmen der Berichtspflichten gemäß § 315c Abs. 2 i. V. m. § 289c Abs. 3 vorgesehen.[1073] So wird auch in der Begründung zum CSR-RUG auf die Eigenständigkeit des Geschäftsmodells gegenüber nichtfinanziellen Aspekten hingewiesen.[1074] Dennoch scheint es vor dem Hintergrund der spezifischen Grundsätze ordnungsmäßiger Berichterstattung in der nichtfinanziellen Konzernerklärung sachgerecht zu sein, die Beschreibung des Geschäftsmodells so zu interpretieren, dass auch deskriptive Angaben zum Verhältnis zu nichtfinanziellen Aspekten zu ergänzen sind.[1075] Dies gilt besonders unter Berücksichtigung der Bedeutung des Geschäftsmodells für die Bestimmung der Wesentlichkeit einer Information.[1076] Im Vergleich zu den Angaben in DRS 20.36–38 sollte die Beschreibung des Geschäftsmodells gemäß § 315c Abs. 1 i. V. m. § 289c Abs. 1 deshalb um prägnante Informationen zu den grundlegenden Auswirkungen der durch den Konzern verfolgten Geschäftsaktivitäten auf die nichtfinanziellen Aspekte ergänzt werden.[1077] So wird den Adressaten ermöglicht, grundlegende Zusammenhänge zwischen finanzieller und nichtfinanzieller Ebene des berichtenden Konzerns nachzuvollziehen. Eine entsprechende gesetzliche **Klarstellung** wäre zu begrüßen.[1078]

Unabhängig vom besonderen Charakter der nichtfinanziellen Konzernerklärung sollte die Beschreibung des Geschäftsmodells eines Konzerns zudem um Angaben zu den Interdependenzen zwischen den unterschiedlichen Geschäftsmodellen eines diversifizierten Konzerns erweitert werden.[1079] So wird den Adressaten ermöglicht, ein gesamtheitliches Verständnis der Geschäftsaktivitäten des Konzerns zu entwickeln.

[1072] Vgl. IIRC (Hrsg.), The International <IR> Framework, Rn. 4.11 und Rn. 4.19 f. Für die nichtfinanzielle Konzernerklärung wurde dies im Rahmen der Überarbeitung des DRS 20 ebenfalls vereinzelt gefordert. Vgl. so DGB (Hrsg.), Stellungnahme E-DRÄS 8, S. 3 f.

[1073] Vgl. dazu die allgemeinen Anforderungen der Generalnorm in Abschn. 431., sowie die Ausführungen zu den Grundsätzen der Dualität (Abschn. 344.1) und der Nachhaltigkeit (Abschn. 344.3).

[1074] Vgl. Deutscher Bundestag (Hrsg.), BT-Drucksache 18/9982, S. 47.

[1075] Vgl. Rimmelspacher, D./Schäfer, N./Schönberger, M. W., Das CSR-Richtlinie-Umsetzungsgesetz, S. 227; Hecker, A./Bröcker, N., Die CSR-Berichtspflicht, S. 763; Winkeljohann, N./Schäfer, N., in: Beck Bilanzkomm., 11. Aufl., § 289c, Rn. 17.

[1076] Vgl. Lerchenmüller, U., in: BeckOK HGB, 22. Edition, § 289c, Rn. 5; Winkeljohann, N./Schäfer, N., in: Beck Bilanzkomm., 11. Aufl., § 289c, Rn. 17. Vgl. zur Bestimmung der Wesentlichkeit einer Information außerdem den folgenden Abschn. 431.

[1077] Die Möglichkeit auf entsprechende Angaben im Konzernlagebericht zu verweisen bleibt davon unberührt. Vgl. allgemein zur Möglichkeit auf Angaben im Konzernlagebericht zu verweisen, um Doppelangaben zu vermeiden Deutscher Bundestag (Hrsg.), BT-Drucksache 18/9982, S. 57; DRS 20.243 f.

[1078] Vgl. für einen konkret formulierten Vorschlag Tabelle 4-14 in Abschn. 45.

[1079] Gl. A. ist im Ergebnis auch Lerchenmüller, U., in: BeckOK HGB, 22. Edition, § 289c, Rn. 3.

422. Angaben zu den nichtfinanziellen Aspekten

Gemäß § 315c Abs. 1 i. V. m. § 289c Abs. 2 ist in der nichtfinanziellen Konzernerklärung zumindest über die fünf nachstehenden **nichtfinanziellen Aspekte** zu berichten.[1080]

> **§ 315c Abs. 1 i. V. m. § 289c Abs. 2:**
>
> *„(2) Die nichtfinanzielle Erklärung bezieht sich darüber hinaus zumindest auf folgende Aspekte:*
>
> *1. Umweltbelange […],*
>
> *2. Arbeitnehmerbelange […],*
>
> *3. Sozialbelange […],*
>
> *4. die Achtung der Menschenrechte […], und*
>
> *5. Die Bekämpfung von Korruption und Bestechung […].“*

Abbildung 4-2: Gesetzliche Regelung zu den nichtfinanziellen Aspekten

Aus dem Wortlaut und Wortsinn des Adverbs „zumindest“ geht der **verpflichtende Charakter der Vorschrift** zweifelsfrei hervor. Folglich determiniert der Gesetzgeber neben den Angaben zum Geschäftsmodell weitere Pflichtangaben für die Berichterstattung in der nichtfinanziellen Konzernerklärung.[1081] Im Gegensatz zur Beschreibung des Geschäftsmodells nach § 315c Abs. 1 i. V. m. § 289c Abs. 1 handelt es sich bei § 289c Abs. 2 jedoch nicht um konkrete Berichtspflichten.[1082] Vielmehr intendiert der europäische Gesetzgeber mit dieser Regelung, dass der Umfang der Berichterstattung nach unten begrenzt und so ein **Mindestinhalt** festgelegt wird. Nichtfinanzielle Konzernerklärungen, in denen nicht auf alle fünf nichtfinanziellen Aspekte Bezug genommen wird, verstoßen gegen den Grundsatz der Vollständigkeit.

Aus dem Bedeutungszusammenhang der gesetzlichen Vorschrift wird deutlich, dass der Mindestinhalt durch § 315c Abs. 1 i. V. m. § 289c Abs. 3 inhaltlich konkretisiert wird. Die darin kodifizierten Berichtspflichten sind jeweils einzeln für die fünf nichtfinanziellen Aspekte zu erfüllen.[1083] Dies ist zu beachten, obgleich die Angaben in der Praxis häufig auf Sachverhaltsebene zu erwarten sind.[1084] Bei Sachverhalten handelt es sich gesetzessystematisch jedoch lediglich um Konkretisierungen der Aspekte.[1085] Folglich ist es im Sinne einer klaren Informati-

---

[1080] Vgl. für eine Übersicht über die Sachverhalte, die die nichtfinanziellen Aspekte konkretisieren, den Gesetzestext in § 289c Abs. 2.

[1081] Vgl. KIRSCH, H.-J./KÖNIG, C./HUTER, M., in: Baetge u. a., Rechnungslegung nach IFRS, 2. Aufl., Kap. XII, Rn. 204. Vgl. zur Beschreibung des Geschäftsmodells Abschn. 421.

[1082] Vgl. BÖCKING, H.-J./ALTHOFF, C., Paradigmenwechsel, S. 249 f.; BLÖINK, T./HALBLEIB, A., Umsetzung der sog. CSR-Richtlinie 2014/95/EU, S. 186.

[1083] Vgl. DEUTSCHER BUNDESTAG (Hrsg.), BT-Drucksache 18/9982, S. 48.

[1084] Vgl. WINKELJOHANN, N./SCHÄFER, N., in: Beck Bilanzkomm., 11. Aufl., § 289c, Rn. 26.

[1085] Vgl. dazu die Ausführungen in Abschn. 224.22.

onsvermittlung erforderlich, dass aus der nichtfinanziellen Konzernerklärung eindeutig hervorgeht, z. B. durch eine Überschrift, welchem nichtfinanziellen Aspekt Angaben zuzuordnen sind. Mit dem Ziel sicherzustellen, dass tatsächlich über alle fünf nichtfinanziellen Aspekte berichtet wird, hat der Gesetzgeber für die Berichterstattung in der nichtfinanziellen Konzernerklärung die sog. *Comply-or-Explain*-Regelung eingeführt.[1086] Diese fungiert als Auffangregelung. Sollten Konzerne zu einzelnen nichtfinanziellen Aspekten keine Konzepte verfolgen, sind sie nach § 315c Abs. 1 i. V. m. § 289c Abs. 4 verpflichtet, die Gründe dafür zu erläutern.[1087]

Bei den fünf nichtfinanziellen Aspekten handelt es sich um keine abschließende Aufzählung. Also müssen Konzerne im Rahmen der Erstellung ihrer nichtfinanziellen Konzernerklärung prüfen, ob ggf. weitere nichtfinanzielle Aspekte existieren, die für den Konzern wesentlich sind, um die Berichterstattung zu vervollständigen.[1088] Dabei besteht die Gefahr, dass die Aspekte als Checkliste interpretiert werden und weitere konzerninterne Wesentlichkeitsprüfungen ausbleiben. Vermutlich aus diesem Grund sieht sich der Gesetzgeber dazu veranlasst, in der Begründung zum CSR-RUG explizit darauf hinzuweisen, dass es sich in § 289c Abs. 2 um keine abschließende Aufzählung handelt.[1089] Das Für und Wider solcher Aufzählungen durch den deutschen Gesetzgeber wird ebenso wie die Konkretisierung der nichtfinanziellen Aspekte mithilfe von Sachverhalten in Abschn. 45 zu würdigen sein.

43 Angaben unter Wesentlichkeitsvorbehalt

431. Wesentlichkeitsvorbehalt nach § 315c Abs. 2 HGB

431.1 Auslegungsfragen

Der Inhalt der nichtfinanziellen Konzernerklärung wird hauptsächlich durch die prinzipienorientierten Regelungen in § 289c Abs. 3 determiniert. Die darin festgelegten Berichtspflichten stehen jedoch unter einem Wesentlichkeitsvorbehalt. Dieser ist für den Konzern in § 315c Abs. 2 festgelegt und lautet wie folgt:

1086 Vgl. hier und zu den folgenden beiden Sätzen DEUTSCHER BUNDESTAG (Hrsg.), BT-Drucksache 18/9982, S. 52.

1087 Ob die Regelung ihren Zweck erfüllt, wird in Abschn. 432.4 analysiert.

1088 Vgl. zur Bestimmung der Wesentlichkeit Abschn. 431.

1089 Eine erste Untersuchung des DAX 30 zeigt, dass 10 von 27 Konzernen weitere nichtfinanzielle Aspekte in ihre Berichterstattung integrieren. Vgl. dazu die Analyse von KIRSCH, H.-J./WEGE, D., Die nichtfinanzielle Konzernerklärung, S. 246 f.

> **§ 315c Abs. 2:**
>
> *„(2) § 289c Absatz 3 gilt mit der Maßgabe, dass diejenigen Angaben zu machen sind, die für das Verständnis des Geschäftsverlaufs, des Geschäftsergebnisses, der Lage des Konzerns sowie der Auswirkungen seiner Tätigkeit auf die in § 289c Absatz 2 genannten Aspekte erforderlich sind."*

Abbildung 4-3: Gesetzliche Regelung zum Wesentlichkeitsvorbehalt[1090]

Wie bereits in Abschn. 343.1 ausführlich erläutert, hat der Gesetzgeber mit § 315c Abs. 2 den Grundsatz der Wesentlichkeit für die Berichterstattung in der nichtfinanziellen Konzernerklärung kodifiziert. Aus dem Wortlaut und Wortsinn der Regelung geht zweifelsfrei hervor, dass die Wesentlichkeit von Informationen auf Ebene des Gesamtkonzerns und nicht auf Ebene der einzelnen Konzerngesellschaften zu bestimmen ist.[1091] Dies schließt umgekehrt nicht aus, dass Themen, die nur einzelne Gesellschaften betreffen, dennoch für den gesamten Konzern wesentlich sein können.

Bislang ist ungeklärt, wie der Wesentlichkeitsvorbehalt und speziell die Kombination der beiden in § 315c Abs. 2 formulierten Anforderungen an die Wesentlichkeit von Informationen konkret auszulegen sind; ab wann Informationen also zwingend zu berichten sind.[1092] Die **erste Anforderung** besagt, „[…] dass diejenigen Angaben zu machen sind, die für das Verständnis des Geschäftsverlaufs, des Geschäftsergebnisses, der Lage des Konzerns […] erforderlich sind."[1093] Damit knüpft der Gesetzgeber an die Formulierung in § 315 Abs. 3 an, wonach über nichtfinanzielle Leistungsindikatoren „[…] wie Informationen über Umwelt- und Arbeitnehmerbelange […]"[1094] zu berichten ist, „[…] soweit sie für das Verständnis des Geschäftsverlaufs oder der Lage des Konzerns von Bedeutung sind."[1095] Ein Vergleich der beiden Vorschriften offenbart jedoch zwei wesentliche Unterschiede des Wortlauts der Normen.

Es werden erstens unterschiedliche Formulierungen benutzt, um die Anforderungen an die Wesentlichkeit einer Information auszudrücken. Anders als in § 315c Abs. 2 müssen die Informationen nach § 315 Abs. 3 „von Bedeutung" und nicht „erforderlich" für das Verständnis der Adressaten sein.[1096] Indes wird bereits in der Begründung zum BilReG klargestellt, dass auch

---

[1090] Anders als in den Einzelvorschriften zur Beschreibung des Geschäftsmodells und zu den nichtfinanziellen Aspekten (vgl. hierzu Abschn. 42) hat der Gesetzgeber für den Wesentlichkeitsvorbehalt der Berichterstattung mit § 315c Abs. 2 eine konzernspezifische Regelung kodifiziert. Darüber hinaus ist § 289c Abs. 3 für den Inhalt der nichtfinanziellen Konzernerklärung einschlägig.

[1091] Vgl. DEUTSCHER BUNDESTAG (Hrsg.), BT-Drucksache 18/9982, S. 57; KUMM, N./WOODTLI, R. M., Nachhaltigkeitsberichterstattung, S. 226.

[1092] Vgl. zum Grundsatz der Wesentlichkeit als begründendes Kriterium Abschn. 343.1.

[1093] § 315c Abs. 2.

[1094] § 315c Abs. 2.

[1095] Vgl. DEUTSCHER BUNDESTAG (Hrsg.), BT-Drucksache 18/9982, S. 48 f.; BLÖINK, T./HALBLEIB, A., Umsetzung der sog. CSR-Richtlinie 2014/95/EU, S. 186; BÖCKING, H.-J./ALTHOFF, C., Konzernlagebericht: Änderungen von DRS 20, S. 1456.

[1096] Der Wortlaut von § 315c Abs. 2 basiert auf der Übersetzung der Richtlinienvorgaben aus dem Englischen ins Deutsche. Vgl. DEUTSCHER BUNDESTAG (Hrsg.), BT-Drucksache 18/9982, S. 47.

mit der Formulierung „von Bedeutung" die Erforderlichkeit von Angaben gemeint ist.[1097] Insofern unterscheiden sich die voneinander abweichenden Ausdrücke materiell nicht.

Zweitens sind die Normen unterschiedlich konzipiert. Während im Kontext des Konzernlageberichts „nichtfinanzielle Leistungsindikatoren, wie Informationen über Umwelt- und Arbeitnehmerbelange"[1098] den Anknüpfungspunkt für die Berichterstattung bilden, gibt es in § 315c Abs. 2 keinen expliziten inhaltlichen Bezugspunkt für die Berichterstattung in der nichtfinanziellen Konzernerklärung. Der nach § 315c Abs. 2 geforderte Umfang der zu berichtenden Informationen erscheint deshalb vergleichsweise weit gefasst.[1099] Allerdings wird in der Begründung zum BilReG wiederum klargestellt, dass nach § 315 Abs. 3 neben nichtfinanziellen Leistungsindikatoren auch sonstige nichtfinanzielle Angaben Bestandteil der Konzernlageberichterstattung sein müssen, wenn sie zur Einschätzung des Geschäftsverlaufs oder der Lage des berichtenden Konzerns von Bedeutung sind oder dessen prognostizierte Geschäftsentwicklung wesentlich beeinflussen können.[1100] Vor diesem Hintergrund wäre es formal nicht sachgerecht, den beiden Normen materiell unterschiedliche Anforderungen an die Wesentlichkeit einer Information beizumessen.[1101] Ob diese vorläufige Erkenntnis im Folgenden Bestand hat, gilt es indes zu evaluieren.

Die **zweite Anforderung** des Wesentlichkeitsvorbehalts nach § 315c Abs. 2 besagt, dass die Angaben zusätzlich zur ersten Voraussetzung auch für das Verständnis der Auswirkungen der Geschäftsaktivitäten des Konzerns auf die nichtfinanziellen Aspekte erforderlich sein müssen, damit sie berichtspflichtig sind. Das heißt, Angaben in der nichtfinanziellen Konzernerklärung müssen dem Grundsatz der Dualität entsprechend sowohl für das Verständnis der finanziellen Ebene eines Konzerns als auch für dessen nichtfinanzielle Ebene erforderlich sein.[1102] Fraglich

---

[1097] Vgl. DEUTSCHER BUNDESTAG (Hrsg.), BT-Drucksache 15/3419, S. 31; DEUTSCHER BUNDESTAG (Hrsg.), BT-Drucksache 18/9982, S. 48.

[1098] § 315 Abs. 3.

[1099] Dieser Eindruck ist auf das in Abschn. 224.33 für die vorliegende Arbeit definierte Verständnis eines nichtfinanziellen Leistungsindikators zurückzuführen. Nach dieser Definition sind nichtfinanzielle Leistungsindikatoren „Größen, die in der Regel keinen unmittelbaren Bezug zur Rechnungslegung eines Konzerns haben, aber dennoch wert- und erfolgsbestimmend für ihn sind." Diese Konzentration auf den Charakter eines Leistungsindikators als Messgröße bzw. Kennzahl ähnelt der Definition in DRS 20.11 sowie der gegenwärtig herrschenden Auffassung im Schrifttum zu nichtfinanziellen Leistungsindikatoren, die wiederum maßgeblich durch den DRS 20 geprägt ist. Vgl. stellvertretend IDW (Hrsg.), WP-Handbuch 2017, Kap. F, Rn. 1401; FINK, C./KAJÜTER, P./WINKELJOHANN, N., Lageberichterstattung, S. 146–148; GROS, M./KOCH, S./WALLEK, C., E-DRS 27, S. 116; FISCH, M./MUJKANOVIC, R., Leistungsindikatoren im Lagebericht, S. 213 f.; HINZE, A.-K., Nichtfinanzielle Leistungsindikatoren, S. 1172. Im Kontext des § 315 Abs. 3 ist das Verständnis eines nichtfinanziellen Leistungsindikators indes deutlich weiter gefasst. Vgl. dazu GROTTEL, B., in: Beck Bilanzkomm., 11. Aufl., § 315, Rn. 206; KAJÜTER, P., in: Küting/Weber, HdR-E, § 289, Rn. 43. Vgl. Abschn. 435.1 zum Verhältnis zwischen § 315 Abs. 3 und § 315c Abs. 1 i. V. m. § 289c Abs. 3 Nr. 5.

[1100] Vgl. BUNDESRAT (Hrsg.), BR-Drucksache 326/04, S. 64; GROTTEL, B., in: Beck Bilanzkomm., 11. Aufl., § 315, Rn. 206.

[1101] So wird im Ergebnis auch in der Begründung zum CSR-RUG argumentiert. Vgl. DEUTSCHER BUNDESTAG (Hrsg.), BT-Drucksache 18/9982, S. 48 f. Vgl. im Ergebnis ähnlich BAUMÜLLER, J./NGUYEN, B., Umsetzung in Deutschland und Österreich, S. 413 f.

[1102] Vgl. zum Grundsatz der Dualität die Ausführungen in Abschn. 344.1.

ist in diesem Zusammenhang, welchen Einfluss die zweite Anforderung des Wesentlichkeitsvorbehalts mit Blick auf den Umfang der Berichterstattung in der nichtfinanziellen Konzernerklärung hat.

Im Schrifttum wird aus der zweiten und im Vergleich zu § 315 Abs. 3 zusätzlichen Anforderung für die Berichterstattung in der nichtfinanziellen Konzernerklärung häufig ein „doppelter Wesentlichkeitsvorbehalt" abgeleitet.[1103] Zudem wird teilweise geschlussfolgert, dass es sich bei den Berichtspflichten nach § 315c Abs. 1 i. V. m. § 289c Abs. 3 nur um eine Teilmenge[1104] der für den Konzernlagebericht bestehenden Berichtspflichten nach § 315 Abs. 3 handelt.[1105] Im Ergebnis würde eine so enge semantische Auslegung des Wesentlichkeitsvorbehalts dem Anwenderkreis nach § 315b die Möglichkeit eröffnen, die schon vor dem CSR-RUG praktizierte Berichterstattung unverändert fortzuführen, sofern die Vorgaben des BilReG erfüllt werden.[1106] Mithin wäre eine weitergehende Befassung der berichtenden Konzerne mit nichtfinanziellen Belangen, die der Gesetzgeber mit der nichtfinanziellen Konzernerklärung i. S. d. Ziels der Verhaltenssteuerung erreichen möchte, nicht erforderlich.[1107] Gemessen an den Kriterien des Analyse- und Würdigungsrahmens für die nichtfinanzielle Konzernerklärung wäre eine solche Auslegung allerdings weder zweck- noch zielkonform.

Nach hier vertretener Auffassung beschränkt die zweite Anforderung des Wesentlichkeitsvorbehalts den Umfang der Berichterstattung nicht weiter als die erste Anforderung. Dies steht im Einklang mit den Funktionen der nichtfinanziellen Konzernerklärung. Schließlich konstituiert die zweite Anforderung des Wesentlichkeitsvorbehalts maßgeblich die sachliche Ergänzungsfunktion der nichtfinanziellen Konzernerklärung.[1108] Demnach ergänzen die Angaben in der nichtfinanziellen Konzernerklärung den Konzernabschluss um Informationen zu den Auswirkungen der Geschäftstätigkeit auf die nichtfinanziellen Aspekte.

[1103] Vgl. stellvertretend WINKELJOHANN, N./SCHÄFER, N., in: Beck Bilanzkomm., 11. Aufl., § 289c, Rn. 58. Dieser in der Literatur verbreiteten Auffassung steht die dokumentierte Ansicht des Gesetzgebers in der Begründung zum CSR-RUG entgegen. Danach sind Angaben zu den Auswirkungen der Geschäftstätigkeit bereits nach § 315 Abs. 3 in den Konzernlagebericht aufzunehmen. Vgl. DEUTSCHER BUNDESTAG (Hrsg.), BT-Drucksache 18/9982, S. 48 f.

[1104] KAJÜTER illustriert sein Verständnis einer Teilmenge mithilfe zweier Ovale, die sich überlappen. Während das erste Oval die Berichtspflichten im Konzernlagebericht repräsentiert, stellt das zweite Oval die Angaben in einem Nachhaltigkeitsbericht dar. Die Fläche, die sich aus der Überlappung der beiden Ovale ergibt, ist die Teilmenge der Angaben aus dem Konzernlagebericht, die auch in der nichtfinanziellen Konzernerklärung berichtspflichtig sein soll. Vgl. KAJÜTER, P., CSR-Richtlinie-Umsetzungsgesetz, S. 621.

[1105] Vgl. stellvertretend KAJÜTER, P., CSR-Richtlinie-Umsetzungsgesetz, S. 620 f. Die Abgrenzung der Teilmenge ist auf S. 623 anschaulich illustriert.

[1106] Vgl. hier und zum folgenden Satz BÖCKING, H.-J./ALTHOFF, C., Konzernlagebericht: Änderungen von DRS 20, S. 1456. Im Rahmen der Überarbeitung des DRS 20 wurde eine enge semantische Auslegung des Wesentlichkeitsvorbehalts in den Stellungnahmen zum E-DRÄS 8 vereinzelt ausdrücklich gefordert. Vgl. SIEMENS AG (Hrsg.), Stellungnahme E-DRÄS 8, S. 2 f.

[1107] Vgl. zum Ziel der Verhaltenssteuerung Abschn. 322.

[1108] Vgl. hier und zum folgenden Satz Abschn. 333.1.

Doch auch dann, wenn diese Annahme nicht zutreffen sollte, wäre es nicht schlüssig, aus der zweiten Anforderung des § 315c Abs. 2 eine den berichtspflichtigen Informationsumfang begrenzende Wirkung abzuleiten. Denn i. d. R. werden beide Anforderungen des Wesentlichkeitsvorbehalts gleichzeitig erfüllt sein, worauf in der Begründung zum CSR-RUG zutreffend hingewiesen wird.[1109] „So dürften [bspw.; Anm. d. Verf.] ressourcenwirksame Entwicklungen nicht nur Umwelt oder Arbeitnehmer, sondern zugleich auch die künftige Entwicklung [des Konzerns; Anm. d. Verf.] [...] selbst betreffen. [Auch; Anm. d. Verf.] andauernde schwere Menschenrechtsverletzungen, die durch die Geschäftstätigkeit [des Konzerns; Anm. d. Verf.] [...] gefördert werden, dürften das Risiko eines gravierenden Imageverlusts und von Absatzeinbrüchen beinhalten, die Auswirkungen auf das Geschäftsmodell haben können."[1110] Insofern wären mindestens die Informationen berichtspflichtig, die auch bislang nach § 315c Abs. 3 im Konzernlagebericht zu berichten waren.

Es ist möglich und angesichts der übergeordneten gesetzgeberischen Ziele, die mit der Berichterstattung in der nichtfinanziellen Konzernerklärung verfolgt werden, auch geboten, die gesellschaftlichen Entwicklungen seit dem BilReG bei der Auslegung von Wortlaut und Wortsinn der ersten Anforderung des § 315c Abs. 2 zu berücksichtigen. Ausgangspunkt für diese Überzeugung ist der Grundsatz der Adressatenorientierung, demzufolge die spezifischen Informationsbedürfnisse der Berichtsadressaten den Inhalt der nichtfinanziellen Konzernerklärung maßgeblich determinieren.[1111] Eine enge an § 315 Abs. 3 anknüpfende semantische Auslegung von § 315c Abs. 2, die die Angaben in der nichtfinanziellen Konzernerklärung als Teilmenge bereits bestehender Berichtspflichten klassifiziert, unterstellt implizit auch unveränderte Informationsbedürfnisse der Adressaten im Vergleich zum BilReG. Diese Annahme ist vor dem Hintergrund des dreizehn Jahre langen Zeitraums zwischen der Verabschiedung des BilReG im Jahr 2004 und des CSR-RUG im Jahr 2017 nicht überzeugend. Bereits bei der Verabschiedung von DRS 20 wurde explizit angestrebt, die im Vergleich zum Zeitpunkt der Verabschiedung des DRS 15 veränderte gesellschaftliche Erwartungshaltung an die nichtfinanzielle Berichterstattung im Standard zu reflektieren.[1112] Zudem waren gerade die mit der Finanz- und Wirtschaftskrise verbundenen gesellschaftlichen Veränderungen, wie z. B. der Vertrauensverlust in das ökonomische System der EU, wesentliche Beweggründe für die Verabschiedung der CSR-Richtlinie.[1113]

[1109] Vgl. DEUTSCHER BUNDESTAG (Hrsg.), BT-Drucksache 18/9982, S. 49; WINKELJOHANN, N./SCHÄFER, N., in: Beck Bilanzkomm., 11. Aufl., § 289c, Rn. 31; MERKT, H., in: Baumbach/Hopt HGB, 38. Aufl., § 289, Rn. 4.

[1110] Vgl. DEUTSCHER BUNDESTAG (Hrsg.), BT-Drucksache 18/9982, S. 49.

[1111] Vgl. Abschn. 344.21.

[1112] Vgl. SCHAEFER, P./SCHRÖDER, I., Auswirkungen des DRS 20, S. 97; GROS, M./KOCH, S./WALLEK, C., E-DRS 27, S. 116 f. Zwischen der Verabschiedung von DRS 15 und DRS 20 sind indes weniger als acht Jahre vergangen. DRS 15 wurde am 26. Februar 2005 bekannt gemacht. DRS 20 wurde am 4. Dezember 2012 bekannt gemacht.

[1113] Vgl. stellvertretend VELTE, P., Nichtfinanzielle Erklärung und Diversity-Berichterstattung, S. 294. Ziel war es mithilfe von adressatenorientierten Berichtspflichten das Vertrauen in die Wirtschaft, welches die Finanzkrise und ihre sozialen Folgen erschüttert haben, wieder herzustellen.

Die fortschreitende Sensibilisierung der Berichtsadressaten für nichtfinanzielle Belange führt dazu, dass die in der Bilanzrichtlinie definierte Anforderung an die Wesentlichkeit[1114] einer Information im Jahr 2017 tendenziell schneller erfüllt ist, als dies zu Zeiten des BilReG im Jahr 2004 der Fall gewesen wäre. Als Konsequenz dieser Sensibilisierung ist mithin zu erwarten, dass die Adressaten nichtfinanzielle Informationen vermehrt in ihre Entscheidungsprozesse einfließen lassen und dafür eine breitere Informationsbasis fordern.[1115] Dies gilt in besonderem Maße mit Blick auf den im Vergleich zum Konzernlagebericht erweiterten Adressatenkreis der nichtfinanziellen Konzernerklärung.[1116] Dem könnte zwar entgegengehalten werden, dass die berichtenden Konzerne die veränderten Informationsbedürfnisse als Ergebnis eines kontinuierlichen Stakeholderdialogs bereits vor der CSR-Richtlinie bzw. dem CSR-RUG adaptiert haben. Allerdings werden die berichtenden Konzerne vom Gesetzgeber dazu angehalten, ihre nichtfinanzielle Konzernerklärung an anerkannte Rahmenwerke der Nachhaltigkeitsberichterstattung anzulehnen[1117], was die Abgrenzung wesentlicher Informationen explizit einschließt.[1118] Obgleich in den verschiedenen Rahmenwerken unterschiedliche Wesentlichkeitskonzepte vorgegeben sind, werden in Nachhaltigkeitsberichten regelmäßig mehr wesentliche Themen identifiziert als bspw. im Rahmen der Berichterstattung über nichtfinanzielle Leistungsindikatoren im Konzernlagebericht nach § 315 Abs. 3.[1119] WINKELJOHANN/SCHÄFER empfehlen diesbezüglich zu überprüfen, welche im Rahmen eines Nachhaltigkeitsberichts identifizierten wesentlichen Themen auch als Bestandteil der nichtfinanziellen Konzernerklärung in Betracht kommen können.[1120]

Eine undifferenzierte Übernahme von Angaben aus Nachhaltigkeitsberichten in die nichtfinanzielle Konzernerklärung wäre indes nicht hinreichend fundiert und könnte gegen den Grundsatz der Wesentlichkeit sowie den Grundsatz der Klarheit verstoßen.[1121] Zwar ist die Veröffentlichung von zusätzlichen Informationen in der nichtfinanziellen Konzernerklärung grundsätzlich

[1114] „Wesentlich" beschreibt nach Art. 2 Nr. 16 der Richtlinie 2013/34/EU „[…] den Status von Informationen, wenn vernünftigerweise zu erwarten ist, dass ihre Auslassung oder fehlerhafte Angabe Entscheidungen beeinflusst, die Nutzer auf der Grundlage des Abschlusses des Unternehmens treffen."

[1115] Vgl. GÖBBELS, M./STUBENRAUCH, I., ESG Due Diligence-Ansatz, S. 55; HIRSCHI, S./RUTISHAUSER, R., Nachhaltigkeitsberichterstattung im Trend, S. 689; BURTH, M./HOLZMEIER, M./HACHMEISTER, D., in: Hachmeister u. a., BilR, § 315b, Rn. 3; MOCK, S., in: Hachmeister u. a., BilR, § 289b, Rn. 3–6; ANDREAS, F. E., in: Beck´sches Mandats Handbuch Due-Diligence, 2. Aufl., § 42, Rn. 6. Für die nach KAJÜTER illustrierte Teilmenge (vgl. Fn. 1104) bedeutet dies, dass ihre Fläche und der durch sie repräsentierte Informationsumfang wachsen. Dieser Effekt wird von den in den folgenden drei Sätzen beschriebenen Sachverhalten noch verstärkt.

[1116] Vgl. WINKELJOHANN, N./SCHÄFER, N., in: Beck Bilanzkomm., 11. Aufl., § 289c, Rn. 32. Vgl. außerdem zum Adressatenkreis der nichtfinanziellen Konzernerklärung Abschn. 313.

[1117] Vgl. dazu Abschn. 233.1.

[1118] Vgl. DEUTSCHER BUNDESTAG (Hrsg.), BT-Drucksache 18/9982, S. 49. Vgl. außerdem zur Bedeutung, die anerkannten Rahmenwerken für die Berichterstattung in der nichtfinanziellen Konzernerklärung vom Gesetzgeber beigemessen wird, Abschn. 233.1.

[1119] Vgl. beispielhaft für die Identifikation wesentlicher Themen im Rahmen der Nachhaltigkeitsberichterstattung GÜNTHER, J./MUSCHALLIK, M., Identifikation wesentlicher Themen, S. 421–425.

[1120] Vgl. WINKELJOHANN, N./SCHÄFER, N., in: Beck Bilanzkomm., 11. Aufl., § 289c, Rn. 32. Gl. A. IDW (Hrsg.), IDW Positionspapier, S. 14. Als Konsequenz einer solchen Analyse wird der Umfang der nichtfinanziellen Konzernerklärung regelmäßig zunehmen.

[1121] Vgl. zu diesen Grundsätzen Abschn. 342.3 sowie Abschn. 343.1.

ebenso möglich wie in der Konzernlageberichterstattung.[1122] Allerdings darf die freiwillige Berichterstattung den Informationsgehalt der Pflichtangaben nicht verfremden.[1123] Hier wirkt der Wesentlichkeitsvorbehalt nach § 315c Abs. 2 bzw. der Grundsatz der Wesentlichkeit mit Blick auf den Umfang der nichtfinanziellen Konzernerklärung begrenzend.[1124]

Die Ausführungen dieses Abschnitts zusammenfassend wird in der vorliegenden Arbeit geschlossen, dass mit der nichtfinanziellen Konzernerklärung, deren Inhalt maßgeblich von § 315c Abs. 2 i. V. m. § 289c Abs. 3 bestimmt wird, im Vergleich zur Berichterstattung im Konzernlagebericht nach § 315 Abs. 3 **tendenziell zusätzliche Berichtspflichten** verbunden sind.[1125] Mindestens sind die Informationen berichtspflichtig, die auch schon von § 315 Abs. 3 erfasst werden. Diese **Grunderkenntnis** ist bei der Abgrenzung wesentlicher Angaben zu berücksichtigen. Denn die Kriterien zur Beurteilung der Wesentlichkeit einer Information – mithin der Beurteilung der Eignung einer Information zur Beeinflussung von Adressatenentscheidungen – sind von der in diesem Abschnitt geführten Diskussion grundsätzlich unabhängig. Deren sachverhaltsabhängige Anwendung im Einzelfall jedoch nicht.

431.2 Abgrenzung wesentlicher Angaben

Die Abgrenzung von wesentlichen und unwesentlichen Angaben ist keine neue oder spezifische Herausforderung, die nur die Berichterstattung in der nichtfinanziellen Konzernerklärung betrifft.[1126] Vielmehr stellt sich diese Aufgabe im Kontext der Finanzberichterstattung an unterschiedlichen Stellen. Dabei existieren zahlreiche Unwägbarkeiten.[1127] Gegen starre Wesentlichkeitskriterien oder Grenzwerte, die Entscheidungen vereinfachen würden, spricht in diesem Zusammenhang, dass Informationen kontextbezogen bewertet werden müssen.[1128] So kann eine Angabe in einem bestimmten Kontext wesentlich sein. In einem anderen Kontext muss sie hingegen nicht zwingend erforderlich sein. Es ist folglich – von einigen Aus-

---

[1122] Vgl. KIRSCH, H.-J./KÖHRMANN, H./HUTER, M., in: Böcking u. a., Beck HdR, B 510, Rn. 352–357; KOLB, S./NEUBECK, G., Lagebericht, Rn. D.241; HENCKEL, N./RIMMELSPACHER, D./SCHÄFER, N., Erfahrungen aus der erstmaligen Anwendung des DRS 20, S. 390.

[1123] Vgl. IDW (Hrsg.), IDW Positionspapier, S. 14; WINKELJOHANN, N./SCHÄFER, N., in: Beck Bilanzkomm., 11. Aufl., § 289c, Rn. 13.

[1124] Vgl. auch die Ausführungen zum Grundsatz der Wesentlichkeit in Abschn. 343.1.

[1125] Vgl. so auch RICHTER, N./JOHNE, A./KÖNIG, C., Umsetzung der CSR-Richtlinie, S. 566; MOCK, S., Berichterstattung über Corporate Social Responsibility, S. 1195.

[1126] Vgl. hier und zum folgenden Satz jeweils exemplarisch zur Wesentlichkeit in der Abschlussprüfung HÖMBERG, R., Wesentlichkeit, S. 301–323; in der nationalen Rechnungslegung HIRSCHBERGER, W./LEUZ, N., Wesentlichkeit bei der Jahresabschlusserstellung, S. 2529–2535; in der internationalen Rechnungslegung LINK, R., Wesentlichkeit in der Finanzberichterstattung, S. 170–175; und in der Lageberichterstattung OSSADNIK, W., Wesentlichkeit als Bestimmungsfaktor, S. 1763–1767; BERTL, R./PANZIRSCH, H.-G., Die Wesentlichkeit im unternehmensrechtlichen Lagebericht und Konzernlagebericht, S. 267–272.

[1127] Vgl. dazu stellvertretend m. w. N.HOFFMANN, W.-D., Die Wesentlichkeit im Anhang; HOFFMANN, W.-D., Wegweiser zur Wesentlichkeit, S. 165 f.

[1128] Vgl. OSSADNIK, W., Wesentlichkeit als Bestimmungsfaktor, S. 1763; HIRSCHBERGER, W./LEUZ, N., Wesentlichkeit bei der Jahresabschlusserstellung, S. 2530; sowie hier und zu den folgenden beiden Sätzen EU-KOMMISSION (Hrsg.), ABl. C 215 vom 05.07.2017, S. 5 f.

nahmen abgesehen – faktisch nicht möglich, wesentliche Angaben eindeutig und allgemeingültig zu bestimmen.[1129] Somit verbleibt der Konzernführung immer ein nicht unerheblicher Ermessensspielraum bei der Abgrenzung wesentlicher Angaben.[1130] Allerdings kann dieser Spielraum eingeschränkt werden, indem allgemeine Faktoren bestimmt werden, die bei diesen Ermessensentscheidungen nicht unberücksichtigt bleiben dürfen.[1131] Der Wesentlichkeitsvorbehalt nach § 315c Abs. 2 ist also dahingehend zu konkretisieren.

Da § 315c Abs. 2 an die **Wesentlichkeitsformel** des § 315 Abs. 3 anknüpft, ist die Abgrenzung wesentlicher Angaben in beiden Fällen mit ähnlichen Herausforderungen verbunden. Deshalb erscheint es im Kontext der nichtfinanziellen Konzernerklärung zunächst sachgerecht, die Abgrenzungsfaktoren für die Konzernlageberichterstattung zu berücksichtigen. Indes sind vor dem Hintergrund, dass die Angaben in der nichtfinanziellen Konzernerklärung auch für das Verständnis der Auswirkungen der Geschäftsaktivitäten des Konzerns auf die nichtfinanziellen Aspekte erforderlich sein müssen, zusätzliche spezifische Wesentlichkeitsindikatoren erforderlich.

Wie bereits mehrfach erwähnt bilden die Interessen und Erwartungen der relevanten Adressaten den **Referenzpunkt** – mithin den entscheidenden Faktor – für die Abgrenzung von wesentlichen und unwesentlichen Angaben.[1132] Es sollte u. a. über Sämtliches informiert werden, was für den Aufsichtsrat, die Hauptversammlung sowie die Entlastung der Geschäftsführung von Interesse ist.[1133] Im Schrifttum existieren diesbezüglich unterschiedliche Aufzählungen von berichtspflichtigen Vorgängen, die teilweise auf empirischen Erhebungen basieren.[1134] Entscheidend ist demnach die qualitative und quantitative Bedeutung eines Sachverhalts.[1135] Unstrittig ist im Schrifttum deshalb die Wesentlichkeit von Angaben, die in einem Zusammenhang mit dem Fortbestand des berichtenden Konzerns stehen.[1136] Solche Informationen sind stets wesentlich und bilden eine Untergrenze, ab der Informationen in der nichtfinanziellen Konzernerklärung zwingend zu berichten sind.[1137]

Die EU-Kommission nennt in ihren Leitlinien für die Berichterstattung über nichtfinanzielle Informationen ebenfalls **Faktoren zur Beurteilung der Wesentlichkeit**. Darunter fallen u. a.,

---

[1129] Vgl. so auch OSSADNIK, W., Wesentlichkeit als Bestimmungsfaktor, S. 1763.

[1130] Vgl. HARTMANN, C., Internationalisierung der Lageberichterstattung, S. 33; KIRSCH, H.-J./KÖHRMANN, H./HUTER, M., in: Böcking u. a., Beck HdR, B 500, Rn. 59.

[1131] Vgl. EU-KOMMISSION (Hrsg.), ABl. C 215 vom 05.07.2017, S. 6.

[1132] Vgl. dazu Abschn. 344.2. Vgl. so auch LEFFSON, U., GoB, S. 183; BAETGE, J./FISCHER, T. R./PASKERT, D., Der Lagebericht, S. 21 f.; KAJÜTER, P., in: Küting/Weber, HdR-E, § 289, Rn. 43; HACHMEISTER, D./GLASER, A., in: Böcking u. a., Beck HdR, C 610, Rn. 30.

[1133] Vgl. hier und zum folgenden Satz HACHMEISTER, D./GLASER, A., in: Böcking u. a., Beck HdR, C 610, Rn. 30; GROTTEL, B., in: Beck Bilanzkomm., 11. Aufl., § 289, Rn. 23.

[1134] Vgl. m. w. N. OSSADNIK, W., Wesentlichkeit als Bestimmungsfaktor, S. 1766.

[1135] Vgl. WINKELJOHANN, N./RIMMELSPACHER, D., in: Beck Bilanzkomm., 11. Aufl., § 297, Rn. 197.

[1136] Vgl. stellvertretend BAETGE, J./SCHULZE, D., Objektivierung der Lageberichterstattung über künftige Risiken, S. 938; HACHMEISTER, D./GLASER, A., in: Böcking u. a., Beck HdR, C 610, Rn. 30.

[1137] FREIBERG identifiziert weitere „Untergrenzen". Vgl. HAAKER, A./FREIBERG, J., Kodifizierung und Definition von Wesentlichkeit, S. 352.

wie bereits in Abschn. 421. angedeutet, das Geschäftsmodell bzw. die Strategie eines Konzerns sowie branchenspezifische Aspekte.[1138] Basiert ein Geschäftsmodell z. B. maßgeblich auf fossilen Ressourcen, die ausschließlich aus sog. Konflikt- oder Hochrisikoländern[1139] bezogen werden, können bspw. Angaben zur Vermeidung von Menschenrechtsverletzungen sowie zu Instrumenten zur Bekämpfung von Korruption erforderlich sein.[1140] In der Bankenbranche könnten z. B. Angaben zu Projektfinanzierungen, mit denen erhebliche ökologische Auswirkungen verbunden sind, wesentlich sein. Weitere besonders im Kontext der nichtfinanziellen Berichterstattung relevante Faktoren für die Wesentlichkeit einer Information sind politische und regulatorische Prozesse, z. B. die Einführung von neuen Grenzwerten für Schadstoffe.

Unternehmensspezifische quantitative Wesentlichkeitsgrenzen können die Wesentlichkeitsbeurteilungen anhand der genannten Entscheidungsfaktoren unterstützen.[1141] Dies gilt besonders für prognostische Angaben in der nichtfinanziellen Konzernerklärung, da hier i. d. R. die Eintrittswahrscheinlichkeit ein wichtiger Faktor für die Wesentlichkeitsbeurteilung von Angaben ist.[1142] Unabhängig davon, ob die Bedeutung einer Information quantitativ oder qualitativ bestimmt wird, sollte der zugehörige Prozess für die Adressaten der nichtfinanziellen Konzernerklärung nachprüfbar sein. Im Fall von **quantitativen Wesentlichkeitsgrenzen** sollten die relativen Bezugsgrößen angegeben werden.[1143] Die Wesentlichkeit einer Strafzahlung für Umweltverstöße könnte bspw. in Relation zum EBIT eines Konzerns bewertet werden. In Bezug auf **qualitative Wesentlichkeitsbeurteilungen** sollten die wesentlichen Eckpunkte des Beurteilungsprozesses einschließlich der wichtigsten berücksichtigten Faktoren beschrieben werden.

Ein konkretes Beispiel für eine methodische Wesentlichkeitsanalyse ist in den GRI-*Standards* enthalten.[1144] Nach diesem Ansatz sind sowohl die Auswirkungen einer Information auf ökonomische, ökologische und soziale Aspekte zu analysieren als auch die Entscheidungsrelevanz einer Information für ihre (Haupt-)Adressaten zu untersuchen.[1145] Für diese beiden Sichtweisen soll mithilfe unternehmensindividueller quantitativer und qualitativer Kriterien die Wesentlichkeit verschiedener Informationen – die im Vorfeld als potentiell wesentlich identifiziert wurden

---

[1138] Vgl. zum verbleibenden Absatz EU-KOMMISSION (Hrsg.), ABl. C 215 vom 05.07.2017, S. 6.

[1139] Vgl. für sog. Hochrisikoländer exemplarisch EU (Hrsg.), Delegierte VO 2016/1675 vom 14. Juli 2016 zur Ergänzung von EU (Hrsg.), Richtlinie 2015/849.

[1140] Vgl. zu diesen Beispielen § 289c Abs. 2.

[1141] Vgl. HIRSCHBERGER, W./LEUZ, N., Wesentlichkeit bei der Jahresabschlusserstellung, S. 2532.

[1142] Vgl. stellvertretend SELCHERT, F. U. A., Prüfung des Lageberichts, S. 200–204; KAJÜTER, P., in: Küting/Weber, HdR-E, § 289, Rn. 97. Die Eintrittswahrscheinlichkeit als Faktor zur Bemessung der Wesentlichkeit einer Information wird im Kontext der Risikoberichterstattung in Abschn. 433.22 weiter konkretisiert. Vgl. Abschn. 433.221.

[1143] Vgl. dazu WINKELJOHANN, N./RIMMELSPACHER, D., in: Beck Bilanzkomm., 11. Aufl., § 297, Rn. 197. Bezugsgrößen können z. B. die Bilanzsumme, das Eigenkapital oder die Gewinnausschüttung eines Konzerns sein. Vgl. zu Bezugsgrößen allgemein IDW (Hrsg.), WP-Handbuch 2017, Kap. M, Rn. 314.

[1144] Vgl. hier und zu den folgenden drei Sätzen GRI (Hrsg.), GRI 101: "Foundation", S. 10; GRI (Hrsg.), GRI 102: "General Disclosures", S. 34.

[1145] Vgl. für einen kurzen Überblick über die Konzeption der Wesentlichkeitsanalyse gemäß den G4-Leitlinien, die in die GRI-*Standards* übernommen wurde, GÜNTHER, J./MUSCHALLIK, M., Identifikation wesentlicher Themen, S. 422 f.

– durch eine relative Einordnung zueinander bestimmt werden. Die Priorisierung ist ausschlaggebend für die Aufnahme von Angaben zu einem Sachverhalt in den Nachhaltigkeitsbericht sowie den Detailgrad der Berichterstattung darüber. Insgesamt existiert eine große Schnittmenge zwischen der Wesentlichkeitsanalyse entsprechend der GRI-*Standards* und den Anforderungen an die Wesentlichkeit einer Information nach § 315c Abs. 2.[1146] Vor dem Hintergrund, dass die GRI-*Standards* für den Anwenderkreis nach § 315b ohnehin als de-facto-Standard der Nachhaltigkeitsberichterstattung fungieren, ist eine Orientierung der konzerneigenen Wesentlichkeitsanalyse daran naheliegend.[1147] Eine Berücksichtigung spezifischer Wesentlichkeitsanalysen aus anerkannten Rahmenwerken ist im Zusammenhang mit § 315c Abs. 2 gesetzlich jedoch nicht verpflichtend.[1148]

432. Berichterstattung zu nichtfinanziellen Konzepten

432.1 Überblick

Den Ausgangspunkt für die Berichterstattung in der nichtfinanziellen Konzernerklärung nach § 315c Abs. 1 i. V. m. § 289c Abs. 3 bilden **Angaben zu verfolgten Konzepten**. Die entsprechenden Normen dazu lauten wie folgt:

§ 315c Abs. 1 i. V. m. § 289c Abs. 3 Nr. 1 und Nr. 2:

„*1. […] Beschreibung der von der Kapitalgesellschaft verfolgten Konzepte, einschließlich der von der Kapitalgesellschaft angewandten Due-Diligence-Prozesse,*“

„*2. […] Ergebnisse der Konzepte nach Nummer 1 […]*“

Abbildung 4-4: Gesetzliche Regelungen zu Angaben zu verfolgten nichtfinanziellen Konzepten

Sofern ein Konzern zu einem in § 289c Abs. 2 genannten nichtfinanziellen Aspekt **kein Konzept** verfolgt, sind die Gründe dafür – entsprechend der sog. ***Comply-or-Explain*-Regelung** – zu erläutern:

1146 Vgl. IDW (Hrsg.), IDW Positionspapier, S. 14.

1147 Vgl. in diesem Zusammenhang DAIMLER AG (Hrsg.), Geschäftsbericht 2017, S. 216.

1148 Zwar bevorzugt der Gesetzgeber die Berücksichtigung von anerkannten Rahmenwerken, jedoch verpflichtet er den Anwenderkreis nur dazu, die Gründe zu erläutern, falls kein anerkanntes Rahmenwerk für die Berichterstattung in der nichtfinanziellen Konzernerklärung herangezogen wurde. Vgl. dazu Abschn. 233.1. Der Gesetzgeber favorisiert explizit keines der anerkannten Rahmenwerke. Vgl. DEUTSCHER BUNDESTAG (Hrsg.), BT-Drucksache 18/9982, S. 52 f. Eine gesetzlich kodifizierte Präferenz für ein bestimmtes Rahmenwerk einer privatrechtlichen Organisation wäre verfassungsrechtlich bedenklich. Vgl. dazu MOCK, S., Berichterstattung über Corporate Social Responsibility, S. 1199.

§ 315c Abs. 1 i. V. m. § 289c Abs. 4:

„(4) Wenn die Kapitalgesellschaft in Bezug auf einen oder mehrere der in Absatz 2 genannten Aspekte kein Konzept verfolgt, hat sie dies anstelle der auf den jeweiligen Aspekt bezogenen Angaben nach Absatz 3 Nummer 1 und 2 in der nichtfinanziellen Erklärung klar und begründet zu erläutern."

Abbildung 4-5: Handelsrechtliche Norm zur *Comply-or-Explain*-Regelung

Nach dem Wortlaut der handelsrechtlichen Vorschriften ist sowohl gemäß § 315c Abs. 1 i. V. m. § 289c Abs. 3 Nr. 1 als auch nach § 315c Abs. 1 i. V. m. § 289c Abs. 3 Nr. 2 über **Konzepte** zu berichten.[1149] Ersatzweise sind gemäß § 315c Abs. 1 i. V. m. § 289c Abs. 4 die Gründe zu erläutern, weshalb kein(e) Konzept(e) verfolgt wird/werden. Mithin stehen die Einzelvorschriften in einem direkten sachlichen Zusammenhang, so dass es sachgerecht ist, die Normen im Folgenden nacheinander zu analysieren und zu konkretisieren.

432.2 Beschreibung von verfolgten Konzepten

432.21 Identifikation von Auslegungsfragen

Im Kontext der Konzernlageberichterstattung handelt es sich bei einem „**Konzept**" um einen **unbestimmten Rechtsbegriff**, der auszulegen ist. Aus dem Wortlaut des § 289c Abs. 3 Nr. 1 wird deutlich, dass die angewandten Due-Diligence-Prozesse zu den Merkmalen der zu beschreibenden Konzepte zählen.[1150] Die explizite Nennung von **Due-Diligence-Prozessen** ist zudem ein Indiz für die besondere Bedeutung, die solche Angaben im Kontext der Berichterstattung nach § 315c Abs. 1 i. V. m. § 289c Abs. 3 Nr. 1 haben.

Auf zumindest einen weiteren Bestandteil der Beschreibung eines Konzepts kann aus dem Bedeutungszusammenhang von § 289c Abs. 3 Nr. 1 und Nr. 2 geschlossen werden. Eine Angabe von **Ergebnissen** i. S. d. § 289c Abs. 3 Nr. 2 ist nämlich nur dann möglich, wenn zuvor **Ziele** o. Ä. definiert wurden.[1151] Mithin sind diese Ziele i. S. d. § 315c Abs. 1 i. V. m. § 289c Abs. 3 Nr. 1 ebenfalls Bestandteil der zu beschreibenden Konzepte und folglich anzugeben. Andernfalls wäre die Berichterstattung nach § 315c Abs. 1 i. V. m. § 289c Abs. 3 Nr. 2 inhaltsleer. In der Begründung zum CSR-RUG werden neben Zielen auch Maßnahmen, mit denen die Ziele erreicht werden sollen, als Konzeptbestandteile benannt.[1152] Gleiches gilt für Informationen zu den an der Konzeptentwicklung beteiligten Personenkreisen.[1153]

[1149] In § 289c Abs. 3 Nr. 2 wird direkt auf die Angaben zu verfolgten Konzepten nach § 289c Abs. 3 Nr. 1 rekurriert.

[1150] Vgl. zu den angewandten Due-Diligence-Prozessen weiterführend Abschn. 432.23. Vgl. dazu außerdem die Richtlinienvorgaben nach Art. 1 Nr. 3 Abs. 1, 1. Unterabs., Buchst. d der Richtlinie 2014/95/EU.

[1151] Vgl. SCHMOTZ, T./SCHMIDT, R., Nichtfinanzielle Berichtspflichten in der Finanzberichterstattung, S. 2879.

[1152] Vgl. hier und zum folgenden Satz DEUTSCHER BUNDESTAG (Hrsg.), BT-Drucksache 18/9982, S. 49.

[1153] Darüber hinaus sind auch alle weiteren wesentlichen Eckpunkte eines Konzepts zu beschreiben. Vgl. KIRSCH, H.-J./KÖHRMANN, H./HUTER, M., in: Böcking u. a., Beck HdR, B 510, Rn. 285. Indes sind nur die bislang

An die dokumentierte Ansicht des Gesetzgebers anknüpfend wird die Beschreibung eines Konzepts in DRS 20.265 wie folgt konkretisiert: Sie „beinhaltet eine Darstellung der **Ziele**, der **Maßnahmen**, der **angewandten Due-Diligence-Prozesse** sowie der **Einbindung der Konzernleitung und etwaiger weiterer Interessenträger** (z. B. Arbeitnehmer)."[1154] Im Schrifttum wird diese grundlegende Konkretisierung befürwortet.[1155] Die Ausführungen der EU-Kommission zur Beschreibung der verfolgten Konzepte stimmen ebenfalls weitgehend mit DRS 20.265 überein.[1156] Im Folgenden werden deshalb die Inhalte des DRS 20 zur Beschreibung der verfolgten Konzepte den Ausgangspunkt für weiterführende Konkretisierungen bilden.

Die **Berichterstattung zu verfolgten Konzepten** sollte unabhängig von den spezifischen Angaben zu einzelnen Konzeptmerkmalen einige **grundlegende Bedingungen** erfüllen. Wie bereits bei den Angaben zum Geschäftsmodell eines Konzerns fordert der Gesetzgeber nach § 315c Abs. 1 i. V. m. § 289c Abs. 1 eine „Beschreibung" der Konzepte. Folglich sind deren wesentliche Merkmale zusammenhängend darzustellen.[1157] Angaben zu geplanten aber noch nicht verfolgten Konzepten sind von der Berichterstattung ausgeschlossen.[1158] Dies ist i. S. d. Grundsatzes der Klarheit zu begrüßen, da so Fehlinterpretationen der Berichtsadressaten hinsichtlich der Aktualität eines Konzepts vermieden werden. Im Sinne einer klaren Informationsvermittlung ist es ferner erforderlich, dass aus den Angaben – z. B. durch eine Überschrift – jeweils hervorgeht, auf welchen der fünf nichtfinanziellen Aspekte sie sich beziehen.[1159] Sofern ein Konzept auf Sachverhaltsebene verfolgt wird, was regelmäßig der Fall ist,[1160] sollten die Angaben einerseits dem betreffenden Aspekt zugeordnet werden und andererseits Hinweise enthalten, ob auch zu weiteren Sachverhalten dieses Aspekts separate Konzepte verfolgt werden.[1161] Nur dann können die Adressaten der nichtfinanziellen Konzernerklärung erkennen, zu welchen nichtfinanziellen Aspekten kein Konzept verfolgt wird.[1162]

Die Berichterstattung ist i. S. d. Grundsatzes der Verlässlichkeit auf relevante und tatsächlich verfolgte Konzepte zu nichtfinanziellen Aspekten zu beschränken.[1163] Sogenannte *Boilerplate*-Angaben würden die Vermittlung eines den tatsächlichen Verhältnissen entsprechenden Bildes

---

aufgezählten Merkmale eines Konzepts Gegenstand dieses Abschnitts.

1154 DRS 20.265. [Hervorhebungen durch Verfasser]

1155 Vgl. stellvertretend KAJÜTER, P., RegE CSR-Richtlinie-Umsetzungsgesetz, S. 510; WULF, I., Neue Berichtspflichten, S. 105.

1156 Vgl. EU-KOMMISSION (Hrsg.), ABl. C 215 vom 05.07.2017, S. 10.

1157 Vgl. für eine Abgrenzung zwischen einer beschreibenden und einer erläuternden Berichterstattung die entsprechenden Ausführungen in Abschn. 421.

1158 Vgl. zur Intention des Gesetzgebers, die Entwicklung von nichtfinanziellen Konzepten zu fördern, Abschn. 322.221.2.

1159 Vgl. DRS 20.266; DEUTSCHER BUNDESTAG (Hrsg.), BT-Drucksache 18/9982, S. 49.

1160 Vgl. WINKELJOHANN, N./SCHÄFER, N., in: Beck Bilanzkomm., 11. Aufl., § 289c, Rn. 87.

1161 Die Möglichkeit, Angaben zusammengefasst darzustellen, wenn ein Konzept bspw. mehrere Aspekte abdeckt, bleibt davon unberührt. Vgl. WINKELJOHANN, N./SCHÄFER, N., in: Beck Bilanzkomm., 11. Aufl., § 289c, Rn. 42.

1162 Vgl. DRS 20.B72.

1163 Davon unberührt bleibt die Absicht des Gesetzgebers, die Konzerne – i. S. d. Ziels der Verhaltenssteuerung – zur Entwicklung und Anwendung von Konzepten zu bewegen.

der Konzepte konterkarieren.[1164] Damit die Angaben zu angewandten Konzepten interperiodisch vergleichbar sind, sollte die Berichterstattung stetig erfolgen. Aus diesem Grund sollten wesentliche Änderungen der beschriebenen Konzepte im Vergleich zum Vorjahr stets erläutert werden. Gleiches gilt für die Angaben zu den wesentlichen Merkmalen eines Konzepts.

432.22 Darstellung der Ziele und Maßnahmen sowie der Einbindung der Konzernleitung

Ein **Ziel** ist nach DRS 20.11 ein „angestrebter Zustand in der Zukunft".[1165] Vor dem Hintergrund dieser weiten Definition des Zielbegriffs können Angaben zu Zielen in der nichtfinanziellen Konzernerklärung sowohl qualitativer als auch quantitativer Natur sein; Maßstab ist die interne Zieldefinition.[1166] Mithin erfüllen auch rein komparative Angaben die Anforderungen an ein Ziel i. S. d. nichtfinanziellen Konzernerklärung.[1167] WINKELJOHANN/SCHÄFER empfehlen diesbezüglich – in Anlehnung an die Prognoseberichterstattung im Konzernlagebericht – qualifiziert-komparative Angaben.[1168] Entsprechende Angaben wären zwar zu begrüßen, da sie die Qualität der Informationen erhöhen. Indes besteht dazu keine gesetzliche Pflicht, da einerseits gemäß § 315c Abs. 1 i. V. m. § 289c Abs. 1 Nr. 1 über die intern angewandten Konzepte – so wie sie sind – zu berichten ist, und es andererseits keine rechtlichen Vorgaben zur Ausgestaltung solcher Konzepte gibt. Demgegenüber ist es erforderlich, intern **quantifizierte Ziele** in der nichtfinanziellen Konzernerklärung ebenfalls quantifiziert anzugeben, gerade weil Konzepte – so wie sie sind – beschrieben werden müssen.[1169] Andernfalls würde die Klarheit und Verlässlichkeit der Informationsvermittlung konterkariert und zudem der Grundsatz der Vermittlung der Sicht der Konzernleitung verletzt. Mithin sind intern quantifizierte Zielgrößen in der nichtfinanziellen Konzernerklärung unverändert anzugeben.[1170] Dabei sollte für die Adressaten ersichtlich sein, ob es sich bei den quantifizierten Zielgrößen zugleich um nichtfinanzielle Leistungsindikatoren nach § 289c Abs. 3 Nr. 5 handelt, um Missverständnisse zu verhindern.[1171]

[1164] Vgl. EU-KOMMISSION (Hrsg.), ABl. C 215 vom 05.07.2017, S. 10; WINKELJOHANN, N./SCHÄFER, N., in: Beck Bilanzkomm., 11. Aufl., § 289c, Rn. 41.

[1165] Vgl. im Ergebnis so auch WINKELJOHANN, N./SCHÄFER, N., in: Beck Bilanzkomm., 11. Aufl., § 289c, Rn. 44.

[1166] Vgl. KIRSCH, H., Erneute Änderung am DRS 20, S. 575.

[1167] Vgl. für eine Reihe von Beispielen nichtfinanzieller Ziele sowie möglicher Zielarten KIRSCH, H.-J./KÖNIG, C./HUTER, M., in: Baetge u. a., Rechnungslegung nach IFRS, 2. Aufl., Kap. XII, Rn. 220.

[1168] Vgl. WINKELJOHANN, N./SCHÄFER, N., in: Beck Bilanzkomm., 11. Aufl., § 289c, Rn. 44.

[1169] Anderer Auffassung sind WINKELJOHANN, N./SCHÄFER, N., in: Beck Bilanzkomm., 11. Aufl., § 289c, Rn. 44. Als Begründung dient den Autoren die Textziffer DRS 20.267, in welcher der diskutierte Fall wie folgt konkretisiert wird: „Wenn Ausmaß und Zeitbezug der Ziele intern festgelegt werden, ist bei der Darstellung der Ziele darauf einzugehen." Nach hier vertretener Auffassung lässt sich diese Textziffer jedoch auch konträr zu WINKELJOHANN/SCHÄFER auslegen. Vgl. so auch KIRSCH, H.-J./KÖNIG, C./HUTER, M., in: Baetge u. a., Rechnungslegung nach IFRS, 2. Aufl., Kap. XII, Rn. 220.

[1170] Vgl. KAJÜTER, P., CSR-Richtlinie-Umsetzungsgesetz, S. 622.

[1171] Vgl. Abschn. 435.1 zu den an die bedeutsamsten nichtfinanziellen Leistungsindikatoren gestellten Berichtsanforderungen nach § 315c Abs. 1 i. V. m. § 289c Abs. 3 Nr. 5.

Bei den Angaben zu den verfolgten Zielen sollte auch der intern festgelegte **Zeithorizont** genannt werden, innerhalb dessen diese Ziele erreicht werden sollen.[1172] Wird intern ein solcher nicht festgelegt, kann auch das eine relevante Information für die Adressaten der nichtfinanziellen Konzernerklärung sein. Sofern ein Ziel und ein Zeitraum für dessen Realisierung intern festgelegt sind, jedoch die Gefahr besteht, das festgelegte Ziel im angestrebten Zeitraum zu verfehlen, ist ggf. über dieses Risiko zu berichten, wenn diese Information für das Verständnis der Adressaten von Bedeutung ist. Gleiches gilt für Chancen, die dazu führen können, dass die angestrebten Ziele übertroffen werden.[1173]

Als weiteres wesentliches Element eines Konzepts nennt DRS 20.265 **Maßnahmen**. „Maßnahmen sind […] die Aktivitäten und Prozesse, die dazu beitragen sollen, gesetzte Ziele zu erreichen."[1174] Neben dem Inhalt[1175] der Maßnahmen ist wie bei der Darstellung der Ziele der Zeithorizont der Maßnahmen anzugeben. Dies macht ggf. auch Angaben zum Grad der Umsetzung erforderlich.[1176] Aus inhaltlicher Perspektive sind Angaben zu Maßnahmen vor allem dann relevant, wenn die Konzernführung an der Entscheidung über Maßnahmen direkt beteiligt oder von diesen sogar selbst betroffen ist. Besonders interessant sind in diesem Kontext Änderungen am internen Steuerungssystem des berichtenden Konzerns, die einen Zielbezug haben.[1177] Vorstellbar wäre bspw. die Integration nichtfinanzieller Leistungsindikatoren in das Vergütungssystem des Konzernvorstands.[1178]

Unabhängig von etwaigen direkten Auswirkungen nichtfinanzieller Konzepte auf die Konzernführung ist nach § 315c Abs. 1 i. V. m. § 289c Abs. 3 Nr. 1 zu beschreiben, wie die **Konzernführung in die Entwicklung nichtfinanzieller Konzepte eingebunden ist**.[1179] Mithilfe dieser Angaben kann den Adressaten der nichtfinanziellen Konzernerklärung gezeigt werden, wie die Mitglieder der Konzernführungsgremien ihre Verantwortung für eine ordnungsmäßige Erstellung der nichtfinanziellen Konzernerklärung nach Art. 33 der Bilanzrichtlinie i. d. F. der CSR-

---

1172 Obgleich die Angaben zu Zielen grundsätzlich Prognosecharakter haben, sind die Vorgaben zum Prognosehorizont nach DRS 20.127 für die Berichterstattung in der nichtfinanziellen Konzernerklärung irrelevant. Nach dem Grundsatz der Nachhaltigkeit ist im Rahmen der Berichterstattung in der nichtfinanziellen Konzernerklärung jeweils der kurz-, mittel- und langfristige Horizont zu betrachten. Vgl. Abschn. 344.3. Vgl. zum Zeitbezug der Risikoberichterstattung zudem Abschn. 433.23.

1173 Eine tiefergehende Analyse der Risikoberichterstattung ist Gegenstand von Abschn. 433. Eine tiefergehende Analyse der Chancenberichterstattung ist Gegenstand von Abschn. 434.

1174 Kirsch, H.-J./Köhrmann, H./Huter, M., in: Böcking u. a., Beck HdR, B 510, Rn. 285.

1175 Bei Maßnahmen kann es sich z. B. um Investitionen in Umwelttechnologien, neue Mitbestimmungsrechte für Mitarbeiter oder die Einführung von Anreizsystemen, mit deren Hilfe Energieeinsparungen realisiert werden sollen, handeln.

1176 Solche Angaben sind ggf. Bestandteil der Angaben zu den Ergebnissen eines Konzepts. Vgl. dazu Abschn. 432.3.

1177 Vgl. Deutscher Bundestag (Hrsg.), BT-Drucksache 18/9982, S. 49.

1178 Vgl. zur Berücksichtigung nichtfinanzieller Leistungsindikatoren im Rahmen der Bemessung der Vorstandsvergütung Velte, P., Vorstandsvergütung, S. 298 f. Vgl. darüber hinaus grundlegend zur nachhaltigen Ausrichtung von Vergütungssystemen Maske, M./Hirsch, B./Sohn, M., Nachhaltige Ausrichtung der Vergütungssysteme, S. 47–66.

1179 Vgl. Deutscher Bundestag (Hrsg.), BT-Drucksache 18/9982, S. 49.

Richtlinie wahrnehmen.[1180] Dies kann auch die internen Prozesse zur nichtfinanziellen Berichterstattung an den Vorstand umfassen.[1181] An dieser Stelle sei darauf hingewiesen, dass eine Berichtspflicht zu nichtfinanziellen Konzepten nicht allein deshalb ausscheidet, weil nichtfinanzielle Ziele nicht auf der obersten Managementebene bestimmt werden.[1182] Andernfalls wäre es hinfällig zu beschreiben, in welchem Maß die Konzernführung eingebunden wird, da eine Beteiligung des Vorstands generell anzunehmen wäre. Entscheidend für eine Berichtspflicht ist vielmehr, dass die Konzernführung Kenntnis von den wesentlichen Inhalten der Konzepte erlangt und diese billigt.

Zusätzlich zu Informationen über die Rolle der Konzernführung bei der Entwicklung nichtfinanzieller Konzepte sollte nach DRS 20.265 auch beschrieben werden, **wie weitere relevante Interessenträger** (z. B. Arbeitnehmer oder NGOs) an diesem Prozess **beteiligt werden.**[1183] Relevant könnten in diesem Kontext bspw. Angaben zur Form der Beteiligung der Stakeholder sein; ob die relevanten Gruppen also direkt oder indirekt einbezogen werden.

432.23 Angaben zu angewandten Due-Diligence-Prozessen

Angewandte Due-Diligence-Prozesse werden als einziger Bestandteil eines Konzepts i. S. d. § 289c Abs. 3 Nr. 1 explizit im Gesetz benannt.[1184] Dies darf als Indiz für die Bedeutung gewertet werden, die der Gesetzgeber entsprechenden Angaben beimisst. Zugleich bedingt die Akzentuierung von Due-Diligence-Prozessen eine im Vergleich zu den übrigen Bestandteilen eines Konzepts verhältnismäßig detaillierte Berichterstattung. Welche Angaben damit konkret verbunden sind, geht aus dem Wortlaut und Wortsinn von § 289c Abs. 3 Nr. 1 jedoch nicht hervor. Vielmehr handelt es sich auch bei Due-Diligence im Handelsrecht um einen unbestimmten Rechtsbegriff. Gängig ist der Due-Diligence-Begriff dagegen im Kontext von M&A-Transaktionen.[1185] Dort wird er häufig mit „gebotener Sorgfalt“[1186] übersetzt. Ähnlich werden Due-Diligence-Prozesse in der Begründung des CSR-RUG konkretisiert.[1187] Demnach sind damit Verfahren gemeint, „[...] mit denen die Sorgfaltspflichten und -obliegenheiten identifiziert und erfüllt [...]“[1188] werden. Das DRSC hat mit DRÄS 8 in Anlehnung an diese Umschreibung

[1180] Vgl. zur europarechtlichen Verankerung Art. 33 Abs. 1 Buchst. b der Richtlinie 2013/34/EU i. d. F. der Richtlinie 2014/95/EU. Der deutsche Gesetzgeber hat Art. 33 u. a. in den §§ 170, 171 AktG umgesetzt. Vgl. DEUTSCHER BUNDESTAG (Hrsg.), BT-Drucksache 18/9982, S. 65.

[1181] Vgl. DRS 20.273.

[1182] Vgl. hier und zum folgenden Satz WINKELJOHANN, N./SCHÄFER, N., in: Beck Bilanzkomm., 11. Aufl., § 289c, Rn. 44.

[1183] Vgl. hier und zum folgenden Satz DRS 20.265.

[1184] Vgl. hier und zu den folgenden beiden Sätzen KIRSCH, H.-J./KÖNIG, C./HUTER, M., in: Baetge u. a., Rechnungslegung nach IFRS, 2. Aufl., Kap. XII, Rn. 222.

[1185] Einen ausführlichen Überblick zum Themenkomplex „Due-Diligence“ bietet das Sammelwerk von BERENS/BRAUNER/STRAUCH. Vgl. BERENS, W. U. A., Due Diligence bei Unternehmensakquisitionen. Vgl. speziell zum Begriff der Due-Diligence BERENS, W./STRAUCH, J., Herkunft und Inhalt des Begriffes Due Diligence, S. 3–20.

[1186] IDW (Hrsg.), WP-Handbuch 2017, Kap. A, Rn. 48.

[1187] Vgl. DEUTSCHER BUNDESTAG (Hrsg.), BT-Drucksache 18/9982, S. 49 f.

[1188] DEUTSCHER BUNDESTAG (Hrsg.), BT-Drucksache 18/9982, S. 49 f.

eine Definition von Due-Diligence-Prozessen in DRS 20.11 aufgenommen.[1189] So sind Due-Diligence-Prozesse „Verfahren zur Erkennung, Verhinderung und Abschwächung bestehender und potentieller negativer Auswirkungen, die mit der Geschäftstätigkeit des Konzerns verbunden sind.“

Für die praktische Berichterstattung nach § 315c Abs. 1 i. V. m. § 289c Abs. 3 Nr. 1 bedeuten die Begriffsdefinitionen, dass über Verfahren zu berichten ist, mit deren Hilfe Risiken für die einzelnen nichtfinanziellen Aspekte frühzeitig erkannt werden können.[1190] Da solche Angaben nach dem Grundsatz der Dualität auch für die finanzielle Perspektive eines Konzerns relevant sein müssen, könnten für die weitere Konkretisierung auch Analogien zu den begriffsverwandten Due-Diligence-Prozessen im Rahmen von M&A-Transaktionen hilfreich sein. So werden z. B. im Rahmen der sog. *Environmental-Due-Diligence* Risiken für den nichtfinanziellen Aspekt „Umweltbelange“ identifiziert, die sich potentiell negativ auf den finanziellen Erfolg einer Transaktion auswirken können.[1191] Nach ANDREAS dient die *Environmental-Due-Diligence* vorrangig der Risikoentdeckung und -quantifizierung.[1192]

Due-Diligence-Prozesse i. S. d. § 315c Abs. 1 i. V. m. § 289c Abs. 3 Nr. 1 sind nach DRS 20.11 indes weiter auszulegen, da auch Verfahren adressiert werden, mit deren Hilfe die mit den identifizierten Risiken verknüpften negativen Auswirkungen auf die nichtfinanziellen Aspekte verhindert oder begrenzt werden sollen.[1193] Damit scheinen Due-Diligence-Prozesse inhaltlich eng mit dem konzerneigenen Risikomanagementsystem verknüpft zu sein. Obgleich es keine einheitliche inhaltliche Abgrenzung des Begriffs gibt, existiert ein anerkanntes betriebswirtschaftliches Verständnis eines Risikomanagementsystems.[1194] Ein Risikomanagementsystem umfasst alle organisatorischen Regelungen und Maßnahmen zur Risikoidentifikation, -analyse, -bewertung und -steuerung sowie zur Risikokommunikation.[1195] Es ist dem internen Kontrollsystem untergeordnet.[1196]

[1189] Vgl. KIRSCH, H., Erneute Änderung am DRS 20, S. 575.

[1190] Vgl. KIRSCH, H.-J./KÖNIG, C./HUTER, M., in: Baetge u. a., Rechnungslegung nach IFRS, 2. Aufl., Kap. XII, Rn. 223. Vgl. zum Zusammenhang der Definition von Due-Diligence-Prozessen in DRS 20.11 und dem Risikoverständnis in der nichtfinanziellen Konzernerklärung Abschn. 433.212.

[1191] Vgl. zur *Environmental Due-Diligence* BETKO, H./REIML, D./SCHUBERT, P., Environmental Due Diligence, S. 575–592; ANDREAS, F. E., in: Beck´sches Mandats Handbuch Due-Diligence, 2. Aufl., § 42, Rn. 6–9. Vgl. zu einer Erweiterung der *Environmental Due-Diligence* auf die weiteren *Environmental-Social-Governance*-Faktoren (ESG) GÖBBELS, M./STUBENRAUCH, I., ESG Due Diligence-Ansatz, S. 55–60.

[1192] Vgl. ANDREAS, F. E., in: Beck´sches Mandats Handbuch Due-Diligence, 2. Aufl., § 42, Rn. 6.

[1193] Vgl. hier und zum folgenden Satz DEUTSCHER BUNDESTAG (Hrsg.), BT-Drucksache 18/9982, S. 50.

[1194] Vgl. KIRSCH, H.-J./KÖHRMANN, H./HUTER, M., in: Böcking u. a., Beck HdR, B 510, Rn. 191. Vgl. stellvertretend für die Diskussion zur inhaltlichen Abgrenzung eines Risikomanagementsystems m. w. N. SCHOBERTH, J./SERVATIUS, H.-G./THEES, A., Kontrollsysteme, S. 2571 f.

[1195] Vgl. IDW PS 340, Tz. 4.

[1196] Vgl. DEUTSCHER BUNDESTAG (Hrsg.), BT-Drucksache 16/10067, S. 77. Das interne Kontrollsystem kann nach IDW PS 261, Tz. 20, weiter in ein internes Steuerungssystem und ein internes Überwachungssystem unterteilt werden. Vgl. DEUTSCHER BUNDESTAG (Hrsg.), BT-Drucksache 16/10067, S. 77; KIRSCH, H.-J./KÖHRMANN, H./HUTER, M., in: Böcking u. a., Beck HdR, B 510, Rn. 192. Vgl. zum internen Kontrollsystem eines Konzerns grundlegend BUNGARTZ, O., Handbuch Interne Kontrollsysteme.

Berichtspflichten im Zusammenhang mit dem konzerneigenen Risikomanagementsystem waren bereits vor dem CSR-RUG im Handelsrecht verankert. Ein Vergleich der Berichtspflichten gemäß § 315c Abs. 1 i. V. m. § 289c Abs. 3 Nr. 1 mit den Angaben nach § 315 Abs. 2 Nr. 1 Buchst. a zur Festlegung von Risikomanagementzielen und -methoden[1197] sowie § 315 Abs. 4 zum internen Kontroll- und dem Risikomanagementsystem im Hinblick auf den Konzernrechnungslegungsprozess[1198] offenbart ähnliche konzeptionelle Regelungsansätze.[1199] Indes unterscheiden sich die Bezugspunkte der Normen inhaltlich. Während in der nichtfinanziellen Konzernerklärung von § 315c Abs. 1 i. V. m. § 289c Abs. 3 Nr. 1 die fünf nichtfinanziellen Aspekte adressiert werden, sind dies im Konzernlagebericht einerseits die verwendeten Finanzinstrumente (§ 315 Abs. 2 Nr. 1 Buchst. a) und andererseits der Konzernrechnungslegungsprozess (§ 315 Abs. 4).[1200]

Der Gesetzgeber hat die Beschreibung des konzerneigenen Risikomanagementsystems auf den Konzernrechnungslegungsprozess beschränkt.[1201] Gleichwohl handelt es sich bei diesen Angaben nur um einen Teil des Risikomanagementsystems eines Konzerns, das faktisch einzurichten ist, damit die Konzernführung ihre Sorgfaltspflichten gemäß § 91 Abs. 2 sowie § 93 Abs. 1 Satz 1 AktG[1202] erfüllen kann.[1203] Die Angaben nach § 315c Abs. 1 i. V. m. § 289c Abs. 3 Nr. 1 adressieren einen weiteren Teil desselben Systems. Aufgrund des engen Bedeutungszusammenhangs der gesetzlichen Vorschrift zur Beschreibung angewandter Due-Diligence-Prozesse mit der Regelung zur Beschreibung der wesentlichen Merkmale des Risikomanagementsystems nach § 315 Abs. 4 ist es sachgerecht, die dazu etablierten Konkretisierungen des DRS 20 auf die Angaben zu angewandten Due-Diligence-Prozessen zu übertragen. Indes wird DRS 20 nur insoweit berücksichtigt, wie seine Empfehlungen nicht über die gesetzlichen Anforderungen hinausgehen.[1204]

1197 Die Angaben zu Finanzrisiken wurden mit dem BilReG eingeführt. Vgl. dazu grundlegend KIRSCH, H.-J./DOHRN, M., Umsetzung der Fair Value-Richtlinie in Deutschland, S. 141–145; KIRSCH, H.-J./KÖHRMANN, H./HUTER, M., in: Böcking u. a., Beck HdR, B 510, Rn. 147–163. Bei den Angaben handelt es sich um einen Spezialfall der Risikoberichterstattung. Vgl. KAISER, K., Auswirkungen des BilReG, S. 514.

1198 Die Angaben zum internen Kontroll- und dem Risikomanagementsystem wurden mit dem BilMoG eingeführt. Vgl. für einen grundlegenden Überblick FÜSER, K./WADER, D./FISCHER, K., Corporate Governance, S. 606–610.

1199 Vgl. hier und zum folgenden Satz DEUTSCHER BUNDESTAG (Hrsg.), BT-Drucksache 18/9982, S. 49 f.

1200 Vgl. für eine ausführliche inhaltliche Kommentierung dieser Berichtspflichten KIRSCH, H.-J./KÖNIG, C./HUTER, M., in: Baetge u. a., Rechnungslegung nach IFRS, 2. Aufl., Kap. XII, Rn. 103–113, sowie Rn. 127–134.

1201 Vgl. DEUTSCHER BUNDESTAG (Hrsg.), BT-Drucksache 16/10067, S. 76 f.; MELCHER, W./MATTHEUS, D., Umsetzung der HGB-Modernisierung durch das BilMoG, S. 77. Dazu kritisch WEBER, S. C./LENTFER, T./KÖSTER, M., Kritische Würdigung BilMoG, S. 369.

1202 § 93 AktG legt die allgemeine Sorgfaltspflicht der Vorstandsmitglieder bei der Geschäftsführung fest. Vgl. dazu ausführlich MERTENS, H. J./CAHN, A., in: Kölner Komm. AktG, 3. Aufl., § 93.

1203 Vgl. NIMWEGEN, S., Vermeidung und Aufdeckung von Fraud, S. 36; KIRSCH, H.-J./KÖHRMANN, H./HUTER, M., in: Böcking u. a., Beck HdR, B 510, Rn. 185.

1204 Die Angaben zum allgemeinen Risikomanagementsystem nach den Textziffern DRS 20.K137–K145 gehen nach herrschender Meinung über die gesetzlichen Anforderungen hinaus. Vgl. stellvertretend GROTTEL, B., in: Beck Bilanzkomm., 11. Aufl., § 315, Rn. 172; IDW (Hrsg.), WP-Handbuch 2017, Kap. J, Rn. 136; FINK, C./KAJÜTER, P./WINKELJOHANN, N., Lageberichterstattung, S. 184.

In DRS 20.K168–K178 werden die Vorgaben zur Berichterstattung über das Risikomanagementsystem inhaltlich konkretisiert.[1205] In Analogie zu DRS 20.K168 sollte der verständige Adressat mithilfe der Angaben zu regelmäßig angewandten Due-Diligence-Prozessen das Verfahren zur Identifikation von Risiken für nichtfinanzielle Aspekte sowie die sich daran anschließenden Prozesse einschätzen können.[1206] Nach DRS 20.K177 sind zu diesem Zweck die Maßnahmen zur Identifikation, zur Analyse der Auswirkungen sowie zur Begrenzung von Risiken für nichtfinanzielle Aspekte zu beschreiben. Mithin sind dies die wesentlichen Merkmale eines Due-Diligence-Prozesses. Konzeptionell entsprechen die Anforderungen an die Berichterstattung damit den Angaben zu verfolgten Konzepten.[1207]

Maßnahmen zur Identifikation von Risiken sind bspw. regelmäßig durchgeführte externe Audits von Tochtergesellschaften, in deren Rahmen überprüft wird, ob die Compliance-Vorgaben eingehalten werden. Angaben zu risikobegrenzenden Maßnahmen können bspw. Informationen zum Kommunikationsprozess bei festgestellten Verstößen an entsprechende Interventionsteams sein, die dann über konkrete Maßnahmen wie z. B. Mitarbeiterschulungen entscheiden. Sofern für die Bewertung der Auswirkungen von Risiken standardisierte Verfahren wie z. B. Szenarioanalysen[1208] eingesetzt werden, ist darüber ebenfalls zu berichten. Sollten die wesentlichen Merkmale eines Risikomanagementsystems auf einem anerkannten Rahmenwerk wie z. B. dem sog. *COSO-ERM-Integrated Framework*[1209] beruhen, ist auch diese Angabe relevant.[1210] Gleiches gilt, wenn bestimmte Risikoarten vom Risikomanagementsystem eines Konzerns bewusst nicht adressiert werden.[1211] Ergänzende Erläuterungen zu den Gründen für einen solchen Ausschluss haben ggf. einen hohen Informationsnutzen für die Adressaten der nichtfinanziellen Konzernerklärung, sind gesetzlich aber nicht geboten.

Ein besonderer inhaltlicher Schwerpunkt der Berichterstattung über angewandte Due-Diligence-Prozesse ergibt sich aus den Erwägungsgründen der CSR-Richtlinie. An ihnen wird deutlich, dass der europäische Gesetzgeber Informationen zu Due-Diligence-Prozessen mit Bezug

---

[1205] Da für die Konkretisierung von Angaben zu Due-Diligence-Prozessen nur die Teile des DRS 20 zum Risikomanagementsystem relevant sind, werden nur die entsprechenden Textziffern berücksichtigt.

[1206] Vgl. DRS 20.K168.

[1207] Dies ist vor dem Hintergrund, dass angewandte Due-Diligence-Prozesse Bestandteil der verfolgten Konzepte nach § 289c Abs. 3 Nr. 1 sind, nicht überraschend. Vgl. Abschn. 432.2.

[1208] In den Empfehlungen der TCFD wird Szenarioanalysen eine hohe Bedeutung beigemessen. Vgl. für die Anwendung dieses Instruments TCFD (Hrsg.), Use of Scenario Analysis.

[1209] Bei dem *COSO-ERM-Integrated Framework* handelt es sich um ein Rahmenwerk zum Aufbau und zur Strukturierung von Risikomanagementsystemen. Dem Rahmenwerk kommt für die Ausgestaltung von Risikomanagementsystemen eine ähnliche Bedeutung wie den GRI-*Standards* im Kontext der Nachhaltigkeitsberichterstattung als de-facto-Standard zu. Vgl. zum COSO-Rahmenwerk allgemein AMLING, T./BANTLEON, U., COSO-Regelwerk 2013 „Internal Control - Integrated Framework", S. 343–353; MENZIES, C./ENGELMAYER, B., COSO als führendes Rahmenwerk für interne Kontrollsysteme, S. 426–430; NIMWEGEN, S./KOELEN, P., COSO II, S. 2011–2015.

[1210] Vgl. DRS 20.K172. Die COSO hat in Kooperation mit dem WBCSD einen Leitlinienentwurf zur Integration von ESG-Risiken in das Risikomanagementsystem von Unternehmen entwickelt. Vgl. für einen ersten Überblick WIEBEN, H.-J., ESG-Risiken im Risikomanagement, S. 788–792. Weitere Informationen zu diesem Leitlinienentwurf inklusive einer *Executive Summary* sind abrufbar unter https://www.coso.org/Pages/erm.aspx (Stand: 11.02.2019).

[1211] Vgl. dazu DRS 20.K140.

zu Lieferketten hohe Bedeutung beimisst.[1212] Die Adressaten sollen mithilfe der nichtfinanziellen Konzernerklärung ein Verständnis darüber erlangen, wie Risiken, die mit den Geschäftsbeziehungen eines Konzerns verknüpft sind, erkannt und erfasst werden. Vor diesem Hintergrund fordert der deutsche Gesetzgeber in seiner Begründung zum CSR-RUG konkret, dass Konzerne angeben sollen, bis zu welcher Ebene ihrer Lieferkette nichtfinanzielle Themen adressiert werden.[1213] Dies gilt besonders für Konzerne, die in erheblichem Maße auf die Produkte und Dienstleistungen einer Lieferkette angewiesen sind, damit sie ihr Geschäftsmodell verfolgen können. Für die Grundsätze ordnungsmäßiger Berichterstattung in der nichtfinanziellen Konzernerklärung bedeutet dies einerseits, dass das Wesentlichkeitspostulat von Informationen mit Lieferkettenbezug verhältnismäßig schnell erfüllt wird. Andererseits müssen auch vergleichsweise kleine Konzerne, die nach dem Grundsatz der Informationsabstufung grundsätzlich weniger umfassend berichten, einen Schwerpunkt auf diesen Bereich ihrer Berichterstattung legen, sofern sie maßgeblich abhängig von Zulieferern sind, wie dies z. B. bei Handelsunternehmen häufig der Fall sein wird.[1214]

Informationen zu konkret identifizierten Risiken und deren Handhabung durch den Konzern sind nicht Bestandteil der Berichterstattung zu angewandten Due-Diligence Prozessen. Vielmehr sind solche Angaben in der Risikoberichterstattung nach § 315c Abs. 1 i. V. m. § 289c Abs. 3 Nr. 3 und Nr. 4 verortet.[1215] Mithin ist die Berichterstattung gemäß § 315c Abs. 1 i. V. m. § 289c Abs. 3 Nr. 1 auf prozessuale Angaben zu beschränken.

432.3 Angaben zu Ergebnissen

Gemäß § 315c Abs. 1 i. V. m. § 289c Abs. 3 Nr. 2 ist in der nichtfinanziellen Konzernerklärung auch über die Ergebnisse der nach § 315c Abs. 1 i. V. m. § 289c Abs. 3 Nr. 2 beschriebenen verfolgten Konzepte zu berichten.[1216] „Gemeint sind in erster Linie feststellbare Auswirkungen der Anwendung der Konzepte.“[1217] Sollte ein Konzept keine feststellbaren Auswirkungen haben, ist dies ebenfalls ein berichtspflichtiges Ergebnis.[1218] Logische **Anknüpfungspunkte für die Ergebnisberichterstattung** sind die verschiedenen Merkmale eines Konzepts. Dementsprechend ist u. a. zu berichten, ob die in den Konzepten festgelegten **Ziele** realisiert werden konnten. Dies gilt indes nicht nur am Ende des Zeitraums, in dem ein Ziel erreicht werden soll.[1219] Da Ergebnisse erstens jährlich zu berichten sind und diese zweitens vom Gesetzgeber

[1212] Vgl. EU (Hrsg.), ABl. L 330 vom 15.11.2014, S. 1.
[1213] Vgl. DEUTSCHER BUNDESTAG (Hrsg.), BT-Drucksache 18/9982, S. 49 f.
[1214] Besonders abhängig von einer Lieferkette ist bspw. auch die Automobilindustrie. Vgl. KAJÜTER, P., CSR-Richtlinie-Umsetzungsgesetz, S. 622. Indes ist für dieses Beispiel genau abzuwägen, welche Angaben erforderlich sind, da Zulieferer in der Automobilindustrie häufig lokal produzieren und z. B. Risiken aus der Verletzung von Menschenrechten dann ggf. weniger bedeutend sind als dies bei einer Produktion in Hochrisikoländern der Fall wäre.
[1215] Vgl. dazu Abschn. 433.
[1216] Vgl. zur Beschreibung der verfolgten Konzepte ausführlich Abschn. 432.2.
[1217] DEUTSCHER BUNDESTAG (Hrsg.), BT-Drucksache 18/9982, S. 50.
[1218] Vgl. DEUTSCHER BUNDESTAG (Hrsg.), BT-Drucksache 18/9982, S. 50.
[1219] Vgl. hier und zum folgenden Satz so auch KIRSCH, H.-J./KÖHRMANN, H./HUTER, M., in: Böcking u. a., Beck HdR, B 510, Rn. 285.

in erster Linie als feststellbare Auswirkungen betrachtet werden, ist i. S. d. Grundsatzes der Nachhaltigkeit zu jedem Stichtag anzugeben, ob Fortschritte bei der Erreichung von Zielen festgestellt werden können und ob diese planmäßig sind. Gleiches gilt auch für **Maßnahmen**, die umgesetzt werden, damit Ziele erreicht werden. Interdependenzen zwischen Zielen und Maßnahmen könnten akzentuiert werden. In Abgrenzung dazu ist eine quantifizierte Zwischenergebnisberichterstattung, die detailliert Aufschluss über den Realisierungsgrad von Zielen und Maßnahmen gibt, dem Gesetzestext nicht immanent.[1220] Es ist ferner nicht gefordert, die Ergebnisse zu begründen oder zu kommentieren. Freiwillige Angaben dazu können für die Adressaten der nichtfinanziellen Konzernerklärung dennoch nützlich sein.[1221]

Was unter Angaben zu feststellbaren Auswirkungen von **Due-Diligence-Prozessen** zu fassen ist, wird vom Gesetzgeber nicht konkretisiert. Da dies auch weniger intuitiv als im Kontext von Zielen und Maßnahmen ist, liegt es in besonderem Maße im Ermessen der Konzerne, was konkret berichtet wird. Wenn die Konzernführung für die Due-Diligence-Prozesse spezifische Ziele festlegt, sollten zu deren Erreichung vergleichbare Angaben gemacht werden wie zu den Zielen eines Konzepts.[1222] Eine Beurteilung der Effektivität der Due-Diligence-Prozesse ist von § 289c Abs. 3 Nr. 3 jedenfalls nicht gefordert, da solche Angaben eher erläuternden als beschreibenden Charakter haben.[1223] Davon bleibt unbenommen, dass auch solche Informationen, wenn sie freiwillig vermittelt werden, einen hohen Informationsnutzen für die Adressaten der nichtfinanziellen Konzernerklärung haben können. Ein Ergebnis von angewandten Due-Diligence-Prozessen sind konkret identifizierte Risiken, die ggf. verhindert oder gemindert werden konnten. Angaben dazu sind jedoch Gegenstand der Risikoberichterstattung.[1224]

Als **weiteres Merkmal** eines Konzepts wurde in Abschn. 432.1 und etwaiger weiterer Interessenträger in die Entwicklung von Konzepten identifiziert. Eine spezifische Ergebnisberichterstattung wird in diesem Kontext regelmäßig nicht erforderlich sein. Feststellbare Auswirkungen der Beteiligung von Konzernleitung und weiteren Interessenträgern sind i. d. R. die in den Konzepten festgelegten Ziele, Maßnahmen und Prozesse, über die ohnehin berichtet wird. Sofern ein Ergebnis der Beteiligung dieser Personengruppen eine zukünftig veränderte Beteiligung ist,

---

1220 Vgl. hier und zum folgenden Satz so auch RIMMELSPACHER, D./SCHÄFER, N./SCHÖNBERGER, M. W., Das CSR-Richtlinie-Umsetzungsgesetz, S. 228; WINKELJOHANN, N./SCHÄFER, N., in: Beck Bilanzkomm., 11. Aufl., § 289c, Rn. 52.

1221 Das Interesse der Adressaten der nichtfinanziellen Konzernerklärung an solchen Angaben wird in der Begründung zum CSR-RUG betont. Vgl. DEUTSCHER BUNDESTAG (Hrsg.), BT-Drucksache 18/9982, S. 50. Dies trifft bspw. auch auf einen Soll-Ist-Vergleich zu. Vgl. KIRSCH, H.-J./KÖHRMANN, H./HUTER, M., in: Böcking u. a., Beck HdR, B 510, Rn. 285.

1222 In diesem Kontext sei auf die Ausführungen zu angewandten Due-Diligence-Prozessen in Abschn. 432.23 verwiesen, wonach Due-Diligence-Prozesse ein Konzept im Konzept sind.

1223 Diese Schlussfolgerung folgt aus der in Abschn. 432.23 hergestellten Analogie zur Berichterstattung über das Risikomanagementsystem eines Konzerns nach § 315 Abs. 4. Danach ist eine Beurteilung solcher Systeme ebenfalls nicht erforderlich, da der Gesetzeswortlaut einzig die Beschreibung der wesentlichen Systemmerkmale adressiert. Vgl. DEUTSCHER BUNDESTAG (Hrsg.), BT-Drucksache 16/10067, S. 76; KIRSCH, H.-J./KÖHRMANN, H./HUTER, M., in: Böcking u. a., Beck HdR, B 510, Rn. 186; FÜSER, K./WADER, D./FISCHER, K., Corporate Governance, S. 585.

1224 Vgl. Abschn. 433.3.

wäre dies im Sinne einer vergleichbaren Berichterstattung ebenfalls bereits im Zusammenhang mit den Berichtspflichten nach § 315c Abs. 1 i. V. m. § 289c Abs. 3 Nr. 1 anzugeben.[1225]

432.4 *Comply-or-Explain*-Regelung

In der nichtfinanziellen Konzernerklärung sind gemäß § 315c Abs. 1 i. V. m. § 289c Abs. 2 zumindest zu den fünf in § 289c Abs. 2 Nr. 1–5 aufgezählten nichtfinanziellen Aspekten Angaben zu machen. Die Berichterstattung zu verfolgten nichtfinanziellen Konzepten dient in diesem Zusammenhang als Anknüpfungspunkt, um einen konkreten Mindestinhalt für die nichtfinanzielle Konzernerklärung sicherzustellen.[1226] Zu diesem Zweck hat der Gesetzgeber mit § 289c Abs. 4 die sog. *Comply-or-Explain*-Regelung eingeführt, die nach § 315c Abs. 1 auch für den Konzern gilt und wie folgt lautet:

§ 315c Abs. 1 i. V. m. § 289c Abs. 4:

„(4) Wenn die Kapitalgesellschaft in Bezug auf einen oder mehrere der in Absatz 2 genannten Aspekte kein Konzept verfolgt, hat sie dies anstelle der auf den jeweiligen Aspekt bezogenen Angaben nach Absatz 3 Nummer 1 und 2 in der nichtfinanziellen Erklärung klar und begründet zu erläutern."

Abbildung 4-6: Handelsrechtliche Norm zur *Comply-or-Explain*-Regelung

Wortlaut und Wortsinn der Norm sind in vielerlei Hinsicht **eindeutig formuliert**. So erschließt sich aus dem Begriff „anstelle", dass die noch zu konkretisierenden Angaben nach § 315c Abs. 1 i. V. m. § 289c Abs. 4 die Berichterstattung zu verfolgten Konzepten gemäß § 315c Abs. 1 i. V. m. § 289c Abs. 3 Nr. 1 und Nr. 2 ersetzt.[1227] Dies ist jedoch nur der Fall, wenn der berichtende Konzern kein Konzept in Bezug auf die nichtfinanziellen Aspekte verfolgt. Aus dem Wortlaut der Regelung („der auf den jeweiligen Aspekt bezogenen Angaben") wird außerdem deutlich, dass die *Comply-or-Explain*-Regelung auf jeden einzelnen nichtfinanziellen Aspekt separat anzuwenden ist.[1228] Das heißt, nach der *Comply-or-Explain*-Regelung muss der Umstand, dass kein Konzept verfolgt wird, für jeden nichtfinanziellen Aspekt gesondert begründet werden. „Da Konzepte regelmäßig auf Sachverhaltsebene bestehen [...],[1229] liegt es nahe, dass Adressaten der nichtfinanziellen Berichterstattung im Fall von mehreren als wesentlich dargestellten Sachverhalten innerhalb eines Aspekts erwarten, dass diese Sachverhalte auch durch Konzepte adressiert werden. Vor diesem Hintergrund ist eine [...] [Erläuterung; Anm. d. Verf.] i. S. d. *Comply-or-Explain*-Ansatzes zu empfehlen, wenn ein Sachverhalt nicht durch ein Konzept abgedeckt wird."[1230]

[1225] Vgl. Abschn. 432.2.
[1226] Vgl. DEUTSCHER BUNDESTAG (Hrsg.), BT-Drucksache 18/9982, S. 52.
[1227] Vgl. DRS 20.292; WINKELJOHANN, N./SCHÄFER, N., in: Beck Bilanzkomm., 11. Aufl., § 289c, Rn. 85.
[1228] Vgl. DRS 20.290.
[1229] Vgl. dazu auch Abschn. 432.2.
[1230] WINKELJOHANN, N./SCHÄFER, N., in: Beck Bilanzkomm., 11. Aufl., § 289c, Rn. 87.

In **Übereinstimmung mit den Richtlinienvorgaben** bezieht sich § 289c Abs. 4 ausschließlich auf vollständig fehlende Konzepte.[1231] Sollte ein Konzern bspw. ein Konzept verfolgen, aber keine Due-Diligence-Prozesse anwenden, ist dies kein Anwendungsfall des § 289c Abs. 4.[1232] Gleiches gilt, wenn ein Konzern ein Konzept verfolgt und Due-Diligence-Prozesse anwendet, diese in der nichtfinanziellen Konzernerklärung aber nicht beschreibt. Dann liegt zwar ein Verstoß gegen die Berichtsvorgaben nach § 315c Abs. 1 i. V. m. § 289c Abs. 1 Nr. 1 vor und auch die Rahmengrundsätze ordnungsmäßiger Berichterstattung in der nichtfinanziellen Konzernerklärung werden nicht beachtet. Dennoch ist § 289c Abs. 4 nicht einschlägig. Ferner sind mit der *Comply-or-Explain*-Regelung keine Implikationen für die Berichtspflichten nach § 289c Abs. 3 Nr. 3–6 verbunden.[1233] Sofern z. B. keine wesentlichen Risiken existieren, ist mit diesem Umstand keine Erläuterungspflicht i. S. d. § 289c Abs. 4 verknüpft.[1234] Umgekehrt bleibt die Pflicht zur Risikoberichterstattung unbenommen, wenn die Angaben nach § 315c Abs. 1 i. V. m. § 289c Abs. 3 Nr. 1 und Nr. 2 von den Angaben nach § 315c Abs. 1 i. V. m. § 289c Abs. 4 ersetzt werden.[1235]

Inhaltlich ist mit § 289c Abs. 4 die Forderung verbunden, klar und begründet zu erläutern, warum zu einzelnen nichtfinanziellen Aspekten keine Konzepte verfolgt werden. Eine Erläuterung ist nach DRS 20.11 eine „[…] weitergehende Erklärung, Kommentierung und Interpretation eines Sachverhalts über die reine Darstellung hinaus. Sie dient der Information über Voraussetzungen, Ursachen oder Konsequenzen von Sachverhalten, oder Maßnahmen […].“ Mit der geforderten Erläuterung sind folglich grundsätzlich deutlich umfangreichere Berichtspflichten verbunden als dies bei einer Beschreibung der Fall ist.[1236] Für die **praktische Berichterstattung** in der nichtfinanziellen Konzernerklärung ist der mit der *Comply-or-Explain*-Regelung verbundene Aufwand jedoch zu relativieren, da die erforderlichen Angaben auf die Frage begrenzt sind, warum für den Umgang mit einem nichtfinanziellen Aspekt kein Konzept entwickelt bzw. verfolgt wird.[1237] Werden für nichtfinanzielle Aspekte bspw. keine Konzepte entwickelt und verfolgt, weil für sie keine wesentlichen Risiken mit der (un-)mittelbaren Geschäfts-

[1231] Vgl. MERKT, H., in: Baumbach/Hopt HGB, 38. Aufl., § 289c, Rn. 16. Diese Auffassung wird auch in der Begründung zum CSR-RUG geteilt. Vgl. DEUTSCHER BUNDESTAG (Hrsg.), BT-Drucksache 18/9982, S. 52. Vgl. zu den Richtlinienvorgaben Art. 1 Nr. 3 Abs. 1, 2. Unterabs. der Richtlinie 2014/95/EU.

[1232] Gleiches gilt, wenn ein Konzept andere Merkmale (z. B. Ziele oder Maßnahmen) nicht berücksichtigt, die Konzepte gewöhnlich kennzeichnen.

[1233] Vgl. WINKELJOHANN, N./SCHÄFER, N., in: Beck Bilanzkomm., 11. Aufl., § 289c, Rn. 85.

[1234] Vgl. DEUTSCHER BUNDESTAG (Hrsg.), BT-Drucksache 18/9982, S. 52; DRS 20.294. Die Beispiele in diesem und dem folgenden Satz können vollständig auf die Berichtspflichten nach § 315c Abs. 1 i. V. m. § 289c Abs. 3 Nr. 1 und Nr. 2 übertragen werden.

[1235] Vgl. WINKELJOHANN, N./SCHÄFER, N., in: Beck Bilanzkomm., 11. Aufl., § 289c, Rn. 85.

[1236] Vgl. diesbezüglich auch die Anforderungen in Abschn. 421., die an die Beschreibung des Geschäftsmodells gestellt werden.

[1237] Vgl. DEUTSCHER BUNDESTAG (Hrsg.), BT-Drucksache 18/9982, S. 52. Anders ist dies z. B. bei der Konzernerklärung zur Unternehmensführung. Hier ist das *Comply-or-Explain*-Prinzip nach § 315d Satz 2 i. V. m. § 289f Abs. 2 Nr. 1 im Kontext der sog. Entsprechenserklärung mehrfach anzuwenden. Vgl. WITHUS, K.-H., Entsprechenserklärung zum DCGK, S. 142–144.

tätigkeit des Konzerns verbunden sind, wird in DRS 20.294 empfohlen, eben dies anzugeben.[1238] Es wird in diesem Zusammenhang i. d. R. gleichwohl erforderlich – aber auch ausreichend – sein, z. B. unter Verweis auf das Geschäftsmodell, zu begründen, weshalb für einzelne Aspekte keine Risiken bestehen. Liegen hingegen andere Gründe als die Wesentlichkeit einer Information dafür vor, dass kein Konzept verfolgt wird, sind umfassendere Angaben erforderlich.

Die ***Comply-or-Explain*-Regelung** setzt zweifellos **zielkonforme Anreize**, die den Anwenderkreis der nichtfinanziellen Konzernerklärung dazu bewegen, für den Umgang mit nichtfinanziellen Aspekten Konzepte zu entwickeln und anzuwenden. Obwohl die Regelung darüber hinaus weitestgehend klar konzipiert ist, enthält sie eine **Regelungslücke**. Sofern Konzerne für einen nichtfinanziellen Aspekt, unabhängig davon, ob dieser wesentlich ist, kein Konzept verfolgen, sind die Gründe dafür zu erläutern. Verfolgt ein Konzern hingegen ein Konzept, beschreibt es aber nicht, weil der davon adressierte Aspekt aus Konzernperspektive nicht wesentlich ist, wäre § 289c Abs. 4 bei enger semantischer Auslegung nicht einschlägig, da ausschließlich Fälle erfasst werden, bei denen keine Konzepte verfolgt werden. Eine gesetzliche Klarstellung, die den Anwendungsbereich des § 289c Abs. 4 auf die beschriebenen Fälle ausdehnt, wäre vor dem Hintergrund, dass der Gesetzgeber mithilfe der *Comply-or-Explain*-Regelung einen Mindestinhalt für die nichtfinanzielle Konzernerklärung sicherstellen möchte, zu begrüßen.[1239]

433. Risikoberichterstattung

433.1 Identifikation von Auslegungsfragen

Angaben zu Risiken sind bereits seit ihrer Einführung mit dem KonTraG in die Konzernlageberichterstattung im Jahr 1998 Gegenstand besonderer Aufmerksamkeit.[1240] Dies gilt sowohl aus Sicht der Berichtsadressaten, für die die Angaben einen besonders hohen Informationsnutzen haben, als auch aus Perspektive der berichtspflichtigen Konzerne, die im Rahmen der Berichterstattung über Risiken mit zahlreichen Herausforderungen konfrontiert werden. Ein Beleg dafür sind u. a. die zahlreichen Beiträge im Schrifttum zu diesem Thema.[1241] Die besondere Rolle der allgemeinen **Risikoberichterstattung** wird auch in der Begründung zum CSR-RUG

[1238] Vgl. WINKELJOHANN, N./SCHÄFER, N., in: Beck Bilanzkomm., 11. Aufl., § 289c, Rn. 86.

[1239] Eine Alternative dazu könnte eine verpflichtende Negativanzeige sein. Vgl. RICHTER, N./JOHNE, A./KÖNIG, C., Umsetzung der CSR-Richtlinie, S. 568 f.

[1240] Vgl. zum GESETZ ZUR KONTROLLE UND TRANSPARENZ IM UNTERNEHMENSBEREICH (KonTraG) Deutscher Bundestag (Hrsg.), BT-Drucksache 13/9712 sowie für eine inhaltliche Übersicht zum KonTraG BÖCKING, H.-J./ORTH, C., KonTraG, S. 315–364; WIECHERS, K., Neue Anforderungen gemäß KonTraG, S. 130–136. Vgl. speziell zur Risikoberichterstattung BAETGE, J./SCHULZE, D., Objektivierung der Lageberichterstattung über künftige Risiken, S. 937–948.

[1241] So war die Risikoberichterstattung auch Gegenstand unterschiedlicher Dissertationsprojekte. Vgl. dazu stellvertretend DOBLER, M., Risikoberichterstattung; MÜßIG, A., Risikovorsorge und -berichterstattung; THIERE, M., Chancen- und Risikoberichterstattung; ERGÜN, I., Risikoberichterstattung in den Lage- und Konzernlageberichten. Zudem wurden zahlreiche wissenschaftliche Beiträge publiziert, in denen sich die Autoren unterschiedlichen Fragestellungen sowohl aus empirischer als auch aus konzeptioneller Perspektive widmeten. Vgl. dazu stellvertretend EISENSCHMIDT, K., Die Risikoberichterstattung deutscher Konzerne; PAULI, M./ALBRECHT, C., Wachsende Bedeutung der Risikoberichterstattung in Konzernen, S. 1195–1199.

hervorgehoben und zugleich für die entsprechenden Angaben in der nichtfinanziellen Konzernerklärung bestätigt.[1242] Kodifiziert sind die handelsrechtlichen Anforderungen an die Angaben in § 315c Abs. 1 i. V. m. § 289c Abs. 3 Nr. 3 und Nr. 4 und lauten wie folgt:

§ 315c Abs. 1 i. V. m. § 289c Abs. 3 Nr. 3 und Nr. 4:

„3. [...] wesentlichen Risiken, die mit der eigenen Geschäftstätigkeit der Kapitalgesellschaft verknüpft sind und die sehr wahrscheinlich schwerwiegende negative Auswirkungen auf die in Absatz 2 genannten Aspekte haben oder haben werden, sowie die Handhabung dieser Risiken durch die Kapitalgesellschaft,"

„4. „[...] wesentlichen Risiken, die mit den Geschäftsbeziehungen der Kapitalgesellschaft, ihren Produkten und Dienstleistungen verknüpft sind und die sehr wahrscheinlich schwerwiegende negative Auswirkungen auf die in Absatz 2 genannten Aspekte haben oder haben werden, soweit die Angaben von Bedeutung sind und die Berichterstattung über diese Risiken verhältnismäßig ist, sowie die Handhabung dieser Risiken durch die Kapitalgesellschaft [...]"

Abbildung 4-7: Gesetzliche Regelungen zur Risikoberichterstattung

Der deutsche Gesetzgeber differenziert die Anforderungen an die **Risikoberichterstattung** aus der CSR-Richtlinie in zwei Einzelvorschriften.[1243] In diesen werden die beiden unterschiedlichen Risikoperspektiven aus der CSR-Richtlinie deutlich.[1244] Mit § 315c Abs. 1 i. V. m. § 289c Abs. 3 Nr. 3 werden Risiken adressiert, die unmittelbar mit der Geschäftstätigkeit des berichtenden Konzerns verbunden sind. Von § 315c Abs. 1 i. V. m. § 289c Abs. 3 Nr. 4 werden Risiken erfasst, die nur mittelbar mit der Geschäftstätigkeit eines Konzerns verbunden sind und damit auch nur indirekt in seiner Einflussspähre stehen.[1245] Die unterschiedlichen Berichtsanforderungen, die aus den Einzelvorschriften resultieren, werden in Abschn. 433.31 sowie Abschn. 433.32 aus inhaltlicher Perspektive konkretisiert.[1246] Zuvor werden konzeptionelle Besonderheiten analysiert und ausgelegt, die mit den handelsrechtlichen Vorschriften zur Risikoberichterstattung in der nichtfinanziellen Konzernerklärung verbunden sind.

[1242] Vgl. DEUTSCHER BUNDESTAG (Hrsg.), BT-Drucksache 18/9982, S. 50.

[1243] Vgl. zu den Richtlinienvorgaben Art. 1 Nr. 3 Abs. 1, 1. Unterabs., Buchst. d der Richtlinie 2014/95/EU.

[1244] Gemäß § 315c Abs. 1 i. V. m. § 289c Abs. 3 Nr. 3 und Nr. 4 sind jeweils die Risiken zu berichten, die (un-)mittelbar mit der Geschäftstätigkeit des berichtenden Konzerns verknüpft sind (finanzielle Perspektive), und die sehr wahrscheinlich schwerwiegende negative Auswirkungen auf die nichtfinanziellen Aspekte haben oder haben werden (nichtfinanzielle Perspektive).

[1245] Vgl. RIMMELSPACHER, D./SCHÄFER, N./SCHÖNBERGER, M. W., Das CSR-Richtlinie-Umsetzungsgesetz, S. 228; WINKELJOHANN, N./SCHÄFER, N., in: Beck Bilanzkomm., 11. Aufl., § 289c, Rn. 65.

[1246] In Abschn. 433.31 und Abschn. 433.32 wird zwischen „Risiken aus der eigenen Geschäftstätigkeit" und „Risiken aus direkten und indirekten Geschäftsbeziehungen" differenziert.

Obwohl die beiden Einzelvorschriften zur Risikoberichterstattung aus § 289c Abs. 3 **unterschiedliche Risikoarten** adressieren, sind die Normen weitestgehend übereinstimmend konzipiert. Die im Folgenden zu identifizierenden Auslegungsfragen stellen sich folglich i. d. R. zweifach. In der Mehrzahl der Fälle wird es deshalb möglich sein, diese Fragen gleichzeitig und einheitlich zu beantworten, sofern mit den unterschiedlichen Berichtsinhalten keine konzeptionellen Spezifika verbunden sind.[1247]

Bevor Wortlaut und Wortsinn der Vorschriften näher untersucht werden, stellt sich die **Frage nach dem Risikoverständnis** im Kontext der nichtfinanziellen Konzernerklärung. Im Schrifttum werden nämlich in unterschiedlichen Zusammenhängen Zweifel dahingehend geäußert, ob der **Risikobegriff** für die Berichterstattung in der nichtfinanziellen Konzernerklärung ebenso interpretiert werden kann, wie für die klassische Finanzberichterstattung.[1248] Begründet werden diese Zweifel in erster Linie mit der Tatsache, dass anders als bislang nicht der berichtende Konzern selbst, sondern die nichtfinanziellen Aspekte als Bezugspunkt für die Risiken fungieren.[1249] Zudem konstatiert der Gesetzgeber in der Gesetzesbegründung zum CSR-RUG, dass für die Berichterstattung über Risiken in der nichtfinanziellen Konzernerklärung zwar die allgemeinen Grundsätze der Finanzberichterstattung zu berücksichtigen sind.[1250] „Der Risikobegriff kann in diesem Zusammenhang aber nicht allein bilanzrechtlich bestimmt werden."[1251] Vor diesem Hintergrund bildet das **bilanzrechtliche Risikoverständnis** – das in DRS 20 konkretisiert wird – zwar den zentralen Anknüpfungspunkt für die Auslegung des Risikobegriffs. Eine bloße Übernahme des bilanzrechtlichen Risikoverständnisses für die nichtfinanzielle Konzernerklärung scheidet jedoch aus.[1252] Deshalb werden zunächst die mit DRÄS 8 umgesetzten Modifikationen des bilanzrechtlichen Risikobegriffs zur Berücksichtigung der neuen Regelungen zur Risikoberichterstattung in der nichtfinanziellen Konzernerklärung vor dem Hintergrund des Analyse- und Würdigungsrahmens beurteilt.[1253] Auf Basis der dabei gewonnenen Erkenntnisse soll dann mithilfe der weiteren für die vorliegende Arbeit relevanten Rahmenwerke ein ziel- und zweckkonformes Risikoverständnis für die Berichterstattung in der nichtfinanziellen Konzernerklärung entwickelt werden.

Zusätzlich zu dem unbestimmten Risikobegriff konfrontiert der Gesetzgeber den Anwenderkreis der nichtfinanziellen Konzernerklärung im Rahmen der Risikoberichterstattung mit wei-

---

[1247] Wesentlicher konzeptioneller Unterschied zwischen den beiden Einzelvorschriften zur Risikoberichterstattung ist, dass für eine Berichtspflicht über Risiken i. S. d. § 289c Abs. 3 Nr. 4 im Vergleich zu § 289c Abs. 3 Nr. 3 ein weiteres Wesentlichkeitskriterium – nämlich das Kriterium der Verhältnismäßigkeit – erfüllt sein muss. Vgl. dazu Abschn. 433.223.

[1248] Vgl. IDW (Hrsg.), IDW Positionspapier, S. 15; KUMM, N./WOODTLI, R. M., Nachhaltigkeitsberichterstattung, S. 222; EY (Hrsg.), Die CSR-Richtlinie setzt neue Maßstäbe, S. 10; WINKELJOHANN, N./SCHÄFER, N., in: Beck Bilanzkomm., 11. Aufl., § 289c, Rn. 55.

[1249] Vgl. so auch DEUTSCHER BUNDESTAG (Hrsg.), BT-Drucksache 18/9982, S. 50.

[1250] Vgl. DEUTSCHER BUNDESTAG (Hrsg.), BT-Drucksache 18/9982, S. 50.

[1251] DEUTSCHER BUNDESTAG (Hrsg.), BT-Drucksache 18/9982, S. 50.

[1252] Vgl. Abschn. 433.211.

[1253] Vgl. Abschn. 433.212.

teren **Auslegungsfragen**. So sind in § 289c Abs. 3 Nr. 3 und Nr. 4 **unterschiedliche Wesentlichkeitspostulate** enthalten, die an eine Information gestellt werden und ergänzend zum allgemeinen Wesentlichkeitsvorbehalt nach § 315c Abs. 2 i. V. m. § 289c Abs. 3 erfüllt sein müssen, damit eine Berichtspflicht entsteht. Konkret fordern § 289c Abs. 3 Nr. 3 und Nr. 4, dass Risiken erstens wesentlich sind und sie zweitens sehr wahrscheinlich schwerwiegende negative Auswirkungen auf die nichtfinanziellen Aspekte haben oder haben werden. WINKELJOHANN/SCHÄFER sprechen diesbezüglich von einer „dreifachen Wesentlichkeitsschwelle“.[1254] Die Berichterstattung über Risiken i. S. d. § 289c Abs. 3 Nr. 4 muss zudem von Bedeutung und gleichzeitig verhältnismäßig sein. Ob es sich tatsächlich um mehrfache Wesentlichkeitsschwellen handelt, ob zwischen den verschiedenen Wesentlichkeitskriterien Schnittmengen existieren und welche Bezugspunkte die einzelnen Kriterien haben, wird in den Unterabschnitten von Abschn. 433.22 analysiert.

In Abschn. 433.23 und in Abschn. 433.24 werden zwei weitere Merkmale der Risikoberichterstattung untersucht, die im Schrifttum zum Konzernlagebericht bereits Gegenstand zahlreicher Diskussionen waren, im Kontext der nichtfinanziellen Konzernerklärung aber durch Besonderheiten gekennzeichnet sind. Dabei handelt es sich zuerst um den **Zeitbezug der Risikoberichterstattung**.[1255] Die Formulierung „haben oder haben werden“ deutet darauf hin, dass sowohl über eingetretene als auch über künftige Risiken zu berichten ist. Weitere Anhaltspunkte, die den Zeitbezug der Angaben in der nichtfinanziellen Konzernerklärung begrenzen, können dem Gesetzestext jedoch nicht ohne weiteres entnommen werden. Auch für die Beantwortung der Frage, ob Risiken vor oder nach etwaigen Risikobegrenzungsmaßnahmen – also nach der **Brutto- oder nach der Nettomethode** – auszuweisen sind, enthält der Gesetzestext keine eindeutigen Hinweise.[1256] Der Gesetzgeber formuliert nur allgemein, dass über die „wesentlichen Risiken, […] sowie die Handhabung dieser Risiken“[1257] zu berichten ist. Ein entscheidender Faktor für die Beantwortung dieser Fragen ist das grundlegende Risikoverständnis im Kontext der nichtfinanziellen Konzernerklärung, das im Folgenden den Ausgangspunkt der zu beantwortenden Auslegungsfragen bildet.

[1254] Vgl. WINKELJOHANN, N./SCHÄFER, N., in: Beck Bilanzkomm., 11. Aufl., § 289c, Rn. 60. Die Autoren interpretieren die Anforderungen an eine wesentliche Information aus § 315c Abs. 2 bereits als doppelte Wesentlichkeitsschwelle.

[1255] Mit DRS 20 wurde ein im Vergleich zum DRS 15 verkürzter Prognosezeitraum von mindestens einem Jahr eingeführt. Vgl. DRS 20.127; DRS 20.156; GROTTEL, B., in: Beck Bilanzkomm., 11. Aufl., § 315, Rn. 121. Prognosezeitraum und Prognosegenauigkeit stehen in einem natürlichen Spannungsverhältnis zueinander, das im Zuge der Verabschiedung von DRS 20 Gegenstand von Diskussionen war. Vgl. dazu auch Abschn. 433.23; KIRSCH, H.-J./KÖHRMANN, H./HUTER, M., in: Böcking u. a., Beck HdR, B 510, Rn. 112.

[1256] Bei der Brutto- und der Nettomethode handelt es sich um unterschiedliche Ausweismethoden. Bei der Bruttomethode werden die Risiken vor den ergriffenen Maßnahmen zur Risikobegrenzung sowie die Maßnahmen zur Risikobegrenzung selbst separat dargestellt. Bei der Nettomethode werden die nach den Risikobegrenzungsmaßnahmen verbleibenden Risiken sowie die Risikobegrenzungsmaßnahmen dargestellt. Vgl. dazu auch Abschn. 433.24; GROTTEL, B., in: Beck Bilanzkomm., 11. Aufl., § 315, Rn. 135.

[1257] Vgl. Abbildung 4-7 in Abschn. 433.1.

433.2 Besonderheiten der Risikoberichterstattung in der nichtfinanziellen Konzernerklärung

433.21 Risikobegriff

433.211. Bilanzrechtlicher Risikobegriff im Kontext der nichtfinanziellen Konzernerklärung

Seit dem KonTraG[1258], das im Jahr 1998 verabschiedet wurde, sind Angaben zu den Risiken der künftigen Entwicklung eines Konzerns expliziter Bestandteil der handelsrechtlichen Vorschriften zur Konzernlageberichterstattung.[1259] Der **Begriff des Risikos** war in der Rechnungslegung zu diesem Zeitpunkt ein unbestimmter Rechtsbegriff, der weder im Gesetz noch in der Begründung des KonTraG näher konkretisiert wurde.[1260] Im Schrifttum wurde daraufhin in Anlehnung an die allgemeine betriebs- bzw. finanzwirtschaftliche Literatur ein **bilanzrechtliches Risikoverständnis** entwickelt, das im Grundsatz bis heute Bestand hat.[1261] Ausgangspunkt für dieses Verständnis ist die Unsicherheit künftiger Entwicklungen.[1262] BAETGE/SCHULZE haben den Risikobegriff als „[...] mögliche Abweichung vom erwarteten Wert [...]“ bestimmt.[1263] Unter diese allgemeine Definition wären indes positive und negative Abweichungen – mithin sowohl Chancen als auch Risiken – zu fassen.[1264] Folgerichtig werden von der Risikodefinition in DRS 20.11, die im Rahmen dieser Arbeit stellvertretend für das bilanzrechtliche Risikoverständnis[1265] herangezogen wird, nur negative Abweichungen erfasst.[1266] Risiken sind demnach „mögliche künftige Entwicklungen oder Ereignisse, die zu einer **negativen Abweichung von Prognosen bzw. Zielen** des Konzerns führen können.“ Dieses **Risikoverständnis** wird in der folgenden Abbildung 4-8 illustriert:

[1258] Vgl. allgemein zum Gesetz zur Kontrolle und Transparenz im Unternehmensbereich (KonTraG), BGBl. I 1998, S. 786–794.

[1259] Bereits seit der Überführung der Vorgaben zur Lageberichterstattung aus dem AktG in das HGB mit dem BiRiLiG im Jahr 1985 ist im Lagebericht über die künftige Entwicklung zu berichten. Angaben zu Risiken im weiteren Sinne waren in diesem Kontext bereits Bestandteil der Berichterstattung. Vgl. BAETGE, J./FISCHER, T. R./PASKERT, D., Der Lagebericht, S. 42 f.

[1260] Vgl. DEUTSCHER BUNDESTAG (Hrsg.), BT-Drucksache 13/9712, S. 26.

[1261] Vgl. stellvertretend PERRIDON, L./STEINER, M./RATHGEBER, A., Finanzwirtschaft der Unternehmung, S. 97–100. Grundlegend mit der Berichterstattung über Risiken im Lagebericht nach dem KonTraG hat sich SCHULZE im Rahmen seiner Dissertation beschäftigt. Vgl. SCHULZE, D., Die Berichterstattung über Risiken.

[1262] Vgl. PERRIDON, L./STEINER, M./RATHGEBER, A., Finanzwirtschaft der Unternehmung, S. 97–100.

[1263] Vgl. BAETGE, J./SCHULZE, D., Lageberichterstattung über künftige Risiken, S. 939.

[1264] Vgl. WIECHERS, K., Neue Anforderungen gemäß KonTraG, S. 131; BAETGE, J./SCHULZE, D., Lageberichterstattung über künftige Risiken, S. 939.

[1265] Diesen Anspruch an seine Risikodefinition formuliert das DRSC in DRS 20.B8.

[1266] Diese Definition galt auch in den dem DRS 20 vorangegangenen Standards DRS 15 (Lageberichterstattung) und DRS 5 (Risikoberichterstattung). Vgl. GLATZ, G., Der Konzernlagebericht, S. 54 f. Indes wurde die Risikodefinition mit DRS 20 wesentlich verändert und an die von BAETGE/SCHULZE favorisierte Abweichungskonzeption angepasst. In DRS 5.9 sowie DRS 15.8 wurde Risiko noch als „Möglichkeit von negativen künftigen Entwicklungen der wirtschaftlichen Lage des Konzerns“ definiert. Vgl. BÖCKING, H.-J. U. A., Der neue Konzernlagebericht nach DRS 20, S. 36.

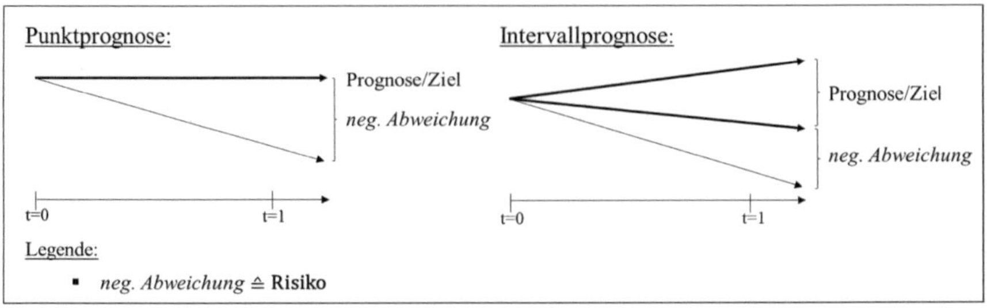

Abbildung 4-8: Grafische Darstellung des bilanzrechtlichen Risikoverständnisses[1267]

An der grafischen Darstellung wird deutlich, dass die **Abweichungskonzeption** des Risikobegriffs, die das bilanzrechtliche Risikoverständnis maßgeblich prägt, eine reine **Differenzbetrachtung** ist. Mithin besteht ein Risiko, wenn z. B. ein Jahresergebnis – unabhängig davon ob positiv oder negativ – niedriger auszufallen droht, als zunächst prognostiziert. Demgegenüber ist die Prognose eines erwarteten Jahresverlusts allein noch kein Risiko.[1268] Erst eine negative Abweichung von dieser Prognose ist ein Risiko im bilanzrechtlichen Sinne; im genannten Beispiel also ein Jahresverlust, der höher auszufallen droht als prognostiziert.[1269]

Die **aktuelle Risikodefinition in DRS 20.11** ist das Ergebnis des als Reaktion auf die neuen Vorschriften des CSR-RUG angestoßenen Überarbeitungsprojekts des DRS 20.[1270] Abgeschlossen wurde dieses Projekt mit der Veröffentlichung des DRÄS 8 im Bundesanzeiger. Dem vorausgegangen war E-DRÄS 8, in welchem noch eine andere **Änderung der Risikodefinition** vorgesehen war. Einen Überblick über die **verschiedenen Formulierungen** und deren Übereinstimmungen bzw. Unterschiede bietet die folgende Abbildung:

[1267] Eigene Darstellung in Anlehnung an KAJÜTER, P./NIENHAUS, M./MOHRSCHLADT, H., Chancen- und Risikoberichterstattung nach DRS 20, S. 515. Bei Prognosen/Zielen sind sowohl Punkt- als auch Intervallprognosen zulässig.

[1268] Vgl. KAJÜTER, P./ESSER, S., Risiko- und Chancenberichterstattung im Lagebericht, S. 386. In Abbildung 4-8 wird deutlich, dass es unterschiedliche Prognoseformen gibt.

[1269] Im Schrifttum existieren unterschiedliche Risikodefinitionen, die in Abhängigkeit von den wissenschaftlichen Disziplinen unterschiedlichen Zwecken dienen. Eine abschließende Betrachtung dieser Risikobegriffe wäre indes nicht zielführend. Exemplarisch sei auf folgende Ausführungen verwiesen: SCHULZE, D., Die Berichterstattung über Risiken, S. 17–56; KAJÜTER, P., Risikomanagement im Konzern, S. 16–19.

[1270] Vgl. hier und zu den folgenden beiden Sätzen auch Abschn. 231.

DRS 20.11 i. d. F. vor DRÄS 8:

„Mögliche künftige Entwicklungen oder Ereignisse, die zu einer für das Unternehmen negativen Prognose- bzw. Zielabweichung führen können."

DRS 20.11 i. d. F. des E-DRÄS 8:

„Mögliche künftige Entwicklungen oder Ereignisse, die zu einer ~~für das Unternehmen~~ negativen Prognose- bzw. Zielabweichung führen können."

DRS 20.11 i. d. F. nach DRÄS 8:

„Mögliche künftige Entwicklungen oder Ereignisse, die zu einer negativen Abweichung von Prognosen bzw. Zielen des Konzerns führen können."

Abbildung 4-9: Entwicklung der Risikodefinition in DRS 20.11[1271]

Die im Schrifttum geäußerte **Kritik an der Eignung der Risikodefinition** in DRS 20.11 i. d. F. vor DRÄS 8 für die Berichterstattung in der nichtfinanziellen Konzernerklärung adressiert einerseits die **Abweichungskonzeption** und andererseits ihren **Unternehmensbezug**.[1272] Die Vor- und Nachteile der in Abbildung 4-9 dargestellten unterschiedlichen Versionen der Risikodefinition für die Risikoberichterstattung in der nichtfinanziellen Konzernerklärung werden im Folgenden mit Bezug zu den beiden Kritikpunkten evaluiert. Ziel ist es dabei, Erkenntnisse für die Entwicklung eines spezifischen Risikoverständnisses in der nichtfinanziellen Konzernerklärung zu gewinnen.[1273]

Der klare **Unternehmensbezug** der Risikodefinition in DRS 20.11 i. d. F. vor DRÄS 8 ist mit Blick auf ihren Ursprung, die Betriebswirtschaftslehre, deren primäres Betrachtungsobjekt die Unternehmen sind, nicht verwunderlich.[1274] Dieser Bezugspunkt des Risikobegriffs steht jedoch in Widerspruch zum Bezugspunkt der Risikoberichterstattung in der nichtfinanziellen Konzernerklärung. „Anders als bei Risiken im Rahmen des finanziellen Teils des Lageberichts geht es bei den […] [in der nichtfinanziellen Konzernerklärung; Anm. d. Verf.] zu berichtenden Risiken nicht in erster Linie um Risiken für das Unternehmen selbst, sondern um Risiken für nichtfinanzielle Aspekte außerhalb des Unternehmens."[1275] Diese Erkenntnis war der Beweggrund für das DRSC, in E-DRÄS 8 eine Risikodefinition ohne konkreten Bezugspunkt vorzuschlagen.[1276] Zu diesem Zweck sollte die Passage „für das Unternehmen" gestrichen werden.

1271 Die unterschiedlichen Risikodefinitionen basieren auf der Risikodefinition nach DRS 20.11 i. d. F. vor DRÄS 8. Vor diesem Hintergrund sind die dargestellten Änderungen zu interpretieren.

1272 Vgl. dazu Abschn. 433.1.

1273 Vgl. dazu Abschn. 433.212.

1274 Vgl. WÖHE, G./DÖRING, U., Einführung in die allgemeine Betriebswirtschaftslehre, S. 1.

1275 DEUTSCHER BUNDESTAG (Hrsg.), BT-Drucksache 18/9982, S. 50.

1276 Vgl. für den Wortlaut dieses Vorschlags DRS 20.11 i. d. F. des E-DRÄS 8 in Abbildung 4-9. Vgl. darüber hinaus hier und zu den folgenden beiden Sätzen DRSC (Hrsg.), E-DRÄS 8, S. 3; KIRSCH, H., Erneute Änderung am DRS 20, S. 574.

Darüber hinaus sollte mithilfe dieser Änderung ein einheitliches Risikoverständnis im DRS 20 erhalten bleiben.

Der Vorschlag zur Streichung des Satzteils „für das Unternehmen“ wurde vom DRSC zur Kommentierung gestellt.[1277] In den öffentlich zugänglichen Stellungnahmen war dieses Vorhaben Gegenstand umfassender Kritik.[1278] Die Kritik wurde, abgesehen von Einzelfällen, in denen jegliche Änderungen am DRS 20 abgelehnt wurden[1279], sehr differenziert geäußert. Indes wird aus den Stellungnahmen ein unterschiedliches Verständnis der Bedeutung der Passage offenbar. Zum einen wird, der Intention der Änderung entsprechend, die Auffassung vertreten, dass damit der Unternehmens- bzw. Konzernbezug der Risikodefinition entfällt, also nicht mehr nur Risiken für die Konzerne selbst erfasst werden.[1280] In diesem Zusammenhang wird zutreffend bemängelt, dass damit zwar ggf. die Anforderungen der gesetzlichen Vorschriften zur Risikoberichterstattung in der nichtfinanziellen Konzernerklärung besser berücksichtigt werden, zugleich aber die Belange der klassischen Konzernlageberichterstattung vernachlässigt werden. Ohne Bezugspunkt ist die Risikodefinition nämlich inhaltsleer. Zum anderen wird befürchtet, dass die Risikoberichterstattung sodann nicht mehr aus Sicht des Konzerns zu erfolgen hätte.[1281] Diese Auffassung wird hier auch vor dem Hintergrund des Berichtsgrundsatzes der Vermittlung der Sicht der Konzernleitung nicht geteilt.

Den Auffassungen ist die berechtigte Kritik an einer für die Zwecke der Konzernlageberichterstattung weniger geeigneten Risikodefinition gemein. Die damit verbundenen Nachteile werden auch von den Vorteilen eines einheitlichen Risikoverständnisses innerhalb der Vorschriften des DRS 20 nicht aufgewogen. Ohnehin handelt es sich bei einem einheitlichen Risikoverständnis um keinen Selbstzweck. Zusätzlich zu den genannten Kritikpunkten wird in den Stellungnahmen zu Recht bemängelt, dass mit der in DRS 20.11 i. d. F. E-DRÄS 8 vorgeschlagenen Änderung die neue Risikoperspektive in der nichtfinanziellen Konzernerklärung zwar nicht explizit ausgeschlossen, aber auch nicht explizit erfasst wird.[1282]

[1277] Vgl. DRSC (Hrsg.), E-DRÄS 8, S. 3.

[1278] Vgl. dazu z. B. VONOVIA SE (Hrsg.), Stellungnahme E-DRÄS 8, S. 1; SIEMENS AG (Hrsg.), Stellungnahme E-DRÄS 8, S. 3; HENKEL AG & CO. KGAA (Hrsg.), Stellungnahme E-DRÄS 8, S. 1 f.; IDW (Hrsg.), Stellungnahme DRÄS 8, S. 3; DGRV (Hrsg.), Stellungnahme E-DRÄS 8, S. 2; GDV (Hrsg.), Stellungnahme E-DRÄS 8, S. 3 f. Mit einigen kritischen Anmerkungen aber grundsätzlich zustimmend kommentiert dagegen BASF SE (Hrsg.), Stellungnahme E-DRÄS 8, S. 1 f.

[1279] Vgl. für eine jedwede Änderung ablehnende Stellungnahme SIEMENS AG (Hrsg.), Stellungnahme E-DRÄS 8, S. 3.

[1280] Vgl. hier und zu den folgenden beiden Sätzen HENKEL AG & CO. KGAA (Hrsg.), Stellungnahme E-DRÄS 8, S. 2; DGRV (Hrsg.), Stellungnahme E-DRÄS 8, S. 2; VONOVIA SE (Hrsg.), Stellungnahme E-DRÄS 8, S. 1.

[1281] Vgl. hier und zu den folgenden beiden Sätzen DIE DEUTSCHE KREDITWIRTSCHAFT (Hrsg.), Stellungnahme E-DRÄS 8, S. 2; RMA (Hrsg.), Stellungnahme E-DRÄS 8, S. 3.

[1282] Vgl. HENKEL AG & CO. KGAA (Hrsg.), Stellungnahme E-DRÄS 8, S. 2; GDV (Hrsg.), Stellungnahme E-DRÄS 8, S. 3 f.; DGRV (Hrsg.), Stellungnahme E-DRÄS 8, S. 2.

Das DRSC hat auf die Kritik in den Stellungnahmen reagiert und mit der endgültigen Fassung von DRÄS 8 die bereits zitierte aktuelle Risikodefinition in DRS 20.11 verabschiedet.[1283] Dabei hat sich das DRSC für einen **Kompromiss** entschieden, um eine einheitliche Risikodefinition für den gesamten DRS 20 beizubehalten. Durch die **Modifikation der Definition** wird der **strenge Unternehmensbezug von Risiken aufgehoben** und damit auch der Widerspruch zu den Vorgaben nach § 289c Abs. 3 Nr. 3 und Nr. 4 beseitigt. Ein Bezug zu nichtfinanziellen Aspekten, wie es der Wortlaut der Regelungen zur Risikoberichterstattung nahelegt, wird indes nicht hergestellt.

Ferner wird mit der modifizierten Definition klargestellt, dass es sich bei **Risiken weiterhin um relative Größen handeln muss**, die einen klaren Bezugspunkt – per Definition sind das die Ziele oder Prognosen eines Konzerns – erfordern. Mithin basiert das Risikoverständnis im DRS 20.11 weiterhin auf einer **Abweichungskonzeption**, was nach Auffassung des DRSC die Anforderungen an die Risikoberichterstattung in der nichtfinanziellen Konzernerklärung hinreichend erfüllt. Als Beleg dafür werden die zwei wesentlichen Neuerungen angeführt, die aus Sicht des DRSC mit dem CSR-RUG für die Risikoberichterstattung verbunden sind und beide von DRS 20.11 i. d. F. nach DRÄS 8 erfasst werden.[1284] Erstens sei verstärkt über Abweichungen von Zielen oder Prognosen von Stakeholdern zu berichten, die keine Kapitalgeber sind. Dahinter steht die Grundidee einer Transformation von Zielen der Stakeholder in Konzernziele, wie es auch im Rahmen der Finanzberichterstattung der Fall ist. Während finanzielle Ziele vor allem von den Erwartungen der Kapitalmarktakteure abgeleitet werden, könnten die Erwartungen anderer Stakeholder, z. B. von Mitarbeitern oder Umweltorganisationen, diese Funktion für nichtfinanzielle Ziele haben. Zweitens ist in der nichtfinanziellen Konzernerklärung ggf. auch über Abweichungen von absoluten Vergleichsgrößen zu berichten, wenn diese – z. B. in Form von Grenzwerten – die Erwartungen des Gesetzgebers als Adressat der nichtfinanziellen Konzernerklärung repräsentieren.

Im Schrifttum wird die durch DRÄS 8 modifizierte Risikodefinition im Kontext der nichtfinanziellen Konzernerklärung zurückhaltend kommentiert. Stellvertretend sei auf die Ausführungen von WINKELJOHANN/SCHÄFER verwiesen.[1285]. Indirekt wird die Öffnung des Risikoverständnisses hin zu externen Zielgrößen, wie z. B. gesetzlichen Grenzwerten, begrüßt, da es im handelsrechtlichen Regelungskanon andernfalls inkonsistent wäre. Wie in Abschn. 432.4 erläutert sind Risiken nämlich auch dann zu berichten, wenn in Bezug auf nichtfinanzielle Aspekte keine Konzepte verfolgt werden und die *Comply-or-Explain*-Regelung einschlägig ist. Dies ist jedoch nur möglich, wenn der Risikobegriff nicht auf Ziele begrenzt ist, die im Rahmen nichtfinanzi-

---

[1283] Vgl. SCHMIDT, R./SCHMOTZ, T., Beteiligung der Öffentlichkeit, S. 477; DRS 20.B8.

[1284] Vgl. hier und zum verbleibenden Absatz DRS 20.B8; DRS 20.B82; SCHMIDT, R./SCHMOTZ, T., Beteiligung der Öffentlichkeit, S. 477.

[1285] Vgl. hier und zu den weiteren Ausführungen dieses Absatzes WINKELJOHANN, N./SCHÄFER, N., in: Beck Bilanzkomm., 11. Aufl., § 289c, Rn. 55 f.

eller Konzepte festgelegt werden. Gleichzeitig werden an den Ausführungen von WINKELJOHANN/SCHÄFER auch Unwägbarkeiten des Risikoverständnisses in der nichtfinanziellen Konzernerklärung deutlich, die in DRS 20.11 nicht hinreichend berücksichtigt werden.

Es ist nicht zu bestreiten, dass es in der nichtfinanziellen Konzernerklärung grundsätzlich erforderlich sein kann, über negative Abweichungen von Zielen oder Prognosen des Konzerns bzw. von Stakeholdern zu berichten.[1286] Sofern im Rahmen verfolgter Konzepte z. B. Ziele zur Reduktion von Kohlenstoffdioxidemissionen festgelegt sind und die Gefahr droht, dass diese bspw. vor dem Hintergrund möglicher Veränderungen der Konzernaktivitäten verfehlt werden, kann es sich um eine wesentliche Information handeln.[1287] Für diesen konkreten Fall wäre die Definition des Risikobegriffs nach DRS 20.11 i. d. F. nach DRÄS 8 zweckgerecht. Dies zeigt exemplarisch, dass sie den Anforderungen nach § 289c Abs. 3 Nr. 3 und Nr. 4 besser gerecht wird als die Definition nach DRS 20.11 i. d. F. vor DRÄS 8.

Das IDW stellt für die Berichterstattung in der nichtfinanziellen Konzernerklärung dennoch zutreffend fest, dass der Risikobegriff nicht allein auf negative Prognose- bzw. Zielabweichungen eingeengt werden darf.[1288] Denn für den Fall, dass im Rahmen der verfolgten Konzepte keine Ziele verfolgt werden, aber dennoch Veränderungen der Konzernaktivitäten möglich sind, die – dem Wortlaut der Normen zur Risikoberichterstattung entsprechend – zu schwerwiegenden negativen Auswirkungen auf die nichtfinanziellen Aspekte führen können, dürfen diese Angaben nicht allein deshalb unterbleiben, weil dazu keine konkreten Ziele oder Prognosen existieren. Dieses Beispiel zeigt, dass die **Abweichungskonzeption des bilanzrechtlichen Risikobegriffs**, obgleich sie nicht per se abgelehnt werden kann, für die Berichterstattung in der nichtfinanziellen Konzernerklärung **zu eng** ist.

Die vorstehenden Ausführungen zusammenfassend ist zu konstatieren, dass auch das mit DRÄS 8 modifizierte und in DRS 20.11 formulierte bilanzrechtliche Risikoverständnis **zwei wesentliche Punkte** der gesetzlichen Anforderungen an die Risikoberichterstattung in der nichtfinanziellen Konzernerklärung, die durch den Wortlaut der Normen in § 289c Abs. 3 Nr. 3 und Nr. 4 formuliert werden, nicht hinreichend berücksichtigt. Zum einen wird der Bezugspunkt der in der nichtfinanziellen Konzernerklärung zu adressierenden Risiken, die nichtfinanziellen Aspekte, nicht akzentuiert. Zum anderen ist die in DRS 20.11 festgelegte Abweichungskonzeption des Risikobegriffs, die den Umfang berichtspflichtiger Risiken eingrenzt, für die Risikoberichterstattung in der nichtfinanziellen Konzernerklärung so nicht vorgesehen und zu eng. Im Folgenden ist der Risikobegriff im Kontext der nichtfinanziellen Konzernerklärung

[1286] Vgl. BÖCKING, H.-J./ALTHOFF, C., Konzernlagebericht: Änderungen von DRS 20, S. 1455.
[1287] Vgl. dazu auch die Ausführungen in Abschn. 432.2.
[1288] Vgl. IDW (Hrsg.), IDW Positionspapier, S. 15.

deshalb nicht allein bilanzrechtlich zu bestimmen, sondern es ist ein spezifisches Risikoverständnis für die nichtfinanzielle Konzernerklärung zu entwickeln, das diese beiden Punkte berücksichtigt.

433.212. Risikoverständnis in der nichtfinanziellen Konzernerklärung

Im Schrifttum wurden bislang keine **konkreten Alternativkonzepte** zur Definition des Risikobegriffs für die nichtfinanzielle Konzernerklärung vorgeschlagen.[1289] Da mithin literaturseitige Anknüpfungspunkte fehlen, wird im Folgenden untersucht, ob mithilfe von Analogien zu den für diese Arbeit relevanten Rahmenwerken neue Erkenntnisse für die Definition des Risikobegriffs in § 289c Abs. 3 Nr. 3 und Nr. 4 gewonnen werden können. Dabei ist stets zu beachten, dass bereits in der Begründung zum CSR-RUG eingeräumt wird, dass es sich bei den handelsrechtlichen Vorschriften zur Risikoberichterstattung in der nichtfinanziellen Konzernerklärung um eine **Kompromissformel** handelt, die auf europäischer Ebene verhandelt und vom deutschen Gesetzgeber übernommen wurde.[1290] Mithin ist die Möglichkeit eines „technischen Konstruktionsfehlers" der Norm in Betracht zu ziehen. Ob eine trennscharfe Definition des Risikobegriffs dennoch möglich ist, gilt es zu evaluieren.

Bei einer **Untersuchung der relevanten Rahmenwerke** ist zunächst festzustellen, dass der Risikobegriff weder in den GRI-*Standards* noch dem daran anknüpfenden DNK explizit definiert wird.[1291] Gleiches gilt für das IR-Rahmenwerk des IIRC, das zudem aufgrund seiner stark konzeptionellen Ausrichtung für die Definition des Risikobegriffs nur bedingt geeignet ist und im Folgenden daher nicht weiter berücksichtigt wird.[1292] Demgegenüber wird im Glossar der Empfehlungen der TCFD der Begriff „klimabezogene Risiken"[1293] definiert.

Unabhängig davon, ob Risiken in den Rahmenwerken direkt oder indirekt adressiert werden, bestehen mit Blick auf das Risikoverständnis erhebliche Unterschiede. Das im DNK allgemein beschriebene Risikoverständnis ist an die handelsrechtlichen Vorschriften in § 289c Abs. 3 Nr. 3 und Nr. 4, sowie die Gesetzesbegründung zum CSR-RUG angelehnt und orientiert sich – ohne konkreter zu werden – eng an deren Wortlaut.[1294] Demgegenüber wird in den GRI-*Standards* zwischen Risiken für die finanzielle Ebene eines Konzerns und Auswirkungen seiner Geschäftstätigkeit auf die nichtfinanziellen Aspekte differenziert.[1295] Dieser Ansatz folgt der

1289 Dies gilt auch für das IDW, das sich zur Abweichungskonzeption relativ eindeutig positioniert, indem es einen darauf abstellenden Risikobegriff für die Berichterstattung in der nichtfinanziellen Konzernerklärung ablehnt. Vgl. IDW (Hrsg.), IDW Positionspapier, S. 15–18. Indes wird die Kritik in der Stellungnahme zu E-DRÄS 8 ausgespart. Vgl. IDW (Hrsg.), Stellungnahme DRÄS 8, S. 3.

1290 Vgl. DEUTSCHER BUNDESTAG (Hrsg.), BT-Drucksache 18/9982, S. 50.

1291 Vgl. GRI (Hrsg.), GRI 101: "Foundation", S. 27 f.; RNE (Hrsg.), Der Deutsche Nachhaltigkeitskodex, S. 73–81; RNE (Hrsg.), Leitfaden zum Deutschen Nachhaltigkeitskodex, S. 64–67.

1292 Vgl. IIRC (Hrsg.), The International <IR> Framework, S. 33.

1293 Im englischen Originaltext werden „klimabezogene Risiken" als „*climate-related risks*" bezeichnet. Vgl. TCFD (Hrsg.), Climate-related Financial Disclosures, S. 62.

1294 Vgl. RNE (Hrsg.), Der Deutsche Nachhaltigkeitskodex, S. 79; DEUTSCHER BUNDESTAG (Hrsg.), BT-Drucksache 18/9982, S. 50.

1295 Vgl. dazu exemplarisch GRI (Hrsg.), GRI 102: "General Disclosures", S. 15.

Grundausrichtung der Nachhaltigkeitsberichterstattung, deren Ziel es ist, die positiven und negativen Auswirkungen des Handelns von Unternehmen auf nichtfinanzielle Aspekte offenzulegen.[1296]

Risiken und Auswirkungen werden in den handelsrechtlichen Vorschriften zur Berichterstattung in der nichtfinanziellen Konzernerklärung nicht trennscharf differenziert. Vielmehr stehen die Begriffe „Risiko" und „Auswirkung" in § 289c Abs. 3 Nr. 3 und Nr. 4 in einem direkten Zusammenhang. In der Definition klimabezogener Risiken in den Empfehlungen der TCFD werden die Begriffe ebenfalls direkt miteinander verknüpft.[1297] Dabei bezieht sich ein klimabezogenes Risiko auf die möglichen negativen Auswirkungen des Klimawandels auf eine Organisation.[1298] Damit wird im Vergleich zu den Normen in § 289c Abs. 3 Nr. 3 und Nr. 4 der exakt umgekehrte Wirkungszusammenhang beschrieben, wie er Gegenstand der Risikoberichterstattung in der nichtfinanziellen Konzernerklärung sein soll. In der nichtfinanziellen Konzernerklärung wäre z. B. über negative Auswirkungen der Geschäftstätigkeit auf die Umwelt, wie bspw. der Ausstoß von Treibhausgasen, die den Klimawandel beschleunigen, zu berichten.

Die Risikodefinition der TCFD bietet dennoch einen Ansatzpunkt für eine praktikable Interpretation des Risikobegriffs. Eine in Analogie zu den Empfehlungen der TCFD konzipierte Risikodefinition kann an den Gesetzeswortlaut gemäß § 289c Abs. 3 Nr. 3 und Nr. 4 anknüpfen, da der zuvor beschriebene Wirkungszusammenhang Gegenstand dieser Normen ist. Der **Risikobegriff** in § 289c Abs. 3 Nr. 3 und Nr. 4 bezieht sich nämlich nach dem Wortlaut des Gesetzes auf die negativen Auswirkungen, die mit der Geschäftstätigkeit des Konzerns in Bezug auf die nichtfinanziellen Aspekte verbunden sind.[1299] Mit anderen Worten kann der Gesetzes-wortlaut herangezogen werden, um das Risikoverständnis in der nichtfinanziellen Konzernerklärung zu konkretisieren. So werden dann auch die beiden Hauptkritikpunkte berücksichtigt, die in Abschn. 433.211. – mit Verweis auf den Wortlaut dieser Normen – an der Risikodefinition nach DRS 20.11 geäußert werden.[1300]

Indes ist es vor dem Hintergrund des Bedeutungszusammenhangs der handelsrechtlichen Vorschriften zur Konzernlageberichterstattung und der damit verbundenen inhaltlichen Bedeutung des Risikobegriffs unvorteilhaft, den Risikobegriff für die nichtfinanzielle Konzernerklärung und den Konzernlagebericht unterschiedlich zu belegen. Im Kontext der Berichterstattung nach § 315c Abs. 1 i. V. m. § 289c Abs. 3 Nr. 3 und Nr. 4 sollten Risiken deshalb alternativ als „**Gegebenheiten oder Entwicklungen**" aufgefasst werden, über die zu berichten ist, wenn sie mit

---

1296 Vgl. HINZ, M., Nachhaltigkeitsorientierte Berichterstattung, S. 258.

1297 Vgl. TCFD (Hrsg.), Implementing the Recommendations, S. 78.

1298 Der originale Wortlaut lautet im Englischen „*CLIMATE-RELATED RISK refers to the potential negative impacts of climate change on an organization.*" TCFD (Hrsg.), Climate-related Financial Disclosures, S. 62.

1299 Vgl. Abbildung 4-7 in Abschn. 433.1.

1300 Bei den Hauptkritikpunkten an der Risikodefinition in DRS 20.11 handelt es sich um den klaren Unternehmensbezug und die Abweichungskonzeption. An dieser Stelle sei jedoch nochmals darauf hingewiesen, dass die Abweichungskonzeption auch für die Berichterstattung in der nichtfinanziellen Konzernerklärung hilfreich sein kann. Dies ist immer dann der Fall, wenn intern Ziele fixiert sind, die nicht erreicht wurden oder werden. Vgl. dazu die Beispiele in Abschn. 432.2, sowie Abschn. 433.211.

der Geschäftstätigkeit des Konzerns verknüpft sind und sehr wahrscheinlich schwerwiegende negative Auswirkungen auf die nichtfinanziellen Aspekte haben oder haben werden. Eine weitergehende Definition ist überdies nicht erforderlich, weil bereits der Wesentlichkeitsvorbehalt nach § 315c Abs. 2 festlegt, dass die Informationen zu den Gegebenheiten oder Entwicklungen im Sinne einer dualen Berichterstattung immer auch für die finanzielle Perspektive eines Konzerns relevant sein müssen. Indes sind mit der Risikodefinition weitere Auslegungsfragen verbunden, insbesondere zu den darin enthaltenen erweiterten Wesentlichkeitskriterien.

433.22 Erweiterte Wesentlichkeitskriterien im Rahmen der Risikoberichterstattung

433.221. Postulat der Wesentlichkeit

Gemäß § 315c Abs. 1 i. V. m. § 289c Abs. 3 Nr. 3 und Nr. 4 ist über **„wesentliche Risiken“** zu berichten. Dies ist insofern beachtenswert, da das Wesentlichkeitspostulat z. B. in den Normen zur Berichterstattung über verfolgte Konzepte nicht explizit formuliert wird.[1301] **Fraglich** ist vor diesem Hintergrund, ob im Kontext der Risikoberichterstattung **höhere Anforderungen** an die Bedeutung einer Information zu stellen sind als dies allgemein bereits durch den Grundsatz der Wesentlichkeit – kodifiziert durch den Wesentlichkeitsvorbehalt nach § 315c Abs. 2 – der Fall ist.[1302]

In der Begründung zum CSR-RUG wird dazu Folgendes ausgeführt: „Wesentlich im Sinne des § 289c Absatz 3 Nummer 3 sind nach dem Erwägungsgrund Nr. 8 der CSR-Richtlinie diejenigen Risiken, die sehr wahrscheinlich schwerwiegende negative Auswirkungen auf die nichtfinanziellen Aspekte haben werden oder bereits zu solchen Auswirkungen geführt haben.“[1303] Die mit dem Wortlaut des Erwägungsgrunds verbundenen Anforderungen an die Wesentlichkeit einer Information gehen teilweise über die Anforderungen des allgemeinen Wesentlichkeitsvorbehalts nach § 315c Abs. 2 hinaus. Daraus kann geschlossen werden, dass an die Risikoberichterstattung im Vergleich zu den übrigen Berichtsteilen der nichtfinanziellen Konzernerklärung tatsächlich zusätzliche Anforderungen an die Wesentlichkeit der Angaben gestellt werden. Indes werden diese Anforderungen nicht durch das in diesem Abschnitt betrachtete **Postulat der Wesentlichkeit** determiniert, sondern durch das in Erwägungsgrund Nr. 8 der CSR-Richtlinie enthaltene Postulat der sehr wahrscheinlich schwerwiegenden negativen Auswirkungen, das im folgenden Abschn. 433.222. analysiert wird.

Das Postulat der Wesentlichkeit selbst knüpft, auch nach herrschender Meinung im Schrifttum, an den Wesentlichkeitsvorbehalt nach § 315c Abs. 2 an.[1304] Dies wird am Bedeutungszusammenhang der gesetzlichen Vorschriften zur Konzernlageberichterstattung deutlich. So ist im Chancen- und Risikobericht nach § 315 Abs. 1 Satz 4 „[…] die voraussichtliche Entwicklung

[1301] Vgl. Abbildung 4-4 in Abschn. 432.1.
[1302] Vgl. Abschn. 343.1, sowie Abschn. 431.
[1303] DEUTSCHER BUNDESTAG (Hrsg.), BT-Drucksache 18/9982, S. 50.
[1304] Vgl. DRS 20.B83; BÖCKING, H.-J./ALTHOFF, C., Konzernlagebericht: Änderungen von DRS 20, S. 1455; LERCHENMÜLLER, U., in: BeckOK HGB, 22. Edition, § 289c, Rn. 11.

mit ihren wesentlichen Chancen und Risiken zu beurteilen und zu erläutern." Das darin enthaltene Wesentlichkeitspostulat adressiert ebenfalls nur den allgemeingültigen Grundsatz der Wesentlichkeit, der an dieser Stelle explizit kodifiziert wird.[1305] Damit verbunden ist im Chancen- und Risikobericht ebenso wie in der nichtfinanziellen Konzernerklärung die Berücksichtigung unterschiedlicher Wesentlichkeitsindikatoren.[1306] Wie bereits in Abschn. 431.2 angedeutet umfasst dies bei prognostischen Angaben die **Eintrittswahrscheinlichkeit** eines Ereignisses oder einer Entwicklung.[1307] Indes gilt diesbezüglich, wie allgemein bei der Bestimmung der Wesentlichkeit einer Information, dass starre Wesentlichkeitsgrenzen i. d. R. nicht zielführend sind.[1308] Vielmehr ist die Eintrittswahrscheinlichkeit eines Risikos **kontextbezogen** zu bewerten. Das heißt, dass ein spezifisches Risiko mit einer bestimmten Eintrittswahrscheinlichkeit in einem bestimmten Kontext nicht wesentlich sein muss, nur weil ein anderes Risiko mit der gleichen Eintrittswahrscheinlichkeit in einem anderen Kontext wesentlich ist. Indes ist es in jedem Fall nicht erforderlich, dass eine Eintrittswahrscheinlichkeit von mehr als fünfzig Prozent vorliegen muss – wie es z. B. für die Bildung von Rückstellungen erforderlich ist – damit eine Information wesentlich ist.[1309] Gleiches gilt auch für die Chancen- und Risikoberichterstattung im Konzernlagebericht nach § 315 Abs. 1 Satz 4.[1310] Das IDW zeigt in seinem Positionspapier zur nichtfinanziellen Konzernerklärung, dass auch ein Risiko mit einer Eintrittswahrscheinlichkeit von drei Prozent unter bestimmten Umständen berichtspflichtig sein kann, wenn die damit verbundenen negativen Auswirkungen für die nichtfinanziellen Aspekte vergleichsweise schwerwiegend sind.[1311]

433.222. Postulat der sehr wahrscheinlich schwerwiegend negativen Auswirkungen

Das Postulat der sehr wahrscheinlich schwerwiegend negativen Auswirkungen eines Risikos auf die nichtfinanziellen Aspekte resultiert aus dem Gesetzeswortlaut von § 289c Abs. 3 Nr. 3 und Nr. 4.[1312] Damit konkretisiert der deutsche Gesetzgeber die Anforderungen an die Risiko-

---

[1305] Vgl. KIRSCH, H.-J./KÖNIG, C./HUTER, M., in: Baetge u. a., Rechnungslegung nach IFRS, 2. Aufl., Kap. XII, Rn. 85; BAETGE, J./KIRSCH, H.-J./THIELE, S., Konzernbilanzen, S. 579; IDW (Hrsg.), WP-Handbuch 2017, Kap. F, Rn. 1376; KIRSCH, H.-J./KÖHRMANN, H./HUTER, M., in: Böcking u. a., Beck HdR, B 510, Rn. 123; KIRSCH, H.-J./KÖHRMANN, H./HUTER, M., in: Böcking u. a., Beck HdR, B 500, Rn. 58.

[1306] Vgl. hier und zum folgenden Satz Abschn. 431.2; KIRSCH, H.-J./KÖNIG, C./HUTER, M., in: Baetge u. a., Rechnungslegung nach IFRS, 2. Aufl., Kap. XII, Rn. 85.

[1307] Vgl. SELCHERT, F. U. A., Prüfung des Lageberichts, S. 200–204; KAJÜTER, P., in: Küting/Weber, HdR-E, § 289, Rn. 97.

[1308] Vgl. hier und zu den folgenden beiden Sätzen Abschn. 431.2.

[1309] Vgl. allgemein für die Voraussetzungen zur Bildung einer Rückstellung im Konzernabschluss BAETGE, J./KIRSCH, H.-J./THIELE, S., Bilanzen, S. 422–435.

[1310] Da für die Chancen- und Risikoberichterstattung die Abweichungskonzeption nach DRS 20.11 einschlägig ist, Risiken also als Abweichung von Prognosen verstanden werden, ist i. d. R. davon auszugehen, dass ein Risiko mit einer Eintrittswahrscheinlichkeit von mehr als fünfzig Prozent bereits in der Prognose zu reflektieren ist, da diese sonst nicht als verlässlich ermittelt gelten kann. Die Prognose fällt entsprechend negativer aus, so dass nur Risiken mit niedrigeren Eintrittswahrscheinlichkeiten existieren können. Vgl. GROTTEL, B., in: Beck Bilanzkomm., 11. Aufl., § 315, Rn. 130.

[1311] Vgl. zu diesem ausführlichen Beispiel IDW (Hrsg.), IDW Positionspapier; IDW (Hrsg.), Stellungnahme DRÄS 8.

[1312] Vgl. dazu Abbildung 4-7 in Abschn. 433.1.

berichterstattung in der nichtfinanziellen Konzernerklärung in Anlehnung an Erwägungsgrund Nr. 8 der CSR-Richtlinie.[1313] Der Bundesrat hat im Zuge des Gesetzgebungsverfahrens zum CSR-RUG zu Recht darauf hingewiesen, dass die handelsrechtliche Norm damit vom Richtlinientext nach Art. 1 Nr. 3 Abs. 1 Buchst. d der CSR-Richtlinie abweicht, da hier nur von wahrscheinlichen anstatt sehr wahrscheinlichen Auswirkungen die Rede ist.[1314]

Umstritten ist unabhängig davon, worauf sich das Adverb „sehr wahrscheinlich" bezieht. Die Ausführungen in der Begründung zum CSR-RUG bleiben in diesem Kontext vage.[1315] Im Gegensatz dazu äußern sich BLÖINK/HALBLEIB dezidiert zum Bezugspunkt des Adverbs „sehr wahrscheinlich". „Das Wesentlichkeitskriterium hinsichtlich der Risiken tritt dabei neben den Wesentlichkeitsvorbehalt von § 289c Abs. 3 HGB (in dem Satzteil vor Nr. 1), wobei sich der Bezugspunkt der Wesentlichkeit unterscheidet. Während nach § 289c Abs. 3 Nr. 3 und Nr. 4 HGB die Wesentlichkeit des Risikos im Hinblick auf Wahrscheinlichkeit und Schwere der Auswirkungen maßgeblich ist, bezieht sich die Wesentlichkeit in § 289c Abs. 3 HGB auf die Relevanz der Information über das Risiko für das Verständnis von Lage und Auswirkungen des Unternehmens."[1316] Als Bezugspunkt des Adverbs „sehr wahrscheinlich" wird die Wahrscheinlichkeit schwerwiegend negativer Auswirkungen ausgemacht.[1317] Das bedeutet, dass es sehr wahrscheinlich sein muss, dass die Auswirkungen schwerwiegend negativ sind, wenn ein Risiko eintritt.

Im Schrifttum wird indes auch eine **konträre Hypothese zum Bezugspunkt** des Adverbs „sehr wahrscheinlich" vertreten.[1318] Als vielzitiert darf in diesem Zusammenhang ein Beitrag von KAJÜTER gelten, der sich darin wie folgt positioniert: „Zweitens muss es sich um ein wesentliches Risiko handeln. Dies sind solche Risiken, deren Eintritt sehr wahrscheinlich ist und die schwerwiegende negative Auswirkungen auf die nichtfinanziellen Aspekte haben können."[1319] Mithin sieht KAJÜTER die Eintrittswahrscheinlichkeit des Risikos als Bezugspunkt des Adverbs. Das bedeutet, dass der Eintritt eines Risikos sehr wahrscheinlich sein muss. Der Autor begründet diese Auffassung insbesondere mit dem bereits erwähnten Petitum des Bundesrats und der Antwort der Bundesregierung zum CSR-RUG.[1320] In diesem Petitum wird u. a. auf Erwägungs-

1313 Vgl. EU (Hrsg.), ABl. L 330 vom 15.11.2014, S. 2.
1314 Vgl. BUNDESRAT (Hrsg.), BR-Drucksache 547/16, S. 1.
1315 Vgl. DEUTSCHER BUNDESTAG (Hrsg.), BT-Drucksache 18/9982, S. 50.
1316 BLÖINK, T./HALBLEIB, A., Umsetzung der sog. CSR-Richtlinie 2014/95/EU, S. 187.
1317 Ähnlich positioniert sich auch WULF. Vgl. WULF, I., Neue Berichtspflichten, S. 106.
1318 Vgl. stellvertretend KAJÜTER, P., CSR-Richtlinie-Umsetzungsgesetz, S. 622; BÖCKING, H.-J./ALTHOFF, C., Konzernlagebericht: Änderungen von DRS 20, S. 1455.
1319 KAJÜTER, P., CSR-Richtlinie-Umsetzungsgesetz, S. 622.
1320 Vgl. BUNDESRAT (Hrsg.), BR-Drucksache 547/16, S. 1; DEUTSCHER BUNDESTAG (Hrsg.), BT-Drucksache 18/10344, S. 1 f. Darüber hinaus ist Erwägungsgrund Nr. 8 der Richtlinie 2014/94/EU nach hier vertretener Auffassung weder stringent noch konsistent formuliert, so dass er als Anhaltspunkt für die Auslegung des deutschen Gesetzestexts nur bedingt geeignet ist.

grund Nr. 8 der CSR-Richtlinie verwiesen, dessen Inhalt die Hypothese von KAJÜTER grundsätzlich stützt.[1321] Demnach sollen die berichtenden Konzerne „[...] angemessene Informationen zu Belangen bereitstellen, die sich dadurch auszeichnen, dass sie sehr wahrscheinlich zur Verwirklichung wesentlicher Risiken mit schwerwiegenden Auswirkungen führen [...].“[1322] Indes darf nicht unbeachtet bleiben, dass nicht die Erwägungsgründe, sondern der Richtlinientext maßgebend für die Transformation europäischen Rechts in deutsches Gesetz ist[1323] und sich der deutsche Gesetzgeber eng am Wortlaut der Richtlinie – der den inhaltlichen Tenor des Erwägungsgrunds nicht widerspiegelt – orientiert hat.[1324]

Das DRSC ist dennoch dem Ansatz von KAJÜTER gefolgt und hat mit **DRÄS 8** die **Eintrittswahrscheinlichkeit eines Risikos als explizites Wesentlichkeitskriterium** im DRS 20 berücksichtigt. Nach DRS 20.277 ist über die wesentlichen Risiken zu berichten, „sofern ihr Eintritt sehr wahrscheinlich ist und die daraus resultierenden negativen Auswirkungen auf die berichtspflichtigen Aspekte schwerwiegend sind oder sein werden.“ Der Gesetzestext nach § 289c Abs. 3 Nr. 3 und Nr. 4 wird damit jedoch nicht konkretisiert, sondern uminterpretiert, da das Wahrscheinlichkeitskriterium – entgegen der Satzstruktur der Normen – mit dem Eintritt der Risiken verknüpft wird. Gemäß § 315c Abs. 1 i. V. m. § 289c Abs. 3 Nr. 3 sind in der nichtfinanziellen Konzernerklärung die „wesentlichen Risiken, die mit der eigenen Geschäftstätigkeit der Kapitalgesellschaft verknüpft sind und die sehr wahrscheinlich schwerwiegende negative Auswirkungen auf die [...] [nichtfinanziellen; Anm. d. Verf.] Aspekte haben oder haben werden“, anzugeben. Eine direkte Verbindung des Wahrscheinlichkeitskriteriums mit dem Satzteil der „wesentlichen Risiken“ erschließt sich daraus nicht.

In der seit der Verabschiedung des DRÄS 8 veröffentlichten Kommentarliteratur wird die Interpretation nach DRS 20.277 zwar nicht offen kritisiert, aber auch nicht zustimmend kommentiert.[1325] WINKELJOHANN/SCHÄFER formulieren zurückhaltend, dass es sich beim Postulat der sehr wahrscheinlich schwerwiegend negativen Auswirkungen „nach Auffassung des DRSC“ um zwei unterschiedliche Dimensionen handelt; „[...] d. h., zum einen die Eintrittswahrscheinlichkeit für das Risiko (sehr wahrscheinlich) und zum anderen die Auswirkungen des Risikos auf die Aspekte (schwerwiegend negativ), welche für eine Berichtspflicht kumulativ erfüllt sein müssen.“[1326]

[1321] Vgl. EU (Hrsg.), ABl. L 330 vom 15.11.2014, S. 2.

[1322] EU (Hrsg.), ABl. L 330 vom 15.11.2014, S. 2.

[1323] Vgl. zur Bedeutung der Erwägungsgründe der CSR-Richtlinie bei der Auslegung des Gesetzes die Ausführungen in Abschn. 211.

[1324] Der Originaltext von Art. 1 Nr. 3 Abs. 1 Buchst. d der Richtlinie 2014/95/EU lautet: „[...] einschließlich der wesentlichen Risiken im Zusammenhang mit diesen Belangen, die mit der Geschäftstätigkeit der Gruppe — einschließlich, wenn dies relevant und verhältnismäßig ist, ihrer Geschäftsbeziehungen, ihrer Erzeugnisse oder ihrer Dienstleistungen — verknüpft sind und wahrscheinlich negative Auswirkungen auf diese Bereiche haben werden, sowie der Handhabung dieser Risiken durch die Gruppe [...].“

[1325] So gehen bspw. LERCHENMÜLLER und MERKT nicht explizit auf DRS 20.277 ein, sondern orientieren sich bei ihrer Kommentierung am Wortlaut des Gesetzes. Vgl. LERCHENMÜLLER, U., in: BeckOK HGB, 22. Edition, § 289c, Rn. 11; MERKT, H., in: Baumbach/Hopt HGB, 38. Aufl., § 289c, Rn. 12.

[1326] WINKELJOHANN, N./SCHÄFER, N., in: Beck Bilanzkomm., 11. Aufl., § 289c, Rn. 61.

Unabhängig von der zuvor beschriebenen Kritik ist die **Regelung nach DRS 20.277** im Kontext des DRS 20 auch aus **konzeptioneller Perspektive abzulehnen**. Entsprechend der Abweichungskonzeption nach DRS 20.11 handelt es sich bei Risiken um mögliche Abweichungen von Zielen oder Prognosen, die i. d. R. vom Konzern festgelegt werden.[1327] Ein sehr wahrscheinlich eintretendes Risiko, das heißt ein Risiko mit einer Eintrittswahrscheinlichkeit von mehr als fünfzig Prozent, wäre jedoch in den Zielen bzw. Prognosen zu reflektieren, da diese sonst nicht als verlässlich ermittelt gelten können und einer klaren Informationsvermittlung widersprechen würden.[1328] Prognosen oder Ziele, die sehr wahrscheinlich verfehlt würden, werden folglich entsprechend korrigiert, so dass nur Risiken mit Eintrittswahrscheinlichkeiten von weniger als fünfzig Prozent existieren. Nach den Vorgaben des DRS 20.277 scheidet eine Berichterstattung folglich faktisch aus, was aber mit den gesetzgeberischen Zielen der nichtfinanziellen Konzernerklärung nicht vereinbar wäre.

Vor diesem Hintergrund wird das Postulat der sehr wahrscheinlich schwerwiegend negativen Auswirkungen im Rahmen der vorliegenden Arbeit in Anlehnung an den Gesetzestext ausgelegt.[1329] Demnach wird an die Wesentlichkeit einer Information in der Risikoberichterstattung eine im Vergleich zu den übrigen Berichtspflichten nach § 315c Abs. 1 i. V. m. § 289c Abs. 3 der nichtfinanziellen Konzernerklärung **zusätzliche Anforderung** gestellt.[1330] Nach hier vertretener Auffassung geht aus dem Gesetzeswortlaut hervor, dass mit dem Eintritt eines Risikos sehr wahrscheinlich schwerwiegende negative Auswirkungen auf die nichtfinanziellen Aspekte verbunden sein müssen, um als wesentliche Information eingestuft werden zu können.[1331]

433.223. Postulat der Bedeutsamkeit und Verhältnismäßigkeit

Im Gegensatz zu den in den beiden vorangegangenen Abschnitten analysierten Wesentlichkeitskriterien für die Risikoberichterstattung in der nichtfinanziellen Konzernerklärung ist das im Folgenden betrachtete **Postulat der Bedeutsamkeit und Verhältnismäßigkeit** ausschließlich für Angaben nach § 315c Abs. 1 i. V. m. § 289c Abs. 3 Nr. 4 einschlägig.[1332] Angaben i. S. d. § 289c Abs. 3 Nr. 4 zu Risiken, die mit den Geschäftsbeziehungen eines Konzerns in Verbindung stehen, sind nur dann zu machen, wenn sie einerseits von Bedeutung sind und die Berichterstattung über diese Risiken andererseits verhältnismäßig ist. Im Vergleich zu den Vorgaben an die Wesentlichkeit einer Information nach § 289c Abs. 3 Nr. 3 sind mit dem Wortlaut des Gesetzes in Nr. 4 zwei vermeintlich zusätzliche Anforderungen verbunden.

Angaben, die den Wesentlichkeitsvorbehalt nach § 315c Abs. 2 erfüllen, das heißt die für das Verständnis des Geschäftsverlaufs, des Geschäftsergebnisses, der Lage des Konzerns sowie der

---

[1327] Eine Ausnahme bilden z. B. die in DRS 20.B82 adressierten gesetzlichen Grenzwerte.

[1328] Vgl. GROTTEL, B., in: Beck Bilanzkomm., 11. Aufl., § 315, Rn. 130.

[1329] Vgl. im Ergebnis so auch MERKT, H., in: Baumbach/Hopt HGB, 38. Aufl., § 289c, Rn. 12.

[1330] In der Regel dürften jedoch sowohl der allgemeine Wesentlichkeitsvorbehalt nach § 315c Abs. 2 als auch das spezifische Wesentlichkeitspostulat nach § 289c Abs. 3 Nr. 3 und Nr. 4 zugleich erfüllt sein.

[1331] Vgl. DEUTSCHER BUNDESTAG (Hrsg.), BT-Drucksache 18/9982, S. 50.

[1332] Vgl. zum exakten Gesetzeswortlaut Abbildung 4-7 in Abschn. 433.1.

Auswirkungen seiner Tätigkeit auf die nichtfinanziellen Aspekte erforderlich sind, entsprechen regelmäßig auch dem **Postulat der Bedeutsamkeit**.[1333] Dies folgt aus der synonymen Bedeutung der Formulierungen „von Bedeutung“ und „erforderlich“.[1334] Insofern knüpft der Wortlaut von § 289c Abs. 3 Nr. 4 an die Formulierung des Wesentlichkeitsvorbehalts nach § 289c Abs. 3 bzw. § 315c Abs. 2 an. Ähnlich wie das in Abschn. 433.221. analysierte Postulat der Wesentlichkeit wird mit dem Kriterium der Bedeutsamkeit folglich der berichtspflichtige Informationskreis nicht weiter eingeengt, sondern der Wesentlichkeitsvorbehalt nach § 315c Abs. 2 wiederholend kodifiziert.

Im Gegensatz zum Kriterium der Bedeutsamkeit sind mit dem **Postulat der Verhältnismäßigkeit** tatsächlich ergänzende Anforderungen an die Angaben verbunden.[1335] Fraglich ist dabei, wie das Postulat der Verhältnismäßigkeit zweckkonform auszulegen ist. Ausschlaggebend ist die Intention, die der Gesetzgeber damit verfolgt. In der Begründung zum CSR-RUG wird ausgeführt, dass das zusätzliche Wesentlichkeitskriterium besonders dazu dienen soll, den mit der Berichterstattung über Risiken in der Lieferkette eines Konzerns verbundenen Verwaltungsaufwand für kleine und mittelgroße Unternehmen der Lieferkette eines Konzerns zu begrenzen.[1336] Während die Begründung an die Erläuterungen in Erwägungsgrund Nr. 8 der CSR-Richtlinie anknüpft, orientiert sich der deutsche Gesetzgeber bei der Konzeption der Norm eng am Richtlinientext.[1337]

Vor dem Hintergrund der beschriebenen Motivation des Gesetzgebers hat das DRSC in E-DRÄS 8 eine Konkretisierung des Verhältnismäßigkeitspostulats vorgeschlagen, die konzeptionell maßgeblich auf einer Kosten-Nutzen-Abwägung basiert.[1338] Der Vorschlag wurde explizit zur Kommentierung gestellt und als Reaktion auf zahlreiche kritische Eingaben in DRÄS 8 um weitere Faktoren ergänzt, die bei der Beurteilung der Verhältnismäßigkeit zu berücksichtigen sind.[1339] Die beiden unterschiedlichen Versionen der Textziffern werden in der folgenden Abbildung gegenübergestellt:

1333 Vgl. so im Ergebnis auch DRS 20.B84 i. V. m. DRS 20.B75; WINKELJOHANN, N./SCHÄFER, N., in: Beck Bilanzkomm., 11. Aufl., § 289c, Rn. 66.

1334 Vgl. DRS 20.B75 sowie die Ausführungen zum Wesentlichkeitsvorbehalt in Abschn. 431.1. Bereits in der Begründung zum BilReG, in dessen Rahmen die Pflicht zur Angabe von nichtfinanziellen Leistungsindikatoren im Konzernlagebericht eingeführt wurde, hat der Gesetzgeber klargestellt, dass auch mit der Formulierung „von Bedeutung“ die Erforderlichkeit von Angaben gemeint ist. Vgl. DEUTSCHER BUNDESTAG (Hrsg.), BT-Drucksache 15/3419, S. 31.

1335 Vgl. WINKELJOHANN, N./SCHÄFER, N., in: Beck Bilanzkomm., 11. Aufl., § 289c, Rn. 66.

1336 Vgl. DEUTSCHER BUNDESTAG (Hrsg.), BT-Drucksache 18/9982, S. 51.

1337 Vgl. Art. 1 Nr. 3 Abs. 1 Buchst. d der Richtlinie 2014/95/EU; EU (Hrsg.), ABl. L 330 vom 15.11.2014, S. 2.

1338 Vgl. DRSC (Hrsg.), E-DRÄS 8, S. 18.

1339 Vgl. DRSC (Hrsg.), E-DRÄS 8, S. 4; DRS 20.B76. Neben verschiedenen kritischen Stellungnahmen gab es auch zustimmende Eingaben. Vgl. stellvertretend VONOVIA SE (Hrsg.), Stellungnahme E-DRÄS 8, S. 2; HENKEL AG & CO. KGAA (Hrsg.), Stellungnahme E-DRÄS 8, S. 4.

DRS 20.280 i. d. F. des E-DRÄS 8:

„Die Einschätzung, ob die Berichterstattung über die Risiken verhältnismäßig ist, richtet sich auch danach, ob die Kosten der Informationsbeschaffung für das Mutterunternehmen und seine Lieferanten bzw. Subunternehmer und der Informationsnutzen der Adressaten ausgewogen sind. Im Gegensatz zu Tz. 271 sind hier auch die Kosten der Lieferanten bzw. Subunternehmer mit einzubeziehen."

DRS 20.280 i. d. F. des DRÄS 8:

„Die Einschätzung, ob die Berichterstattung über die Risiken verhältnismäßig ist, kann sich nach einer Abwägung verschiedener Faktoren richten wie beispielsweise der Schwere und Eintrittswahrscheinlichkeit eines drohenden Schadens, den Kosten der Informationsbeschaffung für den Konzern und für die Unternehmen seiner Lieferkette bzw. die Kette seiner Subunternehmer und dem Informationsnutzen der Adressaten."

Abbildung 4-10: Konkretisierung des Kriteriums der Verhältnismäßigkeit nach E-DRÄS 8 und DRÄS 8.

Die Kritik in den Stellungnahmen am Vorschlag in E-DRÄS 8 kann mehrheitlich zwei unterschiedlichen Argumentationen zugeordnet werden. Einerseits knüpft sie an dem Wort „auch" im ersten Satz von DRS 20.280 i. d. F. des E-DRÄS 8 an.[1340] Daraus wird abgeleitet, dass eine Kosten-Nutzen-Analyse zwingend durchzuführen ist, was wiederum selbst mit unverhältnismäßig hohem Aufwand verbunden und teilweise sogar gänzlich unmöglich wäre. Andererseits wird kritisiert, dass die Fokussierung auf eine Kosten-Nutzen-Betrachtung die Abwägung des Verhältnismäßigkeitspostulats zu sehr einengen würde.[1341] Mithin würden weitere Entscheidungsfaktoren, wie die Eintrittswahrscheinlichkeit eines drohenden Schadens oder dessen Schwere vernachlässigt. Da das DRSC zu der Auffassung gelangt ist, dass eine Erweiterung der Konkretisierung in DRS 20.280 nicht mit dem Wortlaut des § 289c Abs. 3 Nr. 4 konfligiert, wurde DRS 20.280 in der finalen Fassung des DRÄS 8 als Aufzählung von potentiell relevanten Faktoren für die Abwägung der Verhältnismäßigkeit der Berichterstattung konzipiert.[1342] Damit verliert die Kosten-Nutzen-Abwägung ihre dominierende Bedeutung für das Postulat der Verhältnismäßigkeit, die ihr im E-DRÄS 8 noch innewohnt.

Vor dem Hintergrund des Analyserahmens der vorliegenden Arbeit wäre der **Vorschlag aus E-DRÄS 8 vorzugswürdig** gewesen.[1343] Die nun in DRS 20.280 enthaltenen zusätzlichen Faktoren, die Schwere und Eintrittswahrscheinlichkeit eines drohenden Schadens, sind schließlich

1340 Vgl. hier und zum folgenden Satz SIEMENS AG (Hrsg.), Stellungnahme E-DRÄS 8, S. 5; BDI (Hrsg.), Stellungnahme E-DRÄS 8, S. 6; IDW (Hrsg.), Stellungnahme DRÄS 8, S. 6; BASF SE (Hrsg.), Stellungnahme E-DRÄS 8, S. 5; RMA (Hrsg.), Stellungnahme E-DRÄS 8, S. 5 f.

1341 Vgl. hier und zum folgenden Satz stellvertretend DGB (Hrsg.), Stellungnahme E-DRÄS 8, S. 6; GERMANWATCH (Hrsg.), Stellungnahme E-DRÄS 8, S. 4.

1342 Vgl. DRS 20.B76, sowie Abbildung 4-10.

1343 Dies gilt insbesondere für die Grundsätze der Verlässlichkeit und der Vergleichbarkeit.

bereits im Kontext anderer Wesentlichkeitskriterien zu berücksichtigen.[1344] Es erschließt sich nicht unmittelbar, wie dieselben Faktoren innerhalb einer Wesentlichkeitsabwägung mehrmals unterschiedlich bewertet werden sollen. Im Ergebnis wären die generell ermessensbehafteten Wesentlichkeitsbeurteilungen wohl in geringerem Maße objektivierbar, als dies ohnehin der Fall ist. Vor dem Hintergrund der praktischen Probleme, die mit einer Kosten-Nutzen-Abwägung – z. B. bei der Bewertung des Nutzens von Informationen für einzelne Adressatengruppen und mit Blick auf den hohen Aufwand bzw. die hohen Kosten – verbunden sind, ist der Ansatz des DRSC dennoch nachvollziehbar. Nichtsdestotrotz entspricht eine Kosten-Nutzen-Abwägung, die auch in anderen Bereichen der Finanzberichterstattung gängig ist, am ehesten dem Willen des Gesetzgebers.[1345]

Wie bereits beschrieben zielt der Gesetzgeber mit dem **Postulat der Verhältnismäßigkeit** in erster Linie darauf ab, kleine und mittelgroße Unternehmen vor übermäßigem Aufwand durch Informationsanfragen berichtspflichtiger Konzerne zu schützen. Mithin soll im Rahmen des § 289c, der den Inhalt der nichtfinanziellen Konzernerklärung regelt, indirekt die Beziehung zwischen großen berichtspflichtigen Konzernen sowie kleinen und mittelgroßen Unternehmen, die der Lieferkette des Konzerns angehören, beeinflusst werden. Allerdings zählen kleine und mittelgroße Unternehmen nicht zum berichtspflichtigen Anwenderkreis der Vorschriften zur nichtfinanziellen Konzernerklärung und werden deshalb auch nicht von § 289c Abs. 3 Nr. 4 adressiert.[1346] Deshalb ist das Verhältnismäßigkeitskriterium auf Ebene der kleinen und mittelgroßen Unternehmen auch nicht bereits durch den Grundsatz der Informationsabstufung gedeckt.[1347] Vor diesem Hintergrund ist das Postulat der Verhältnismäßigkeit – unabhängig von möglichen Konkretisierungen – **aus gesetzessystematischer Sicht zu kritisieren**. In den Stellungnahmen von SIEMENS und dem BDI wird daher zutreffend angemerkt, dass die Verhältnismäßigkeit der Angabepflichten bereits im Rahmen der gesetzlichen Vorschriften hätte berücksichtigt werden müssen, z. B. durch eine Beschränkung der Berichtspflichten auf die erste Ebene der Lieferkette.[1348]

433.23 Zeitbezug der Berichterstattung

Unabhängig von der Auslegung der unterschiedlichen Wesentlichkeitskriterien gibt es im Kontext der Risikoberichterstattung in der nichtfinanziellen Konzernerklärung weitere Auslegungsfragen, die den Umfang der berichtspflichtigen Angaben determinieren. Dies betrifft zunächst den **Zeitbezug der Berichterstattung**. Nach § 315c Abs. 1 i. V. m. § 289c Abs. 3 Nr. 3 und

---

[1344] Vgl. dazu Abschn. 431.2, sowie Abschn. 433.222.

[1345] Vgl. DRS 20.B76. So beruht nicht zuletzt der Grundsatz der Wesentlichkeit ursprünglich ebenfalls auf einer Abwägung von Kosten für die Beschaffung einer Information und dem Informationsnutzen für die Adressaten. Vgl. Abschn. 343.1; BAETGE, J./FISCHER, T. R./PASKERT, D., Der Lagebericht, S. 21 f.

[1346] Vgl. zum Anwenderkreis der nichtfinanziellen Konzernerklärung Abschn. 222.

[1347] Insofern ist der Auffassung des IDW zu widersprechen, das in seiner Stellungnahme zum E-DRÄS 8 den Grundsatz der Verhältnismäßigkeit bereits durch den Grundsatz der Informationsabstufung abgedeckt sieht. Vgl. IDW (Hrsg.), Stellungnahme DRÄS 8, S. 6.

[1348] Vgl. SIEMENS AG (Hrsg.), Stellungnahme E-DRÄS 8; BDI (Hrsg.), Stellungnahme E-DRÄS 8, S. 5.

Nr. 4 ist über die „wesentlichen Risiken, die [...] negative Auswirkungen [...] haben oder haben werden [...]" zu berichten. Durch die Formulierung „haben oder haben werden" wird sowohl ein Bezug zur **Gegenwart** als auch zur **Zukunft** hergestellt. Folglich ist sowohl über mögliche Risiken in der Zukunft als auch „über bereits schlagend gewordene Risiken zu berichten [...]."[1349] So wäre z. B. über die negativen Auswirkungen eines eingetretenen Chemieunfalls auf die nichtfinanziellen Aspekte zu berichten, wenn diese Information für die Adressaten wesentlich ist.[1350] Ob der Chemieunfall im abgelaufenen oder bereits in einem früheren Geschäftsjahr eingetreten ist, spielt keine Rolle, solange die Wesentlichkeitskriterien erfüllt sind.[1351] Der **zeitliche Horizont** der **vergangenheitsorientierten Berichterstattung** kann sich folglich über **mehrere Jahre** erstrecken. Fraglich ist, ob dies auch für die zukunftsorientierte Berichterstattung gilt.

In DRS 20.281 wird hinsichtlich des Zeitbezugs der **zukunftsorientierten Risikoberichterstattung** auf DRS 20.156 verwiesen. Danach ist den Angaben zu Risiken ein adäquater Zeitraum zugrunde zu legen, der mindestens dem intern verwendeten Prognosezeitraum entspricht und nicht kürzer als ein Jahr ausfallen darf.[1352] Das IDW weist in seiner Stellungnahme zum E-DRÄS 8 zutreffend darauf hin, dass dies in der Praxis nur selten zu Berichtszeiträumen führt, die über ein Jahr hinausgehen.[1353] Für das Risikoverständnis in der nichtfinanziellen Konzernerklärung wird jedoch regelmäßig auf einen längeren Zeitraum abzustellen sein.[1354] So sollte die Risikoberichterstattung in der nichtfinanziellen Konzernerklärung nach dem Grundsatz der Nachhaltigkeit einen **Überblick** über die **wesentlichen kurz-, mittel- und langfristigen Risiken** vermitteln.[1355] Dies erfordert einen **mehrjährigen Berichtshorizont**, der nur selten kürzer als drei Jahre ausfallen dürfte.[1356] Konkret muss sich der Berichtshorizont auf den gesamten

---

[1349] DRS 20.B85. Vgl. so auch GERMANWATCH (Hrsg.), Stellungnahme E-DRÄS 8, S. 2; WINKELJOHANN, N./SCHÄFER, N., in: Beck Bilanzkomm., 11. Aufl., § 289c, Rn. 60 und Rn. 62.

[1350] Ein Anhaltspunkt für wesentliche Informationen kann bspw. eine Medienberichterstattung sein, da damit regelmäßig negative Reputationseffekte verbunden sind, was i. d. R. auch für das Verständnis der finanziellen Ebene eines Konzerns von Bedeutung ist. Vgl. MOCK, S., in: Hachmeister u. a., BilR, § 289c, Rn. 58; WINKELJOHANN, N./SCHÄFER, N., in: Beck Bilanzkomm., 11. Aufl., § 289c, Rn. 63.

[1351] Eine Berichterstattung ist erst dann nicht mehr erforderlich, wenn die negativen Auswirkungen, in diesem Beispiel für die Umwelt, weitgehend beseitigt wurden. Ein Indiz kann auch in diesem Fall die Medienberichterstattung sein. Vgl. MOCK, S., in: Hachmeister u. a., BilR, § 289c, Rn. 58.

[1352] Vgl. DRS 20.281 i. V. m. DRS 20.156 i. V. m. DRS 20.127. Mit DRS 20 wurde ein im Vergleich zum DRS 15 verkürzter Prognosezeitraum von mindestens einem Jahr eingeführt. Vgl. GROTTEL, B., in: Beck Bilanzkomm., 11. Aufl., § 315, Rn. 121. Prognosezeitraum und Prognosegenauigkeit stehen in einem natürlichen Spannungsverhältnis zueinander, das im Zuge der Verabschiedung des DRS 20 Gegenstand von Diskussionen war.

[1353] Vgl. IDW (Hrsg.), Stellungnahme DRÄS 8, S. 3. Davon unbenommen steht es Unternehmen frei, freiwillig einen längeren Prognosezeitraum zu wählen. Vgl. GROTTEL, B., in: Beck Bilanzkomm., 11. Aufl., § 289, Rn. 144.

[1354] Vgl. WINKELJOHANN, N./SCHÄFER, N., in: Beck Bilanzkomm., 11. Aufl., § 289c, Rn. 56.

[1355] Dies fordert auch die EU-Kommission in ihren Leitlinien für die Berichterstattung über nichtfinanzielle Informationen. Vgl. EU-KOMMISSION (Hrsg.), ABl. C 215 vom 05.07.2017, S. 12.

[1356] Vgl. hier und zu den folgenden beiden Sätzen EU-KOMMISSION (Hrsg.), ABl. C 215 vom 05.07.2017, S. 12.

Zeitraum erstrecken, in dem Risiken erwartungsgemäß zu wesentlichen – mithin berichtspflichtigen – negativen Auswirkungen auf die nichtfinanziellen Aspekte führen können. Dies gilt ebenso für die Angaben zum geplanten Risikomanagement.

433.24 Brutto- versus Nettoausweis

Gemäß § 315c Abs. 2 i. V. m. § 289c Abs. 3 Nr. 3 und Nr. 4 ist über die „wesentlichen Risiken [...] sowie die Handhabung dieser Risiken durch [...] [den Konzern, zu berichten; Anm. d. Verf.]." Obgleich der Begriff „**Handhabung**" im Kontext der Konzernlageberichterstattung bislang unbekannt ist, wird aus dem englischen Originaltext der CSR-Richtlinie „*and how the group manages those risks*"[1357] deutlich, dass damit Maßnahmen des Risikomanagements adressiert werden.[1358] Im Rahmen der Risikoberichterstattung in der nichtfinanziellen Konzernerklärung sind folglich neben Risiken auch die spezifischen Risikobegrenzungsmaßnahmen anzugeben, die ergriffen werden.[1359] Fraglich ist, ob Risiken und Risikobegrenzungsmaßnahmen für die Zwecke der Berichterstattung miteinander verrechnet bzw. gegeneinander aufgerechnet und entsprechend dargestellt werden dürfen. Mit anderen Worten ist zu evaluieren, ob Risiken in der nichtfinanziellen Konzernerklärung nach der **Brutto-** oder nach der **Nettomethode** zu berichten sind.

In Abhängigkeit von der Berichtsmethode sind **unterschiedliche Anforderungen** an die Berichterstattung verbunden. Nach der **Bruttomethode** sind sowohl die einzelnen Risiken als auch die zu ihrer Begrenzung ergriffenen Maßnahmen separat anzugeben.[1360] Im Gegensatz dazu sind nach der **Nettomethode** nur die Risiken auszuweisen, die nicht von Risikobegrenzungsmaßnahmen abgedeckt werden. Zudem sind die Maßnahmen anzugeben, mit denen die nicht berichteten Risiken abgedeckt werden.[1361] Voraussetzung für eine Nettodarstellung ist, dass sowohl die Risiken als auch die Risikobegrenzungsmaßnahmen zunächst brutto bestimmt werden, da diese erst dann gegeneinander aufgerechnet werden können.

In DRS 20.281 wird für die **Frage der Berichtsmethode** auf die allgemeinen Regelungen des DRS 20 zur Risikoberichterstattung verwiesen. Danach besteht für die Darstellung der Risiken nach der Brutto- bzw. der Nettomethode im Konzernlagebericht ein Wahlrecht.[1362] Im Schrifttum herrscht diesbezüglich weitestgehend Konsens.[1363] Für die Risikoberichterstattung in der

---

1357 Art. 1 Nr. 3 Abs. 1, 1. Unterabs., Buchst. d der Richtlinie 2014/95/EU (englische Version).

1358 Vgl. EU-KOMMISSION (Hrsg.), ABl. C 215 vom 05.07.2017, S. 12 f. Vgl. zu Schnittmengen der Angaben zum Risikomanagement bzw. zu Risikobegrenzungsmaßnahmen des berichtenden Konzerns nach § 315c Abs. 1 i. V. m. § 289c Abs. 3 Nr. 3 und Nr. 4 mit den Angaben zu Due-Diligence-Prozessen gemäß § 315c Abs. 1 i. V. m. § 289c Abs. 3 Nr. 1 Abschn. 433.31 und Abschn. 433.32.

1359 Vgl. WINKELJOHANN, N./SCHÄFER, N., in: Beck Bilanzkomm., 11. Aufl., § 289c, Rn. 70; LERCHENMÜLLER, U., in: BeckOK HGB, 22. Edition, § 289c, Rn. 14.

1360 Vgl. hier und zum folgenden Satz MÜLLER, S./PEFFEKOVEN, F, in: Federmann/Kußmaul/Müller, HdB, Kap. b, Rn. 82.

1361 Vgl. IDW (Hrsg.), WP-Handbuch 2017, Kap. F, Rn. 1382.

1362 Vgl. DRS 20.281 i. V. m. DRS 20.157.

1363 Vgl. BÖCKING, H.-J./DUTZI, A./GROS, M., in: Baetge/Kirsch/Thiele, § 289, Rn. 117; IDW (Hrsg.), WP-Handbuch 2017, Kap. F, Rn. 1382; KIRSCH, H.-J./KÖNIG, C./HUTER, M., in: Baetge u. a., Rechnungslegung nach

nichtfinanziellen Konzernerklärung erscheint eine vergleichbare Auslegung jedoch nicht sachgerecht. Während der Gesetzeswortlaut nach § 315 Abs. 1 Satz 4 zur Chancen- und Risikoberichterstattung im Konzernlagebericht keinen Bezug zu Risikobegrenzungsmaßnahmen herstellt, ist dies, wie zu Beginn dieses Abschnitts dargestellt, für die nichtfinanzielle Konzernerklärung sehr wohl der Fall.[1364] Nach § 315c Abs. 2 i. V. m. § 289c Abs. 3 Nr. 3 und Nr. 4 ist über die Risiken „sowie" die Handhabung dieser Risiken zu berichten. Obgleich der Wortlaut auch so interpretiert werden könnte, dass über Nettorisiken sowie Risikobegrenzungsmaßnahmen zu berichten wäre, ist es im Sinne einer vollständigen Berichterstattung aus Adressatensicht sachgerecht, die Norm dahingehend auszulegen, dass **nach der Bruttomethode** zu berichten ist.[1365] Dies gilt auch aus praktischen Erwägungsgründen, denn es ist mit Blick auf den **Charakter nichtfinanzieller Risiken** fraglich, inwiefern diese tatsächlich immer mit Risikobegrenzungsmaßnahmen verrechnet werden können. Dies gilt z. B. mit Blick auf die Gefahr von Menschenrechtsverletzungen. Hier können zwar Maßnahmen, z. B. in Form von Anreizsystemen, ergriffen werden, die die Eintrittswahrscheinlichkeit eines Risikos senken, so dass dieses Risiko ggf. nicht mehr wesentlich ist. Anders als bspw. bei einer Absicherung von Finanzrisiken durch ein Finanzinstrument ist es jedoch regelmäßig nicht möglich, Risiken und Risikobegrenzungsmaßnahmen 1:1 aufzurechnen bzw. Risiken vollständig auszuschließen.[1366] Das IDW hat bereits in seiner Stellungnahme zu E-DRS 27 kritisch angemerkt, dass es sich bei Risiken und Risikobegrenzungsmaßnahmen in der Finanzberichterstattung häufig um **keine echten Aufrechnungsgrundlagen** i. S. d. §§ 387–389 BGB handelt.[1367] In diesen Fällen suggeriert die Anwendung der Nettomethode unzutreffend, dass Risiken vollständig beseitigt sind.[1368]

Unabhängig davon, dass eine **Risikoberichterstattung nach der Bruttomethode** allgemein **Vorteile** für die Adressaten der nichtfinanziellen Konzernerklärung bietet, ist eine separate Darstellung von Risiken und Risikobegrenzungsmaßnahmen auch durch den Grundsatz der Ausgewogenheit geboten. Vor dem Hintergrund des in Abschn. 433.212. definierten Risikoverständnisses in der nichtfinanziellen Konzernerklärung, wonach der Risikobegriff eng mit nega-

---

IFRS, 2. Aufl., Kap. XII, Rn. 87.

1364 Vgl. dazu die Quellen in Fn. 1359.

1365 Vgl. IDW (Hrsg.), IDW Positionspapier, S. 17.

1366 Den Berichtsadressaten durch die Anwendung der Nettomethode zu suggerieren, dass das Risiko beseitigt wäre, obwohl dies nicht zutrifft, widerspricht jedoch dem Grundsatz der Verlässlichkeit. Vgl. dazu auch IDW (Hrsg.), Stellungnahme E-DRS 27, S. 10. Indes sind auch mit der Verwendung von Finanzinstrumenten Risiken verbunden. Vgl. zur Berichterstattung über Finanzrisiken im Konzernlagebericht KIRSCH, H.-J./KÖNIG, C./HUTER, M., in: Baetge u. a., Rechnungslegung nach IFRS, 2. Aufl., Kap. XII, Rn. 103–113.

1367 Vgl. zu den Anforderungen an eine echte Aufrechnungsgrundlage grundlegend SCHLÜTER, M., in: MüKo BGB, 7. Aufl., § 387; SKAMEL, F., in: Großkommentar BGB, § 387 BGB.

1368 Stattdessen werden Finanzrisiken z. B. auf Instrumente verlagert, die mit Bonitätsrisiken versehen sind. Vgl. IDW (Hrsg.), Stellungnahme E-DRS 27, S. 10. Übertragen auf die nichtfinanzielle Konzernerklärung bedeutet dies z. B., dass als Maßnahme zur Korruptionsprävention neue Compliance-Regelungen eingeführt werden. Eine Berichterstattung nach der Nettomethode würde in diesem Fall fälschlicherweise suggerieren, dass Korruptionsrisiken vollständig beseitigt wurden, obwohl deren Eintrittswahrscheinlichkeit nur verringert wurde. Vgl. dazu auch das Beispiel des IDW (Hrsg.), IDW Positionspapier, S. 15–18.

tiven Auswirkungen auf nichtfinanzielle Aspekte verknüpft ist, bewirken Risikobegrenzungsmaßnahmen in diesem Kontext umgekehrt auch kompensierende positive Auswirkungen. So können die negativen Auswirkungen von Kohlenstoffdioxidemissionen auf das Klima z. B. durch die positiven Auswirkungen von Aufforstungsmaßnahmen kompensiert werden. Obwohl in diesem Beispiel das Risiko und die Risikobegrenzungsmaßnahme eine echte Aufrechnungsgrundlage bilden, ist es für eine ausgewogene Berichterstattung dennoch erforderlich, nach der Bruttomethode zu berichten, da nach der Nettomethode ausschließlich über positive Auswirkungen zu berichten wäre. Mithin ist in der nichtfinanziellen Konzernerklärung nach der Bruttomethode zu berichten.

433.25 Zwischenfazit

Für die ziel- und zweckkonforme Konkretisierung der inhaltlichen Anforderungen an die Risikoberichterstattung nach § 315c Abs. 2 i. V. m. § 289c Abs. 3 Nr. 3 und Nr. 4 war es vorab erforderlich, die verschiedenen in Abschn. 433.1 identifizierten konzeptionellen Fragestellungen zu beantworten. Dazu wurde in einem ersten Schritt ein einheitliches Risikoverständnis für die Berichterstattung in der nichtfinanziellen Konzernerklärung hergeleitet. In einem zweiten Schritt wurden die kritischen Gesetzesstellen analysiert und ausgelegt. Dies hat zu folgenden Ergebnissen geführt:

- Das entwickelte und im Folgenden zu beachtende **Risikoverständnis** in der nichtfinanziellen Konzernerklärung knüpft direkt an den Gesetzeswortlaut an und ist losgelöst von der bilanzrechtlichen Abweichungskonzeption. Mit anderen Worten: Der Gesetzeswortlaut konkretisiert das Risikoverständnis. Risiken können folgerichtig als **Gegebenheiten oder Entwicklungen** definiert werden, über die zu berichten ist, wenn sie mit der Geschäftstätigkeit des Konzerns verknüpft sind und sehr wahrscheinlich schwerwiegende negative Auswirkungen auf die nichtfinanziellen Aspekte haben oder haben werden.

- Mit dem **Postulat der Wesentlichkeit** (Abschn. 433.221.) sind keine zusätzlichen Wesentlichkeitsanforderungen verbunden.

- Mit dem **Postulat der sehr wahrscheinlich schwerwiegend negativen Auswirkungen** (Abschn. 433.222.) sind zusätzliche Wesentlichkeitsanforderungen verbunden. Es muss sehr wahrscheinlich sein, dass bei Eintritt eines Risikos schwerwiegende negative Auswirkungen für die nichtfinanziellen Aspekte resultieren, damit eine Information wesentlich ist. Die Schwere der Auswirkungen wird nach deren Ausmaß und Intensität bestimmt.

- Mit dem **Postulat der Verhältnismäßigkeit** (Abschn. 433.223.) sind zusätzliche Wesentlichkeitsanforderungen verbunden. Die Verhältnismäßigkeit der Berichterstattung über eine Information ist vorrangig anhand einer Kosten-Nutzen-Abwägung zu beurteilen.

- Es sind sowohl **mögliche künftige als auch bereits schlagend gewordene Risiken** anzugeben. Dabei ist ein Überblick über die wesentlichen kurz-, mittel- und langfristigen Risiken zu ermöglichen. Dafür ist ein **mehrjähriger Berichtshorizont** erforderlich, der i. d. R. nicht kürzer als drei Jahre ist.
- In der nichtfinanziellen Konzernerklärung ist nach der **Bruttomethode** zu berichten. Das heißt, Risiken und die zu ihrer Minderung bzw. Verhinderung ergriffenen Risikobegrenzungsmaßnahmen sind nicht aufzurechnen, sondern separat zu berichten.

Die Ergebnisse sind, mit Ausnahme der Ausführungen zum Postulat der Verhältnismäßigkeit, sowohl bei der Konkretisierung der inhaltlichen Anforderungen an die Berichterstattung zu Risiken aus der eigenen Geschäftstätigkeit als auch zu Risiken aus direkten und indirekten Geschäftsbeziehungen zu beachten.

433.3 Inhalt der Risikoberichterstattung

433.31 Risiken aus der eigenen Geschäftstätigkeit eines Konzerns

Nach § 315c Abs. 1 i. V. m. § 289c Abs. 3 Nr. 3 ist in der nichtfinanziellen Konzernerklärung über die wesentlichen Risiken zu berichten, die mit der eigenen Geschäftstätigkeit des Konzern verknüpft sind. Risiken werden regelmäßig auf Ebene der Sachverhalte bestehen. Welche Risiken in Betracht kommen, ist maßgeblich abhängig vom verfolgten Geschäftsmodell eines Konzerns. So werden sich die in Erwägung zu ziehenden Risiken z. B. in Abhängigkeit von der Branche, den benötigten Ressourcen und den Beschaffungs- und Absatzmärkten eines Konzerns unterscheiden.[1369] Üblicherweise wird ein Konzern aus der Stahlindustrie mehr natürliche Ressourcen verbrauchen als ein Unternehmen mit einem ausschließlich digitalen Geschäftsmodell. Weiterhin werden Konzerne, deren Absatz- und Beschaffungsmärkte auf die Staaten der EU begrenzt sind, tendenziell seltener mit Korruptionsrisiken oder Menschenrechtsverletzungen konfrontiert sein als Unternehmen, die vorwiegend in Entwicklungsländern tätig sind.[1370]

Gemäß DRS 20.281 sind für die Risikoberichterstattung in der nichtfinanziellen Konzernerklärung die allgemeinen Vorgaben zur Chancen- und Risikoberichterstattung im Konzernlagebericht nach DRS 20.K137–K145 (Risikomanagementsystem) sowie DRS 20.149–164 (Risiken) entsprechend anzuwenden. „[Entsprechend; Anm. d. Verf.] […] heißt, dass die Regeln nur insoweit Anwendung finden, wie sie sich auf die Angabe der berichtspflichtigen Risiken beziehen […]“[1371] und mit den Regelungen zur nichtfinanziellen Konzernerklärung in Einklang stehen. So sind nach dem Wortlaut von § 315c Abs. 1 i. V. m. § 289c Abs. 3 Nr. 3 ausschließlich **kon-**

[1369] Vgl. DRS 20.37 zu den weiteren Merkmalen eines Geschäftsmodells. Vgl. darüber hinaus allgemein zur Beschreibung des Geschäftsmodells in der nichtfinanziellen Konzernerklärung Abschn. 421.

[1370] Vgl. dazu den anerkannten Korruptionsindex von *Transparency International*. Dieser ist im Internet abrufbar unter https://www.transparency.de/korruptionsindizes/cpi-2017/cpi-ranking-2017/?L=0 (Stand: 11.02.2019).

[1371] Vgl. WINKELJOHANN, N./SCHÄFER, N., in: Beck Bilanzkomm., 11. Aufl., § 289c, Rn. 69.

krete Risiken und konkrete Risikobegrenzungsmaßnahmen anzugeben. Während die Vorgaben des DRS 20 zur Berichterstattung über Risiken (DRS 20.149–164) ebenfalls auf **Einzelrisiken** abstellen, werden von den Vorgaben zum **Risikomanagementsystem** (DRS 20.K137–K145), der Begriffsbedeutung entsprechend, konzeptionelle Angaben gefordert. Solche Informationen werden in der nichtfinanziellen Konzernerklärung nach § 315c Abs. 1 i. V. m. § 289c Abs. 3 Nr. 1 indes regelmäßig bereits im Rahmen der Beschreibung der verfolgten Konzepte, einschließlich angewandter Due-Diligence-Prozesse, vermittelt.[1372] Davon unbenommen bleibt die Möglichkeit, die verschiedenen Risikoangaben zusammenzufassen. Sofern jedoch keine Konzepte verfolgt werden, sind die Gründe dafür nach der *Comply-or-Explain*-Regelung zu erläutern.[1373] Konzeptionelle Angaben zum Risikomanagementsystem werden in diesem Fall vom Gesetz nicht explizit gefordert, obwohl über Risiken und Risikobegrenzungsmaßnahmen nach § 289c Abs. 3 Nr. 3 zu berichten ist. Aus den genannten Gründen sind die konkretisierenden Vorgaben in DRS 20.K137–K145 für die Berichterstattung nach § 315c Abs. 1 i. V. m. § 289c Abs. 3 Nr. 3 nicht einschlägig.

Der **Umfang der Angaben zu Risiken und Risikobegrenzungsmaßnahmen** richtet sich einerseits im Sinne einer informationsabgestuften Berichterstattung nach den Gegebenheiten des Konzerns und andererseits nach der Bedeutung des Risikos.[1374] Ein nichtfinanzielles Risiko, das den Bestand eines Konzerns gefährdet, ist als solches auszuweisen.[1375] Dies gilt im Kontext der nichtfinanziellen Konzernerklärung z. B. auch dann, wenn ein Geschäftsmodell von vornherein auf nicht erneuerbare Ressourcen begrenzt ist und diese in absehbarer Zukunft nicht mehr zur Verfügung stehen.[1376] Im Vergleich zu weniger bedeutenden, aber dennoch wesentlichen Risiken sind zu bestandsgefährdenden Risiken detailliertere Informationen erforderlich.

Anders als das Geschäftsmodell oder die verfolgten Konzepte sind Risiken und Risikobegrenzungsmaßnahmen nach dem Wortlaut des Gesetzes nicht zu beschreiben, sondern anzugeben.[1377] Nach hier vertretener Auffassung sind mit diesem semantischen Unterschied allerdings keine materiell voneinander abweichenden Anforderungen an die Berichterstattung verbunden.[1378] Nach DRS 20.11 umfasst eine Angabe die „Nennung von Fakten oder [die; Anm. d. Verf.] Beschreibung von Sachverhalten.“ Mithin sind die wesentlichen Merkmale eines Risikos bzw. einer Risikobegrenzungsmaßnahme i. S. d. Grundsatzes der Klarheit prägnant und aussagekräftig zu beschreiben. Es sollte den Adressaten daher möglich sein, aus der Risikoberichterstattung zumindest folgende Erkenntnisse zu gewinnen:

1372 Vgl. dazu Abschn. 432.23.
1373 Vgl. dazu Abschn. 432.4.
1374 Vgl. DRS 20.147, sowie zum Grundsatz der Informationsabstufung Abschn. 343.3.
1375 Vgl. DRS 20.281 i. V. m. DRS 20.148.
1376 Vgl. Deutscher Bundestag (Hrsg.), BT-Drucksache 18/9982, S. 51.
1377 Vgl. § 315c Abs. 2 i. V. m. § 289c Abs. 3 Nr. 3; Abbildung 4-7 in Abschn. 433.1.
1378 Vgl. dazu die Definition von „Angabe/Darstellung“ in DRS 20.11, sowie zur Schlussfolgerung Winkeljohann, N./Schäfer, N., in: Beck Bilanzkomm., 11. Aufl., § 289c, Rn. 69.

- Aus den Angaben sollte hervorgehen, auf welchen Aspekt bzw. Sachverhalt sich ein Risiko bezieht; zudem sollte deutlich werden, für welches Risiko welche Risikobegrenzungsmaßnahme vollzogen wird. Im Umkehrschluss sollten auch diejenigen Risiken identifizierbar sein, für die keine Begrenzungsmaßnahmen existieren.
- Aus den Angaben sollte hervorgehen, wie sich ein Risiko auf einen Aspekt bzw. Sachverhalt auswirkt; zudem sollte deutlich werden, wie eine Risikobegrenzungsmaßnahme einem Risiko entgegenwirkt.
- Aus den Angaben sollte hervorgehen, auf welchen Zeitraum sich ein Risiko bzw. eine Risikobegrenzungsmaßnahme bezieht und seit wann es besteht.
- Aus den Angaben sollte hervorgehen, ob sich im Vergleich zum Vorjahr wesentliche Änderungen bei den Risiken oder den ergriffenen Risikobegrenzungsmaßnahmen ergeben haben.
- Aus den Angaben sollte hervorgehen, welches Ausmaß die mit den Risiken verbundenen negativen Auswirkungen haben; zudem sollte deutlich werden, in welchem Umfang eine Risikobegrenzungsmaßnahme die negativen Auswirkungen eines Risikos kompensieren kann.

Für letztgenannten Punkt bieten sich sog. Risikomatrizen an, wie sie in der Praxis häufig im Rahmen der Chancen- und Risikoberichterstattung nach § 315 Abs. 1 Satz 4 angewandt werden.[1379] In diesen Matrizen können Risiken anhand ihrer sehr wahrscheinlichen Schadenswirkung klassifiziert und für die Adressaten übersichtlich dargestellt werden.[1380] Im Gegensatz zur klassischen Konzernlageberichterstattung wird jedoch i. d. R. nicht auf die finanziellen Auswirkungen als Maßgröße eines Risikos abgestellt werden können. Mithin sind Alternativen zu entwickeln, die sich möglichst an den konzernspezifischen Indikatoren zur Wesentlichkeitsbeurteilung eines Risikos orientieren. Werden die Auswirkungen der Risiken zu diesem Zweck intern quantifiziert, sollten die entsprechenden Ergebnisse ebenfalls Bestandteil der Angaben in der nichtfinanziellen Konzernerklärung sein.[1381]

Eine weitergehende Analyse und Beurteilung der Risiken sowie die Angabe der den Prognosen zugrunde liegenden Annahmen, wie sie nach § 315 Abs. 1 Satz 4 für den Konzernlagebericht geboten ist, wird von § 315c Abs. 1 i. V. m. § 289c Abs. 3 Nr. 3 nicht gefordert.[1382] Dessen ungeachtet können solche Angaben, wenn sie auf freiwilliger Basis berichtet werden, einen

[1379] Vgl. exemplarisch für den Konzernlagebericht BARTH, D./RAHE, I./RABENHORST, D., Anwendungsfragen zur Konzernlageberichterstattung nach DRS 20, S. 55.

[1380] Die Risikomatrix von BARTH/RAHE/RABENHORST wäre für die Nutzung in der nichtfinanziellen Konzernerklärung dahingehend zu modifizieren, dass ein Risikoeintritt vorausgesetzt wird. Das heißt, die Matrix müsste die Wahrscheinlichkeit für bestimmte Schäden bei Eintritt eines Risikos abbilden und nicht die Eintrittswahrscheinlichkeit eines Risikos. Vgl. dazu auch die Ausführungen zum Postulat der sehr wahrscheinlich schwerwiegend negativen Auswirkungen in Abschn. 433.222.

[1381] Vgl. DRS 20.281 i. V. m. DRS 20.152.

[1382] Vgl. so auch WINKELJOHANN, N./SCHÄFER, N., in: Beck Bilanzkomm., 11. Aufl., § 289c, Rn. 69.

hohen Informationsnutzen für die Adressaten der nichtfinanziellen Konzernerklärung haben. Gleiches gilt für eine Negativanzeige, die zu empfehlen ist, wenn ein Konzern keine wesentlichen Risiken identifiziert hat.[1383]

433.32 Risiken aus den Produkten, Dienstleistungen und Geschäftsbeziehungen eines Konzerns

Zusätzlich zu den Risiken aus der direkten Geschäftstätigkeit eines Konzerns ist nach § 315c Abs. 1 i. V. m. § 289c Abs. 3 Nr. 4 auch über Risiken zu berichten, die mit den Geschäftsbeziehungen der Kapitalgesellschaft, ihren Produkten und Dienstleistungen verknüpft sind und folglich nur mittelbar durch den Konzern beeinflusst werden können.[1384] Bei § 289c Abs. 3 Nr. 4 handelt es sich um eine **Spezialregelung**, die die Anforderung aus § 289c Abs. 3 Nr. 3 konkretisiert.[1385] Mit dieser von den Vorgaben der CSR-Richtlinie abweichenden **Regelungssystematik** möchte der Gesetzgeber der öffentlichen Diskussion über die Wahrnehmung verstärkter Verantwortung durch Unternehmen Ausdruck verleihen.[1386] Dabei spielen Angaben zu Risiken, die mit der Lieferkette und der Kette von Subunternehmern einhergehen, eine zentrale Rolle.[1387] „Denn häufig finden Verletzungen anerkannter Umwelt-, Sozial- und Menschenrechtsstandards in Drittstaaten und durch Vertragspartner von berichtspflichtigen Unternehmen statt."[1388]

Im Sinne einer klaren und übersichtlichen Informationsvermittlung sollte es den Adressaten möglich sein, zwischen Risiken, die in die direkte Einflusssphäre des Konzerns fallen, und Risiken, die durch den Konzern nur mittelbar beeinflusst werden können, zu unterscheiden. Nur so werden sie in die Lage versetzt, zu beurteilen, ob ein Konzern die Vorgaben nach § 315c Abs. 1 i. V. m. § 289c Abs. 3 Nr. 3 und Nr. 4 vollständig berücksichtigt hat. Zu diesem Zweck sind Risiken entsprechend zu kategorisieren. Anders als in der klassischen Chancen- und Risikoberichterstattung werden nichtfinanzielle Risiken jedoch bereits durch die Zuordnung zu nichtfinanziellen Aspekten bzw. Sachverhalten untergliedert.[1389] Gleichwohl ist es z. B. mithilfe eines Indexes, wie ihn das DRSC bei einer integrierten Berichterstattung empfiehlt,[1390]

1383 Negativanzeigen werden auch für den Risikobericht im Konzernlagebericht empfohlen. Vgl. exemplarisch BAETGE, J./SCHULZE, D., Lageberichterstattung über künftige Risiken, S. 942; ADS, 6. Aufl., § 315, Rn. 13 und Rn. 28; KIRSCH, H.-J./KÖHRMANN, H./HUTER, M., in: Böcking u. a., Beck HdR, B 510, Rn. 141.

1384 KIRSCH/KÖHRMANN/HUTER sprechen in diesem Zusammenhang von unternehmensexternen Risiken. Vgl. KIRSCH, H.-J./KÖHRMANN, H./HUTER, M., in: Böcking u. a., Beck HdR, B 510, Rn. 294. Noch treffender ist jedoch eine Abgrenzung von Risiken nach der Einflusssphäre des Konzerns. Vgl. in diesem Kontext auch WINKELJOHANN, N./SCHÄFER, N., in: Beck Bilanzkomm., 11. Aufl., § 289c, Rn. 6.

1385 Vgl. Abschn. 224.32.

1386 Vgl. zu den Richtlinienvorgaben Art. 1 Nr. 3 Abs. 1, 1. Unterabs., Buchst. d der Richtlinie 2014/95/EU.

1387 Vgl. dazu DEUTSCHER BUNDESTAG (Hrsg.), BT-Drucksache 18/9982, S. 51. Vgl. allgemein zur Berichterstattung über Risiken der Lieferkette RÜHMKORF, A., CSR in der Lieferkette, S. 420 f.

1388 DEUTSCHER BUNDESTAG (Hrsg.), BT-Drucksache 18/9982, S. 51.

1389 Vgl. dazu die Mindestanforderungen an die Berichterstattung über Risiken in Abschn. 433.31. Im klassischen Konzernlagebericht werden Risiken Kategorien wie z. B. Umfeld- oder Branchenrisiken zugeordnet. Vgl. KIRSCH, H.-J./KÖNIG, C./HUTER, M., in: Baetge u. a., Rechnungslegung nach IFRS, 2. Aufl., Kap. XII, Rn. 93.

1390 Vgl. DRS 20.242 sowie DRS. 20.255.

möglich, die untergliederten Risiken ohne großen Aufwand entsprechend zu kennzeichnen.[1391] Von dieser Empfehlung unbenommen bleibt für die berichtenden Konzerne die allgemeine Darstellungsfreiheit bei der Erstellung ihrer nichtfinanziellen Konzernerklärung.[1392]

Eine Differenzierung von Risiken aus der eigenen Geschäftstätigkeit eines Konzerns sowie von Risiken aus den Produkten, Dienstleistungen und Geschäftsbeziehungen eines Konzerns wird nicht immer trennscharf gelingen. Aus dem Bedeutungszusammenhang des Gesetzes kann zwar geschlossen werden, dass von § 289c Abs. 3 Nr. 4 grundsätzlich Risiken adressiert werden, die in Folge des Gebrauchs von Produkten und Dienstleistungen eines Konzerns durch Dritte entstehen,[1393] während § 289c Abs. 3 Nr. 3 Risiken umfasst, die im Rahmen des Produktions- bzw. Erbringungsprozesses durch den Konzern bestehen.[1394] Die Grenzen verlaufen dennoch fließend. Im Gegensatz dazu sind Risiken aus den Geschäftsbeziehungen eines Konzerns intuitiv identifizierbar, da sie ausschließlich von Unternehmen ausgehen, die zwar eine Geschäftsbeziehung mit dem berichtenden Konzern unterhalten, dem Konzernverbund aber nicht angehören.[1395]

Da es sich bei § 289c Abs. 3 Nr. 4 um eine Spezialregelung handelt, die die Anforderung aus § 289c Abs. 3 Nr. 3 konkretisiert, sind an die Risikoberichterstattung grundsätzlich die gleichen inhaltlichen Anforderungen zu stellen.[1396] Mithin sind die Ausführungen zum Inhalt der Risikoberichterstattung in Abschn. 433.31 für die Angaben zu Risiken nach § 315c Abs. 1 i. V. m. § 289c Abs. 3 Nr. 4 entsprechend zu beachten. Mit Blick auf den Umfang der Angaben ist jedoch das **Postulat der Verhältnismäßigkeit** zu berücksichtigen.[1397] Eine Besonderheit der Berichterstattung nach § 315c Abs. 1 i. V. m. § 289c Abs. 3 Nr. 4 sind Informationen über Risiken entlang der Lieferkette eines Konzerns. Obgleich vom Gesetzeswortlaut nicht explizit gefordert, sollte aus der nichtfinanziellen Konzernerklärung hervorgehen, bis zu welcher **Tiefe der Lieferkette** nichtfinanzielle Themen adressiert werden.[1398] Ist dies nicht der Fall, z. B. weil

1391 Vgl. für unterschiedliche in der Praxis angewandte Formen der Indexierung KIRSCH, H.-J./WEGE, D., Die nichtfinanzielle Konzernerklärung, S. 245 f. Vgl. zudem als praktisches Anwendungsbeispiel ADIDAS AG (Hrsg.), Geschäftsbericht 2017, S. 109.

1392 Vgl. WINKELJOHANN, N./SCHÄFER, N., in: Beck Bilanzkomm., 11. Aufl., § 289c, Rn. 12. Darstellungsfreiheit ist indes nicht mit einer unübersichtlichen Form der Berichterstattung zu verwechseln. Im Konzernlagebericht muss grundsätzlich erkennbar sein, auf welche gesetzliche Vorgabe sich eine Information bezieht. Vgl. DRS 20.25; FINK, C./KAJÜTER, P./WINKELJOHANN, N., Lageberichterstattung, S. 64.

1393 Exemplarisch sei in diesem Zusammenhang auf sog. *dual-use*-Güter hingewiesen, die dadurch gekennzeichnet sind, dass sie sowohl für zivile als auch für militärische Zwecke verwendet werden können. Weitere Informationen zu *dual-use*-Gütern sind im Internet verfügbar unter http://www.zoll.de/DE/Fachthemen/Aussenwirtschaft-Bargeldverkehr/Warenausfuhr/Waren/Dual-Use-Gueter/dual-use-gueter_node.html (Stand: 11.02.2019).

1394 Vgl. DEUTSCHER BUNDESTAG (Hrsg.), BT-Drucksache 18/9982, S. 51.

1395 Beispielsweise sind Risiken, die in Folge des Gebrauchs von Produkten oder Dienstleistungen des Mutterunternehmens durch ein Tochterunternehmen verursacht werden, i. S. d. der Einheitsfiktion dem Konzern zuzurechnen und deshalb nach § 315c Abs. 1 i. V. m. § 289c Abs. 3 Nr. 3 berichtspflichtig. Vgl. zur Einheitsfiktion des Konzern, EBELING, R. M., Die Einheitsfiktion, S. 342–348.

1396 Vgl. hier und zum folgenden Satz so ähnlich auch DEUTSCHER BUNDESTAG (Hrsg.), BT-Drucksache 18/9982, S. 51.

1397 Vgl. zur Auslegung des Postulats der Verhältnismäßigkeit Abschn. 433.223.

1398 Vgl. in diesem Kontext die Angaben zu Due-Diligence-Prozessen in Abschn. 432.23.

eine pauschale Aussage diesbezüglich aus praktischen Erwägungsgründen ausscheidet, darf in der nichtfinanziellen Konzernerklärung dennoch nicht der Eindruck entstehen, dass in bestimmten Teilen der Lieferkette keine Risiken bestehen, nur weil diese dort nicht abgefragt werden oder eine Berichterstattung aus Gründen der Verhältnismäßigkeit unterbleibt.[1399]

434. Chancenberichterstattung

Die gesetzlichen Regelungen zur Risikoberichterstattung in der nichtfinanziellen Konzernerklärung sind Einzelvorschriften des § 289c Abs. 3, der die allgemeinen Anforderungen an den Inhalt der nichtfinanziellen Konzernerklärung konkretisiert. Nach § 315c Abs. 2 sind diejenigen Angaben zu machen, die für das Verständnis des Geschäftsverlaufs, des Geschäftsergebnisses, der Lage des Konzerns sowie der Auswirkungen seiner Tätigkeit auf die nichtfinanziellen Aspekte erforderlich sind. Damit wird ein grundsätzlich weiter Berichtsraum eröffnet. Anders als im Konzernlagebericht werden Angaben zu Chancen, die mit der Geschäftstätigkeit verbunden sind, jedoch nicht explizit gefordert.[1400] Vielmehr werden von den Einzelvorschriften nach § 289c Abs. 3 Nr. 3 und Nr. 4 ausschließlich Angaben zu negativen Auswirkungen auf die nichtfinanziellen Aspekte adressiert. Im Gegensatz dazu werden in allen für die vorliegende Arbeit relevanten anerkannten Rahmenwerken sowohl Angaben zu negativen Auswirkungen bzw. Risiken als auch Angaben zu positiven Auswirkungen bzw. Chancen gefordert.[1401] Auch in den Leitlinien für die Berichterstattung über nichtfinanzielle Informationen der EU-Kommission ist die Forderung nach einer Berücksichtigung von positiven Auswirkungen im Rahmen der Berichterstattung mehrfach enthalten.[1402] Fraglich ist vor diesem Hintergrund, ob zu empfehlen ist, Angaben zu Chancen in die nichtfinanzielle Konzernerklärung aufzunehmen und wie der Chancenbegriff in diesem Fall auszulegen wäre.[1403]

Unter Berücksichtigung des Zweck-Grundsatz-Systems der nichtfinanziellen Konzernerklärung ist die Frage nach dem „Ob" zu bejahen, sofern die Angaben für das Verständnis des Geschäftsverlaufs, des Geschäftsergebnisses, der Lage des Konzerns sowie der Auswirkungen seiner Tätigkeit auf die nichtfinanziellen Aspekte erforderlich sind. Dies folgt aus dem Informationszweck der nichtfinanziellen Konzernerklärung, denn die Berichtsadressaten haben Anspruch auf ein den tatsächlichen Verhältnissen entsprechendes Informationsbild.[1404] Werden

---

1399 Vgl. so auch WINKELJOHANN, N./SCHÄFER, N., in: Beck Bilanzkomm., 11. Aufl., § 289c, Rn. 71.

1400 Vgl. § 315 Abs. 1 Satz 4.

1401 Vgl. GRI (Hrsg.), GRI 102: "General Disclosures"; RNE (Hrsg.), Der Deutsche Nachhaltigkeitskodex; IIRC (Hrsg.), The International <IR> Framework; TCFD (Hrsg.), Climate-related Financial Disclosures, S. V.

1402 Vgl. EU-KOMMISSION (Hrsg.), ABl. C 215 vom 05.07.2017, S. 5 und S. 7.

1403 Eine ähnliche Frage hat sich im Kontext der Konzernlageberichterstattung nach der Einführung der Risikoberichterstattung mit dem KonTraG gestellt (vgl. in diesem Zusammenhang zum KonTraG DEUTSCHER BUNDESTAG (Hrsg.), BT-Drucksache 13/9712, S. 7 und S. 26; WIECHERS, K., Neue Anforderungen gemäß KonTraG, S. 131). Danach war ebenfalls nur über Risiken zu berichten, bis mit dem BilReG im Handelsrecht auch verpflichtende Angaben zu Chancen eingeführt wurden. Zwischenzeitlich wurde in DRS 5.27 dennoch empfohlen, Informationen über Chancen offenzulegen. Vgl. FINK, C./KECK, B., Lageberichterstattung nach BilReG und DRS 15, S. 143 f.

1404 Vgl. zum Zweck der nichtfinanziellen Konzernerklärung Abschn. 332.

Angaben zu wesentlichen Chancen unterlassen, genügt die Berichterstattung weder dem Grundsatz der Vollständigkeit noch dem Grundsatz der Ausgewogenheit.[1405] Mithin ist den berichtenden Konzernen zu empfehlen, neben Risiken separat über wesentliche Chancen bzw. Gegebenheiten und Entwicklungen zu berichten, die – in Anlehnung an das Risikoverständnis in der nichtfinanziellen Konzernerklärung – sehr wahrscheinlich positive Auswirkungen auf die nichtfinanziellen Aspekte haben oder haben werden.[1406] Dabei ist ausgewogen zu berichten. Das heißt insbesondere, dass der Stellenwert von Chancen im Vergleich zu den Risiken nicht größer dargestellt werden darf, als dies nach den tatsächlichen Verhältnissen zutreffend ist.

435. Berichterstattung zu nichtfinanziellen Leistungsindikatoren

435.1 Verhältnis zur Berichterstattung im Wirtschaftsbericht

Im Verlauf der Arbeit wurden bereits verschiedene **Schnittmengen** zwischen den gesetzlichen Regelungen zum Konzernlagebericht nach den §§ 315, 315a und zur nichtfinanziellen Konzernerklärung gemäß § 315c Abs. 1 i. V. m. § 289c Abs. 3 identifiziert.[1407] Dazu zählen u. a. auch die nachstehend gegenübergestellten Normen, die **jeweils Angaben zu nichtfinanziellen Leistungsindikatoren** fordern:[1408]

Konzernlagebericht: § 315 Abs. 3

„(3) Absatz 1 Satz 3 gilt entsprechend für nichtfinanzielle Leistungsindikatoren, wie Informationen über Umwelt- und Arbeitnehmerbelange, soweit sie für das Verständnis des Geschäftsverlaufs oder der Lage des Konzerns von Bedeutung sind."

Nichtfinanzielle Konzernerklärung: § 315c Abs. 1 i. V. m. § 289c Abs. 3 Nr. 5

„5. der bedeutsamsten nichtfinanziellen Leistungsindikatoren, die für die Geschäftstätigkeit der Kapitalgesellschaft von Bedeutung sind […]"

Abbildung 4-11: Gesetzliche Regelungen zur Angabe von nichtfinanziellen Leistungsindikatoren im Konzernlagebericht und in der nichtfinanziellen Konzernerklärung

[1405] Vgl. zum Grundsatz der Vollständigkeit Abschn. 342.2 und zum Grundsatz der Ausgewogenheit Abschn. 343.4.

[1406] Vgl. für weitergehende Ausführungen sowie für einen konkreten Formulierungsvorschlag für eine handelsrechtliche Einzelvorschrift Abschn. 45.

[1407] Vgl. zu Schnittmengen bspw. die Angaben zu Due-Diligence-Prozessen nach § 315 Abs. 1 i. V. m. § 289c Abs. 3 Nr. 1 und die Angaben zum Risikomanagementsystem eines Konzerns gemäß § 315 Abs. 4 in Abschn. 432.23, sowie die Angaben zu Risiken nach § 315c Abs. 1 i. V. m. § 289c Abs. 3 Nr. 3 und Angaben zu Risiken gemäß § 315 Abs. 1 Satz 4 in Abschn. 433.221.

[1408] In der nichtfinanziellen Konzernerklärung ist nach § 315c Abs. 1 i. V. m. § 289c Abs. 3 Nr. 5 über nichtfinanzielle Leistungsindikatoren zu berichten. Korrespondierend dazu ist gemäß § 315 Abs. 3 auch im Konzernlagebericht über nichtfinanzielle Leistungsindikatoren zu berichten.

Fraglich ist, inwieweit sich die Berichtsanforderungen an die nichtfinanzielle Konzernerklärung und an den Konzernlagebericht entsprechen und an welchen Stellen Unterschiede bestehen. Mit dem Ziel, diese Fragen zu beantworten, wird zunächst jeweils das grundlegende Verständnis eines nichtfinanziellen Leistungsindikators in den beiden Berichtsinstrumenten erörtert, um konzeptionelle Unterschiede zu identifizieren. Auf Basis dieser Erkenntnisse können dann die Anforderungen an die Berichterstattung in der nichtfinanziellen Konzernerklärung inhaltlich konkretisiert werden.

Wie bereits in Abschn. 431.1 ausgeführt, sind mit dem Begriff des nichtfinanziellen Leistungsindikators im Konzernlagebericht vergleichsweise umfassende Berichtsanforderungen verbunden.[1409] Dies folgt aus dem Gesetzeswortlaut des § 315 Abs. 3.[1410] Demnach sind nichtfinanzielle Leistungsindikatoren im Konzernlagebericht mit allgemeinen Informationen zu Umwelt- oder Arbeitnehmerbelangen gleichzusetzen.[1411] Angaben sind erforderlich, „[...] soweit sie für das Verständnis des Geschäftsverlaufs oder der Lage des Konzerns von Bedeutung sind."[1412]

Demgegenüber sind nichtfinanzielle Leistungsindikatoren in der nichtfinanziellen Konzernerklärung als Größen aufzufassen, die i. d. R. keinen unmittelbaren Bezug zur Rechnungslegung eines Konzerns haben, aber dennoch wert- und erfolgsbestimmend für ihn sind.[1413] Diese **kennzahlenorientierte Abgrenzung** ist u. a. an die Definition eines Leistungsindikators in DRS 20.11[1414] angelehnt und entspricht der gegenwärtig herrschenden Auffassung im Schrifttum zu nichtfinanziellen Leistungsindikatoren, die wiederum maßgeblich durch DRS 20 geprägt ist.[1415] Mithin liegt der Berichterstattung in der nichtfinanziellen Konzernerklärung ein

---

[1409] Mithin kann auf eine vergleichbare inhaltliche Reichweite dieser beiden Normen geschlossen werden. Vgl. dazu die Ausführungen in Abschn. 431.1, sowie BAUMÜLLER, J./NGUYEN, B., Umsetzung in Deutschland und Österreich, S. 413 f.

[1410] Vgl. DEUTSCHER BUNDESTAG (Hrsg.), BT-Drucksache 18/9982, S. 48 f.

[1411] Vgl. dazu den exakten Gesetzeswortlaut in Abbildung 4-11. Vgl. zur Auslegung des Gesetzeswortlauts BUNDESRAT (Hrsg.), BR-Drucksache 326/04, S. 64; KIRSCH, H.-J./KÖNIG, C./HUTER, M., in: Baetge u. a., Rechnungslegung nach IFRS, 2. Aufl., Kap. XII, Rn. 67; LANGE, K. W., in: MüKo HGB, 3. Aufl., Bd. 4, § 289, Rn. 127–132.

[1412] § 315 Abs. 3. Mit den unterschiedlichen Formulierungen in § 315 Abs. 3 und § 315c Abs. 2 („von Bedeutung" und „erforderlich") sind keine voneinander abweichenden Anforderungen an die Wesentlichkeit einer Information verbunden. Vgl. dazu Abschn. 431.1; DEUTSCHER BUNDESTAG (Hrsg.), BT-Drucksache 15/3419, S. 31; DEUTSCHER BUNDESTAG (Hrsg.), BT-Drucksache 18/9982, S. 48.

[1413] Vgl. zu dieser Abgrenzung die Ausführungen in Abschn. 224.33.

[1414] Ein Leistungsindikator ist nach DRS 20.11 eine „Größe, die der Beurteilung eines Aspekts der Leistung eines Unternehmens oder Konzerns dient. Dabei kann die Größe qualitativ oder quantitativ sein." Eine kennzahlenorientierte Abgrenzung nichtfinanzieller Leistungsindikatoren entspricht auch dem Verständnis der EU-Kommission. Vgl. EU-KOMMISSION (Hrsg.), ABl. C 215 vom 05.07.2017, S. 13 f.

[1415] Vgl. stellvertretend IDW (Hrsg.), WP-Handbuch 2017, Kap. F, Rn. 1401; FINK, C./KAJÜTER, P./WINKELJOHANN, N., Lageberichterstattung, S. 146–148; GROS, M./KOCH, S./WALLEK, C., E-DRS 27, S. 116; FISCH, M./MUJKANOVIC, R., Leistungsindikatoren im Lagebericht, S. 213 f.; HINZE, A.-K., Nichtfinanzielle Leistungsindikatoren, S. 1172. Obgleich es nicht Gegenstand dieser Arbeit ist, die Konkretisierungen des DRS 20 zu beurteilen, sei an dieser Stelle dennoch darauf hingewiesen, dass die Konkretisierung der Berichtsanforderungen nach § 315 Abs. 3 in DRS 20.105–107 nach hier vertretener Auffassung zu stark auf das Verständnis nichtfinanzieller Leistungsindikatoren als Kennzahlen abstellt. Demgegenüber sind Angaben, die in DRS 15 noch durch den Grundsatz der Konzentration auf die nachhaltige Wertschaffung berichtspflichtig konkretisiert wurden, im DRS 20 tendenziell unterrepräsentiert. Vgl. zum Grundsatz der Konzentration auf die nachhaltige

Verständnis von nichtfinanziellen Leistungsindikatoren zugrunde, mit dem im Vergleich zum Konzernlagebericht weniger umfassende Berichtsanforderungen verbunden sind.

Die unterschiedlich hohen Berichtsanforderungen, die im Konzernlagebericht und in der nichtfinanziellen Konzernerklärung an die Berichterstattung über nichtfinanzielle Leistungsindikatoren gestellt werden, gehen auch aus den englischen Originaltexten der Bilanzrichtlinie und der CSR-Richtlinie hervor. Sowohl in Art. 19 Nr. 1 Abs. 3 der Bilanzrichtlinie – einschlägig für den Konzernlagebericht – als auch in Art. 1 Nr. 3 Abs. 1 Buchst. e der CSR-Richtlinie – einschlägig für die nichtfinanzielle Konzernerklärung – wird die Angabe von *„nonfinancial key performance indicators relevant to the particular business“* gefordert. Während in der CSR-Richtlinie keine weiteren Anforderungen enthalten sind, wird in der Bilanzrichtlinie ergänzt, dass neben Kennzahlen auch Informationen zu Umwelt- und Arbeitnehmerbelangen anzugeben sind (*„including information relating to environmental and employee matters“*).

Da die Vorgaben der Richtlinien weitgehend 1:1 in deutsches Handelsrecht transformiert wurden, ist es auch aus gesetzessystematischer Sicht geboten, das Verständnis von nichtfinanziellen Leistungsindikatoren in der nichtfinanziellen Konzernerklärung auf die kennzahlenorientierte Abgrenzung zu beschränken. Die Pflicht zur Angabe von nichtfinanziellen Leistungsindikatoren gemäß § 315c Abs. 1 i. V. m. § 289c Abs. 3 Nr. 5 konkretisiert nämlich lediglich eine Teilmenge der gesamten inhaltlichen Anforderungen der übergeordneten Generalnorm für die nichtfinanzielle Konzernerklärung. Eine an § 315 Abs. 3 bzw. den Konzernlagebericht angelehnte Auslegung des Begriffsverständnisses von nichtfinanziellen Leistungsindikatoren in der nichtfinanziellen Konzernerklärung würde folglich über den systematischen Stellenwert des § 289c Abs. 3 Nr. 5 im handelsrechtlichen Regelungskanon zur nichtfinanziellen Konzernerklärung hinausgehen. Im Folgenden wird daher die kennzahlenorientierte Abgrenzung des Verständnisses eines nichtfinanziellen Leistungsindikators zugrunde gelegt.

435.2 Anforderungen an die Berichterstattung zu nichtfinanziellen Leistungsindikatoren in der nichtfinanziellen Konzernerklärung

Fraglich ist, über welche nichtfinanziellen Leistungsindikatoren in der nichtfinanziellen Konzernerklärung gemäß § 315c Abs. 1 i. V. m. § 289c Abs. 3 Nr. 5 zu berichten ist. Dies ist zunächst abhängig vom Geschäftsmodell eines Konzerns.[1416] Das DRSC stellt im DRS 20 zudem auf das **Kriterium der Steuerungsrelevanz** ab.[1417] Demnach sind in die nichtfinanzielle Konzernerklärung nur die „bedeutsamsten [...] nichtfinanziellen Leistungsindikatoren, die auch zur internen Steuerung des Konzerns herangezogen werden“[1418], aufzunehmen. Begründet wird diese Eingrenzung mit dem Grundsatz der Vermittlung der Sicht der Konzernleitung, dem das

Wertschaffung auch Abschn. 344.31, sowie KAJÜTER, P., Instrument einer kapitalmarktorientierten Rechnungslegung, S. 200; BUCHHEIM, R./KNORR, L., Der Lagebericht nach DRS 15, S. 417 f.

[1416] So werden neben allgemeinen häufig auch sektorspezifische Leistungsindikatoren für die Berichterstattung relevant sein. Vgl. EU-KOMMISSION (Hrsg.), ABl. C 215 vom 05.07.2017, S. 13.

[1417] Vgl. DRS 20.284; DRS 20.106; DRS 20.B27.

[1418] DRS 20.B27.

Kriterium der Steuerungsrelevanz immanent ist.[1419] Im Schrifttum werden daraus höhere Anforderungen an den Informationsnutzen eines berichtspflichtigen nichtfinanziellen Leistungsindikators abgeleitet, als dies nach dem allgemeinen Wesentlichkeitsvorbehalt der Fall wäre.[1420] Dies korrespondiert grundsätzlich mit dem Wortlaut von § 289c Abs. 3 Nr. 5, wonach nur die „bedeutsamsten nichtfinanziellen Leistungsindikatoren" berichtetet werden müssen.[1421] Die mit dem Kriterium der Steuerungsrelevanz verbundenen Anforderungen sind dennoch insofern zu relativieren, als dass der Grundsatz der Vermittlung der Sicht der Konzernleitung im Kontext der nichtfinanziellen Konzernerklärung weniger streng als im Zusammenhang mit den Regelungen zum Konzernlagebericht auszulegen ist.[1422]

Vor diesem Hintergrund ist eine weitergehende Klassifizierung von steuerungsrelevanten Leistungsindikatoren anhand ihres Informationsnutzens, wie dies BARTH/RAHE/RABENHORST für den Konzernlagebericht vorschlagen, für die nichtfinanzielle Konzernerklärung abzulehnen.[1423] Nach hier vertretener Auffassung werden von der Berichtspflicht nach § 315c Abs. 1 i. V. m. § 289c Abs. 3 Nr. 5 allgemein nichtfinanzielle Leistungsindikatoren erfasst, die von der Konzernführung regelmäßig im Rahmen von Entscheidungs- und Steuerungsprozessen verwendet werden.[1424] Dies entspricht weitgehend den Ausführungen der EU-Kommission zur Berichterstattung über nichtfinanzielle Leistungsindikatoren in den Leitlinien für die Berichterstattung über nichtfinanzielle Informationen.[1425] Darauf wird auch in der Begründung zum CSR-RUG explizit hingewiesen.[1426]

[1419] Vgl. DRS 20.B27; DRS 20.B13.

[1420] Vgl. stellvertretend LACKMANN, J./STICH, M., Anwendung des DRS 20, S. 237; SCHAEFER, P./SCHRÖDER, I., Auswirkungen des DRS 20, S. 96. Vgl. dem gleichen Grundgedanken folgend PHILIPPS, H., Konzernsteuerung im Lagebericht nach DRS 20, S. 203–210.

[1421] § 289c Abs. 3 Nr. 5 ist inhaltlich eng an die Richtlinienvorgaben angelehnt. Nach Art. 1 Nr. 3 Abs. 1 Buchst. e sind die „wichtigsten nichtfinanziellen Leistungsindikatoren, die für die betreffende Geschäftstätigkeit von Bedeutung sind" anzugeben. Obgleich das Wort „wichtigsten" im Handelsrecht durch das Wort „bedeutsamsten" ersetzt wurde, können aus beiden Begriffen zusätzliche Anforderungen an den Informationsnutzen eines nichtfinanziellen Leistungsindikators abgeleitet werden. Dies ist vor dem Hintergrund interessant, dass weder im englischen noch im französischen Richtlinientext vergleichbare Anforderungen festgelegt werden. So wird in der englischen Fassung die Angabe von *„non-financial key performance indicators relevant to the particular business"* gefordert.

[1422] Vgl. dazu die Ausführungen zu dem für die Berichterstattung in der nichtfinanziellen Konzernerklärung konkretisierten Grundsatz der Vermittlung der Sicht der Konzernleitung in Abschn. 343.5. Neben den Ausführungen zum Grundsatz der Vermittlung der Sicht der Konzernleitung spricht auch die in erläuterte Abweichung der deutschen Übersetzung der CSR-Richtlinie vom englischen Originaltext gegen eine strenge Auslegung des Kriteriums der Steuerungsrelevanz, da nur in der deutschen Fassung zusätzliche Anforderungen an den Informationsnutzen eines nichtfinanziellen Leistungsindikators gestellt werden.

[1423] Vgl. BARTH, D./RAHE, I./RABENHORST, D., Anwendungsfragen zur Konzernlageberichterstattung nach DRS 20, S. 53.

[1424] Ein weiterer Hinweis auf die Steuerungsrelevanz eines nichtfinanziellen Leistungsindikators kann dessen Berücksichtigung im Rahmen der Vorstandsvergütung sein. Gleiches gilt, wenn mithilfe eines nichtfinanziellen Leistungsindikators Ziele definiert bzw. operationalisiert werden. Gl. A. IDW (Hrsg.), IDW Positionspapier, S. 18 f.

[1425] Vgl. EU-KOMMISSION (Hrsg.), ABl. C 215 vom 05.07.2017, S. 13.

[1426] Vgl. DEUTSCHER BUNDESTAG (Hrsg.), BT-Drucksache 18/9982, S. 51. In diesem Zusammenhang weist das

Welche konkreten nichtfinanziellen Leistungsindikatoren in der nichtfinanziellen Konzernerklärung anzugeben sind, ist maßgeblich vom Geschäftsmodell eines Konzerns abhängig.[1427] Dabei kann es sich sowohl um allgemein anerkannte als auch um sektor- und konzernspezifische Größen handeln.[1428] Zur Orientierung sei auf die beispielhaften Aufzählungen der EU-Kommission, der EFFAS und des DRSC verwiesen.[1429] Inhaltlich geht die Berichtspflicht nach § 315c Abs. 1 i. V. m. § 289c Abs. 3 Nr. 5 für den einzelnen nichtfinanziellen Leistungsindikator über die Anforderungen gemäß § 315 Abs. 3 hinaus. Sie sind nämlich „[...] nicht mehr nur im Rahmen der Analyse des Geschäftsverlaufs und der Geschäftsentwicklung zu berücksichtigen, sondern selbstständig darzustellen [...].“[1430] Die Anforderungen an eine selbständige Darstellung nichtfinanzieller Leistungsindikatoren sind indes nicht zu weit auszulegen. Vielmehr wird bereits eine von den anderen Berichtsinhalten getrennte Darstellung, z. B. in Form einer tabellarischen Übersicht, ausreichen.[1431] Entscheidend ist, dass die nichtfinanziellen Leistungsindikatoren leicht identifizierbar sind.[1432]

Indes kann es erforderlich sein, die nichtfinanziellen Leistungsindikatoren nicht nur separat darzustellen, sondern zusätzlich auch in die Ausführungen zu den übrigen Angaben der nichtfinanziellen Konzernerklärung zu integrieren. Sie können bspw. als Maßgröße zur Operationalisierung von Zielen und Maßnahmen dienen oder die Auswirkungen möglicher Risiken quantifizieren.[1433] Vor diesem Hintergrund sind Doppelangaben einzelner nichtfinanzieller Indikatoren, die es i. d. R. zu vermeiden gilt, ggf. sachgerecht.

Änderungen der berichteten nichtfinanziellen Leistungsindikatoren sollten im Zeitverlauf nachvollziehbar erläutert und generell möglichst vermieden werden.[1434] Zudem sind die Vorjahreswerte der Leistungsindikatoren anzugeben, so dass deren Entwicklung nachvollzogen werden

---

IDW zutreffend darauf hin, dass es auch dann, wenn keine steuerungsrelevanten nichtfinanziellen Leistungsindikatoren im beschriebenen Sinne existieren, gleichwohl nützlich für das Verständnis des Geschäftsverlaufs, des Geschäftsergebnisses und der Lage des Konzerns sein kann, nichtfinanzielle Leistungsindikatoren freiwillig anzugeben. Vgl. IDW (Hrsg.), IDW Positionspapier, S. 19.

[1427] Vgl. Blöink, T./Halbleib, A., Umsetzung der sog. CSR-Richtlinie 2014/95/EU, S. 188; IDW (Hrsg.), IDW Positionspapier, S. 18.

[1428] Die Angabe allgemein anerkannter nichtfinanzieller Leistungsindikatoren verbessert die zwischenbetriebliche Vergleichbarkeit einer nichtfinanziellen Konzernerklärung. Vgl. EU-Kommission (Hrsg.), ABl. C 215 vom 05.07.2017, S. 13.

[1429] Vgl. EU-Kommission (Hrsg.), ABl. C 215 vom 05.07.2017, S. 15–18; EFFAS (Hrsg.), KPIs for ESG, S. 23–48; DRS 20.286.

[1430] Deutscher Bundestag (Hrsg.), BT-Drucksache 18/9982, S. 51. Vgl. so auch Lerchenmüller, U., in: BeckOK HGB, 22. Edition, § 289c, Rn. 15; Merkt, H., in: Baumbach/Hopt HGB, 38. Aufl., § 289c, Rn. 14.

[1431] Vgl. hier und zum folgenden Satz Schmotz, T./Schmidt, R., Nichtfinanzielle Berichtspflichten in der Finanzberichterstattung, S. 2880; DRS 20.285; DRS 20.B88.

[1432] Vgl. DRS 20.285; Winkeljohann, N./Schäfer, N., in: Beck Bilanzkomm., 11. Aufl., § 289c, Rn. 76.

[1433] Vergleichbar zur Berücksichtigung nichtfinanzieller Leistungsindikatoren im Rahmen der Analyse nach § 315 Abs. 3. Vgl. in diesem Zusammenhang Kajüter, P., CSR-Richtlinie-Umsetzungsgesetz, S. 622 f.

[1434] Vgl. EU-Kommission (Hrsg.), ABl. C 215 vom 05.07.2017, S. 13 f.

kann.[1435] Quantitative Angaben haben in diesem Kontext oft einen besonders hohen Informationsnutzen für die Adressaten der nichtfinanziellen Konzernerklärung.[1436] Deshalb sollten entsprechende Angaben gemacht werden, wenn diese auch zur internen Steuerung herangezogen werden. Dabei werden die Angaben jedoch regelmäßig mit einem höheren Aggregationsgrad zu berichten sein, als dies für konzerninterne Zwecke der Fall ist.[1437] Für eine verständliche Berichterstattung im Sinne des Grundsatzes der Dualität ist es zudem empfehlenswert, die Grundzüge der mit den nichtfinanziellen Leistungsindikatoren abgebildeten Zusammenhänge von finanzieller und nichtfinanzieller Ebene eines Konzerns kurz zu beschreiben.[1438]

436. Berichterstattung zu Hinweisen auf Beträge im Konzernabschluss

Als sechste und letzte Einzelvorschrift des § 289c Abs. 3 hat der Gesetzgeber den wie folgt lautenden § 289c Abs. 3 Nr. 6 in das Handelsrecht aufgenommen:

§ 315c Abs. 1 i. V. m. § 289c Abs. 3 Nr. 6:

6. „soweit es für das Verständnis erforderlich ist, Hinweisen auf im Jahresabschluss ausgewiesene Beträge und zusätzliche Erläuterungen dazu."

Abbildung 4-12: Gesetzliche Regelung zur Angabe von ergänzenden Hinweisen auf Beträge im Konzernabschluss[1439]

Die Norm wirft unterschiedliche Auslegungsfragen auf. Dies betrifft zunächst ihre **Funktion innerhalb des Regelungssystems**. Der Wortlaut der Regelung knüpft mit dem Satzteil „soweit es für das Verständnis erforderlich ist" inhaltlich an die Generalnorm nach § 315c Abs. 2 i. V. m. § 289c Abs. 3 an. Anders als die in den vorangegangenen Abschnitten analysierten Berichtspflichten rekurriert § 289c Abs. 3 Nr. 6 somit auf die anderen Vorschriften zum Inhalt der nichtfinanziellen Konzernerklärung.[1440] Damit werden die berichtenden Konzerne verpflichtet,

[1435] Vgl. zum Zweck-Grundsatz-System für die nichtfinanzielle Konzernerklärung Abbildung 3-4 in Abschn. 35.

[1436] Vgl. dazu die Ausführungen zum Grundsatz der Vergleichbarkeit in Abschn. 343.2; DRS 20.113, sowie EU-Kommission (Hrsg.), ABl. C 215 vom 05.07.2017, S. 13 f.

[1437] Vgl. DRS 20.57. Obgleich die Pflicht zur Angabe von Vorjahreswerten nicht wie ursprünglich beabsichtigt mit dem CSR-RUG explizit im HGB kodifiziert wurde, wird aus der Begründung zum RefE des CSR-RUG dennoch deutlich, dass der Gesetzgeber eine entsprechende Norm ohnehin nur als Klarstellung bestehender Vorschriften angesehen hätte, so dass im Ergebnis Vorjahreswerte auch ohne explizite handelsrechtliche Regelung anzugeben sind. Vgl. BMJV (Hrsg.), RefE CSR-RUG, S. 37; Kirsch, H.-J./König, C./Huter, M., in: Baetge u. a., Rechnungslegung nach IFRS, 2. Aufl., Kap. XII, Rn. 69. Vgl. in diesem Kontext auch die Ausführungen zum deutschen Gesetzgebungsprozess in Abschn. 212.

[1438] Vgl. EU-Kommission (Hrsg.), ABl. C 215 vom 05.07.2017, S. 13 f., sowie die Ausführungen zum Grundsatz der Dualität in Abschn. 344.1.

[1439] Obgleich der Wortlaut des § 289c Abs. 3 Nr. 6 die nichtfinanzielle Erklärung auf Einzelunternehmensebene adressiert, wird aus der Referenzierung in § 315c Abs. 1, der den inhaltlichen Rahmen der nichtfinanziellen Konzernerklärung determiniert, deutlich, dass § 289c Abs. 3 Nr. 6 sinngemäß auch auf die nichtfinanzielle Konzernerklärung anzuwenden ist.

[1440] Vgl. hier und zum folgenden Satz Kirsch, H.-J./König, C./Huter, M., in: Baetge u. a., Rechnungslegung nach IFRS, 2. Aufl., Kap. XII, Rn. 242; Kirsch, H.-J./Köhrmann, H./Huter, M., in: Böcking u. a., Beck HdR, B 510, Rn. 300.

ihre Berichterstattung in der nichtfinanziellen Konzernerklärung nach § 315c Abs. 1 i. V. m. § 289c Abs. 3 Nr. 1–5 ggf. zu ergänzen. Mithin handelt es sich weniger um eine spezifische Berichtspflicht zu einem klar definierten Berichtspunkt – wie es z. B. auf die Angaben zu nichtfinanziellen Konzepten zutrifft –, sondern vielmehr um eine zusätzliche allgemeine inhaltliche Anforderung an die Berichterstattung in der nichtfinanziellen Konzernerklärung. Diese Sonderrolle des § 289c Abs. 3 Nr. 6 innerhalb des handelsrechtlichen Regelungssystems ist richtlinienkonform.[1441] Art. 1 Nr. 3 Unterabs. 3 der CSR-Richtlinie lautet wie folgt: „Die in Unterabsatz 1 genannte konsolidierte nichtfinanzielle Erklärung enthält – wenn angebracht – auch Hinweise auf im konsolidierten Abschluss ausgewiesene Beträge und zusätzliche Erläuterungen dazu." Vor diesem Hintergrund ist abzuwägen, ob es vorteilhaft wäre, die beschriebene Sonderstellung der Regelung im Handelsrecht bspw. durch einen separaten Absatz, vergleichbar zur CSR-Richtlinie, zu unterstreichen.[1442]

Wie bereits erwähnt knüpft die Norm mit dem Satzteil „soweit es für das Verständnis erforderlich ist" inhaltlich an die Generalnorm nach § 315c Abs. 2 i. V. m. § 289c Abs. 3 an. Da ausschließlich im Konzernabschluss ausgewiesene Beträge als Hinweise i. S. d. § 289c Abs. 3 Nr. 6 in Betracht kommen und folglich auch nur die **finanzielle Ebene eines Konzerns** von dieser Berichtspflicht adressiert wird, sind Hinweise immer dann für das Verständnis erforderlich, wenn die Informationen nach § 315c Abs. 1 i. V. m. § 289c Abs. 3 Nr. 1–5 die finanzielle Ebene eines Konzerns andernfalls nicht oder nicht hinreichend berühren würden.[1443] Mithilfe von Hinweisen auf Beträge der Rechnungslegung wird folglich gewährleistet, dass die Berichterstattung in der nichtfinanziellen Konzernerklärung die Anforderungen des Grundsatzes der Dualität erfüllt. Eine separat verankerte gesetzliche Regelung hätte folglich den Vorteil, dass sie den Charakter des § 289c Abs. 3 Nr. 6 als **Auffangregelung** verdeutlichen würde.

Unabhängig von ihrer besonderen Funktion im Regelungssystem des Handelsrechts sind mit der Norm nach § 289c Abs. 3 Nr. 6 weitere Auslegungsfragen verbunden. Der Gesetzgeber konkretisiert nämlich weder sein Verständnis eines **Hinweises** noch die Anforderungen an gesetzeskonforme **zusätzliche Erläuterungen**. Ein Hinweis kann als „eine kurze Mitteilung, die auf etwas aufmerksam machen oder zu etwas anregen soll"[1444], definiert werden. In Abgrenzung zu einem „Verweis" umfasst ein Hinweis Informationen, die über eine bloße Referenzierung auf an anderer Stelle enthaltene Informationen hinausgehen.[1445] Ein Hinweis dient folglich selbst als Informationsquelle. Eine Erläuterung ist nach DRS 20.11 eine „weitergehende Erklärung, Kommentierung und Interpretation eines Sachverhalts über die reine Darstellung hinaus.

[1441] Vgl. hier und zum folgenden Satz Art. 1 Nr. 1 Abs. 1, 3. Unterabs., sowie Art. 1 Nr. 3 Abs. 1, 3. Unterabs. der Richtlinie 2014/95/EU.

[1442] Vgl. zur Würdigung einer separaten gesetzlichen Verankerung sowie zu einem konkreten Vorschlag für eine separate gesetzliche Regelung Abschn. 45.

[1443] Vgl. hier und zum folgenden Satz auch DEUTSCHER BUNDESTAG (Hrsg.), BT-Drucksache 18/9982, S. 52.

[1444] Definition in Anlehnung an BIBLIOGRAPHISCHES INSTITUT GMBH (Hrsg.), „Hinweis" laut Duden.

[1445] Beispiele für typische Verweise finden sich bspw. in DRS 20.243 und DRS 20.256.

Sie dient der Information über Voraussetzungen, Ursachen oder Konsequenzen von Sachverhalten oder Maßnahmen.“ Erläuterungen werden i. d. R. ebenso wie Hinweise verbal gegeben.[1446]

Für die praktische Berichterstattung in der nichtfinanziellen Konzernerklärung bedeuten die zuvor gewonnenen Erkenntnisse zunächst, dass die Angaben nach § 315c Abs. 1 i. V. m. § 289c Abs. 3 Nr. 1–5 immer dann um Hinweise auf im Konzernabschluss ausgewiesene Beträge zu ergänzen sind, wenn den Berichtsadressaten andernfalls nur ein unvollständiges Informationsbild vermittelt werden würde.[1447] Eine in diesem Sinne **adressatenorientierte Informationsvermittlung** bedingt umgekehrt jedoch auch, dass die nichtfinanzielle Konzernerklärung nur dann um Hinweise und zusätzliche Erläuterungen zu ergänzen ist, wenn diese für die Adressaten einen relevanten Informationsnutzen haben. Dies schließt eine separate – das heißt von den Berichtspflichten nach § 315c Abs. 1 i. V. m. § 289c Abs. 3 Nr. 1–5 losgelöste – Darstellung von ergänzenden Hinweisen und zusätzlichen Erläuterungen nicht generell aus. Konzerne könnten bspw. solche Beträge aus ihrem Konzernabschluss zusammengefasst angeben, die für das Verständnis der Auswirkungen ihrer Geschäftstätigkeit auf die nichtfinanziellen Aspekte besonders aussagekräftig sind, einschließlich zusätzlicher Erläuterungen. Dabei kann es sich z. B. um Angaben zu Umweltrückstellungen handeln. Leitgedanke der Regelung ist dennoch die Ergänzung der übrigen Berichterstattung mithilfe von Hinweisen.[1448]

Als **Bezugsrahmen für ergänzende Hinweise** i. S. d. § 289c Abs. 3 Nr. 6 bestimmt der Gesetzgeber allgemein die im Konzernabschluss ausgewiesenen Beträge. Damit wird ein grundsätzlich weiter Raum möglicher Hinweise eröffnet, der aber auch nicht unbegrenzt ist. Die Beträge müssen zwingend Gegenstand eines Bestandteils des Konzernabschlusses sein. So wird in DRS 20.288 konkretisiert, dass im Anhang ausgewiesene Beträge Gegenstand von Hinweisen i. S. d. § 289c Abs. 3 Nr. 6 sein können. Indes wird mit dieser Konkretisierung ggf. der Eindruck erweckt, dass Beträge der weiteren **Bestandteile des Konzernabschlusses** – nach § 297 Abs. 1 sind dies neben Konzernbilanz, Konzern-GuV und Konzernanhang die Kapitalflussrechnung, der Eigenkapitalspiegel und die Segmentberichterstattung – nicht Gegenstand von Hinweisen sein könnten, was nicht zutrifft. Vielmehr ist es nach dem Grundsatz der Vollständigkeit geboten, alle Berichtsinstrumente des Konzernabschlusses zu berücksichtigen. Im Gegensatz dazu werden Beträge, die z. B. nur im Konzernlagebericht enthalten sind, von § 289c

---

[1446] Vgl. DRS 20.11; BIBLIOGRAPHISCHES INSTITUT GMBH (Hrsg.), „Mitteilung“ laut Duden.

[1447] Vgl. so auch DRS 20.B89; MERKT, H., in: Baumbach/Hopt HGB, 38. Aufl., § 289c, Rn. 15. Als Standardbeispiel für Beträge, auf die im Rahmen der nichtfinanziellen Konzernerklärung hingewiesen werden kann, dienen die im Anhang ausgewiesene Umweltrückstellungen sowie die zugehörigen Aufwendungen. Vgl. KAJÜTER, P., CSR-Richtlinie-Umsetzungsgesetz, S. 623; LERCHENMÜLLER, U., in: BeckOK HGB, 22. Edition, § 289c, Rn. 17.

[1448] Vgl. DEUTSCHER BUNDESTAG (Hrsg.), BT-Drucksache 18/9982, S. 52.

Abs. 3 Nr. 6 nicht explizit erfasst, da der Konzernlagebericht kein Bestandteil des Konzernabschlusses ist.[1449] Weiterhin ist zu beachten, dass modifizierte Beträge nicht den Voraussetzungen des § 289c Abs. 3 Nr. 6 entsprechen.[1450] In der nichtfinanziellen Konzernerklärung sind nur solche Beträge angabepflichtig, die identisch im publizierten Konzernabschluss ausgewiesen werden und damit verlässlich nachvollzogen werden können.[1451]

Die Forderung nach zusätzlichen Erläuterungen ist ein weiteres Alleinstellungsmerkmal der Berichtspflicht nach § 315c Abs. 1 i. V. m. § 289c Abs. 3 Nr. 6, da die übrigen Angaben in der nichtfinanziellen Konzernerklärung einen explizit deskriptiven Charakter haben, was erläuternde Elemente i. d. R. ausschließt.[1452] Im Sinne einer dualen Berichterstattung ist es wesentlicher Zweck dieser Erläuterungen, die Zusammenhänge zwischen den Beträgen der Finanzberichterstattung und den Informationen der nichtfinanziellen Berichterstattung zu zeigen.[1453] Dabei sollte nach den Grundsätzen der Klarheit und der Verlässlichkeit die Herkunft eines Betrages mithilfe der Erläuterungen zweifelsfrei zu bestimmen sein.

44 Ausnahmeregelung

Betrachtungsobjekt der Analyse und Konkretisierung waren bislang die handelsrechtlichen Regelungen, die den Inhalt der nichtfinanziellen Konzernerklärung determinieren.[1454] Im Gegensatz dazu regelt § 315c Abs. 3 i. V. m. § 289e, wann einzelne **Angaben ausnahmsweise weggelassen** werden dürfen. Die Norm lautet wie folgt:

[1449] Vgl. KIRSCH, H.-J./KÖNIG, C./HUTER, M., in: Baetge u. a., Rechnungslegung nach IFRS, 2. Aufl., Kap. XII, Rn. 1.

[1450] Vgl. hier und zum folgenden Satz WINKELJOHANN, N./SCHÄFER, N., in: Beck Bilanzkomm., 11. Aufl., § 289c, Rn. 81.

[1451] Vgl. so auch DRS 20.289.

[1452] In Zusammenhang mit der *Comply-or-Explain*-Regelung sind ebenfalls erläuternde Angaben erforderlich. Vgl. Abschn. 432.4. Allerdings handelt es sich dabei um keine originäre Berichtspflicht nach § 315c Abs. 1 i. V. m. § 289c Abs. 3.

[1453] Vgl. WINKELJOHANN, N./SCHÄFER, N., in: Beck Bilanzkomm., 11. Aufl., § 289c, Rn. 80.

[1454] Dies waren die Einzelvorschriften nach § 315c Abs. 1 und Abs. 2 i. V. m. § 289c. Vgl. dazu Abschn. 42, sowie Abschn. 43.

§ 315c Abs. 3 i. V. m. § 289e:

„(1) Die Kapitalgesellschaft muss in die nichtfinanzielle Erklärung ausnahmsweise keine Angaben zu künftigen Entwicklungen oder Belangen , über die Verhandlungen geführt werden, aufnehmen, wenn

1. die Angaben nach vernünftiger kaufmännischer Beurteilung der Mitglieder des vertretungsberechtigten Organs der Kapitalgesellschaft geeignet sind, der Kapitalgesellschaft einen erheblichen Nachteil zuzufügen, und

2. das Weglassen der Angaben ein den tatsächlichen Verhältnissen entsprechendes und ausgewogenes Verständnis des Geschäftsverlaufs, des Geschäftsergebnisses, der Lage der Kapitalgesellschaft und der Auswirkungen ihrer Tätigkeit nicht verhindert wird.

(2) Macht eine Kapitalgesellschaft von Absatz 1 Gebrauch und entfallen die Gründe für die Nichtaufnahme der Angaben nach der Veröffentlichung der nichtfinanziellen Erklärung, sind die Angaben in die darauf folgende nichtfinanzielle Erklärung aufzunehmen."

Abbildung 4-13: Gesetzliche Regelung zum Weglassen nachteiliger Angaben

Mit § 315c Abs. 3 i. V. m. § 289e wird im Kontext der Konzernlageberichterstattung erstmals eine explizite Schutzklausel in Form eines bedingten Wahlrechts[1455] eingeführt.[1456] Die Regelung adressiert mit ihrem Wortlaut jedoch ausschließlich Angaben in der nichtfinanziellen Konzernerklärung, so dass nicht von einer Ausstrahlungswirkung der Norm auf andere Bereiche der Konzernlageberichterstattung auszugehen ist.[1457]

In den **Anwendungsbereich der Ausnahmeregelung** fallen gemäß § 315c Abs. 3 i. V. m. § 289e Abs. 1 „[...] [Einzelangaben; Anm. d. Verf.] zu künftigen Entwicklungen oder Belangen, über die Verhandlungen geführt werden [...]." Demzufolge können generell nur **Angaben zu künftigen Ereignissen** unterlassen werden, deren Eintritt noch nicht sicher ist.[1458] Vom Gesetzeswortlaut werden nämlich nur künftige Entwicklungen sowie Belange, über die Verhandlungen geführt werden, deren Ausgang folglich noch nicht sicher ist, erfasst. Ob es sich um konzerninterne Verhandlungen handelt oder dritte Parteien daran beteilig sind, macht hingegen keinen Unterschied. Angaben, die in der nichtfinanziellen Konzernerklärung zu vergangenen

[1455] Folglich sind Konzerne nicht dazu verpflichtet, bestimmte Angaben zu unterlassen, wenn die Voraussetzungen gemäß § 315c Abs. 3 i. V. m. § 289e Abs. 1 erfüllt sind. Vielmehr kann auch überobligatorisch berichtet werden. Vgl. DEUTSCHER BUNDESTAG (Hrsg.), BT-Drucksache 18/9982, S. 53.

[1456] Vgl. WINKELJOHANN, N./SCHÄFER, N., in: Beck Bilanzkomm., 11. Aufl., § 289e, Rn. 1. Eine Schutzklausel, wie sie z. B. in § 286 und in § 314 Abs. 4 für den (Konzern-)Anhang kodifiziert ist (vgl. dazu grundlegend THOMAS, I., in: Heidel/Schall HGB, 2. Aufl., § 286), war im Kontext der (Konzern-)Lageberichterstattung bis dato unbekannt. BAETGE/FISCHER/PASKERT gehen für die handelsrechtliche Lageberichterstattung von einer Interessenregelung aus. Vgl. dazu die Ausführungen in Abschn. 331.

[1457] Vgl. IDW (Hrsg.), IDW Positionspapier, S. 22; WULF, I., Neue Berichtspflichten, S. 109.

[1458] Vgl. IDW (Hrsg.), IDW Positionspapier, S. 22.

oder gegenwärtigen Ereignissen berichtspflichtig sind, dürfen nach § 315c Abs. 3 i. V. m. § 289e nicht unterlassen werden. Zudem handelt es sich bei der Schutzklausel um eine **informationsbezogene Regelung**.[1459] Das heißt, dass die Ausnahmeregelung individuell auf Einzelangaben, z. B. auf spezifische Risikoinformationen, aber nicht pauschal auf Angabenkomplexe, wie z. B. die gesamte Risikoberichterstattung, anwendbar ist.

Damit die Schutzklausel angewendet werden kann müssen zwei Bedingungen kumulativ erfüllt sein.[1460] Die **erste Voraussetzung** ist gemäß § 315c Abs. 3 i. V. m. § 289e Abs. 1 Nr. 1, dass eine Information nach vernünftiger kaufmännischer Beurteilung des vertretungsberechtigten Organs – mithin der Konzernleitung – dazu geeignet sein muss, dem Konzern einen erheblichen Nachteil zuzufügen. Die Zuständigkeit der Konzernleitung für diese Beurteilung verdeutlicht die Tragweite, die der Gesetzgeber dem Verzicht auf Angaben beimisst, und damit auch den **restriktiven Charakter der Norm**.[1461] Daran anknüpfend erachten es KUMM/WOODTLI in Analogie zur Schutzklausel gemäß § 286 im Zweifel als erforderlich, dass „die Eignung der Angabe zur Nachteilszufügung objektiv nachprüfbar und ein Schadeneintritt hinreichend wahrscheinlich ist."[1462] Obgleich diese Forderung vom Gesetzestext nicht gedeckt ist und praktisch auch nicht umsetzbar sein dürfte, sind dem der Konzernleitung zur Verfügung stehenden Ermessensspielraum enge Grenzen gesetzt. Dies gilt auch für die Auslegung der Bedeutung des Begriffspaars „erheblicher Nachteil". Das DRSC folgert diesbezüglich zutreffend, dass ein erheblicher Nachteil anzunehmen ist, „wenn der Konzern einen hinreichend konkretisierbaren geschäftlichen Schaden von beachtlichem Ausmaß erwarten kann." Als Beispiel wird eine Schwächung der Marktposition genannt.[1463] Mithin handelt es sich um wesentliche Angaben i. S. d. § 315c Abs. 2.

Für den Fall, dass die zuvor beschriebene erste Bedingung der Ausnahmeregelung erfüllt ist, muss als **zweite Voraussetzung** für ihre Anwendung nach § 315c Abs. 3 i. V. m. § 289e Abs. 1

[1459] Vgl. hier und zu den folgenden beiden Sätzen SEIBT, C. H., CSR-Richtlinie-Umsetzungsgesetz, S. 2712. Davon unbenommen bleibt die Möglichkeit, dass auch mehrere Einzelangaben der Risikoberichterstattung von der Ausnahmeregelung erfasst werden können.

[1460] Vgl. hier und zum folgenden Satz DRS 20.302.

[1461] So ist die Ausnahmeregelung nach § 315c Abs. 3 i. V. m. § 289e restriktiver gestaltet als andere im Handelsrecht bekannte Schutzklauseln. Vgl. KUMM, N./WOODTLI, R. M., Nachhaltigkeitsberichterstattung, S. 223. Vgl. dazu auch die Ausführungen in Abschn. 224.4 und in Abschn. 322.221.3.

[1462] Vgl. zum wörtlichen Zitat sowie m. w. N. KUMM, N./WOODTLI, R. M., Nachhaltigkeitsberichterstattung, S. 223.

[1463] Vgl. DRS 20.305. „Der zweite noch im Entwurf von DRÄS 8 (E-DRÄS 8 vom 20.6.2017) vorgesehene Indikator für einen erheblichen Schaden (hoher Reputationsverlust) wurde in den finalen Änderungsstandard nicht übernommen, weil er zu unbestimmt ist und damit die Gefahr besteht, den restriktiven Charakter der Schutzklausel aufzuweichen." WINKELJOHANN, N./SCHÄFER, N., in: Beck Bilanzkomm., 11. Aufl., § 289e, Rn. 3.

Nr. 2 sichergestellt sein, dass der Verzicht auf einzelne Angaben ein ausgewogenes Gesamtverständnis[1464] der Adressaten nicht verhindert.[1465] Damit kommt die Schutzklausel nur für einen sehr begrenzten Kreis an Angaben in Betracht. Diese Informationen müssen nämlich einerseits wesentlich i. S. d. § 315c Abs. 2 sein, dürfen andererseits aber auch nicht so bedeutsam sein, dass ihr Weglassen das vermittelte Informationsbild erheblich verzerrt. „Vor diesem Hintergrund hat eine begründete Einschätzung zur Abwägung zwischen ernsthafter Unternehmensschädigung, bspw. Geheimhaltungsinteressen des Unternehmens, und Informationsinteressen der Stakeholder zu erfolgen."[1466]

Sofern die Bedingungen der Ausnahmeregelung nach § 315c Abs. 3 i. V. m. § 289e Abs. 1 für einzelne Informationen erfüllt sind, dürfen die Angaben in der nichtfinanziellen Konzernerklärung weggelassen werden.[1467] Entfallen die Gründe i. S. d. § 289e Abs. 1 Nr. 1 für den Verzicht, sind diese Angaben gemäß § 315c Abs. 3 i. V. m. § 289e Abs. 2 in die darauf folgende nichtfinanzielle Konzernerklärung aufzunehmen.[1468] Das bedeutet, dass über einen Berichtspunkt ggf. mehrfach zu berichten ist.[1469] Hat ein Konzern in der Vergangenheit bspw. auf bestimmte Informationen zu Risiken in der Lieferkette verzichtet und sind die Gründe dafür entfallen, ist in der nächsten nichtfinanziellen Konzernerklärung sowohl aus aktueller als auch aus dann vergangener Perspektive über diese Risiken in der Lieferkette zu berichten.[1470] Folglich handelt es sich bei § 289e weniger um eine echte Schutzklausel als vielmehr um eine **Aufschubregelung**, da Angaben nie vollständig unterlassen werden können.[1471] So soll es den Adressaten ermöglicht werden nachzuvollziehen, wie die Ausnahmeregelung angewendet wird.[1472] Es ist jedoch nicht erforderlich die Gründe dafür anzugeben, warum auf einzelne Angaben verzichtet wurde.

1464 Unter einem ausgewogenen Gesamtverständnis ist nach DRS 20.302 „ein den tatsächlichen Verhältnissen entsprechendes und ausgewogenes Verständnis des Geschäftsverlaufs, des Geschäftsergebnisses, der Lage sowie der Auswirkungen der Geschäftstätigkeit des Konzerns auf die [...] [nichtfinanziellen; Anm. d. Verf.] berichtspflichtigen Aspekte" zu fassen.

1465 Vgl. hier und zu den folgenden beiden Sätzen DEUTSCHER BUNDESTAG (Hrsg.), BT-Drucksache 18/9982, S. 53.

1466 WULF, I./NIEMÖLLER, J., Offenlegung von Informationen im Lagebericht, S. 111.

1467 Vgl. DRS 20.302.

1468 Vgl. DRS 20.303. Da in den gesetzlichen Vorschriften keine zeitliche Begrenzung für den Verzicht auf Angaben fixiert ist, können Angaben auch mehrmals hintereinander weggelassen werden, sofern die Bedingungen nach § 315c Abs. 3 i. V. m. § 289e Abs. 1 dafür erfüllt sind. Die Ausführungen in den folgenden beiden Sätzen sind für einen mehrperiodigen Zeitraum entsprechend anzuwenden.

1469 Vgl. hier und zum folgenden Satz KIRSCH, H.-J./KÖNIG, C./HUTER, M., in: Baetge u. a., Rechnungslegung nach IFRS, 2. Aufl., Kap. XII, Rn. 245; KIRSCH, H.-J./KÖHRMANN, H./HUTER, M., in: Böcking u. a., Beck HdR, B 510, Rn. 304.

1470 Mithin besteht keine unterjährige Anpassungspflicht, wenn die Gründe für den Verzicht entfallen. Vgl. zutreffend KUMM, N./WOODTLI, R. M., Nachhaltigkeitsberichterstattung, S. 223.

1471 Vgl. SEIBT, C. H., CSR-Richtlinie-Umsetzungsgesetz, S. 2712; HECKER, A./BRÖCKER, N., Die CSR-Berichtspflicht, S. 764.

1472 Vgl. BT-Drucksache 18/9982, S. 53; WINKELJOHANN, N./SCHÄFER, N., in: Beck Bilanzkomm., 11. Aufl., § 289e, Rn. 4.

45 Zusammenfassende Würdigung der ausgelegten Regelungen zur Berichterstattung in der nichtfinanziellen Konzernerklärung

Dem Ziel der vorliegenden Arbeit entsprechend sollen die mithilfe des Zweck-Grundsatz-Systems der nichtfinanziellen Konzernerklärung ausgelegten handelsrechtlichen Regelungen zur Berichterstattung im Folgenden **abschließend gewürdigt** werden.[1473] Hierzu werden die beiden hergeleiteten übergeordneten gesetzgeberischen Ziele der nichtfinanziellen Konzernerklärung – Verhaltenssteuerung und Vertrauensstärkung – den Beurteilungsrahmen bilden. Es soll evaluiert werden, inwieweit die konkretisierten handelsrechtlichen Vorgaben eine zielkonforme Berichterstattung in der nichtfinanziellen Konzernerklärung fördern und an welchen Stellen **Verbesserungspotenzial** besteht. Für die identifizierten Punkte sollen zudem konkrete Änderungsvorschläge formuliert und in Tabelle 4-14 zusammengefasst dargestellt werden. Die Grundkonzeption des handelsrechtlichen Regelungskanons soll dabei vor dem Hintergrund der europäischen Richtlinienvorgaben unberührt bleiben. Das heißt, es geht ausschließlich um punktuelle Anpassungen der bestehenden handelsrechtlichen Regelungen, die sich allesamt im Rahmen der Richtlinienvorgaben bewegen.

Die mit der nichtfinanziellen Konzernerklärung verbundenen Berichtspflichten sollen – i. S. d. **Ziels der Verhaltenssteuerung** – unternehmerisches Handeln dahingehend mittelbar beeinflussen, dass nichtfinanziellen Belangen größere Bedeutung beigemessen wird.[1474] Zudem soll – i. S. d. **Ziels der Vertrauensstärkung** – durch die Informationen in der nichtfinanziellen Konzernerklärung das Vertrauen der Berichtsadressaten in ein gesellschaftlich verantwortliches unternehmerisches Handeln unmittelbar gestärkt werden.[1475] Pflichtangaben, wie sie mit dem CSR-RUG im Kontext der handelsrechtlichen Vorschriften zur Konzernlageberichterstattung erstmals eingeführt wurden, sind grundsätzlich zielförderlich. Einerseits werden die berichtenden Konzerne dazu veranlasst, sich mit den (nichtfinanziellen) Sachverhalten, die den Berichtspflichten zugrunde liegen, intensiv auseinanderzusetzen.[1476] Andererseits wirkt Transparenz, sofern die Berichterstattung klar und verlässlich ist, regelmäßig vertrauensstärkend.[1477]

Vor diesem Hintergrund ist die Pflicht zur **Beschreibung des Geschäftsmodells** in der nichtfinanziellen Konzernerklärung gemäß § 315c Abs. 1 i. V. m. § 289c Abs. 1 zu begrüßen.[1478] Da ein umfassendes Verständnis des Konzerngeschäftsmodells eine Voraussetzung für fundierte Angaben in der nichtfinanziellen Konzernerklärung ist, werden die berichtenden Konzerne mittelbar dazu bewegt, sich eingehend mit dem eigenen Geschäftsmodell zu befassen. Die Regelung kann so dazu beitragen, dass Zusammenhänge zwischen den Geschäftsaktivitäten des berichtenden Konzerns und deren Auswirkungen auf die nichtfinanziellen Aspekte identifiziert

[1473] Vgl. zum Ziel der vorliegenden Arbeit die Problemstellung in Abschn. 11.
[1474] Vgl. zum Ziel der Verhaltenssteuerung detailliert Abschn. 322.
[1475] Vgl. zum Ziel der Vertrauensstärkung detailliert Abschn. 323.
[1476] Vgl. in diesem Kontext die Ausführungen in Abschn. 322.221.1.
[1477] Vgl. zum vertrauensstärkenden Effekt von Berichtspflichten Abschn. 323.22.
[1478] Vgl. zur kritischen Analyse und Konkretisierung der handelsrechtlichen Regelung zur Beschreibung des Geschäftsmodells Abschn. 421.

und ggf. berichtet werden. Wünschenswert wäre in diesem Kontext eine Ergänzung der Regelung zur Beschreibung des Geschäftsmodells in § 289c Abs. 1 um die explizite Pflicht zur Angabe der wesentlichen Zusammenhänge zwischen dem Geschäftsmodell des berichtenden Konzerns und den damit verknüpften Auswirkungen auf die nichtfinanziellen Aspekte.[1479] Da die Berichtsinhalte der nichtfinanziellen Konzernerklärung u. a. in Abhängigkeit vom Geschäftsmodell des berichtenden Konzerns bestimmt werden, wäre für die Berichtsadressaten so besser nachvollziehbar, warum über bestimmte Sachverhalte berichtet wird.[1480]

Indem der Gesetzgeber die **fünf nichtfinanziellen Aspekte** in § 289c Abs. 2 durch **Sachverhalte** konkretisiert, geht er formal über die Vorgaben der CSR-Richtlinie hinaus.[1481] Damit sind sowohl Vor- als auch Nachteile verbunden. Die Sachverhalte könnten von den berichtenden Konzernen bspw. als Checkliste interpretiert und als Konsequenz weitere konzerninterne Wesentlichkeitsprüfungen potentiell relevanter Sachverhalte unterlassen werden. Zudem besteht für die Konzerne keine Pflicht, die Gründe anzugeben, warum über einzelne Sachverhalte nicht berichtet wird, so dass an dieser Stelle ggf. ein Informationsdefizit entsteht.[1482] Umgekehrt kann jedoch auch argumentiert werden, dass die berichtenden Konzerne mithilfe der konkretisierenden Sachverhalte indirekt dazu bewegt werden, sich mit den in § 289c Abs. 2 aufgezählten Sachverhalten zu befassen, und so für diese sensibilisiert werden. Zudem wäre das beschriebene Informationsdefizit im bestehenden Regelungskanon auch ohne Konkretisierungen kaum zu verhindern.[1483] Aus diesen Gründen sind die Argumente gegen den Konkretisierungsansatz des Gesetzgebers zu relativieren. Dies gilt jedoch auch für die Möglichkeit, § 289c Abs. 2 um weitere Sachverhalte zu ergänzen. Obgleich es im Einzelfall sinnvoll sein kann, § 289c Abs. 2 um zusätzliche Sachverhalte zu erweitern, ist der positive Effekt von Ergänzungen auf den Informationsgehalt der nichtfinanziellen Konzernerklärung begrenzt. Zudem ist es faktisch nicht möglich, alle denkbaren Sachverhalte in das Handelsrecht aufzunehmen. Mithin ist eine Ergänzung des § 289c Abs. 2 nicht erforderlich. Ohnehin hat der Wesentlichkeitsvorbehalt gemäß § 315c Abs. 2 i. V. m. § 289c Abs. 3 einen größeren Einfluss auf den Inhalt der nichtfinanziellen Konzernerklärung.

Neben den Pflichtangaben sind in der nichtfinanziellen Konzernerklärung nämlich nur solche Informationen berichtspflichtig, die den **Wesentlichkeitsvorbehalt gemäß § 315c Abs. 2** erfüllen. Angaben sind zu berichten, wenn sie sowohl für das Verständnis des Geschäftsverlaufs,

---

1479 Vgl. für einen konkreten Vorschlag Tabelle 4-14.

1480 Vgl. zur Bedeutung des Geschäftsmodells für die Abgrenzung wesentlicher Angaben Abschn. 431.2.

1481 Vgl. zur kritischen Analyse und Konkretisierung von § 315c Abs. 1 i. V. m. § 289c Abs. 2 Abschn. 422.

1482 Dieses Informationsdefizit könnte durch eine *Comply-or-Explain*-Regelung auf Sachverhaltsebene beseitigt werden. Eine solche Regelung würde jedoch über die Richtlinienvorgaben hinausgehen.

1483 Da es sich bei den fünf nichtfinanziellen Aspekten um keine abschließende Aufzählung handelt, erhalten die Berichtsadressaten keine Informationen, ob die Wesentlichkeit weiterer Aspekte, z. B. Kundenbelange, untersucht wurde. I. S. d. Ziele der Verhaltenssteuerung und der Vertrauensstärkung wäre eine Ergänzung der fünf nichtfinanziellen Aspekte in § 289c Abs. 2 um weitere Aspekte, z. B. Kundenbelange, ggf. hilfreich. Vor dem Hintergrund der Richtlinienvorgaben sowie dem Ergebnis der Konsultation zum Umsetzungskonzept des BMJV, in deren Rahmen eine Ergänzung der nichtfinanziellen Aspekte abgelehnt wurde, wird auf einen Vorschlag zur Erweiterung des § 289c Abs. 2 verzichtet. Vgl. zum Umsetzungskonzept des BMJV Abschn. 212.

des Geschäftsergebnisses, der Lage des berichtenden Konzerns sowie der Auswirkungen seiner Tätigkeit auf die nichtfinanziellen Aspekte erforderlich sind. Im Schrifttum wird daraus teilweise geschlossen, dass es sich bei den Berichtspflichten nach § 315c Abs. 1 i. V. m. § 289c Abs. 3 nur um eine Teilmenge der für den Konzernlagebericht bereits bestehenden Berichtspflichten nach § 315 Abs. 3 handelt.[1484] Mithin wäre in der nichtfinanziellen Konzernerklärung keine Berichterstattung erforderlich, sofern § 315 Abs. 3 für den Konzernlagebericht beachtet wird. Die Ziele der nichtfinanziellen Konzernerklärung würden so zweifelsfrei konterkariert. Indes hat die Analyse und Konkretisierung des Wesentlichkeitsvorbehalts gezeigt, dass mit ihm im Vergleich zum Konzernlagebericht tendenziell mehr Berichtspflichten verbunden sind.[1485] Ein Widerspruch zu den Zielen der nichtfinanziellen Konzernerklärung besteht daher nicht.

Grundsätzlich zielkonform sind auch die Angabepflichten zu den **verfolgten nichtfinanziellen Konzepten** eines Konzerns gemäß § 315c Abs. 1 i. V. m. § 289c Abs. 3 Nr. 1 und Nr. 2.[1486] Für deren Konzeption ist es nämlich erforderlich, die Zusammenhänge zwischen finanzieller und nichtfinanzieller Ebene eines Konzerns zu analysieren. Infolgedessen können die Berichtsadressaten darauf vertrauen, dass sich die berichtenden Konzerne zumindest der Auswirkungen ihrer Geschäftstätigkeit auf die nichtfinanziellen Aspekte bewusst sind. Zwar besteht keine Pflicht zur Entwicklung solcher Konzepte. Allerdings dürfte es den Berichtsadressaten häufig nur schwer ohne Reputationsverluste zu vermitteln sein, warum ein Konzern bspw. zu Umweltbelangen kein Konzept verfolgt. Schließlich würde der Verzicht auf nichtfinanzielle Konzepte, bzw. auf die Berichterstattung darüber, Desinteresse an diesen gesellschaftlich relevanten Belangen signalisieren. Folglich wird mit der Berichtspflicht nach § 315c Abs. 1 i. V. m. § 289c Abs. 3 Nr. 1 und Nr. 2 ein Anreiz geschaffen, Konzepte zu entwickeln, sofern dies nicht bereits geschehen ist.

Der Anreiz zur Entwicklung nichtfinanzieller Konzepte wird von der gemäß § 315c Abs. 1 i. V. m. § 289c Abs. 4 zu beachtenden ***Comply-or-Explain*-Regelung** verstärkt.[1487] Demnach steht es den berichtenden Konzernen gemäß § 315c Abs. 1 i. V. m. § 289c Abs. 4 zwar frei, keine Konzepte zu verfolgen. Im Gegenzug sind sie dann aber verpflichtet, die Gründe für diese Entscheidung zu erläutern. Indes wurde im Rahmen der kritischen Analyse und Konkretisierung eine Regelungslücke der *Comply-or-Explain*-Regelung identifiziert.[1488] Verfolgt ein Konzern nämlich ein Konzept, beschreibt es aber nicht, weil der darin adressierte Aspekt aus Konzernperspektive nicht wesentlich ist, wäre die *Comply-or-Explain*-Regelung bei enger semantischer Auslegung des § 289c Abs. 4 nicht einschlägig, da vom Gesetzeswortlaut ausschließlich Fälle erfasst werden, bei denen keine Konzepte verfolgt werden. Da dies sowohl der Leitidee

[1484] Vgl. zur kritischen Analyse und Konkretisierung des Wesentlichkeitsvorbehalts gemäß § 315c Abs. 2 die Ausführungen in Abschn. 431.1.

[1485] Vgl. zu diesem Ergebnis die Ausführungen in Abschn. 431.1.

[1486] Vgl. zur kritischen Analyse und Konkretisierung der Pflicht zur Beschreibung der verfolgten Konzepte Abschn. 432.2.

[1487] Vgl. zu den verhaltenssteuernden Anreizwirkungen der *Comply-or-Explain*-Regelung Abschn. 322.221.2.

[1488] Vgl. zur kritischen Analyse und Konkretisierung der *Comply-or-Explain*-Regelung die Ausführungen in Abschn. 432.4.

der *Comply-or-Explain*-Regelung als auch den Zielen der nichtfinanziellen Konzernerklärung widerspricht, wird in Tabelle 4-14 eine Anpassung der Norm zur Schließung dieser Regelungslücke vorgeschlagen.[1489]

Ein weiterer Vorschlag soll zur zielkonformen Konkretisierung des Konzeptbegriffs in § 289c Abs. 3 Nr. 1 formuliert werden. Obgleich die Norm grundsätzlich zielkonform ist, wäre eine partielle Anpassung sachgerecht. In § 289c Abs. 3 Nr. 1 wird der Konzeptbegriff vom Gesetzeswortlaut nur dahingehend konkretisiert, dass er auch angewandte Due-Diligence-Prozesse erfasst.[1490] Damit sind vergleichbare Anreizwirkungen zur Anwendung von Due-Diligence-Prozessen verbunden, wie sie zuvor für die in Bezug auf nichtfinanzielle Aspekte verfolgten Konzepte erläutert wurden.[1491] Die kritische Analyse und Konkretisierung dieser Berichtspflicht in Abschn. 432.2 hat gezeigt, dass im Rahmen der Beschreibung eines verfolgten Konzepts auch die festgelegten **Ziele** und **Maßnahmen** sowie die **Einbindung der Konzernleitung und etwaiger weiterer Interessenträger** anzugeben sind. Mit Blick auf die zielkonforme Anreizwirkung, die mit der konkretisierenden Textpassage zu Due-Diligence-Prozessen verbunden ist, wäre eine entsprechend weitergehende Konkretisierung durch den Gesetzgeber zu begrüßen.[1492]

Im Grundsatz ebenfalls zielkonform sind die Vorschriften zur **Risikoberichterstattung** gemäß § 315c Abs. 1 i. V. m. § 289c Abs. 3 Nr. 3 und Nr. 4.[1493] Die Pflicht, über Risiken für nichtfinanzielle Aspekte zu berichten, welche aus der Geschäftstätigkeit des berichtenden Konzerns resultieren, führt dazu, dass die Konzerne tendenziell versuchen, Risiken zu vermeiden, um Reputationsverluste zu verhindern.[1494] Ferner können die Berichtsadressaten darauf vertrauen, dass die Konzerne analysieren, welche Risiken für nichtfinanzielle Aspekte existieren. Dabei liegt der nichtfinanziellen Konzernerklärung ein besonderes und von der übrigen Finanzberichterstattung abweichendes **Risikoverständnis** zugrunde.[1495] Dieses knüpft direkt an den Wortlaut

---

[1489] Vgl. für einen konkreten Vorschlag Tabelle 4-14.

[1490] Gemäß § 315c Abs. 1 i. V. m. § 289c Abs. 3 Nr. 1 sind die von der KapG verfolgten Konzepte, einschließlich der von der KapG angewandten Due-Diligence-Prozesse, zu beschreiben.

[1491] Vgl. Abschn. 322.221.4 zur verhaltenssteuernden Anreizwirkung der Pflicht zur Beschreibung angewandter Due-Diligence-Prozesse gemäß § 289c Abs. 3 Nr. 1.

[1492] Eine Konkretisierung des Konzeptbegriffs ist mit der Konkretisierung der nichtfinanziellen Aspekte in § 289c Abs. 2 durch Sachverhalte vergleichbar und geht inhaltlich nicht über die Vorgaben der CSR-Richtlinie hinaus.

[1493] Die Kritik am Postulat der Verhältnismäßigkeit bleibt von dieser Konklusion unbenommen. Vgl. dazu Abschn. 433.223. Da es sich jedoch um eine Vorgabe der CSR-Richtlinie handelt, wird in der vorliegenden Arbeit auf einen Vorschlag zur Anpassung der handelsrechtlichen Vorschriften verzichtet. Eine Anpassung auf europäischer Ebene wäre indes wünschenswert.

[1494] Dieser Effekt ist auch mit den ausgelegten Regelungen zum Zeitbezug der nichtfinanziellen Risikoberichterstattung sowie zum Risikoausweis in der nichtfinanziellen Konzernerklärung verbunden. Sowohl der umfassende Zeithorizont der Risikoberichterstattung als auch der Risikoausweis nach der Bruttomethode führen – i. S. d. Ziels der Verhaltenssteuerung – dazu, dass die Konzerne tendenziell versuchen, Risiken zu vermeiden, um Reputationsverluste zu verhindern. Vgl. zum Zeitbezug der Risikoberichterstattung Abschn. 433.23, sowie zum Risikoausweis in der nichtfinanziellen Konzernerklärung Abschn. 433.24.

[1495] Vgl. zur Analyse und Konkretisierung des Risikoverständnisses in der nichtfinanziellen Konzernerklärung Abschn. 433.212.

der handelsrechtlichen Normen an.[1496] Vor dem Hintergrund des Bedeutungszusammenhangs der handelsrechtlichen Vorschriften zur Konzernlageberichterstattung und des damit verbundenen bilanzrechtlichen Verständnisses des Risikobegriffs, ist es nicht optimal, den gleichen Begriff in den beiden Berichtsinstrumenten unterschiedlich zu belegen. Im Kontext der Berichterstattung nach § 315c Abs. 1 i. V. m. § 289c Abs. 3 Nr. 3 und Nr. 4 sollten Risiken deshalb alternativ als „Gegebenheiten oder Entwicklungen" begriffen werden, über die zu berichten ist, wenn sie mit der Geschäftstätigkeit des Konzerns verknüpft sind und sehr wahrscheinlich schwerwiegende negative Auswirkungen auf die nichtfinanziellen Aspekte haben oder haben werden. Ein Vorschlag zur Anpassung der handelsrechtlichen Normen in diesem Sinne wird in Tabelle 4-14 formuliert.

Weitere Anpassungen am Gesetzestext der Berichtspflichten nach § 315c Abs. 1 i. V. m. § 289c Abs. 3 sind mit Blick auf die Ziele der nichtfinanziellen Konzernerklärung nicht erforderlich.[1497] Die kritische Analyse und Konkretisierung der Normen zur Berichterstattung über **nichtfinanzielle Leistungsindikatoren** sowie zur Berichterstattung über **ergänzende Hinweise auf Beträge im Konzernabschluss** hat keine Hinweise auf zielkonträre Wirkungen der Berichtspflichten ergeben. Indes wurden in Abschn. 436. Vorteile einer strukturellen Anpassung des § 289c Abs. 3 Nr. 6 in Anlehnung an die Vorgaben der CSR-Richtlinie identifiziert. Demnach soll der Charakter der Pflicht zur Angabe von ergänzenden Hinweisen auf Beträge im Konzernabschluss gemäß § 315c Abs. 1 i. V. m. § 289c Abs. 3 Nr. 6 als „Auffangregelung" hervorgehoben werden, indem die Norm in einem separaten Absatz verankert wird.[1498]

Zusammenfassend ist für die handelsrechtlichen Normen zur Berichterstattung in der nichtfinanziellen Konzernerklärung gemäß § 315c Abs. 1 i. V. m. § 289c Abs. 1–3 zu konstatieren, dass sie überwiegend im Sinne einer **zielkonformen Informationsvermittlung** konzipiert sind. Dieses Fazit bezieht sich auf den Gestaltungsraum, der dem deutschen Gesetzgeber bei der Transformation der CSR-Richtlinie in deutsches Recht zur Verfügung stand.[1499] Dem steht auch die für die nichtfinanzielle Konzernerklärung einschlägige **Ausnahmeregelung** nach § 315 Abs. 3 i. V. m. § 289e nicht entgegen.[1500] Zwar widerspricht der Verzicht auf Angaben den Zielen der Verhaltenssteuerung und der Vertrauensstärkung. Allerdings sind die Voraussetzungen für den Verzicht in der nichtfinanziellen Konzernerklärung äußerst restriktiv, so dass diese nur in seltenen Fällen erfüllt sein werden. Zudem handelt es sich faktisch um keine echte Schutzklausel, sondern um eine Aufschubregelung, da die Angaben nachzuholen sind, sobald

[1496] Mithin konkretisiert der Gesetzeswortlaut nach § 289c Abs. 3 Nr. 3 und Nr. 4 das Risikoverständnis in der nichtfinanziellen Konzernerklärung.

[1497] Vgl. dazu auch Abschn. 435. zur Berichterstattung über nichtfinanzielle Leistungsindikatoren sowie Abschn. 436. zur Berichterstattung über ergänzende Hinweise auf Beträge im Konzernabschluss.

[1498] Vgl. für einen Vorschlag zur separaten Verankerung der Pflicht zur Angabe von ergänzenden Hinweisen auf Beträge im Konzernabschluss Tabelle 4-14.

[1499] Die europarechtlichen Vorgaben der CSR-Richtlinie sind nicht Gegenstand der Würdigung in diesem Abschnitt.

[1500] Vgl. zur Analyse und Konkretisierung der Ausnahmeregelung gemäß § 315 Abs. 3 i. V. m. § 289e Abschn. 44.

die Gründe für den Verzicht entfallen. Mithin sind die zielkonträren Effekte der Ausnahmeregelung gemäß § 315c Abs. 3 i. V. m. § 289e auf die Informationsvermittlung in der nichtfinanziellen Konzernerklärung zu relativieren.

Anders als im Kontext der Ausnahmeregelung wurden in den vorstehenden Ausführungen für verschiedene andere Normen Ansatzpunkte für **zielkonforme Anpassungen** identifiziert. Konkrete Verbesserungsvorschläge werden in der nachstehenden Tabelle 4-14 systematisch dargestellt:

Gültige Fassung des § 289c HGB	Vorschlag für zielkonforme Anpassungen
(1) In der nichtfinanziellen Erklärung im Sinne des § 289b ist das Geschäftsmodell der Kapitalgesellschaft kurz zu beschreiben.	(1) In der nichtfinanziellen Erklärung im Sinne des § 289b ist das Geschäftsmodell der Kapitalgesellschaft, **einschließlich der wesentlichen Zusammenhänge mit den nichtfinanziellen Aspekten nach Absatz 2,** kurz zu beschreiben.
(2) Die nichtfinanzielle Erklärung bezieht sich darüber hinaus zumindest auf folgende Aspekte: 1. Umweltbelange [...], 2. Arbeitnehmerbelange [...], 3. Sozialbelange [...], 4. die Achtung der Menschenrechte [...], 5. die Bekämpfung von Korruption und Bestechung [...].	**Keine Änderung**
(3) Zu den in Absatz 2 genannten Aspekten sind in der nichtfinanziellen Erklärung jeweils diejenigen Angaben zu machen, die für das Verständnis des Geschäftsverlaufs, des Geschäftsergebnisses, der Lage der Kapitalgesellschaft sowie der Auswirkungen ihrer Tätigkeit auf die in Absatz 2 genannten Aspekte erforderlich sind, einschließlich	**Keine Änderung**
1. einer Beschreibung der von der Kapitalgesellschaft verfolgten Konzepte, einschließlich der von der Kapitalgesellschaft angewandten Due-Diligence-Prozesse,	1. einer Beschreibung der von der Kapitalgesellschaft verfolgten Konzepte, einschließlich der von der Kapitalgesellschaft **festgelegten Ziele und Maßnahmen, der Einbindung der Mitglieder des vertretungsberechtigten Organs der Kapitalgesellschaft und etwaiger weiterer Interessenträger sowie der** angewandten Due-Diligence-Prozesse,
2. der Ergebnisse der Konzepte nach Nummer 1,	**Keine Änderung**
3. der wesentlichen Risiken, die mit der eigenen Geschäftstätigkeit der Kapitalgesellschaft verknüpft sind und die sehr wahrscheinlich schwerwiegende negative Auswirkungen auf die in Absatz 2 genannten Aspekte haben oder haben werden, sowie die Handhabung dieser Risiken durch die Kapitalgesellschaft,	3. der wesentlichen ~~Risiken~~ **Gegebenheiten und Entwicklungen**, die mit der eigenen Geschäftstätigkeit der Kapitalgesellschaft verknüpft sind und die sehr wahrscheinlich schwerwiegende negative Auswirkungen auf die in Absatz 2 genannten Aspekte haben oder haben werden, sowie die Handhabung dieser Risiken durch die Kapitalgesellschaft,

Gültige Fassung des § 289c HGB	Vorschlag für zielkonforme Anpassungen
4. der wesentlichen Risiken, die mit den Geschäftsbeziehungen der Kapitalgesellschaft, ihren Produkten und Dienstleistungen verknüpft sind und die sehr wahrscheinlich schwerwiegende negative Auswirkungen auf die in Absatz 2 genannten Aspekte haben oder haben werden, soweit die Angaben von Bedeutung sind und die Berichterstattung über diese Risiken verhältnismäßig ist, sowie die Handhabung dieser Risiken durch die Kapitalgesellschaft,	4. der wesentlichen ~~Risiken~~ **Gegebenheiten und Entwicklungen**, die mit den Geschäftsbeziehungen der Kapitalgesellschaft, ihren Produkten und Dienstleistungen verknüpft sind und die sehr wahrscheinlich schwerwiegende negative Auswirkungen auf die in Absatz 2 genannten Aspekte haben oder haben werden, soweit die Angaben von Bedeutung sind und die Berichterstattung über diese Risiken verhältnismäßig ist, sowie die Handhabung dieser Risiken durch die Kapitalgesellschaft,
5. der bedeutsamsten nichtfinanziellen Leistungsindikatoren, die für die Geschäftstätigkeit der Kapitalgesellschaft von Bedeutung sind,	5. der bedeutsamsten nichtfinanziellen Leistungsindikatoren, die für die Geschäftstätigkeit der Kapitalgesellschaft von Bedeutung sind**.**
6. soweit es für das Verständnis erforderlich ist, Hinweisen auf im Jahresabschluss ausgewiesene Beträge und zusätzliche Erläuterungen dazu.	**(4)** Soweit es für das Verständnis erforderlich ist, **sind die Angaben nach Absatz 3 Nummer 1 bis 5 um** Hinweise~~n~~ auf im Jahresabschluss ausgewiesene Beträge und zusätzliche Erläuterungen dazu **zu ergänzen**.
(4) Wenn die Kapitalgesellschaft in Bezug auf einen oder mehrere der in Absatz 2 genannten Aspekte kein Konzept verfolgt, hat sie dies anstelle der auf den jeweiligen Aspekt bezogenen Angaben nach Absatz 3 Nummer 1 und 2 in der nichtfinanziellen Erklärung klar und begründet zu erläutern.	**(5)** Wenn die Kapitalgesellschaft in Bezug auf einen oder mehrere der in Absatz 2 genannten Aspekte kein**e** **Angaben zu verfolgten** Konzept**en** **macht**~~verfolgt~~, hat sie dies anstelle der auf den jeweiligen Aspekt bezogenen Angaben nach Absatz 3 Nummer 1 und 2 in der nichtfinanziellen Erklärung klar und begründet zu erläutern.

Tabelle 4-14: Vorschlag für zielkonforme Anpassungen des § 289c Abs. 3 HGB

Eine Berücksichtigung der vorgeschlagenen Änderungen des § 289c im Rahmen einer gesetzlichen Initiative zur Änderung des Handelsrechts wäre vor dem Hintergrund der Ziele der nichtfinanziellen Konzernerklärung zu begrüßen. Darüber hinaus könnten die Vorschläge auch als Orientierungspunkte für die anstehende Evaluation der CSR-Richtlinie durch die EU-Kommission dienen.[1501] Besonders die Anpassung der Vorgaben zur Risikoberichterstattung ist auch auf europäischer Ebene geboten.

[1501] Vgl. zur Evaluation der CSR-Richtlinie durch die EU-Kommission Abschn. 212.

5 Zusammenfassung

Mit der **CSR-Richtlinie** hat der europäische Gesetzgeber die Bilanzrichtlinie – die europarechtliche Grundlage der Finanzberichterstattung – für bestimmte Konzerne um umfangreiche Transparenz- bzw. Publizitätspflichten erweitert. Der deutsche Gesetzgeber hat diese Vorgaben mit dem **CSR-RUG** in das Handelsrecht übernommen. Die neuen Regelungen verpflichten bestimmte kapitalmarktorientierte Mutterunternehmen zur Erstellung einer nichtfinanziellen Konzernerklärung, in der über nichtfinanzielle Aspekte, z. B. Umwelt-, Arbeitnehmer- und Sozialbelange, zu berichten ist. Bei der Pflicht zur Angabe von nichtfinanziellen Informationen handelt es sich im Kontext der Konzernlageberichterstattung um kein Novum. Dennoch sind für die berichtenden Konzerne mit der Erstellung einer nichtfinanziellen Konzernerklärung neue Anforderungen an den Inhalt und die Qualität der nichtfinanziellen Berichterstattung verbunden. So haben bspw. zahlreiche unbestimmte Rechtsbegriffe Eingang in das Handelsrecht gefunden. Der fachliche Diskurs zu den damit verbundenen Auslegungsfragen wurde bislang jedoch nur zurückhaltend geführt.

Ziel der vorliegenden Arbeit war es vor diesem Hintergrund vor allem, Auslegungsfragen der handelsrechtlichen Normen bei der Erstellung einer nichtfinanziellen Konzernerklärung zu analysieren und hierfür konsistente konzeptionelle Lösungen zu erarbeiten. Zudem sollten die inhaltlichen Anforderungen an die Berichterstattung in der nichtfinanziellen Konzernerklärung konkretisiert werden.

Dafür war es in einem **ersten Schritt** (Kapitel 3) erforderlich, einen einheitlichen Analyse- und Würdigungsrahmen – ein kohärentes **Zweck-Grundsatz-System für die nichtfinanzielle Konzernerklärung** – zu entwickeln. Als konzeptionelle und inhaltliche Anknüpfungspunkte dienten hierzu das Zweck-Grundsatz-System für den Lagebericht nach BAETGE/FISCHER/PASKERT, der DRS 20 des DRSC, die Leitlinien für die Berichterstattung über nichtfinanzielle Informationen der EU-Kommission sowie ausgewählte Rahmenwerke der Nachhaltigkeitsberichterstattung. So wurde der Entwicklung des Zweck-Grundsatz-Systems für die Berichterstattung in der nichtfinanziellen Konzernerklärung eine breit angelegte konzeptionelle Basis zugrunde gelegt. Für die Herleitung der einzelnen Elemente des Zweck-Grundsatz-Systems wurde die **hermeneutische Methode** angewandt.

Vor der Entwicklung des Zweck-Grundsatz-Systems für die Berichterstattung in der nichtfinanziellen Konzernerklärung wurden zunächst die nachstehenden **übergeordneten gesetzgeberischen Ziele**, die der Gesetzgeber mit der nichtfinanziellen Konzernerklärung verfolgt, außergesetzlich hergeleitet:

- Erstens wird das **Ziel der Verhaltenssteuerung** verfolgt. Unternehmerisches Handeln soll mithilfe der handelsrechtlichen Berichtspflichten in der nichtfinanziellen Konzernerklärung mittelbar beeinflusst werden, so dass die berichtenden Konzerne nichtfinanziellen Belangen größere Bedeutung beimessen.

- Zweitens wird das **Ziel der Vertrauensstärkung** verfolgt. Das Vertrauen der Berichtsadressaten in ein gesellschaftlich verantwortliches unternehmerisches Handeln soll durch die Informationen in der nichtfinanziellen Konzernerklärung unmittelbar gestärkt werden.

Diese Ziele des Gesetzgebers haben bei der Herleitung des Zwecks und der Grundsätze der Berichterstattung in der nichtfinanziellen Konzernerklärung als übergeordneter Rahmen fungiert. Dieser war als Richtschnur stets zu beachten. Als alleiniger **Zweck der nichtfinanziellen Konzernerklärung** konnte die **Informationsvermittlung** bestimmt werden. Der Informationszweck kann durch **zwei Funktionen** – die Ergänzungs- und die Verknüpfungsfunktion – inhaltlich konkretisiert werden:

- Die **Ergänzungsfunktion** der nichtfinanziellen Konzernerklärung bedingt die Vermittlung von Informationen zur wirtschaftlichen Gesamtbeurteilung eines Konzerns. Konzernabschluss und Konzernlagebericht sollen durch die nichtfinanzielle Konzernerklärung sachlich und zeitlich ergänzt werden.

- Die **Verknüpfungsfunktion** der nichtfinanziellen Konzernerklärung erfordert, dass die mit ihr vermittelten Informationen sowohl die finanzielle als auch die nichtfinanzielle Perspektive eines Konzerns adressieren, so dass die bestehenden Zusammenhänge erkennbar sind.

Damit die Angaben in der nichtfinanziellen Konzernerklärung ihren Zweck erfüllen, müssen sie verschiedenen Anforderungen gerecht werden. Diese Anforderungen sind die sog. **Grundsätze ordnungsmäßiger Berichterstattung in der nichtfinanziellen Konzernerklärung**. Wie in Abbildung 5-1 veranschaulicht, werden in der vorliegenden Arbeit Rahmengrundsätze, weitere GoL und spezifische Grundsätze für die Berichterstattung in der nichtfinanziellen Konzernerklärung unterschieden. Die Rahmengrundsätze sind Bedingung jeder zweckkonformen Informationsvermittlung. Die weiteren GoL sind bereits im Kontext der Konzernlageberichterstattung etabliert und wurden ebenso wie die Rahmengrundsätze i. S. d. Ziele der nichtfinanziellen Konzernerklärung konkretisiert. Die **Grundsätze der Dualität, der Adressatenorientierung und der Nachhaltigkeit** wurden mithilfe der hermeneutischen Methode hergeleitet und berücksichtigen die Besonderheiten der Berichterstattung in der nichtfinanziellen Konzernerklärung. Die Ziele, der Zweck – einschließlich der Funktionen – sowie die Grundsätze wurden zu nachstehendem kohärenten Zweck-Grundsatz-System zusammengefügt:

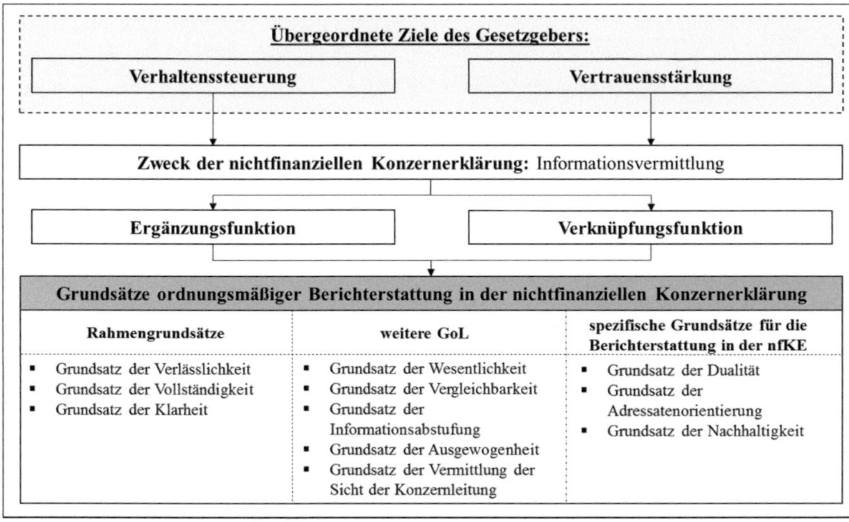

Abbildung 5-1: Zweck-Grundsatz-System der nichtfinanziellen Konzernerklärung

Für eine zielkonforme **Analyse und Konkretisierung** der handelsrechtlichen Regelungen zur Berichterstattung in der nichtfinanziellen Konzernerklärung war es in einem **zweiten Schritt** (Kapitel 4) stets erforderlich, das Zweck-Grundsatz-System der nichtfinanziellen Konzernerklärung als konzeptionellen Bezugspunkt zu beachten. Die bestehenden Auslegungsfragen wurden an den Grundsätzen ordnungsmäßiger Berichterstattung in der nichtfinanziellen Konzernerklärung gespiegelt und entsprechend konkretisiert. Zur Auslegung wurden zudem die in Abschn. 23 genannten Anknüpfungspunkte für die Berichterstattung in der nichtfinanziellen Konzernerklärung berücksichtigt. Für die **Ergebnisse der Konkretisierung der Einzelvorschriften** sei im Detail auf die Ausführungen in den entsprechenden Abschnitten des vierten Kapitels verwiesen. Die wichtigsten Erkenntnisse werden nachstehend kurz skizziert:

- Die Angaben gemäß § 315c Abs. 1 i. V. m. § 289c Abs. 1 zur **Beschreibung des Geschäftsmodells** sind für die Adressaten der nichtfinanziellen Konzernerklärung besonders relevant, da sowohl die Wesentlichkeit einer Information als auch konkrete Berichtsinhalte unter Berücksichtigung des Geschäftsmodells zu bestimmen sind. Es ist daher zu empfehlen diesem Berichtsteil besondere Aufmerksamkeit zu widmen. Vor diesem Hintergrund sollten zusätzlich zur prägnanten Beschreibung der wesentlichen Merkmale des Geschäftsmodells freiwillige Angaben zu den grundlegenden Auswirkungen der Geschäftstätigkeit eines Konzerns auf die nichtfinanziellen Aspekte ergänzt werden.

- Ein Schwerpunkt des vierten Kapitels bildet die Analyse und Konkretisierung des **allgemeinen Wesentlichkeitsvorbehalts** für die Berichterstattung in der nichtfinanziellen Konzernerklärung gemäß § 315c Abs. 2. Im Kern geht es dabei um die Frage, ob dieser Wesentlichkeitsvorbehalt die berichtspflichtigen Angaben auf eine Teilmenge der bereits mit dem BilReG im Jahr 2004 eingeführten Angabepflichten zu nichtfinanziellen Leistungsindikatoren nach § 315 Abs. 3 beschränkt. Nach hier vertretener Auffassung ist im Gegenteil davon auszugehen, dass mit dem Wesentlichkeitsvorbehalt gemäß § 315c Abs. 2 tendenziell zusätzliche Berichtspflichten im Vergleich zur Berichterstattung im Konzernlagebericht nach § 315 Abs. 3 verbunden sind. Mindestens sind diejenigen Informationen berichtspflichtig, die auch von § 315 Abs. 3 erfasst werden. Entscheidende Faktoren für diese Schlussfolgerung sind der im Vergleich zum Konzernlagebericht erweiterte Adressatenkreis der nichtfinanziellen Konzernerklärung sowie die fortschreitende Sensibilisierung der Berichtsadressaten für nichtfinanzielle Belange. Als Konsequenz ist zu erwarten, dass nichtfinanzielle Informationen stärker als bislang in den Entscheidungsprozessen der Informationsadressaten berücksichtigt werden. Dies führt dazu, dass die in der Bilanzrichtlinie definierte Anforderung an die Wesentlichkeit[1502] einer Information im Jahr 2017 schneller erfüllt ist, als bei der Einführung des BilReG im Jahr 2004, da die Informationsadressaten eine breitere Informationsbasis fordern.

- Die **Berichterstattung zu nichtfinanziellen Konzepten** gemäß § 315c Abs. 1 i. V. m. § 289c Abs. 3 Nr. 1 und Nr. 2 umfasst mindestens die nachstehenden Angaben: Die festgelegten Ziele und Maßnahmen in Bezug auf nichtfinanzielle Aspekte; Informationen zur Einbindung der Mitglieder des vertretungsberechtigten Organs der Kapitalgesellschaft und etwaiger weiterer Interessenträger in die Entwicklung nichtfinanzieller Konzepte; eine Beschreibung der angewandten Due-Diligence-Prozesse. Eine entsprechende gesetzliche Klarstellung wäre zu begrüßen.

- Mit der ***Comply-or-Explain*-Regelung** möchte der Gesetzgeber sicherstellen, dass zu jedem der in § 289c Abs. 2 genannten fünf nichtfinanziellen Aspekte Angaben in der nichtfinanziellen Konzernerklärung gemacht werden. Gemäß § 315c Abs. 1 i. V. m. § 289c Abs. 4 sind in der nichtfinanziellen Konzernerklärung als **Mindestinhalt** die Gründe zu erläutern, warum für einen nichtfinanziellen Aspekt kein Konzept verfolgt wird. Indes besteht in diesem Zusammenhang eine **Regelungslücke**. Verfolgt ein Konzern nämlich ein Konzept, beschreibt es aber nicht, weil es aus Konzernperspektive unwesentlich ist, wäre die *Comply-or-Explain*-Regelung gemäß § 289c Abs. 4 bei enger semantischer Auslegung nicht einschlägig. Die Norm erfasst ausschließlich Fälle, in denen keine Konzepte in Bezug auf nichtfinanzielle Aspekte verfolgt werden. Eine gesetzliche Klarstellung, die den Anwendungsbereich des § 289c Abs. 4 auf den beschriebenen Fall ausdehnt, wäre vor dem Hintergrund der Ziele der nichtfinanziellen Konzernerklärung zu begrüßen.

- Die Analyse und Konkretisierung der handelsrechtlichen Regelungen zur **Risikoberichterstattung** gemäß § 315c Abs. 1 i. V. m. § 289c Abs. 3 Nr. 3 und Nr. 4 bilden einen weiteren

[1502] „Wesentlich" beschreibt nach Art. 2 Nr. 16 der Richtlinie 2013/34/EU „[…] den Status von Informationen, wenn vernünftigerweise zu erwarten ist, dass ihre Auslassung oder fehlerhafte Angabe Entscheidungen beeinflusst, die Nutzer auf der Grundlage des Abschlusses des Unternehmens treffen."

Schwerpunkt der vorliegenden Arbeit. Hierfür war es jedoch zunächst erforderlich, ein **Risikoverständnis** für die nichtfinanzielle Konzernerklärung zu entwickeln. Dieses knüpft im Ergebnis direkt an den Gesetzeswortlaut an und ist nicht allein auf die bilanzrechtliche Abweichungskonzeption des Risikobegriffs beschränkt. Risiken können vielmehr als Gegebenheiten oder Entwicklungen definiert werden, über die zu berichten ist, wenn sie mit der Geschäftstätigkeit des Konzerns verknüpft sind und sehr wahrscheinlich schwerwiegende negative Auswirkungen auf die nichtfinanziellen Aspekte haben oder haben werden.

Den Mittelpunkt der Analyse und Konkretisierung der Normen zur Risikoberichterstattung bilden **Auslegungsfragen** zum **Zeitbezug** der Risiken, zum **Ausweis der Risiken** in der nichtfinanziellen Konzernerklärung sowie zu den zusätzlichen **Wesentlichkeitspostulaten**, die in den Normen formuliert werden. Für die Wesentlichkeitspostulate ist festzustellen, dass im Vergleich zum allgemeinen Wesentlichkeitsvorbehalt sowohl mit dem **Postulat der sehr wahrscheinlich schwerwiegend negativen Auswirkungen** als auch mit dem **Postulat der Verhältnismäßigkeit** zusätzliche Wesentlichkeitsanforderungen verbunden sind. Es muss sehr wahrscheinlich sein, dass bei Eintritt eines Risikos schwerwiegende negative Auswirkungen für die nichtfinanziellen Aspekte resultieren, damit über ein Risiko verpflichtend zu berichten ist. Die Schwere der Auswirkungen wird nach deren Ausmaß und Intensität bestimmt. Die Verhältnismäßigkeit der Berichterstattung über Risiken, die mit den Geschäftsbeziehungen des Konzerns, seinen Produkten und Dienstleistungen verknüpft sind, ist vorrangig anhand einer Kosten-Nutzen-Abwägung zu beurteilen.

Der **Zeitbezug** der Risikoberichterstattung im Rahmen der nichtfinanziellen Konzernerklärung ist mehrdimensional. Es ist sowohl über mögliche künftige als auch über bereits schlagend gewordene Risiken der Gegenwart und Vergangenheit zu berichten. Der **Berichtshorizont** umfasst i. d. R. mindestens drei Perioden, so dass die wesentlichen **kurz-, mittel- und langfristigen Risiken** dargestellt werden können. Die Risikoberichterstattung in der nichtfinanziellen Konzernerklärung erfolgt nach der **Bruttomethode**. Demnach sind Risiken und die zu ihrer Minderung bzw. Verhinderung ergriffenen Risikobegrenzungsmaßnahmen nicht miteinander aufzurechnen, sondern separat auszuweisen.

- In der nichtfinanziellen Konzernerklärung sind gemäß § 315c Abs. 2 „[…] diejenigen Angaben zu machen […], die für das Verständnis […] erforderlich sind.“ Mithin wird kongruent zur Risikoberichterstattung empfohlen, separat über **Chancen** zu berichten, die sehr wahrscheinlich positive Auswirkungen auf die nichtfinanziellen Aspekte haben oder haben werden. Eine Ergänzung der handelsrechtlichen Normen in diesem Sinne wäre zu begrüßen.

- Da sowohl in der nichtfinanziellen Konzernerklärung als auch im Konzernlagebericht über **nichtfinanzielle Leistungsindikatoren** zu berichten ist, stellt sich die Frage nach der Abgrenzung der Angaben. Zentraler Unterschied ist der von den Normen jeweils adressierte Informationsumfang. Im Konzernlagebericht sind gemäß § 315 Abs. 3 allgemein nichtfinanzielle Angaben, z. B. über Umwelt- und Arbeitnehmerbelange, in die Analyse des Geschäftsverlaufs und der Lage des Konzerns einzubeziehen. Demgegenüber sind in der nichtfinanziellen Konzernerklärung nach § 315c Abs. 1 i. V. m. § 289c Abs. 3 Nr. 5 Größen anzugeben, die i. d. R. keinen unmittelbaren Bezug zur handelsrechtlichen Rechnungslegung eines Konzerns haben, aber dennoch wert- und erfolgsbestimmend für diesen sind. Diese kennzahlenorientierte Abgrenzung nichtfinanzieller Leistungsindikatoren beschränkt den Berichtsumfang in der nichtfinanziellen Konzernerklärung gemäß § 315c Abs. 1 i. V. m. § 289c Abs. 3 Nr. 5 auf eine Teilmenge der Berichtspflichten im Konzernlagebericht nach § 315 Abs. 3.

- Bei den Hinweisen auf Beträge im Konzernabschluss gemäß § 315c Abs. 1 i. V. m. § 289c Abs. 3 Nr. 6 handelt es sich weniger um eine spezifische Berichtspflicht zu einem klar definierten Berichtspunkt, sondern vielmehr um eine zusätzliche allgemeine inhaltliche Anforderung an die Berichterstattung in der nichtfinanziellen Konzernerklärung. Diese Sonderstellung der Regelung könnte z. B. durch einen separaten Absatz – vergleichbar zur CSR-Richtlinie – betont werden.

- Die Ausnahmeregelung nach § 315c Abs. 3 i. V. m. § 289e gilt ausschließlich für Angaben in der nichtfinanziellen Konzernerklärung und hat folglich keine Ausstrahlungswirkung auf den Konzernlagebericht. Die Voraussetzungen für den ausnahmsweisen Verzicht sind sehr restriktiv, so dass sie nur in seltenen Fällen erfüllt sein werden. Da die unterlassenen Angaben nachgeholt werden müssen, sobald die Gründe für den Verzicht wegfallen, handelt es sich weniger um eine Ausnahme- als vielmehr um eine Aufschubregelung.

Im Rahmen der **abschließenden Gesamtbetrachtung** wird konstatiert, dass die handelsrechtlichen Regelungen zur Berichterstattung in der nichtfinanziellen Konzernerklärung mehrheitlich im Sinne einer zielkonformen Informationsvermittlung konzipiert sind. Dennoch ist es möglich, die handelsrechtlichen Normen so anzupassen, dass der Informationsnutzen der Berichterstattung in der nichtfinanziellen Konzernerklärung für ihre Adressaten verbessert wird. Vor diesem Hintergrund wären technische Änderungen der handelsrechtlichen Vorschriften i. S. d. Vorschläge in Tabelle 4-14 in Abschn. 45 seitens des Gesetzgebers zu begrüßen.

Mit Spannung zu erwarten ist diesbezüglich auch der Evaluierungsprozess der Umsetzung der CSR-Richtlinie in den Mitgliedstaaten durch die EU-Kommission. In diesem Zusammenhang sind auch Vorschläge zu umfassenden Änderungen der Richtlinienvorgaben nicht ausgeschlossen. So wird bereits diskutiert, ob die Empfehlungen der TCFD in diesem Kontext berücksichtigt werden können und sollen.[1503] Eine weiterhin dynamische Entwicklung der Regulierung der nichtfinanziellen Berichterstattung ist jedenfalls absehbar.

[1503] So empfiehlt die von der EU-Kommission eingesetzte *High-Level Expert Group on Sustainable Finance* in ihrem Schlussbericht ausdrücklich die Berücksichtigung der Empfehlungen der TCFD. Vgl. HLEG (Hrsg.), Final Report, S. 24 f.; LANFERMANN, G., Sustainable Finance, S. 492 f. Vgl. ferner zu künftigen Entwicklungen LANFERMANN, G., Künftige Ausrichtung der EU-Unternehmensberichterstattung, S. 1643–1647.

Quellenverzeichnis

Verzeichnis der Kommentare und Handbücher zur Bilanzierung

ADLER, HANS/DÜRING, WALTHER/SCHMALTZ, KURT, Rechnungslegung und Prüfung der Unternehmen. Kommentar zum HGB, AktG, GmbHG, PublG nach den Vorschriften des Bilanzrichtlinien-Gesetzes, 6. Aufl., Stuttgart 1994/2001 (zitiert: ADS, 6. Aufl.).

ARTZ, MARKUS U. A. (Hrsg.), beck-online Großkommentar BGB, München 2018 (zitiert: BEARBEITER, in: Großkommentar BGB).

BAETGE, JÖRG/KIRSCH, HANS-JÜRGEN/THIELE, STEFAN (Hrsg.), Bilanzrecht, Loseblatt, Bonn/Berlin 2002 ff. (zitiert: BEARBEITER, in: Baetge/Kirsch/Thiele).

BAETGE, JÖRG/WOLLMERT, PETER/KIRSCH, HANS-JÜRGEN/OSER, PETER/BISCHOF, STEFAN (Hrsg.), Rechnungslegung nach IFRS, Loseblatt, 2. Aufl., Stuttgart 2003 ff. (zitiert: BEARBEITER, in: Baetge u. a., Rechnungslegung nach IFRS, 2. Aufl.).

BAUMBACH, ADOLF/HOPT, KLAUS J. (Hrsg.), Handelsgesetzbuch, Kommentar, 38. Aufl., München 2018 (zitiert: BEARBEITER, in: Baumbach/Hopt, 38. Aufl.).

BEISEL, DANIEL/ANDREAS, FRIEDHOLD E. (Hrsg.), Beck`sches Mandats Handbuch Due Diligence, 2. Aufl., München 2010 (zitiert: BEARBEITER, in: Beck`sches Mandats Handbuch Due-Diligence, 2. Aufl.).

BERTRAM, KLAUS/BRINKMANN, RALPH/KESSLER, HARALD/MÜLLER, STEFAN, Haufe HGB Bilanz Kommentar, 8. Aufl., Freiburg 2017 (zitiert: BEARBEITER, in: Haufe HGB Bilanzkommentar, 8. Aufl.).

BÖCKING, HANS-JOACHIM/CASTAN, EDGAR/HEYMANN, GERD/PFITZER, NORBERT/SCHEFFLER, EBERHARD (Hrsg.), Beck'sches Handbuch der Rechnungslegung, Loseblatt, München 1986 ff. (zitiert: BEARBEITER, in: Beck HdR).

DRSC (Hrsg.), Deutsche Rechnungslegungs Standards (DRS) – DRSC Interpretationen (IFRS) – DRSC Anwendungshinweise, Loseblatt, Berlin 2000 ff. (zitiert: DRS).

FEDERMANN, RUFOLF/KUẞMAUL, HEINZ/MÜLLER, STEFAN (Hrsg.), Handbuch der Bilanzierung, Loseblatt, Freiburg 2005 ff. (zitiert: BEARBEITER, in: Federmann/Kußmaul/Müller, HdB).

FLEISCHER, HOLGER/GOETTE, WULF (Hrsg.), Münchener Kommentar zum Gesetz betreffend die Gesellschaft mit beschränkter Haftung: GmbHG, 3. Aufl., München 2018 (zitiert: BEARBEITER: in: MüKo GmbHG, 3. Aufl.).

GELHAUSEN, HANS FRIEDRICH/FEY, GERD/KÄMPFER, GEORG (Hrsg.), Rechnungslegung und Prüfung nach dem Bilanzrechtsmodernisierungsgesetz, Kommentar, Düsseldorf 2009 (Rechnungslegung und Prüfung nach BilMoG).

GOETTE, WULF/HABERSACK, MATHIAS (Hrsg.), Münchener Kommentar zum Aktiengesetz, 4. Aufl., München 2016 (zitiert: BEARBEITER, in: MüKo AktG, 4. Aufl.).

GRIGOLEIT, CHRISTOPH (Hrsg.), Aktiengesetz: AktG. Kommentar, 2. Aufl., München 2019 (zitiert: BEARBEITER, in: Grigoleit AktG, 2. Aufl.).

GROTTEL, BERND/SCHMIDT, STEFAN/SCHUBERT, WOLFGANG/WINKELJOHANN, NORBERT (Hrsg.), Beck'scher Bilanzkommentar, 11. Aufl., München 2018 (zitiert: BEARBEITER, in: Beck Bilanzkomm., 11. Aufl.).

HACHMEISTER, DIRK/KAHLE, HOLGER/MOCK, SEBASTIAN/SCHÜPPEN, MATTHIAS (Hrsg.), Bilanzrecht. Kommentar, Köln 2018 (zitiert: BEARBEITER, in: Hachmeister u. a., BilR).

HÄUBLEIN, MARTIN/HOFFMANN-THEINERT, ROLAND (Hrsg.), Beck`scher Online-Kommentar HGB, 22. Edition, München 2018 (zitiert: BEARBEITER, in: BeckOK HGB, 22. Edition).

HEIDEL, THOMAS/SCHALL, ALEXANDER (Hrsg.), Handelsgesetzbuch: HGB. Handkommentar, 2. Aufl., Baden-Baden 2015 (zitiert: BEARBEITER, in: Heidel/Schall HGB, 2. Aufl.).

HENNRICHS, JOACHIM/KLEINDIEK, DETLEF/WATRIN, CHRISTOPH (Hrsg.), Münchener Kommentar zum Bilanzrecht, Bd. 2, München 2013 (zitiert: BEARBEITER, in: MüKo BilR).

HOFBAUER, MAX A./KUPSCH, PETER (Hrsg.), Rechnungslegung (ursprünglich unter dem Titel Bonner Handbuch Rechnungslegung), Loseblatt, 2. Aufl., Berlin 2000 ff. (zitiert: BEARBEITER, in: Hofbauer/Kupsch).

HÜFFER, UWE/KOCH, JENS, Aktiengesetz, Kommentar, 13. Aufl., München 2018 (zitiert: BEARBEITER, in: Hüffer/Koch, 13. Aufl.).

IDW (Hrsg.), WP Handbuch. Wirtschaftsprüfung und Rechnungslegung, 15. Aufl. 2017 (WP-Handbuch 2017, 15. Aufl.).

KÜTING, KARLHEINZ/PFITZER, NORBERT/WEBER, CLAUS-PETER (Hrsg.), Handbuch der Rechnungslegung – Einzelabschluss, Loseblatt, 5. Aufl., Stuttgart 2002 ff. (zitiert: BEARBEITER, in: Küting/Pfitzer/Weber, HdR-E, 5. Aufl.).

SÄCKER, FRANZ JÜRGEN/RIXECKER, ROLAND/OETKER, HARTMUT (Hrsg.), Münchener Kommentar zum Bürgerlichen Gesetzbuch, 7. Aufl., München 2015 (zitiert: BEARBEITER, in: MüKo BGB, 7. Aufl.).

SCHMIDT, KARSTEN (Hrsg.), Münchener Kommentar zum Handelsgesetzbuch, 3. Aufl., München 2013 (zitiert: BEARBEITER, in: MüKo HGB, 3. Aufl.).

SCHULZE-OSTERLOH, JOACHIM/HENNRICHS, JOACHIM/WÜSTEMANN, JENS (Hrsg.), Handbuch des Jahresabschlusses in Einzeldarstellungen, Loseblatt, Köln 1984 ff. (zitiert: BEARBEITER, in: HdJ).

SPINDLER, GERALD/STILZ, EBERHARD (Hrsg.), Kommentar zum Aktiengesetz: AktG, 3. Aufl., München 2019 (zitiert: BEARBEITER, in: Spindler/Stilz AktG, 4. Aufl.).

ZÖLLNER, WOLFGANG/NOACK, ULRICH (Hrsg.), Kölner Kommentar zum AktG, 3. Aufl., Köln 2017 (zitiert: BEARBEITER, in: Kölner Komm. AktG, 3. Aufl.).

Verzeichnis der Aufsätze, Monographien und sonstigen Fachbeiträge

ALSLEBEN, BRIGITTE, Duden - Das Wörterbuch der Synonyme. Rund 100000 Stichwörter und Synonyme für den alltäglichen Schreibgebrauch, 2. Aufl., Mannheim, Zürich 2012 (Duden - Das Wörterbuch der Synonyme).

ALTHOFF, CAROLIN/WIRTH, WILLY, Nichtfinanzielle Berichterstattung und Prüfung im DAX 30. Eine Analyse der Erstanwendung des CSR-Richtlinie-Umsetzungsgesetzes, in: WPg 2018, S. 1138–1149 (Nichtfinanzielle Berichterstattung und Prüfung).

AMLING, THOMAS/BANTLEON, ULRICH, COSO-Regelwerk 2013 „Internal Control - Integrated Framework" - Neue Anforderungen an die Corporate Governance in Deutschland, in: WPg 2014, S. 343–353 (COSO-Regelwerk 2013 „Internal Control - Integrated Framework").

ARBEITSKREIS „EXTERNE UNTERNEHMENSRECHNUNG" DER SCHMALENBACH-GESELLSCHAFT FÜR BETRIEBSWIRTSCHAFT E.V. (Hrsg.), Integrated Reporting - Herausforderungen für die Finanzberichterstattung, in: BB 2013, S. 875–882 (Integrated Reporting).

ARBEITSKREIS EXTERNE UNTERNEHMENSRECHNUNG DER SCHMALENBACH-GESELLSCHAFT (Hrsg.), Grundsätze für das Value Reporting, in: DB 2002, S. 2337–2340 (Das Value Reporting).

BACHMANN, GREGOR, Die Erklärung zur Unternehmensführung (Corporate Governance Statement), in: ZIP 2010, S. 1517–1526 (Die Erklärung zur Unternehmensführung).

BACHMANN, GREGOR, CSR-bezogene Vorstands- und Aufsichtsratspflichten und ihre Sanktionierung, in: ZIP 2018, S. 231–261 (CSR-bezogene Vorstands- und Aufsichtsratspflichten).

BACKHAUS, KLAUS/MEFFERT, HERIBERT/BONGARTZ, MICHAEL/ESCHWEILER, MAURICE, Selbst- und Fremdbild der Wirtschaftsprüfer. Empirische Befunde zur Positionierung des Wirtschaftsprüfers in der Öffentlichkeit, in: Die Wirtschaftsprüfung 2003, S. 625–637 (Selbst- und Fremdbild der Wirtschaftsprüfer).

BAETGE, JÖRG, Rechnungslegungszwecke des aktienrechtlichen Jahresabschlusses, in: Bilanzfragen. Festschrift zum 65. Geburtstag von Prof. Dr. Ulrich Leffson, hrsg. v. Baetge, Jörg/Moxter, Adolf/Schneider, Dieter, Düsseldorf 1976, S. 13–30 (Rechnungslegungszwecke des aktienrechtlichen Jahresabschlusses).

BAETGE, JÖRG/FISCHER, THOMAS R./PASKERT, DIERK, Der Lagebericht. Aufstellung, Prüfung und Offenlegung, Stuttgart 1989 (Der Lagebericht).

BAETGE, JÖRG/GLAUM, MARTIN/GROTHE, ALEXANDER/OBERDÖRSTER, TATJANA, Lohnt sich "gute Berichterstattung" am Kapitalmarkt? Die Qualität der Konzernanhänge und -lageberichte deutscher Unternehmen und Gewinnschätzungen von Analysten, in: ZfB 2010, S. 65–104 (Lohnt sich "gute Berichterstattung" am Kapitalmarkt?).

BAETGE, JÖRG/KIRSCH, HANS-JÜRGEN/THIELE, STEFAN, Bilanzen, 9. Aufl., Düsseldorf 2007 (Bilanzen).

BAETGE, JÖRG/KIRSCH, HANS-JÜRGEN/THIELE, STEFAN, Bilanzen, 14. Aufl., Düsseldorf 2017 (Bilanzen).

BAETGE, JÖRG/KIRSCH, HANS-JÜRGEN/THIELE, STEFAN, Konzernbilanzen, 12. Aufl., Düsseldorf 2017 (Konzernbilanzen).

BAETGE, JÖRG/SCHULZE, DENNIS, Möglichkeiten der Objektivierung der Lageberichterstattung über „Risiken der künftigen Entwicklung". Ein Vorschlag zur praktischen Umsetzung der vom KonTraG verlangten Berichtspflichten, in: DB 1998, S. 937–948 (Objektivierung der Lageberichterstattung über künftige Risiken).

BAETGE, JÖRG/SOLMECKE, HENRIK, Grundsätze und Konzeption des Value Reporting, in: ZfCM-Sonderheft 2006, S. 16–30 (Das Value Reporting).

BAETGE, JÖRG/THIELE, STEFAN, Gesellschafterschutz versus Gläubigerschutz. Rechenschaft versus Kapitalerhaltung, in: Handelsbilanzen und Steuerbilanzen. Festschrift zum 70. Geburtstag von Prof. Dr. h.c. Heinrich Beisse, hrsg. v. Budde, Wolfgang Dieter/Moxter, Adolf/Offerhaus, Klaus, Düsseldorf 1997, S. 11–24 (Gesellschafterschutz versus Gläubigerschutz).

BALLWIESER, WOLFGANG, Die Analyse von Jahresabschlüssen nach neuem Recht, in: WPg 1987, S. 57–68 (Die Analyse von Jahresabschlüssen nach neuem Recht).

BALLWIESER, WOLFGANG, Grundsätze ordnungsmäßiger Buchführung und neues Bilanzrecht, in: ZfB 1987, S. 3–24 (Grundsätze ordnungsmäßiger Buchführung).

BALLWIESER, WOLFGANG, Informations-GoB - auch im Lichte von IAS und US-GAAP, in: KoR 2002, S. 115–121 (Informations-GoB).

BARTH, DANIELA/RAHE, INGO/RABENHORST, DIRK, Ausgewählte Anwendungsfragen zur Konzernlageberichterstattung nach DRS 20. Grundlagen und Fallbeispiele mit Lösungsvorschlägen, in: KoR 2014, S. 47–56 (Anwendungsfragen zur Konzernlageberichterstattung nach DRS 20).

BAUMÜLLER, JOSEF/NGUYEN, BANG, Umsetzung der CSR-Richtlinie im deutschen und im österreichischen Bilanzrecht. Ein Rechtsvergleich zu den neugeschaffenen Berichtspflichten über die nichtfinanzielle Leistung von Unternehmen, in: KoR 2017, S. 413–420 (Umsetzung in Deutschland und Österreich).

BEHNCKE, NICOLETTE/HOFFMANN, ALEXANDER/WULF, INGE, DRS 20: Auf dem Weg zum Integrated Reporting?, in: BB 2012, S. 3063–3068 (DRS 20: Auf dem Weg zum Integrated Reporting?).

BEIERSDORF, KATI, Nachhaltigkeit in der Unternehmensberichterstattung. Erfordernis und Stand der Integration des Nachhaltigkeitskonzepts in die externe Finanzberichterstattung nach IFRS und Ansätze zur Ermittlung eines nachhaltigen Gewinns, Marburg 2012 (Nachhaltigkeit in der Unternehmensberichterstattung).

BEISSE, HEINRICH, Rechtsfragen der Gewinnung von GoB, in: BFuP 1990, S. 499–514 (Rechtsfragen der Gewinnung von GoB).

BEHNKE, NICOLETTE/WULF, INGE, Erste Berichts- und Prüfungssaison der nicht-finanziellen Berichterstattung – Eine empirische Analyse der DAX160-Unternehmen für das Geschäftsjahr 2017, in: KoR 2019, S. 21–31 (Erste Berichts- und Prüfungssaison).

BENECKE, BIRKA, Internationale Rechnungslegung und Management Approach. Bilanzierung derivativer Finanzinstrumente und Segmentberichterstattung, Wiesbaden 2000 (Internationale Rechnungslegung und Management Approach).

BERENS, WOLFGANG/STRAUCH, JOACHIM, Herkunft und Inhalt des Begriffes Due Diligence, in: Due Diligence bei Unternehmensakquisitionen, hrsg. v. Berens, Wolfgang u. a., 7. Aufl., Stuttgart 2013, S. 3–20 (Herkunft und Inhalt des Begriffes Due Diligence).

BERTL, ROMUALD/PANZIRSCH, HANS-GEORG, Die Wesentlichkeit im unternehmensrechtlichen Lagebericht und Konzernlagebericht, in: RWZ 2010, S. 267–272 (Die Wesentlichkeit im unternehmensrechtlichen Lagebericht und Konzernlagebericht).

BETKO, HANS/REIML, DIETER/SCHUBERT, PETER, Environmental Due Diligence, in: Due Diligence bei Unternehmensakquisitionen, hrsg. v. Berens, Wolfgang u. a., 7. Aufl., Stuttgart 2013, S. 575–592 (Environmental Due Diligence).

BISCHOF, STEFAN/SELCH, BARBARA, Neuerungen für den Lagebericht nach dem Regierungsentwurf eines Bilanzrechtsmodernisierungsgesetztes (BilMoG), in: WPg 2008, S. 1021–1031 (Neuerungen für den Lagebericht nach BilMoG).

BLAB, DANIEL/STOJANOVIĆ-BLAB, MAJA, Nachhaltigkeitsberichterstattung anhand der GRI Standards - Ein Vergleich zu GRI G4, in: KoR 2017, S. 307–316 (GRI Standards).

BLÖINK, THOMAS/HALBLEIB, ANJA, Umsetzung der sog. CSR-Richtlinie 2014/95/EU: Aktueller Überblick über die verabschiedeten Regelungen des CSR-Richtlinie-Umsetzungsgesetzes, in: DK 2017, S. 182–195 (Umsetzung der sog. CSR-Richtlinie 2014/95/EU).

BLÖINK, THOMAS/KNOLL-BIERMANN, THOMAS, Bilanzrichtlinie-Umsetzungsgesetz (BilRUG). Hintergrund und Kernelemente des Regierungsentwurfs vom 07.01.2015, in: DK 2015, S. 65–79 (Bilanzrichtlinie-Umsetzungsgesetz).

BÖCKING, HANS-JOACHIM, CSR-Richtlinie Umsetzungsgesetz: Gesellschaftliche Verantwortung und Wertewandel - Neue Herausforderungen und Chancen für die Nachhaltigkeit, in: DB 2017, S. M5 (CSR-Richtlinie-Umsetzungsgesetz).

BÖCKING, HANS-JOACHIM/ALTHOFF, CAROLIN, Konzernlagebericht: Änderungen von DRS 20. Kein grundsätzlicher Anpassungsbedarf der Konzernlageberichterstattung durch das CSR-Richtilinie-Umsetzungsgesetz?, in: WPg 2017, S. 1450–1458 (Konzernlagebericht: Änderungen von DRS 20).

BÖCKING, HANS-JOACHIM/ALTHOFF, CAROLIN, Paradigmenwechsel in der (Konzern-)Lageberichterstattung über nicht-monetäre Erfolgsfaktoren. Pre-Financial Performance Indicators als Vorstufe, nicht als Gegensatz von Financial Performance Indicators, in: DK 2017, S. 246–255 (Paradigmenwechsel).

BÖCKING, HANS-JOACHIM/GROS, MARIUS/KOCH, SEBASTIAN/WALLEK, CHRISTOPH, Der neue Konzernlagebericht nach DRS 20, in: DK 2013, S. 30–43 (Der neue Konzernlagebericht nach DRS 20).

BÖCKING, HANS-JOACHIM/GROS, MARIUS/WALLEK, CHRISTOPH/WORRET, DANIEL, Das Grünbuch "Weiteres Vorgehen im Bereich der Abschlussprüfung: Lehren aus der Krise" - Ergebnisse der Konsultation, in: WPg 2011, S. 1159–1170 (Vorgehen im Bereich der Abschlussprüfung).

BÖCKING, HANS-JOACHIM/ORTH, CHRISTIAN, Kann das „Gesetz zur Kontrolle und Transparenz im Unternehmensbereich (KonTraG)" einen Beitrag zur Verringerung der Erwartungslücke leisten? Eine Würdigung auf Basis von Rechnungslegung und Kapitalmarkt, in: WPg 1998, S. 351–364 (KonTraG).

BOECKER, CORINNA/ZWIRNER, CHRISTIAN, Nichtfinanzielle Berichterstattung - Umsetzung und Anwendung der EU-Vorgaben in Deutschland, in: BB 2017, S. 2155–2159 (Nichtfinanzielle Berichterstattung).

BOHNER, THEODOR, Der ehrbare Kaufmann. Vom Werden und Wirken deutscher Wirtschaft, Hamburg 1956 (Der ehrbare Kaufmann).

BOURGHELLE, DAVID/JEMEL, HAGER/LOUCHE, CELINE, THE INTEGRATION OF ESG INFORMATION INTO INVESTMENT PROCESSES: TOWARD AN EMERGING COLLECTIVE BELIEF, verfügbar unter: https://public.vlerick.com/Publications/aa43ee88-6aa9-e011-8a89-005056a635ed.pdf (Stand: 11.02.2019) (The integration of ESG information).

BUCHHEIM, REGINE/KNORR, LIESEL, Der Lagebericht nach DRS 15 und internationale Entwicklungen, in: WPg 2006, S. 413–425 (Der Lagebericht nach DRS 15).

BUNGARTZ, OLIVER, Handbuch Interne Kontrollsysteme (IKS). Steuerung und Überwachung von Unternehmen, 5 Aufl., Berlin 2017 (Handbuch Interne Kontrollsysteme).

BYDLINSKI, PETER, Grundzüge der juristischen Methodenlehre, 2. Aufl., Wien 2012 (Grundzüge der juristischen Methodenlehre).

COENENBERG, ADOLF G./HALLER, AXEL/SCHULTZE, WOLFGANG, Jahresabschluss und Jahresabschlussanalyse. Betriebswirtschaftliche, handelsrechtliche, steuerrechtliche und internationale Grundlagen - HGB, IAS/IFRS, US-GAAP, DRS, 24. Aufl., Stuttgart 2016 (Jahresabschluss und Jahresabschlussanalyse).

DÄZEL, GEORG A., Praktische Anleitung zur Forstwirthschaft, besonders zur Vermessung, Taxirung und Eintheilung der Wälder, München 1788.

DAUNER, MATTHIAS/SOHN, KLAUS-DIETER, Gesetzgebung im Trilog. Das Ende der transparenten repräsentativen Demokratie?, in: cepInput 2015, S. 1–16 (Gesetzgebung im Trilog).

DEUTSCHER BUNDESTAG (Hrsg.), Gesetzgebung. Von der Idee zum Gesetz, Berlin 2016 (Gesetzgebung).

DEUTSCHER BUNDESTAG (Hrsg.), Vorgaben der Verordnung (EU) Nr. 995/2010. Auslegungsgrundsätze des EuGH, Berlin 2016 (Auslegungsgrundsätze des EuGH).

DEUTSCHER BUNDESTAG (Hrsg.), Geschäftsordnung des Deutschen Bundestages und Geschäftsordnung des Vermittlungsausschusses, Berlin 2017 (Geschäftsordnung).

DIENES, DOMINIK/VELTE, PATRICK, Das finale IIRC-Rahmenkonzept zum Integrated Reporting - Kritische Würdigung wesentlicher Inhalte und Änderungen gegenüber der Entwurfsfassung, in: IRZ 2014, S. 67–72 (IIRC-Rahmenkonzept Integrated Reporting).

DIPIAZZA, SAMUEL/ECCLES, ROBERT G., Vertrauen durch Transparenz. Die Zukunft der Unternehmensberichterstattung, Weinheim 2003 (Vertrauen durch Transparenz).

DOBLER, MICHAEL, Risikoberichterstattung. Eine ökonomische Analyse, Frankfurt am Main 2004 (Risikoberichterstattung).

DÖLLERER, GEORG, Grundsätze ordnungsmäßiger Bilanzierung, deren Entstehung und Ermittlung, in: BB 1959, S. 1217-1221 (Grundsätze ordnungsmäßiger Bilanzierung).

DOMBRET, ALEXANDER. R., Die aktuelle Finanzkrise – Ursachen, Folgen und Herausforderungen, in: Ursachen und Konsequenzen aus der Finanzkrise, hrsg. v. Pfingsten, Andreas, Münster 2009, S. 63–70 (Die aktuelle Finanzkrise).

EBELING, RALF MICHAEL, Die Einheitsfiktion als Grundlage der Konzernrechnungslegung, Stuttgart 1995 (Die Einheitsfiktion).

ECKERT, TIM, Ausschüttungsrestriktionen als Instrumente der Kapitalerhaltung, Lohmar 2010 (Ausschüttungsrestriktionen).

EFFAS (Hrsg.), KPIs for ESG. A Guideline for the integration of ESG into Financial Analysis and Coporate Valuation (KPIs for ESG).

EISELT, ANDREAS/KASPEREIT, THOMAS, Nachhaltigkeitsberichterstattung als Instrument der Kapitalmarktkommunikation, in: KoR 2010, S. 379–384 (Nachhaltigkeitsberichterstattung als Instrument der Kapitalmarktkommunikation).

EISENSCHMIDT, KARSTEN, Die Risikoberichterstattung deutscher Konzerne - eine empirische Analyse der Unternehmen des HDAX und SDAX, in: KoR 2011, S. 203–213 (Die Risikoberichterstattung deutscher Konzerne).

ERGÜN, ISMAIL, Risikoberichterstattung in den Lage- und Konzernlageberichten deutscher Groß- und Außenhandelsunternehmen, Hamburg 2014 (Risikoberichterstattung in den Lage- und Konzernlageberichten).

EU-KOMMISSION (Hrsg.), Mitteilung der Kommission – Leitlinien für die Berichterstattung über nichtfinanzielle Informationen, in: Amtsblatt der EU Nr. C 215 vom 05.07.2017, S. 1–20.

EUFINGER, ALEXANDER, Die neue CSR-Richtlinie - Erhöhung der Unternehmenstransparenz in Sozial- und Umweltbelangen, in: EuZW 2015, S. 424–428 (CSR-Richtlinie).

EY (Hrsg.), Die CSR-Richtlinie setzt neue Maßstäbe. Starten Sie jetzt mit der Umsetzung, verfügbar unter: http://www.ey.com/Publication/vwLUAssets/EY-Nachhaltigkeitsberichterstattungsstudie-2015/$FILE/EY-Nachhaltigkeitsberichterstattungsstudie-2015.pdf (Stand: 11.02.2019) (Die CSR-Richtlinie setzt neue Maßstäbe).

FIFKA, MATTHIAS S., CSR und Reporting. Nachhaltigkeits- und CSR-Berichterstattung verstehen und erfolgreich umsetzen, Heidelberg 2014 (CSR und Reporting).

FINK, CHRISTIAN, Ausgewählte Anwendungsfragen zur nichtfinanziellen Konzernberichterstattung in der Berichtspraxis im MDAX, in: KoR 2018, S. 467–473 (Berichtspraxis im MDAX).

FINK, CHRISTIAN/KAJÜTER, PETER/WINKELJOHANN, NORBERT, Lageberichterstattung. HGB, DRS und IFRS Practice Statement Management Commentary, Stuttgart 2013 (Lageberichterstattung).

FINK, CHRISTIAN/KECK, BARBARA, Lageberichterstattung nach BilReG und DRS 15. Eine kritische Würdigung, in: KoR 2005, S. 137–146 (Lageberichterstattung nach BilReG und DRS 15).

FINK, CHRISTIAN/SCHMIDT, RÜDIGER, Neue Entwicklungen in der Lageberichterstattung, in: DB 2015, S. 2157–2165 (Neue Entwicklungen in der Lageberichterstattung).

FINK, PETER/FISTRIC, SASA, Neue Aspekte bei der Unternehmensberichterstattung: Die EU fordert die Offenlegung nicht-finanzieller Informationen, in: DB 2013, S. 2700–2701 (Unternehmensberichterstattung EU).

FISCH, MICHAEL/MUJKANOVIC, ROBIN, Leistungsindikatoren im Lagebericht. Konnte die Qualität der Berichterstattung 2014 gesteigert werden?, in: PiR 2015, S. 213–220 (Leistungsindikatoren im Lagebericht).

FISCHER, DAVID/BEHNCKE, NICOLETTE/FINK, HENDRIK, Klimawandel als Risiko und Chance für Unternehmen. Implikationen und Umsetzung der Empfehlungen der Expertenkommission TCFD, in: WPg 2017, S. 1143–1151 (Klimawandel als Risiko und Chance).

FISCHER, SIMONE/GRÄBSCH, CARMEN, Handbuch zur Nachhaltigkeitsberichterstattung (Stand: 04.01.2017) (Nachhaltigkeitsberichterstattung).

FLEISCHER, HOLGER, Corporate Social Responsibility. Vermessung eines Forschungsfeldes aus rechtlicher Sicht, in: AG 2017, S. 509–525 (Corporate Social Responsibility).

FRANK, RALF, Warum ein deutscher Nachhaltigkeitskodex? Um die Nachhaltigkeitsberichterstattung endlich verbindlich zu regeln!, in: GoingPublic-Sonderheft, S. 14–16 (Warum ein deutscher Nachhaltigkeitskodex?).

FREIDANK, CARL-CHRISTIAN/SEPETAUZ, KARSTEN, (Konzern-)Lageberichterstattung nach DRS 20. Bestandsaufnahme und Darstellung der Änderungen, in: StuB 2013, S. 54–60 ((Konzern-)Lageberichterstattung nach DRS 20).

FÜSER, KARSTEN/WADER, DOMINIC/FISCHER, KATHARINA, Corporate Governance, in: Das neue deutsche Bilanzrecht. Handbuch zur Anwendung des Bilanzrechtsmodernisierungsgesetzes (BilMoG), hrsg. v. Küting, Karlheinz/Pfitzer, Norbert/Weber, Claus-Peter, 2. Aufl., Stuttgart 2009, S. 603–623 (Corporate Governance).

GABRIEL, ALEXANDER, Freiwillige Veröffentlichung und Prüfung von GRI-Nachhaltigkeitsberichten. Eine empirische Analyse auf dem europäischen Kapitalmarkt, Wiesbaden 2015 (GRI-Nachhaltigkeitsberichte).

GLASER, ANDREAS, Corporate Social Responsibility (CSR): Erweiterung der (Lage-)Berichterstattung um nicht-finanzielle Informationen zur Erhöhung der Unternehmenstransparenz in Umwelt- und Sozialbelangen, in: IRZ 2015, S. 55–57 (Corporate Social Responsibility).

GLATZ, GERHARD, Der Konzernlagebericht. Die Anforderungen des DRS 15 im Vergleich zur US-amerikanischen MD&A, Saarbrücken 2007 (Der Konzernlagebericht).

GÖBBELS, MARC/STUBENRAUCH, INA, Von der Environmental Due Diligence zu einem ganzheitlichen ESG Due Diligence-Ansatz, in: M&A REVIEW 2014, S. 55–60 (ESG Due Diligence-Ansatz).

GÖCK, MARCO/DRESP, MARTIN, Mehr als nur Umweltschutz – Nachhaltigkeit als Erfolgsfaktor für Unternehmen, in: WPg 2018, S. 1321–1326 (Nachhaltigkeit als Erfolgsfaktor).

GRAẞMANN, MICHAEL/KRANNICH, TERESA/GÜNTHER, THOMAS/GÜNTHER, EDELTRAUD, Die nichtfinanziellen Erklärungen der DAX30-Unternehmen. Eine empirische Analyse der Berichterstattung über die Umweltbelange nach § 289c Abs. 2 Nr. 1 HGB, in: KoR 2018, S. 431–441.

GREINERT, MARKUS, Weitergehende Anforderungen an den Konzernlagebericht durch E-DRS 20 sowie das Bilanzrechtsreformgesetz, in: KoR 2004, S. 51–60 (Weitergehende Anforderungen an den Konzernlagebericht).

GRI (Hrsg.), Member State Implementation of Directive 2014/95/EU. A comprehensive overview of how Member States are implementing the EU Directive on Non-financial and Diversity Information, verfügbar unter: https://www.globalreporting.org/resourcelibrary/NFR-publication%20online_version.pdf (Stand: 11.02.2019) (Member State Implementation).

GROCHLA, ERWIN/WITTMANN, WALDEMAR, Handwörterbuch der Betriebswirtschaft Gl-Rech, 4. Aufl., Stuttgart 1975 (Betriebswirtschaft).

GROS, MARIUS/KOCH, SEBASTIAN/WALLEK, CHRISTOPH, E-DRS 27: Geplante Änderungen in der Konzernlageberichterstattung, in: DK 2012, S. 111–123 (E-DRS 27).

GUNDEL, ASTRID, Prüfung der CSR-Berichterstattung durch den Aufsichtsrat. Wie intensiv muss der Aufsichtsrat die Rechtmäßigkeit prüfen?, in: WPg 2018, S. 108–113 (Prüfung der CSR-Berichterstattung durch den Aufsichtsrat).

GÜNTHER, JENS/MUSCHALLIK, MARCO, Identifikation wesentlicher Themen im Rahmen der Nachhaltigkeitsberichterstattung. Eine Analyse ausgewählter Nachhaltigkeitsberichte, in: KoR 2017, S. 421–425 (Identifikation wesentlicher Themen).

HAAKER, ANDREAS, Wider die Integration der nichtfinanziellen (CSR-)Erklärung in den Lagebericht, in: DB 2017, S. 922 (Wider die Integration der nichtfinanziellen Erklärung).

HAAKER, ANDREAS/FREIBERG, JENS, Zwang statt freiwilliger CSR-Berichterstattung? Pro & Contra, in: PiR 2016, S. 118–119 (Zwang statt freiwilliger CSR-Berichterstattung?).

HAAKER, ANDREAS/FREIBERG, JENS, Staatlicher Zwang zur lieferkettenbezogenen CSR-Berichterstattung? Pro & Contra, in: PiR 2017, S. 27–28 (Lieferkettenbezogenen CSR-Berichterstattung).

HAAKER, ANDREAS/FREIBERG, JENS, Integrierte nichtfinanzielle Erklärung? Pro & Contra, in: PiR 2017, S. 186–187 (Integrierte nichtfinanzielle Erklärung?).

HAAKER, ANDREAS/FREIBERG, JENS, Kodifizierung und Definition von Wesentlichkeit? Pro & Contra, in: PiR 2017, S. 351–352 (Kodifizierung und Definition von Wesentlichkeit).

HAAKER, ANDREAS/FREIBERG, JENS, Risikodefinition ohne Betroffenen und Adressaten?, in: PiR 2017, S. 278 (Risikodefinition).

HAAKER, ANDREAS/GAHLEN, DIETER, Umsetzung der CSR-Richtlinie. Kritische Anmerkungen zum BMJV-Konzept, in: StuB 2015, S. 662–666 (Umsetzung der CSR-Richtlinie).

HALLER, AXEL, Integrated Reporting - Die Zukunft der Unternehmensberichterstattung, in: KoR 2017, S. 442–447 (Die Zukunft der Unternehmensberichterstattung).

HALLER, AXEL/ERNSTBERGER, JÜRGEN, Global Reporting Initiative - Internationale Leitlinien zur Erstellung von Nachhaltigkeitsberichten, in: BB 2006, S. 2516–2524 (Global Reporting Initiative).

HALLER, AXEL/FUHRMANN, CHRISTIANE, Die Entwicklung der Lageberichterstattung in Deutschland vor dem Hintergrund des Konzepts des "Integrated Reporting", in: KoR 2012, S. 461–470 (Die Entwicklung der Lageberichterstattung).

HALLER, AXEL/GRUBER, STEFAN, Aufnahme nichtfinanzieller Informationen in die Lageberichterstattung – Auswirkungen auf die Überwachungsfunktion des Aufsichtsrats, in: KoR 2018, S. 474–485 (Auswirkungen auf die Überwachungsfunktion des Aufsichtsrats).

HARTMANN, CHRISTINA, Internationalisierung der Lageberichterstattung. Darstellung und Vergleich des deutschen Lageberichts und der US-amerikanischen MD&A, Marburg 2006 (Internationalisierung der Lageberichterstattung).

HAVERS, GUIDO/SIEGEL, DANIEL P., Aufstellung von Zahlungsberichten nach BilRUG. Diskussion ausgewählter Auslegungsfragen und Vorschläge zur Anpassung von Reporting- und Kontrollsystemen, in: WPg 2016, S. 341–348 (Zahlungsberichte nach BilRUG).

HECKER, ANDREAS, Untersuchung zur Umsetzung der „CSR-Richtlinie" in Deutschland unter Berücksichtigung der Initiative „Deutscher Nachhaltigkeitskodex", verfügbar unter: https://www.deutscher-nachhaltigkeitskodex.de/fileadmin/user_upload/dnk/pressemitteilungen/150601_Gutachten_EU_Richtlinie_DNK.pdf (Stand: 04.04.2018) (Untersuchung zur Umsetzung der „CSR-Richtlinie").

HECKER, ANDREAS/BRÖCKER, NORBERT, Die CSR-Berichtspflicht in der Hauptversammlungssaison 2018, in: AG 2017, S. 761–770 (Die CSR-Berichtspflicht).

HENCKEL, NIELS/RIMMELSPACHER, DIRK/SCHÄFER, NINA, Erfahrungen aus der erstmaligen Anwendung des DRS 20. Anregungen zur Lösung ausgewählter Zweifelsfragen, in: DK 2014, S. 386–403 (Erfahrungen aus der erstmaligen Anwendung des DRS 20).

HENNRICHS, JOACHIM, Die Grundkonzeption der CSR-Berichterstattung und ausgewählte Problemfelder, in: ZGR 2018, S. 206–230 (Grundkonzeption der CSR-Berichterstattung).

HENNRICHS, JOACHIM/PÖSCHKE, MORITZ, Die Pflicht des Aufsichtsrates zur Prüfung des "CSR-Berichts", in: NZG 2017, S. 121–127 (Prüfung des "CSR-Berichts").

HERB, ANJA, Gesetz für die gleichberechtigte Teilhabe an Führungspositionen – Umsetzung in der Praxis, in: DB 2015, S. 964–970 (Gesetz für die gleichberechtigte Teilhabe an Führungspositionen).

HEUMANN, RAINER, Value Reporting in IFRS-Abschlüssen und Lageberichten 2005 (Value Reporting in IFRS-Abschlüssen und Lageberichten).

HINZ, MICHAEL, Nachhaltigkeitsorientierte Berichterstattung, in: Perspektiven der Wirtschaftswissenschaften, hrsg. v. Gesmann-Nuissl, Dagmar/Hartz, Ronald/Dittrich, Marcus, Wiesbaden 2014, S. 257–278 (Nachhaltigkeitsorientierte Berichterstattung).

HINZE, ANNE-KATHRIN, „Nichtfinanzielle Leistungsindikatoren" in der Berichterstattung, in: WPg 2016, S. 1168–1173 (Nichtfinanzielle Leistungsindikatoren).

HIRSCH, BERNHARD/VOLNHALS, MARTINA, Information Overload im Berichtswesen – ein unterschätztes Phänomen, in: DBW 2012, S. 23–55 (Information Overload).

HIRSCHBERGER, WOLFGANG/LEUZ, NORBERT, Der Grundsatz der Wesentlichkeit bei der Jahresabschlusserstellung, in: DB 2012, S. 2529–2535 (Wesentlichkeit bei der Jahresabschlusserstellung).

HIRSCHI, STEPHAN/RUTISHAUSER, RAPHAEL, Nachhaltigkeitsberichterstattung im Trend. Nichtfinanzielle Zielsetzungen führen zu Erreichung finanzieller Zielsetzungen, in: Expert Focus 2016, S. 688–695 (Nachhaltigkeitsberichterstattung im Trend).

HOFFMANN, TIM, Unternehmerische Nachhaltigkeitsberichterstattung, Lohmar 2011 (Unternehmerische Nachhaltigkeitsberichterstattung).

HOFFMANN, WOLF-DIETER, Die Wesentlichkeit im Anhang, in: StuB 2013, S. 717–718 (Die Wesentlichkeit im Anhang).

HOFFMANN, WOLF-DIETER, Wesentlichkeit im Lagebericht, in: StuB 2013, S. 757–758 (Wesentlichkeit im Lagebericht).

HOFFMANN, WOLF-DIETER, Wegweiser zur Wesentlichkeit, in: StuB 2016, S. 165–166 (Wegweiser zur Wesentlichkeit).

HOLZMEIER, MAXIMILIAN/BURTH, MARIUS/HACHMEISTER, DIRK, Die nichtfinanzielle Konzernberichterstattung nach dem CSR-Richtlinie-Umsetzungsgesetz, in: IRZ 2017, S. 215–220 (Die nichtfinanzielle Konzernberichterstattung).

HÖMBERG, REINHOLD, Zum IDW-Prüfungsstandard: Wesentlichkeit im Rahmen der Abschlussprüfung. Analyse wichtiger Normen des PS 250 n.F., in: Rechnungslegung, Prüfung und Unternehmensbewertung, hrsg. v. Dobler, Michael u. a., Stuttgart 2014, S. 301–323 (Wesentlichkeit).

HOMMELHOFF, PETER, Nichtfinanzielle Unternehmensziele im Unionsrecht - Zwanzig Bemerkungen zum Kommissionsvorschlag für die Novellierung der 4. und 7. Bilanzrichtlinie vom April 2013 -, in: Festschrift für Gerrick Freiherr von Hoyningen-Huene zum 70. Geburtstag, hrsg. v. Boemke, Burkhard/Lembke, Mark/Linck, Rüdiger, München 2014, S. 137–144 (Nichtfinanzielle Unternehmensziele im Unionsrecht).

HOMMELHOFF, PETER, Nichtfinanzielle Ziele in Unternehmen von öffentlichem Interesse. Die Revolution übers Bilanzrecht, in: Festschrift für Bruno M. Kübler zum 70. Geburtstag, hrsg. v. Bork, Reinhard/Kayser, Godehard/Kebekus, Frank, München 2015, S. 291–299 (Nichtfinanzielle Ziele in Unternehmen).

HUMBERT, FRANZISKA, Corporate Social Responsibility und die Frage nach staatlicher Regulierung: Eine rechtspolitische Einschätzung, in: ZGR 2018, S. 295–315 (Frage nach staatlicher Regulierung).

IDW (Hrsg.), Frauenquote. Gemeinsames Positionspapier des Hauptfachausschusses und des Fachausschusses Recht zu den Angaben zur Frauenquote als Bestandteil der Erklärung zur Unternehmensführung - Mögliche Auswirkungen auf Bestätigungsvermerk und Prüfungsbericht, IDW, Düsseldorf 2016 (Frauenquote).

IDW (Hrsg.), IDW Positionspapier: Pflichten und Zweifelsfragen zur nicht-finanziellen Erklärung als Bestandteil der Unternehmensführung. Zukunft der Berichterstattung Nachhaltigkeit (IDW Positionspapier).

IDW (Hrsg.), IDW Prüfungsstandard: Rechnungslegungs- und Prüfungsgrundsätze für die Abschlussprüfung (IDW PS 201), in: IDW-FN 2015, S. 300 ff. (IDW PS 201).

IDW (Hrsg.), IDW Prüfungsstandard: Die Beurteilung von zusätzlichen Informationen, die von Unternehmen zusammen mit dem Jahresabschluss veröffentlicht werden (IDW PS 202), in: IDW-FN 2010, S. 423 ff. (IDW PS 202).

IDW (Hrsg.), IDW Prüfungsstandard: Feststellung und Beurteilung von Fehlerrisiken und Reaktionen des Abschlussprüfers auf die beurteilten Fehlerrisiken (IDW PS 261 n. F.), in: IDW-FN 2012, S. 239 ff. (IDW PS 261 n. F.).

IDW (Hrsg.), IDW Prüfungsstandard: Die Prüfung des Risikofrüherkennungssystems nach § 317 Abs. 4 HGB (IDW PS 340), in: IDW-FN 1999, S. 350 ff. (IDW PS 340).

IDW (Hrsg.), IDW Prüfungsstandard: Grundsätze ordnungsmäßiger Prüfung oder prüferischer Durchsicht von Berichten im Bereich der Nachhaltigkeit (IDW PS 821), in: WPg 2006, S. 854–863 (IDW PS 821).

IDW (Hrsg.), WP Handbuch. Wirtschaftsprüfung und Rechnungslegung, 15. Aufl. Düsseldorf 2017 (WP-Handbuch 2017).

KAISER, KARIN, Auswirkungen des Bilanzrechtsreformgesetzes auf die zukunftsorientierte Lageberichterstattung, in: WPg 2005, S. 405–418 (Auswirkungen des BilReG).

KAJÜTER, PETER, Der Lagebericht als Instrument einer kapitalmarktorientierten Rechnungslegung. Umfassende Reformen nach dem Entwurf zum BilReG und E-DRS 20, in: DB 2004, S. 197–203 (Instrument einer kapitalmarktorientierten Rechnungslegung).

KAJÜTER, PETER, Risikomanagement im Konzern. Eine empirische Analyse börsennotierter Aktienkonzerne, München 2012 (Risikomanagement im Konzern).

KAJÜTER, PETER, Nachhaltigkeitsberichterstattung nach den G4-Leitlinien der GRI, in: WPg 2014, S. 599–607 (Nachhaltigkeitsberichterstattung nach den G4-Leitlinien).

KAJÜTER, PETER, Die nichtfinanzielle Erklärung nach dem Regierungsentwurf zum CSR-Richtlinie-Umsetzungsgesetz, in: IRZ 2016, S. 507–513 (RegE CSR-Richtlinie-Umsetzungsgesetz).

KAJÜTER, PETER, Neuerungen in der Lageberichterstattung nach dem Referentenentwurf des CSR-Richtlinie-Umsetzungsgesetzes, in: KoR 2016, S. 230–239 (Neuerungen in der Lageberichterstattung).

KAJÜTER, PETER, Das CSR-Richtlinie-Umsetzungsgesetz - ein Kompromiss, in: IRZ 2017, S. 137–138 (Das CSR-Richtlinie-Umsetzungsgesetz).

KAJÜTER, PETER, Nichtfinanzielle Berichterstattung nach dem CSR-Richtlinie-Umsetzungsgesetz, in: DB 2017, S. 617–624 (CSR-Richtlinie-Umsetzungsgesetz).

KAJÜTER, PETER/BLAESING, DANIEL/HANNEN, STEFAN, "Connectivity of information" as a key principle of integrated reporting, in: IRZ 2013, S. 199–205 ("Connectivity of information" as a key principle of integrated reporting).

KAJÜTER, PETER/BLAESING, DANIEL/HANNEN, STEFAN, Der Consultation Draft des IIRC zum Integrated Reporting - Kritische Würdigung und Implikationen für die Praxis, in: DStR 2013, S. 1680-1687 (IIRC Consultation Draft Würdigung).

KAJÜTER, PETER/ESSER, SIMON, Risiko- und Chancenberichterstattung im Lagebericht. Eine empirische Analyse der HDAX-Unternehmen, in: IRZ 2007, S. 381–390 (Risiko- und Chancenberichterstattung im Lagebericht).

KAJÜTER, PETER/NIENHAUS, MARTIN/MOHRSCHLADT, HANNES, Chancen- und Risikoberichterstattung nach DRS 20 - Berichtspraxis und Anwendungserfahrungen bei DAX und MDAX-Unternehmen, in: WPg 2015, S. 514–525 (Chancen- und Risikoberichterstattung nach DRS 20).

KAJÜTER, PETER/WIRTH, MAXIMILIAN, Praxis der nichtfinanziellen Berichterstattung nach dem CSR-RUG. Empirische Befunde für die DAX-Unternehmen, in: DB 2018, S. 1605–1612 (Praxis der nichtfinanziellen Berichterstattung).

KIRSCH, HANNO, Berichterstattung zum Diversitätskonzept für das vertretungsberechtigte Organ und den Aufsichtsrat als neuer Bestandteil der Erklärung zur Unternehmensführung, in: DStZ 2017, S. 363–371 (Berichterstattung zum Diversitätskonzept).

KIRSCH, HANNO, E-DRÄS 8: Erneute Änderung am DRS 20 "Konzernlagebericht". Inhalt und Konkretisierung der gesetzlichen Anforderungen aufgrund des CSR-Richtlinie-Umsetzungsgesetzes, in: StuB 2017, S. 573–580 (Erneute Änderung am DRS 20).

KIRSCH, HANS-JÜRGEN, Erwartungslücke und Bestätigungsvermerk, in: Jahresabschluss und Jahresabschlussprüfung. Probleme, Perspektiven, internationale Einflüsse: Festschrift zum 60. Geburtstag von Jörg Baetge, hrsg. v. Fischer, Thomas R./Hömberg, Reinhold, Düsseldorf 1997, S. 956–980 (Erwartungslücke und Bestätigungsvermerk).

KIRSCH, HANS-JÜRGEN/DOHRN, MATTHIAS, Umsetzung der Fair Value-Richtlinie in Deutschland, in: Fair Value. Bewertung in Rechnungswesen, Controlling und Finanzwirtschaft, hrsg. v. Bieg, Hartmut/Heyd, Reinhard, München 2005, S. 130–154 (Umsetzung der Fair Value-Richtlinie in Deutschland).

KIRSCH, HANS-JÜRGEN/EWELT-KNAUER, CORINNA/GALLASCH, FLORIAN, Stärkung der wahrgenommenen Unabhängigkeit des Abschlussprüfers durch Angaben zu den Honoraren im Konzernanhang?, in: ZGR 2013, S. 647–667 (Unabhängigkeit des Abschlussprüfers).

KIRSCH, HANS-JÜRGEN/HUTER, MICHAEL, Die Prüfung der nicht-finanziellen Erklärung. Neue Pflichten für den Aufsichtsrat, in: WPg 2017, S. 1017–1024 (Die Prüfung der nichtfinanziellen Erklärung).

KIRSCH, HANS-JÜRGEN/SCHEELE, ALEXANDER, E-DRS 20: Ausweitung der Lageberichterstattung zum Value Reporting?, in: BB 2003, S. 2733–2739 (E-DRS 20, Ausweitung der Lageberichterstattung).

KIRSCH, HANS-JÜRGEN/WEGE, DENNIS, Die nichtfinanzielle Konzernerklärung im DAX 30. Ein erster Überblick, in: PiR 2018, S. 243–248 (Die nichtfinanzielle Konzernerklärung).

KLUGE, NORBERT/SICK, SEBASTIAN, Geheimwirtschaft bei Transparenz zum gesellschaftlichen Engagement? Zum Kreis der vom CSR-Richtlinie-Umsetzungsgesetz potentiell betroffenen Unternehmen, in: MBF-Report 2016, S. 1–33 (CSR-Richtlinie).

KOLB, SUSANNE/NEUBECK, GUIDO, Der Lagebericht. Grundsätze, Kommentierungen, Beispiele, Praxishinweise 2013 (Lagebericht).

KOLB, SUSANNE/NIECHCIAL, MICHAELA, Verwirrende Vielfalt der CSR-Berichterstattung. Zu viele Freiheiten für Aufstellung und Prüfung?, in: StuB 2017, S. 697–703 (Verwirrende Vielfalt der CSR-Berichterstattung).

KORT, MICHAEL, Risikomanagement nach dem Bilanzrechtsmodernisierungsgesetz, in: ZGR 2010, S. 440-471 (Risikomanagement nach dem BilMoG).

KRAMER, ERNST A., Juristische Methodenlehre, 5. Aufl., München 2016 (Juristische Methodenlehre).

KREIPL, MARKUS/MÜLLER, STEFAN, Ausweitung der Pflichtpublizität um eine Nichtfinanzielle Erklärung. RegE zur Umsetzung der CSR-Richtlinie, in: DB 2016, S. 2425-2428 (Ausweitung der Pflichtpublizität um eine nichtfinanzielle Erklärung).

KROPFF, BRUNO, Der Lagebericht nach geltendem und künftigem Recht, in: BFuP 1980, S. 514–532 (Der Lagebericht nach geltendem und künftigem Recht).

KRUGMAN, PAUL/JOHN, KLAUS DIETER/HERRMANN, MARCO/WELLS, ROBIN/JOHN, SARAH, Volkswirtschaftslehre, 2. Aufl., Stuttgart 2017 (Volkswirtschaftslehre).

KRUSE, HEINRICH WILHELM, Grundsätze ordnungsmäßiger Buchführung. Rechtsnatur und Bestimmung, 2. Aufl., Würzburg 1976 (Grundsätze ordnungsmäßiger Buchführung).

KUMM, NINA/WOODTLI, RETO MORITZ, Nachhaltigkeitsberichterstattung: Die Umsetzung der Ergänzungen der Bilanzrichtlinie um die Pflicht zu nichtfinanziellen Angaben im RefE eines CSR-Richtlinie-Umsetzungsgesetzes, in: DK 2016, S. 218–232 (Nachhaltigkeitsberichterstattung).

KÜTING, KARLHEINZ/WEBER, CLAUS-PETER, Der Konzernabschluss. Praxis der Konzernrechnungslegung nach HGB und IFRS, 13. Aufl., Stuttgart 2012 (Der Konzernabschluss).

LACKMANN, JULIA, Die Auswirkungen der Nachhaltigkeitsberichterstattung auf den Kapitalmarkt. Eine empirische Analyse, Wiesbaden 2010 (Auswirkungen Nachhaltigkeitsberichterstattung).

LACKMANN, JULIA/STICH, MICHAEL, Nicht-finanzielle Leistungsindikatoren und Aspekte der Nachhaltigkeit bei der Anwendung von DRS 20, in: KoR 2013, S. 236–242 (Anwendung des DRS 20).

LANFERMANN, GEORG, Referentenentwurf des CSR-Richtlinie-Umsetzungsgesetzes sieht Prüfungspflicht für den Aufsichtsrat vor, in: BB 2016, S. 1131–1135 (RefE des CSR-RUG).

LANFERMANN, GEORG, Prüfung der CSR-Berichterstattung durch den Aufsichtsrat, in: BB 2017, S. 747–750 (Prüfung der CSR-Berichterstattung).

LANFERMANN, GEORG, CSR-Berichterstattung: EU-Leitlinien für Unternehmen, in: WPg 2017, S. 1250–1255 (CSR-Berichterstattung: EU-Leitlinien).

LANFERMANN, GEORG, Sustainable Finance als neues Leitmotiv der Unternehmensberichterstattung, in: BB 2018, S. 490–494 (Sustainable Finance).

LANFERMANN, GEORG, Künftige Ausrichtung der EU-Unternehmensberichterstattung: Gesetzgebungspakt zu Sustainable Finance und „Fitness Check“, in: BB 2018, S. 1643–1647 (Künftige Ausrichtung der EU-Unternehmensberichterstattung).

LARENZ, KARL/CANARIS, CLAUS-WILHELM, Methodenlehre der Rechtswissenschaft, 3. Aufl., Berlin 1995 (Methodenlehre der Rechtswissenschaft).

LEFFSON, ULRICH, Wirtschaftsprüfung, 3. Aufl., Wiesbaden 1985 (Wirtschaftsprüfung).

LEFFSON, ULRICH, Die Grundsätze ordnungsmäßiger Buchführung, 7. Aufl., Düsseldorf 1987 (GoB).

LINK, ROBERT, Anwendung von Wesentlichkeit in der Finanzberichterstattung - Möglichkeiten und Fallstricke vor dem Hintergrund des IFRS Practice Statement 2, in: BB 2018, S. 171–175 (Wesentlichkeit in der Finanzberichterstattung).

LUDEWIG, RAINER, Die Darstellung der wirtschaftlichen Lage im Bericht über die aktienrechtliche Jahresabschlussprüfung, Düsseldorf 1955 (Die Darstellung der wirtschaftlichen Lage).

LÜHN, MICHAEL, Nachhaltigkeitsberichterstattung im Lagebericht. Überregulierung durch die neue CSR-Richtlinie?, in: ZRFC 2015, S. 102–107 (Nachhaltigkeitsberichterstattung).

MANIORA, JANINE, Der GRI G4 Standard - Synergie oder Antagonismus zum IIRC-Rahmenwerk? Erste empirische Ergebnisse über das Anwendungsverhältnis beider Rahmenwerke, in: KoR 2013, S. 479–489 (GRI G4 IIRC).

MANIORA, JANINE, Die neue EU-Richtlinie zur Offenlegung nichtfinanzieller Informationen: Verum oder Placebo? Eine Ex ante-Analyse nichtfinanzieller Informationsanforderungen ausgewählter EU-Mitgliedstaaten und Ex post-Implikationen, in: KoR 2015, S. 153–166 (EU-Richtlinie zur Offenlegung nichtfinanzieller Informationen).

MANKIW, NICHOLAS GREGORY/TAYLOR, MARK P., Grundzüge der Volkswirtschaftslehre, 6. Aufl., Stuttgart 2016 (Grundzüge der Volkswirtschaftslehre).

MARTEN, KAI-UWE/QUICK, REINER/RUHNKE, KLAUS, Wirtschaftsprüfung. Grundlagen des betriebswirtschaftlichen Prüfungswesens nach nationalen und internationalen Normen, 5. Aufl., Stuttgart 2015 (Wirtschaftsprüfung).

MASKE, MIRIAM/HIRSCH, BERNHARD/SOHN, MATTHIAS, Zur nachhaltigen Ausrichtung der Vergütungssysteme im Top-Management von Versicherungen - Eine Literaturanalyse und Gestaltungsempfehlungen für die Unternehmenspraxis, in: BFuP 2018, S. 47–66 (Nachhaltige Ausrichtung der Vergütungssysteme).

MEEH-BUNSE, GUNTHER/HERMELING, ANKE/SCHMAKER, STEFAN, CSR-Richtlinie: Inhalt und potentielle Auswirkungen auf kleine und mittlere Unternehmen. Berichterstattung von Unternehmen über nichtfinanzielle Leistungsindikatoren, in: DStR 2016, S. 2769–2773 (CSR-Richtlinie: Inhalt und potentielle Auswirkungen).

MEHRING, SIEGFRIED/HARTKE, VOLKER/PIEPER, KONSTANTIN, CSR-Berichterstattung regional tätiger Banken. Anforderungen an Ausgestaltung und Prüfung, in: WPg 2018, S. 494–500 (CSR-Berichterstattung regional tätiger Banken).

MEITNER, MATTHIAS, Extra-Financials in der Unternehmensbewertung, in: Corporate Finance 2017, S. 55–63 (Extra-Financials in der Unternehmensbewertung).

MELCHER, WINFRIED/MATTHEUS, DANIELA, Zum Referentenentwurf des Bilanzrechtsmodernisierungsgesetzes (BilMoG): Lageberichterstattung, Risikomanagement-Bericht und Corporate Governance-Statement, in: DB 2008, S. 52–55 (Zum Referentenentwurf des BilMoG).

MELCHER, WINFRIED/MATTHEUS, DANIELA, Zur Umsetzung der HGB-Modernisierung durch das BilMoG: Neue Offenlegungspflichten zur Corporate Governance, in: DB 2009, S. 77–82 (Umsetzung der HGB-Modernisierung durch das BilMoG).

MELCHER, WINFRIED/MURER, ALEXANDER, Das IFRS Practice Statement "Management Commentary" im Vergleich zu den DRS Verlautbarungen zur Lageberichterstattung, in: DB 2011, S. 430–434 (Lageberichterstattung).

MENGERS, GUNTER, Der ehrbare Kaufmann. Sind Anstand und Ethik etwas Altmodisches?, in: IDW LIFE 2018, S. 4–6 (Der ehrbare Kaufmann).

MENZIES, CHRISTOF/ENGELMAYER, BIRGIT, COSO als führendes Rahmenwerk für interne Kontrollsysteme, in: KoR 2013, S. 426–430 (COSO als führendes Rahmenwerk für interne Kontrollsysteme).

MERSCHDORF, MARTIN, Der Management Approach in der IFRS-Rechnungslegung. Implikationen für Unternehmen und Investoren, Frankfurt am Main 2013 (Management Approach in der IFRS-Rechnungslegung).

MEYER, YVONNE C., Auswirkungen des CSR-Richtlinie-Umsetzungsgesetzes auf die Tätigkeit des Wirtschaftsprüfers, in: WP Praxis 2017, S. 133–138 (Auswirkungen des CSR-Richtlinie-Umsetzungsgesetzes).

MEYER, YVONNE C., Überlegungen zur Auftragsgestaltung einer betriebswirtschaftlichen Prüfung nach ISAE 3000 (Revised), in: WP Praxis 2017, S. 99–106 (Betriebswirtschaftlichen Prüfung nach ISAE 3000).

MOCK, SEBASTIAN, Die Leitlinien der Europäischen Kommission zur CSR-Berichterstattung, in: DB 2017, S. 2144–2147 (Die Leitlinien der Europäischen Kommission).

MOCK, SEBASTIAN, Berichterstattung über Corporate Social Responsibility nach dem CSR-Richtlinie-Umsetzungsgesetz, in: ZIP 2017, S. 1195–1203 (Berichterstattung über Corporate Social Responsibility).

MÖLLER, HANS PETER/HÜFNER, BERND/KELLER, ERICH/KETTENIß, HOLGER/VIETHEN, HEINZ W., Konzern-Finanzberichte. Ökonomische Grundlagen, regulatorische Vorgaben und Informationskonsequenzen, 3. Aufl., Berlin 2018 (Konzern-Finanzberichte).

MOSER, HANS, Betriebswirtschaftliche Prüfung nach ISAE 3000 (Revised), in: IRZ 2015, S. 77-82 (Betriebswirtschaftliche Prüfung nach ISAE 3000 (Revised)).

MOXTER, ADOLF, Fundamentalgrundsätze ordnungsmäßiger Rechenschaft, in: Bilanzfragen. Festschrift zum 65. Geburtstag von Prof. Dr. Ulrich Leffson, hrsg. v. Baetge, Jörg/Moxter, Adolf/Schneider, Dieter, Düsseldorf 1976, S. 87–100 (Fundamentalgrundsätze).

MOXTER, ADOLF, Bilanzlehre, Wiesbaden 1976 (Bilanzlehre).

MOXTER, ADOLF, Zum Sinn und Zweck des handelsrechtlichen Jahresabschluss nach neuem Recht, in: Bilanz- und Konzernrecht. Festschrift zum 65. Geburtstag von Dr. Dr. h. c. Reinhard Goerdeler, hrsg. v. Havermann, Hans, Düsseldorf 1987, S. 361–374 (Zum Sinn und Zweck).

MOXTER, ADOLF, Rechnungslegungsmythen, in: BB 2000, S. 2143–2149 (Rechnungslegungsmythen).

MÜLLER, STEFAN, Referentenentwurf des CSR-Richtlinie-Umsetzungsgesetzes – wieder eine missglückte 1:1-Umsetzung?, in: BB 2016, S. I (RefE des CSR-RUG).

MÜLLER, STEFAN/SCHEID, OLIVER, Konkretisierung der Umsetzung der CSR-Richtlinie im DRS 20 – Erweiterung der Konzernlageberichterstattung durch E-DRÄS 8, in: BB 2017, S. 1835–1838 (Konkretisierung der CSR-Richtlinie im DRS 20).

MÜLLER, STEFAN/STAWINOGA, MARTIN, Integrierte Berichterstattung: Aufstellung und Prüfung eines integrierten Berichts vor dem Hintergrund aktueller Verlautbarungen des IIRC, in: KoR 2013, S. 303–309 (Aufstellung und Prüfung eines integrierten Berichts).

MÜLLER, STEFAN/STAWINOGA, MARTIN/VELTE, PATRICK, Mögliche Einbettung der neuen nichtfinanziellen Erklärung in die handelsrechtliche Unternehmenspublizität und -prüfung, in: DB 2015, S. 2217–2223 (Einbettung der neuen nichtfinanziellen Erklärung).

MÜßIG, ANKE, Bilanzielle Risikovorsorge und außerbilanzielle Risikoberichterstattung. Das Verhältnis von Lagebericht und Management Commentary zum Jahresabschluss nach HGB und IFRS, Wiesbaden 2006 (Risikovorsorge und -berichterstattung).

MÜßIG, ANKE, Lagebericht und Value Reporting, in: Internationale Rechnungslegung und Internationales Controlling. Herausforderungen – Handlungsfelder – Erfolgspotenziale, hrsg. v. Funk, Wilfried/Rossmanith, Jonas, Wiesbaden 2008, S. 187–221 (Lagebericht und Value Reporting).

NAGEL-JUNGO, GABRIELA/AFFOLTER, BEAT, Nachhaltigkeitsberichterstattung im Rahmen integrierter Berichterstattung, in: IRZ 2016, S. 427–432 (Nachhaltigkeitsberichterstattung im Rahmen integrierter Berichterstattung).

NAUMANN, KLAUS-PETER, Integrierte Finanz- und Nachhaltigkeitsberichterstattung - statt fundamentaler Neuorientierung Berücksichtigung geänderter Informationsbedürfnisse, in: BB 2013, S. I (Integrierte Finanz- und Nachhaltigkeitsberichterstattung).

NAUMANN, KLAUS-PETER/SACK, MELANIE, Wirtschaftsprüfer als Vertrauensdienstleister, in: BFuP 2018, S. 353–369 (Wirtschaftsprüfer als Vertrauensdienstleister).

NAUMANN, KLAUS-PETER/SIEGEL, DANIEL P., Reichweite der Prüfungspflichten von Aufsichtsrat, Abschlussprüfer und DPR. Wer prüft eigentlich was in welchem Umfang?, in: WPg 2017, S. 1170–1178 (Reichweite der Prüfungspflichten).

NEMET, MARIJAN/EGGERT, KATI, Berichtspflicht für Nachhaltigkeit - Chance für alle Unternehmen. Herausforderungen der CSR-Richtlinie, in: FLF 2016, S. 156–161 (Berichtspflicht für Nachhaltigkeit).

NIETSCH, MICHAEL/MUNEROTTO, MALWINE, Der Referentenentwurf zur Umsetzung der CSR-Richtlinie, in: Compliance-Berater 2016, S. 177–182 (Referentenentwurf CSR-Richtlinie).

NIMWEGEN, SEBASTIAN, Vermeidung und Aufdeckung von Fraud 2009 (Vermeidung und Aufdeckung von Fraud).

NIMWEGEN, SEBASTIAN/KOELEN, PETER, COSO II als Rahmenkonzept für die Beschreibung der wesentlichen Merkmale des internen Kontroll- und des Risikomanagementsystems nach § 289 Abs. 5 HGB, in: DB 2010, S. 2011–2015 (COSO II).

OSER, PETER/ORTH, CHRISTIAN/WIRTZ, HOLGER, Das Bilanzrichtlinie-Umsetzungsgesetz (BilRUG). Wesentliche Änderungen und Hinweise zur praktischen Umsetzung, in: DB 2015, S. 1729–1741 (Bilanzrichtlinie-Umsetzungsgesetz).

OSSADNIK, WOLFGANG, Wesentlichkeit als Bestimmungsfaktor für Angabepflichten in Jahresabschluß und Lagebericht, in: BB 1993, S. 1763–1767 (Wesentlichkeit als Bestimmungsfaktor).

PAULI, MARCUS/ALBRECHT, CHRISTOPH, Wachsende Bedeutung der Risikoberichterstattung in Konzernen durch DRS 20, in: BB 2014, S. 1195–1199 (Wachsende Bedeutung der Risikoberichterstattung in Konzernen).

PEEMÖLLER, VOLKER H./HOFMANN, STEFAN, Bilanzskandale. Delikte und Gegenmaßnahmen, Berlin 2005 (Bilanzskandale).

PELLENS, BERNHARD/FÜLBIER, ROLF UWE/GASSEN, JOACHIM/SELLHORN, THORSTEN, Internationale Rechnungslegung. IFRS 1 bis 16, IAS 1 bis 41, IFRIC-Interpretationen, Standardentwürfe, 10. Aufl., Stuttgart 2017 (Internationale Rechnungslegung).

PELLENS, BERNHARD/LLESHAJ, DENISA/STAPPERT, CHRISTINA, Umsetzung der CSR-Richtlinie bei den HDAX-Unternehmen, in: BB 2018, S. 2283–2287 (Umsetzung der CSR-Richtlinie im HDAX).

PERRIDON, LOUIS/STEINER, MANFRED/RATHGEBER, ANDREAS, Finanzwirtschaft der Unternehmung, 9. Aufl., München 1997 (Finanzwirtschaft der Unternehmung).

PHILIPPS, HOLGER, Konzernsteuerung im Lagebericht nach DRS 20. Mindestanforderungen mit deutlichen Änderungspotenzialen zur Anpassung der bisherigen Berichtspraxis nach DRS 15, in: StuB 2013, S. 203–210 (Konzernsteuerung im Lagebericht nach DRS 20).

POPPER, KARL/KEUTH, HERBERT, Logik der Forschung, 11. Aufl., Tübingen 2005 (Logik der Forschung).

PUPPE, INGEBORG, Kleine Schule des juristischen Denkens, 3. Aufl., Göttingen 2014 (Kleine Schule des juristischen Denkens).

RAVENEL, CURTIS, Erstmals befasst sich industriegeführte Gruppe mit Klimaberichterstattung. TCFD erarbeitet Empfehlungen für Unternehmen, in: Börsen-Zeitung Spezial, S. 4–5 (Klimaberichterstattung - TCFD).

REGIERUNGSKOMMISSION DEUTSCHER CORPORATE GOVERNANCE KODEX (Hrsg.), Deutscher Corporate Governance Kodex 07.02.2017 (DCGK).

REHBINDER, ECKARD, Corporate Social Responsibility. von der gesellschaftspolitischen Forderung zur rechtlichen Verankerung, in: Corporate Social Responsibility. Die Richtlinie 2014/95/EU - Chancen und Herausforderungen, hrsg. v. Deinert, Stefanie/Schrader, Christian/Stoll, Bettina, Kassel 2015, S. 10–37 (Corporate Social Responsibility).

REINMUTH, MARCUS, Vertrauen schaffen durch glaubwürdige Unternehmenskommunikation. Von Geschäftsberichten und den Möglichkeiten und Grenzen einer angemessenen Sprache, Düsseldorf (Vertrauen durch Unternehmenskommunikation).

RICHTER, NICOLE/JOHNE, ANNETTE/KÖNIG, CHRISTOPH, Umsetzung der CSR-Richtlinie in nationales Recht. Was sind die Implikationen für die Praxis?, in: WPg 2017, S. 566–572 (Umsetzung der CSR-Richtlinie).

RIMMELSPACHER, DIRK/SCHÄFER, NINA/SCHÖNBERGER, MARTIN W., Das CSR-Richtlinie-Umsetzungsgesetz: Neue Anforderungen an die nichtfinanzielle Berichterstattung und darüber hinaus, in: KoR 2017, S. 225–232 (Das CSR-Richtlinie-Umsetzungsgesetz).

ROHLEDER, STEPHAN, Der (Konzern-)Zahlungsbericht für Unternehmen des Rohstoffsektors. Anforderungen durch das BilRUG und Vorschlag für einen Musterbericht, in: KoR 2016, S. 17–22 (Der (Konzern-)Zahlungsbericht).

RÖHM-KOTTMANN, MARIELLA/GUNDEL, ASTRID, Frauenquote und Zielgrößen für den Frauenanteil. Berichtspflichten in der Erklärung zur Unternehmensführung, in: WPg 2015, S. 1110–1115 (Frauenquote und Zielgrößen für den Frauenanteil).

ROLOFF, MARTIN, Nachhaltigkeitsberichterstattung entsprechend der GRI G4. Strategische Bedeutung und Implementierung, in: KoR 2014, S. 203–210 (GRI G4-Nachhaltigkeitsberichterstattung).

ROTH-MINGRAM, BERRIT, Corporate Social Responsibility (CSR) durch eine Ausweitung der nichtfinanziellen Informationen von Unternehmen, in: NZG 2015, S. 1341–1346 (Ausweitung der nichtfinanziellen Informationen).

RÜHMKORF, ANDREAS, Corporate Social Responsibility in der Lieferkette: Governance und Verantwortlichkeiten, in: ZGR 2018, S. 410–431 (CSR in der Lieferkette).

RUHNKE, KLAUS/SCHMIDT, MARTIN, Veröffentlichungs- und Prüfungspflichten im Zusammenhang mit der Erklärung zur Unternehmensführung und der nichtfinanziellen Erklärung, in: DB 2017, S. 2557–2563 (Veröffentlichungs- und Prüfungspflichten).

SAHNER, FRIEDHELM/KAMMERS, HEINZ, Der Lagebericht - Gegenwart und Zukunft, in: DB 1984, S. 2309–2316 (Lagebericht).

SAVIGNY, FRIEDRICH CARL von, System des heutigen Römischen Rechts, Berlin 1840 (System des heutigen Römischen Rechts).

SCHAEFER, PATRICK/SCHRÖDER, ISABELLE, Auswirkungen des DRS 20 auf die Berichterstattung nichtfinanzieller Leistungsindikatoren in den Lageberichten der DAX30-Unternehmen, in: KoR 2015, S. 95–107 (Auswirkungen des DRS 20).

SCHÄFER, NINA/RIMMELSPACHER, DIRK, Änderungen im (Konzern-)Lagebericht inkl. der Erklärung zur Unternehmensführung durch das BilRUG, in: DB 2015, S. 57–60 (Änderungen im (Konzern-)Lagebericht).

SCHEELE, ALEXANDER, Strategieorientierte Lageberichterstattung 2007 (Strategieorientierte Lageberichterstattung).

SCHEID, OLIVER/MÜLLER, STEFAN, Leitlinien der Europäischen Kommission zur nichtfinanziellen Berichterstattung. Vereinheitlichungschancen der Berichterstattung und Ausstrahlungswirkung auf weitere Unternehmen, in: DStR 2017, S. 2240–2246 (Leitlinien der Europäischen Kommission).

SCHEWE, GERHARD/NIENABER, A./BUSCHMANN, A./LIESENKÖTTER, B., Alles nur Greenwashing? Wie glaubwürdig berichten Unternehmen über ihr Nachhaltigkeitsengagement?, in: ZfU 2012, S. 1–27 (Alles nur Greenwashing?).

SCHMALENBACH, EUGEN, Grundsätze ordnungsmäßiger Bilanzierung, in: ZfHF 1933, S. 225–233 (Grundsätze ordnungsmäßiger Bilanzierung).

SCHMIDT, MATTHIAS, Möglichkeiten und Grenzen einer integrierten Finanz- und Nachhaltigkeitsberichterstattung, Düsseldorf 2012 (Möglichkeiten und Grenzen einer integrierten Finanz- und Nachhaltigkeitsberichterstattung).

SCHMIDT, RÜDIGER/SCHMOTZ, THOMAS, Die Beteiligung der Öffentlichkeit an der Standardsetzung des DRSC am Beispiel des DRÄS 8 zur Änderung des DRS 20, in: DK 2017, S. 476–480 (Beteiligung der Öffentlichkeit).

SCHMIDT, RÜDIGER/SCHMOTZ, THOMAS, Aktuelle EU-Aktivitäten: Änderung der Vorgaben zur Unternehmensberichterstattung (in Sicht), in: DB 2018, S. 1033–1039 (Vorgaben zur Unternehmensberichterstattung).

SCHMOTZ, THOMAS/SCHMIDT, RÜDIGER, Nichtfinanzielle Berichtspflichten in der Finanzberichterstattung. Konkretisierung des CSR-RUG durch DRS 20 und Ausblick, in: DB 2017, S. 2877–2884 (Nichtfinanzielle Berichtspflichten in der Finanzberichterstattung).

SCHNEIDER, DIETER, Betriebswirtschaftslehre, 2. Aufl., München, Wien 1997 (Betriebswirtschaftslehre).

SCHOBERTH, JOERG/SERVATIUS, HANS-GERD/THEES, ALEXANDER, Anforderungen an die Gestaltung von Internen Kontrollsystemen, in: BB 2006, S. 2571–2577 (Kontrollsysteme).

SCHRADER, CHRISTIAN, Entwicklung und Entwicklungsoptionen der Richtlinie 2014/95/EU, in: Corporate Social Responsibility. Die Richtlinie 2014/95/EU - Chancen und Herausforderungen, hrsg. v. Deinert, Stefanie/Schrader, Christian/Stoll, Bettina, Kassel 2015, S. 38–55 (Entwicklung und Entwicklungsoptionen der Richtlinie 2014/95/EU).

SCHREINER, HELMUT, Die Intersubjektivität von Wertungen. Zur Begründbarkeit von Wertungen im Rechtsdenken durch ethisch verpflichtetes Argumentieren, Berlin 1980 (Die Intersubjektivität von Wertungen).

SCHRUFF, LOTHAR, Entwicklung der 4. EG-Richtlinie. Synoptische Darstellung der Bilanzrichtlinie unter Berücksichtigung der Vorfassungen mit amtlichen Begründungen und weiteren Materialien, Düseldorf 1986 (4. EG-Richtlinie).

SCHULZE, DENNIS, Die Berichterstattung über Risiken der künftigen Entwicklung im Lagebericht nach dem KonTraG, Aachen 2001 (Die Berichterstattung über Risiken).

SCHWEITZER, MARCELL/KÜPPER, HANS-ULRICH/FRIEDL, GUNTHER/HOFMANN, CHRISTIAN/PEDELL, BURKHARD, Systeme der Kosten- und Erlösrechnung, 11. Aufl., München 2015 (Systeme der Kosten- und Erlösrechnung).

SCHWEITZER, ERIC, Der Ehrbare Kaufmann. Antiquierter Begriff oder top-aktuelles Unternehmerbild?, in: IDW LIFE 2018, S. 7–8 (Der Ehrbare Kaufmann).

SCHWEREN, FELIX C./BRINK, ALEXANDER, CSR-Berichterstattung in Europa, in: Zeitschrift für Wirtschafts- und Unternehmensetik 2016, S. 177–191 (CSR-Berichterstattung in Europa).

SEIBT, CHRISTOPH H., Corporate Reputation Management: Rechtsrahmen für Geschäftsleiterhandeln, in: DB 2015, S. 171–178 (Corporate Reputation Management).

SEIBT, CHRISTOPH H., CSR-Richtlinie-Umsetzungsgesetz: Berichterstattung über nichtfinanzielle Aspekte der Geschäftstätigkeit. Neues Element des Corporate Reputation Management, in: DB 2016, S. 2707–2716 (CSR-Richtlinie-Umsetzungsgesetz).

SELCHERT, FRIEDRICH/ERHARDT, MARTIN/FUHR, ANNETTE/GREINERT, MARKUS, Prüfung des Lageberichts. einschließlich Konzernlagebericht nach deutschem und internationalem Recht, Bielefeld 2000 (Prüfung des Lageberichts).

SENGER, THOMAS/BRUNE, JENS, DRS 20: neue und geänderte Anforderungen an den Konzernlagebericht, in: WPg 2012, S. 1285–1289 (DRS 20: neue Anforderungen an den Konzernlagebericht).

SIEBEN, GÜNTER, Offene Fragen bei der Erstellung und Prüfung des Lageberichts, in: Bilanz- und Konzernrecht. Festschrift zum 65. Geburtstag von Dr. Dr. h. c. Reinhard Goerdeler, hrsg. v. Havermann, Hans, Düsseldorf 1987, S. 581–600 (Offene Fragen bei der Erstellung und Prüfung des Lageberichts).

SIEGEL, DANIEL, Die Bilanzierung latenter Steuern im handelsrechtlichen Jahresabschluss nach § 274 HGB, Lohmar-Köln 2011 (Bilanzierung latenter Steuern im handelsrechtlichen Jahresabschluss).

SIMON-HECKROTH, ELLEN, Nachhaltigkeitsberichterstattung und Integrated Reporting - Neue Anforderungen an den Berufsstand, in: WPg 2014, S. 311–325 (Nachhaltigkeitsberichterstattung und Integrated Reporting).

SOLMECKE, HENRIK, Auswirkungen des Bilanzrechtsmodernisierungsgesetzes (BilMoG) auf die handelsrechtlichen Grundsätze ordnungsmäßiger Buchführung, Düsseldorf 2009 (Auswirkungen des BilMoG auf die GoB).

SOPP, KARINA/BAUMÜLLER, JOSEF, Die Leitlinien der EU-Kommission für die Berichterstattung über nichtfinanzielle Informationen: Orientierungshilfe ohne Orientierung, in: IRZ 2017, S. 377–383 (Die Leitlinien der EU-Kommission).

SPEICH, INGO, Klimathemen im Aufsichtsrat verankern. Konsequenzen aus TCFD, in: IDW LIFE 2018, S. 996–998 (Klimathemen im Aufsichtsrat).

SPIEßHOFER, BIRGIT, Die neue europäische Richtlinie über die Offenlegung nichtfinanzieller Informationen - Paradigmenwechsel oder Papiertiger?, in: NZG 2014, S. 1281–1287 (Die neue europäische Richtlinie).

SPRENGER, REINHARD, Grundsätze gewissenhafter und getreuer Rechenschaft im Geschäftsbericht, Wiesbaden 1976 (Grundsätze gewissenhafter und getreuer Rechenschaft).

STAWINOGA, MARTIN/VELTE, PATRICK, Der Referentenentwurf für ein CSR-Richtlinie-Umsetzungsgesetz. Eine erste Bestandsaufnahme unter besonderer Berücksichtigung der empirischen Relevanz des Deutschen Nachhaltigkeitskodex (DNK), in: DB 2016, S. 841–847 (Der RefE für ein CSR-RUG).

STOBBE, THOMAS, Der Lagebericht, in: BB 1988, S. 303–311 (Der Lagebericht).

TEICHMANN, CHRISTOPH/RÜB, CAROLIN, Die gesetzliche Geschlechterquote in der Privatwirtschaft, in: BB 2015, S. 898–906 (Die gesetzliche Geschlechterquote).

TEICHMANN, CHRISTOPH/RÜB, CAROLIN, Der Regierungsentwurf zur Geschlechterquote in Aufsichtsrat und Vorstand, in: BB 2015, S. 259–267 (Regierungsentwurf zur Geschlechterquote).

TESCH, JÖRG/WIßMANN, RALF, Erweiterung der Lageberichterstattung durch das BilMoG, in: Das Gesetz zur Modernisierung des Bilanzrechts (BilMoG). Neue Herausforderungen für Rechnungslegung und Corporate Governance, hrsg. v. Freidank, Carl-Christian, Berlin 2009, S. 251–275 (Erweiterung der Lageberichterstattung durch das BilMoG).

TESCH, JÖRG/WIßMANN, RALF, Lageberichterstattung, 2. Aufl., Weinheim 2009 (Lageberichterstattung).

THALER, RICHARD/SUNSTEIN, CASS, Nudge. Wie man kluge Entscheidungen anstößt, 12. Aufl., Berlin 2017 (Nudge).

THIEMANN, MATTHIAS, Nachhaltigkeitsberichterstattung, in: Controlling Zeitschrift für erfolgsorientierte Unternehmenssteuerung 2015, S. 277–278 (Nachhaltigkeitsberichterstattung).

THIEME, MARLEHN, Warum der Deutsche Nachhaltigkeitskodex wichtig ist für den Mittelstand, in: WPg 2015, S. I (Deutscher Nachhaltigkeitskodex).

THIERE, MATHIAS, Chancen- und Risikoberichterstattung, Göttingen 2009 (Chancen- und Risikoberichterstattung).

TICHY, ERHARD, Der Inhalt des Lageberichts nach § 160 I AktG. Eine theoretische und empirische Untersuchung, Hohenheim 1979 (Inhalt des Lageberichts).

TREPTE, FOLKER/SIEGEL, DANIEL P., Erstellung von (Konzern-)Zahlungsberichten. Grundzüge des IDW Praxishinweises 1/2017, in: WPg 2017, S. 317–321 (Erstellung von (Konzern-)Zahlungsberichten).

VELTE, PATRICK, (Un)geprüfte Nachhaltigkeitsinformationen im (Konzern-)Lagebericht nach der modifizierten EU-Rechnungslegungsrichtlinie?, in: NZG 2014, S. 1046–1049 (Nachhaltigkeitsinformationen im (Konzern-)Lagebericht).

VELTE, PATRICK, "Nachhaltige" Vorstandsvergütung bei börsennotierten Aktiengesellschaften. Notwendige Einbeziehung von nichtfinanziellen Leistungsindikatoren?, in: NZG 2016, S. 294–299 (Vorstandsvergütung).

VELTE, PATRICK, Regierungsentwurf für ein CSR-Richtlinie-Umsetzungsgesetz - eine Kompromissformel, in: BB 2016, S. I (CSR-Richtlinie-Umsetzungsgesetz).

VELTE, PATRICK, Die nichtfinanzielle Erklärung und die Diversity-Berichterstattung nach dem CSR-Richtlinie-Umsetzungsgesetz. Auf dem Weg zur „Sustainable Corporate Governance"?, in: StuB 2017, S. 293–298 (Nichtfinanzielle Erklärung und Diversity-Berichterstattung).

VELTE, PATRICK/STAWINOGA, MARTIN, Prüfung von Nachhaltigkeitsberichten. -Mögliche Implikationen für die handelsrechtliche Umsetzung der „EU-CSR-Richtlinie" bei der nicht finanziellen Erklärung vor dem Hintergrund internationaler Forschungsergebnisse, in: DK 2016, S. 13–19 (Prüfung von Nachhaltigkeitsberichten).

VELTE, PATRICK/WEBER, STEFAN C., Das Bilanzrechtsmodernisierungsgesetz (BilMoG) ante portas: Neue Herausforderungen für Rechnungslegung und Corporate Governance, in: KoR 2008, S. 640–646 (Das BilMoG ante portas).

VOLAND, THOMAS, Erweiterung der Berichtspflichten für Unternehmen nach der neuen CSR-Richtlinie, in: DB 2014, S. 2815–2818 (Erweiterung der Berichtspflichten).

VOLAND, THOMAS, Unternehmen und Menschenrechte - vom Soft Law zur Rechtspflicht, in: BB 2015, S. 67–75 (Unternehmen und Menschenrechte).

WEBER, STEFAN C./LENTFER, THIES/KÖSTER, MAX, Kritische Würdigung der Umsetzung europäischer Vorgaben im Referentenentwurf eines Bilanzrechtsmodernisierungsgesetztes, in: IRZ 2007, S. 367–373 (Kritische Würdigung BilMoG).

WEBER, STEFAN C./VELTE, PATRICK, Grundsätze ordnungsmäßigen Corporate Governance Reportings, in: DB 2012, S. 1824–1829 (Grundsätze ordnungsmäßigen Corporate Governance Reportings).

WEIBER, ROLF, Informationsökonomisch begründete Typologisierung von Kaufprozessen, in: zfbf 1995, S. 43–65 (Informationsökonomisch begründete Typologisierung von Kaufprozessen).

WEICH, STEPHEN, Rechnungslegung in der Insolvenz. Analyse konkreter Bilanzierungsfragen auf Basis eines konsistenten Zweck-Grundsatz-Systems, Lohmar 2017 (Rechnungslegung in der Insolvenz).

WIEBEN, HANS-JÜRGEN, Integration von ESG-Risiken in das Risikomanagement von Unternehmen. Verbesserung der Schnittstelle von Risikomanagement und Nachhaltigkeitsbereich durch Anwendung neuer Leitlinien, in: WPg 2018, S. 788–792 (ESG-Risiken im Risikomanagement).

WIECHERS, KLAUS, Neue Anforderungen bei der Aufstellung und Prüfung des Lageberichts gemäß KonTraG, in: StuB 2000, S. 130–136 (Neue Anforderungen gemäß KonTraG).

WILLEKE, CLEMENS, Der E-DRS 20 „Lageberichterstattung". ein Fortschritt?, in: StuB 2004, S. 359–365 (Der E-DRS 20 „Lageberichterstattung").

WINTER, MICHAEL/MARX, ERIC/DECKER, NADINE de, Zielgrößen für den Frauenanteil in Führungspositionen bei mitbestimmten Unternehmen, in: DB 2015, S. 1331–1335 (Frauenanteil in Führungspositionen).

WITHUS, KARL-HEINZ, Die Entsprechenserklärung zum DCGK: Geänderte Anforderungen durch das BilMoG, in: Der Aufsichtsrat 2009, S. 142–144 (Entsprechenserklärung zum DCGK).

WITHUS, KARL-HEINZ, Internes Kontrollsystem und Risikomanagementsystem - Neue Anforderungen an die Wirtschaftsprüfer durch das BilMoG, in: WPg 2009, S. 858–862 (Internes Kontrollsystem und Risikomanagementsystem).

WITHUS, KARL-HEINZ, Neue Anforderungen nach BilMoG zur Beschreibung der wesentlichen Merkmale des Internen Kontroll- und Risikomanagementsystems im Lagebericht kapitalmarktorientierter Unternehmen, in: KoR 2009, S. 440–451 (Neue Anforderungen nach BilMoG).

WÖHE, GÜNTER/DÖRING, ULRICH, Einführung in die allgemeine Betriebswirtschaftslehre, 25. Aufl., München 2013 (Einführung in die allgemeine Betriebswirtschaftslehre).

WOHLMANNSTETTER, GOTTFRIED, Risikomanagement nach dem BilMoG, in: ZGR 2010, S. 472–488 (Risikomanagement nach dem BilMoG).

WULF, INGE, Neue Berichtspflichten durch die nichtfinanzielle Erklärung für bestimmte große Unternehmen, in: DStZ 2017, S. 100–110 (Neue Berichtspflichten).

WULF, INGE/NIEMÖLLER, JENS, Offenlegung nichtfinanzieller und die Diversität betreffender Informationen im Lagebericht. Entwicklung und Perspektiven der Unternehmensberichterstattung, in: PiR 2015, S. 104–112 (Offenlegung von Informationen im Lagebericht).

ZÜLCH, HENNING/HÖLTKEN, MATTHIAS, Die "neue" (Konzern-)Lageberichterstattung nach DRS 20 - ein Anwendungsleitfaden, in: DB 2013, S. 2457–2465 (Lageberichterstattung nach DRS 20).

ZÜLCH, HENNING/KRETZMANN, CHRISTIAN W., Sind Profitabilität und Verantwortung vereinbar? Eine Stellungnahme zu Widerspruch und Kompatibilität von Corporate Social Responsibility und Gewinnmaximierung, in: DB 2017, S. 677–682 (Profitabilität und Verantwortung).

ZWIRNER, CHRISTIAN, Neue Rechnungslegungsvorschriften ab 2016 EU-Rechnungslegungsrichtlinie: Zusammenfassung und Überarbeitung der Bilanz- und Konzernbilanzrichtlinie, in: DStR 2014, S. 439–445 (Rechnungslegungsvorschriften ab 2016 EU-Rechnungslegungsrichtlinie).

Verzeichnis der Geschäftsberichte

ADIDAS AG (Hrsg.), Geschäftsbericht 2017, verfügbar unter: https://www.adidas-group.com/media/filer_public/6a/69/6a690baa-8430-42c5-841d-d9222a150aff/annual_report_gb-2017_en_secured.pdf (Stand: 11.02.2019) (Geschäftsbericht 2017).

DAIMLER AG (Hrsg.), Geschäftsbericht 2017, verfügbar unter: https://www.daimler.com/dokumente/investoren/berichte/geschaeftsberichte/daimler/daimler-ir-geschaeftsbericht-2017.pdf (Stand: 11.02.2019) (Geschäftsbericht 2017).

DEUTSCHE BÖRSE AG (Hrsg.), Finanzbericht 2017, verfügbar unter: http://deutsche-b-erse.com/blob/3348142/3fde5a4a99547a295cd8ea499447da54/data/GDB-Finanzbericht-2017.pdf (Stand: 11.02.2019) (Finanzbericht 2017).

SAP (Hrsg.), Geschäftsbericht 2017. Intelligente Unternehmen, verfügbar unter: https://www.sap.com/docs/download/investors/2017/sap-2017-integrierter-bericht.pdf (Stand: 11.02.2019) (Geschäftsbericht 2017).

VOLKSWAGEN AG (Hrsg.), Geschäftsbericht 2016. Wir definieren Mobilität neu, verfügbar unter: https://www.volkswagenag.com/ir/Y_2016_d.pdf (Stand: 11.02.2019) (Geschäftsbericht 2016).

VOLKSWAGEN AG (Hrsg.), Geschäftsbericht 2015. Menschen bewegen, verfügbar unter: https://geschaeftsbericht2015.volkswagenag.com/serviceseiten/dateisammlung/files/collection.php (Stand: 11.02.2019) (Geschäftsbericht 2015).

VOLKSWAGEN AG (Hrsg.), Geschäftsbericht 2017. Gemeinsam den Wandel gestalten, verfügbar unter: https://www.volkswagenag.com/presence/investorrelation/publications/annual-reports/2018/volkswagen/de/Y_2017_d.pdf (Stand: 11.02.2019) (Geschäftsbericht 2017).

Verzeichnis der Rechtsquellen der EG/EU

EuGH, Urteil vom 19.06.2014, Rs. C-345/13, verfügbar unter: https://lexetius.com/2014,1985 (Stand: 11.02.2019).

Vierte Richtlinie 78/660/EWG des Rates vom 25. Juli 1978 aufgrund von Artikel 54 Absatz 3 Buchstabe g) des Vertrages über den Jahresabschluß von Gesellschaften bestimmter Rechtsformen, in: Amtsblatt der EG Nr. L 222 vom 25.07.1978, S. 11–31.

Siebente Richtlinie 83/349/EWG des Rates vom 13. Juni 1983 aufgrund von Artikel 54 Abs. 3 Buchst. g) des Vertrages über den konsolidierten Abschluß, in: Amtsblatt der EG Nr. L 193 vom 18.07.1983, S. 1-17.

Richtlinie 2004/109/EG des Europäischen Parlaments und des Rates vom 15. Dezember 2004 zur Harmonisierung der Transparenzanforderungen in Bezug auf Informationen über Emittenten, deren Wertpapiere zum Handel auf einem geregelten Markt zugelassen sind, und zur Änderung der Richtlinie 2001/34/EG, in: Amtsblatt der EU Nr. L 390 vom 31.12.2004, S. 38–57.

Richtlinie 2006/46/EG des Europäischen Parlaments und des Rates vom 14. Juni 2006 zur Änderung der Richtlinien des Rates 78/660/EWG über den Jahresabschluss von Gesellschaften bestimmter Rechtsformen, 83/349/EWG über den konsolidierten Abschluss, 86/635/EWG über den Jahresabschluss und den konsolidierten Abschluss von Banken und anderen Finanzinstituten und 91/674/EWG über den Jahresabschluss und den konsolidierten Abschluss von Versicherungsunternehmen, in: Amtsblatt der EU Nr. L 224 vom 16.08.2006, S. 1–7.

Richtlinie 2013/34/EU des Europäischen Parlaments und des Rates vom 26. Juni 2013 über den Jahresabschluss, den konsolidierten Abschluss und damit verbundene Berichte von Unternehmen bestimmter Rechtsformen und zur Änderung der Richtlinie 2006/43/EG des Europäischen Parlaments und des Rates und zur Aufhebung der Richtlinien 78/660/EWG und 83/349/EWG des Rates, in: Amtsblatt der EU Nr. L 182 vom 29.06.2013, S. 19-76.

Richtlinie 2013/51/EURATOM des Rates vom 22. Oktober 2013 zur Festlegung von Anforderungen an den Schutz der Gesundheit der Bevölkerung hinsichtlich radioaktiver Stoffe in Wasser für den menschlichen Gebrauch, in: Amtsblatt der EU Nr. L 296 vom 07.11.2013, S. 12-21.

Richtlinie 2014/95/EU des Europäischen Parlaments und des Rates vom 22. Oktober 2014 zur Änderung der Richtlinie 2013/34/EU im Hinblick auf die Angabe nichtfinanzieller und die Diversität betreffender Informationen durch bestimmte große Unternehmen und Gruppen, in: Amtsblatt der EU Nr. L 330 vom 15.11.2014, S. 1–9.

Richtlinie 2015/849/EU des Europäischen Parlaments und des Rates vom 20. Mai 2015 zur Verhinderung der Nutzung des Finanzsystems zum Zwecke der Geldwäsche und der Terrorismusfinanzierung, zur Änderung der Verordnung (EU) Nr. 648/2012 des Europäischen Parlaments und des Rates und zur Aufhebung der Richtlinie 2005/60/EG des Europäischen Parlaments und des Rates und der Richtlinie 2006/70/EG der Kommission, in: Amtsblatt der EU Nr. L 141 vom 05.06.2015, S. 73–117.

Verzeichnis der nationalen Gesetze und Drucksachen

Aktiengesetz (AktG) vom 06.09.1965, BGBl. I 1965, S. 1089–1184, zuletzt geändert durch Gesetz vom 17.07.2017, BGBl. I 2017, S. 2446.

BMJV (Hrsg.), Referentenentwurf eines Gesetzes zur Stärkung der nichtfinanziellen Berichterstattung der Unternehmen in ihren Lage- und Konzernlageberichten vom 03.03.2016(CSR-Richtlinie-Umsetzungsgesetz).

BR-Drucksache 326/04 vom 11.06.2004: Stellungnahme des Bundesrates – Entwurf eines Gesetzes zur Einführung internationaler Rechnungslegungsstandards und zur Sicherung der Qualität der Abschlussprüfung (Bilanzrechtsreformgesetz – BilReG).

BR-Drucksache 547/16 vom 23.09.2016: Entwurf eines Gesetzes zur Stärkung der nichtfinanziellen Berichterstattung der Unternehmen in ihren Lage- und Konzernlageberichten (CSR-Richtlinie-Umsetzungsgesetz).

BT-Drucksache 15/3419 vom 24.06.2004: Gesetzentwurf der Bundesregierung. Entwurf eines Gesetzes zur Einführung internationaler Rechnungslegungsstandards und zur Sicherung der Qualität der Abschlussprüfung (Bilanzrechtsreformgesetz – BilReG).

BT-Drucksache 16/10067 vom 30.07.2008: Gesetzentwurf der Bundesregierung. Entwurf eines Gesetzes zur Modernisierung des Bilanzrechts (Bilanzrechtsmodernisierungsgesetz – BilMoG).

BT-Drucksache 18/3784 vom 20.01.2015: Entwurf eines Gesetzes für die gleichberechtigte Teilhabe von Frauen und Männern an Führungspositionen in der Privatwirtschaft und im öffentlichen Dienst (FüPoG).

BT-Drucksache 18/4050 vom 20.02.2015: Gesetzentwurf der Bundesregierung. Entwurf eines Gesetzes zur Umsetzung der Richtlinie 2013/34/EU des Europäischen Parlamentes und des Rates vom 26. Juni 2013 über den Jahresabschluss, den konsolidierten Abschluss und damit verbundene Berichte von Unternehmen bestimmter Rechtsformen und zur Änderung der Richtlinie 2006/43/EG des Europäischen Parlaments und des Rates und zur Aufhebung der Richtlinien 78/660/EWG und 83/349/EWG des Rates (Bilanzrichtlinie-Umsetzungsgesetz – BilRUG).

BT-Drucksache 18/10030 vom 19.10.2016: Antrag – Zukunftsfähige Unternehmensverantwortung – Nachhaltigkeitsberichte wirksam und aussagekräftig ausgestalten – Umsetzung der CSR-Richtlinie.

BT-Drucksache 18/10344 vom 16.11.2016: Unterrichtung durch die Bundesregierung. Stellungnahme des Bundesrates und Gegenäußerung der Bundesregierung.

BT-Drucksache 18/11450 vom 08.03.2017: Beschlussempfehlung und Bericht des Ausschusses für Recht und Verbraucherschutz (6. Ausschuss) zum Entwurf eines Gesetzes zur Stärkung der nichtfinanziellen Berichterstattung der Unternehmen in ihren Lage- und Konzernlageberichten (CSR-Richtlinie-Umsetzungsgesetz).

BT-Drucksache 18/9982 vom 17.10.2016: Gesetzentwurf der Bundesregierung. Entwurf eines Gesetzes zur Stärkung der nichtfinanziellen Berichterstattung der Unternehmen in ihren Lage- und Konzernlageberichten (CSR-Richtilinie-Umsetzungsgesetz).

Bürgerliches Gesetzbuch (BGB) in der Fassung der Bekanntmachung vom 02.01.2002, BGBl. I 2002, S. 42-44 und BGBl. I 2003, S. 738, zuletzt geändert durch Gesetz vom 12.07.2018, BGBl. I 2018, S. 1153.

Einführungsgesetz zum Handelsgesetzbuch (HGBEG) vom 10.05.1897, RGBl. 1897 S. 437, zuletzt geändert durch Gesetz vom 17.07.2017, BGBl. I 2017, S. 2434.

Gesetz zur Durchführung der Vierten, Siebenten und Achten Richtlinie des Rates der Europäischen Gemeinschaften zur Koordinierung des Gesellschaftsrechts (Bilanzrichtlinie Gesetz – BiRiLiG) vom 19.12.1985, BGBl. I 1985, S. 2355-2433.

Gesetz zur Kontrolle und Transparenz im Unternehmensbereich (KonTraG) vom 27.04.1998, BGBl. I 1998, S. 786–794.

Gesetz zur Einführung internationaler Rechnungslegungsstandards und zur Sicherung der Qualität der Abschlussprüfung (Bilanzrechtsreformgesetz – BilReG) vom 04.12.2004, BGBl. I 2004, S. 3166–3182.

Gesetz zur Modernisierung des Bilanzrechts (Bilanzrechtsmodernisierungsgesetz – BilMoG) vom 25.05.2009, BGBl. I 2009, S. 1102–1137.

Gesetz für die gleichberechtigte Teilhabe von Frauen und Männern an Führungspositionen in der Privatwirtschaft und im öffentlichen Dienst (FüPoG) vom 24.04.2015, BGBl. I 2015, S. 642–662.

Gesetz zur Stärkung der nichtfinanziellen Berichterstattung der Unternehmen in ihren Lage- und Konzernlageberichten (CSR-Richtlinie-Umsetzungsgesetz) vom 11.04.2017, BGBl. I. 2017, S. 802–814.

Handelsgesetzbuch (HGB) vom 10.05.1897, RGBl. 1897, S. 21–436, zuletzt geändert durch Gesetz vom 10.07.2018, BGBl. I 2017, S. 1102.

Plenarprotokoll 18/116 vom 03.07.2015: Deutscher Bundestag – Stenografischer Bericht – 116. Sitzung.

Verzeichnis der Materialien aus dem Gesetzgebungs- oder Standardsetzungsprozess

Europäische Gesetzgebung

DIE BUNDESREGIERUNG (Hrsg.), Stellungnahme Deutschlands zur Mitteilung der EU-Kommission vom 27.10.2010 „Für eine in hohem Maße wettbewerbsfähige soziale Marktwirtschaft". Stellungnahme, verfügbar unter: https://circabc.europa.eu/webdav/CircaBC/FISMA/markt_consultations/Library/single_market_act/public_authorities/de_gov_de.pdf (Stand: 11.02.2019) (Stellungnahme Binnenmarktakte).

EU-KOMMISSION (Hrsg.), GRÜNBUCH – Europäische Rahmenbedingungen für die soziale Verantwortung der Unternehmen, verfügbar unter: https://eur-lex.europa.eu/legal-content/DE/TXT/PDF/?uri=CELEX:52001DC0366&from=DE (Stand: 11.02.2019) (Grünbuch (2001) – Soziale Verantwortung).

EU-KOMMISSION (Hrsg.), GRÜNBUCH – Weiteres Vorgehen im Bereich der Abschlussprüfung: Lehren aus der Krise, verfügbar unter: http://edz.bib.uni-mannheim.de/www-edz/pdf/kom/gruenbuch/kom-2010-0561-de.pdf (Stand: 11.02.2019) (Grünbuch (2010) – Abschlussprüfung: Lehren aus der Krise).

EU-KOMMISSION (Hrsg.), Disclosure of Non-Financial Information by Companies, verfügbar unter: http://ec.europa.eu/finance/consultations/2010/non-financial-reporting/docs/overview_en.pdf (Stand: 11.02.2019) (Disclosure of Non-Financial Information by Companies).

EU-KOMMISSION (Hrsg.), EUROPA 2020 Eine Strategie für intelligentes, nachhaltiges und integratives Wachstum. Mitteilung der Kommission, verfügbar unter: http://ec.europa.eu/eu2020/pdf/COMPLET%20%20DE%20SG-2010-80021-06-00-DE-TRA-00.pdf (Stand: 11.02.2019) (Mitteilung (2010) 2020: Europa 2020).

EU-KOMMISSION (Hrsg.), Towards a Single Market Act For a highly competitive social market economy 50 proposals for improving our work, business and exchanges with one another, verfügbar unter: http://eur-lex.europa.eu/legal-content/EN/TXT/PDF/?uri=CELEX:52010DC0608&from=EN (Stand: 11.02.2019) (Mitteilung (2010) 608: Towards a Single Market Act).

EU-KOMMISSION (Hrsg.), GRÜNBUCH – Europäischer Corporate Governance-Rahmen, verfügbar unter http://ec.europa.eu/internal_market/company/docs/modern/com2011-164_de.pdf (Stand: 11.02.2019) (Grünbuch (2011) – Corporate Governance).

EU-KOMMISSION (Hrsg.), Expert Group on Disclosure of Non-Financial information by EU Companies. Meeting Report, verfügbar unter: http://ec.europa.eu/internal_market/accounting/docs/news/20110912-egdnfi-report_en.pdf (Stand: 20.08.2018) (Expert Group Non-Financial Information - Second Meeting).

EU-KOMMISSION (Hrsg.), Expert Group on Disclosure of Non-Financial information by EU Companies. Meeting Report, verfügbar unter: http://ec.europa.eu/internal_market/accounting/docs/news/30092011-expert-group-minutes_en.pdf (Stand: 20.08.2018) (Expert Group Non-Financial Information - Third Meeting).

EU-KOMMISSION (Hrsg.), Expert Group on Disclosure of Non-Financial information by EU Companies. First Meeting, verfügbar unter: http://ec.europa.eu/internal_market/accounting/docs/11072011_minutes_en.pdf (Stand: 20.08.2018) (Expert Group Non-Financial Information - First Meeting).

EU-KOMMISSION (Hrsg.), Eine neue EU-Strategie (2011-14) für die soziale Verantwortung der Unternehmen (CSR), verfügbar unter: http://eur-lex.europa.eu/LexUriServ/LexUriServ.do?uri=COM:2011:0681:FIN:DE:PDF (Stand: 11.02.2019) (Mitteilung (2011) 681: Neue Strategie für soziale Verantwortung).

EU-KOMMISSION (Hrsg.), Binnenmarktakte Zwölf Hebel zur Förderung von Wachstum und Vertrauen „Gemeinsam für neues Wachstum", verfügbar unter: http://eur-lex.europa.eu/legal-content/DE/TXT/PDF/?uri=CELEX:52011DC0206&from=DE (Stand: 11.02.2019) (Mitteilung (2011) 206: Binnenmarktakte).

EU-KOMMISSION (Hrsg.), Vorschlag für eine RICHTLINIE DES EUROPÄISCHEN PARLAMENTS UND DES RATES zur Änderung der Richtlinien 78/660/EWG und 83/349/EWG des Rates im Hinblick auf die Offenlegung nichtfinanzieller und die Diversität betreffender Informationen durch bestimmte große Gesellschaften und Konzerne, verfügbar unter: http://eur-lex.europa.eu/legal-content/DE/TXT/PDF/?uri=CELEX:52013PC0207&from=DE (Stand: 11.02.2019) (Mitteilung (2013) 207: Richtlinienvorschlag).

EUROPÄISCHES PARLAMENT (Hrsg.), Soziale Verantwortung der Unternehmen: Rechenschaftspflichtiges, transparentes und verantwortungsbewusstes Geschäftsgebaren und nachhaltiges Wachstum. Entschließung des Europäischen Parlaments vom 6. Februar 2013 zur sozialen Verantwortung der Unternehmen: Rechenschaftspflichtiges, transparentes und verantwortungsvolles Geschäftsgebaren und nachhaltiges Wachstum (2012/2098(INI)), verfügbar unter: http://www.europarl.europa.eu/sides/getDoc.do?pubRef=-//EP//TEXT+TA+P7-TA-2013-0049+0+DOC+XML+V0//DE (Stand: 11.02.2019) (Soziale Verantwortung der Unternehmen).

EUROPÄISCHES PARLAMENT (Hrsg.), Bericht über soziale Verantwortung der Unternehmen: Förderung der Interessen der Gesellschaft und ein Weg zu einem nachhaltigen und integrativen Wiederaufschwung, verfügbar unter: http://www.europarl.europa.eu/sides/getDoc.do?pubRef=-//EP//TEXT+REPORT+A7-2013-0023+0+DOC+XML+V0//DE (Stand: 11.02.2019) (Bericht über soziale Verantwortung der Unternehmen).

EU-KOMMISSION (Hrsg.), Mitteilung der Kommission — Leitlinien für die Berichterstattung über nichtfinanzielle Informationen, in: Amtsblatt der EU Nr. C 215 vom 05.07.2017, S. 1–20.

HLEG (Hrsg.), Financing a Sustainable European Economy, verfügbar unter: https://ec.europa.eu/info/sites/info/files/180131-sustainable-finance-final-report_en.pdf (Stand: 11.02.2019) (Interim Report).

HLEG (Hrsg.), Financing a Sustainable European Economy, verfügbar unter: https://ec.europa.eu/info/sites/info/files/180131-sustainable-finance-final-report_en.pdf (Stand: 11.02.2019) (Final Report).

Nationale Gesetzgebung

ARBEITSKREIS "BILANZRECHT HOCHSCHULLEHRER RECHTSWISSENSCHAFT" (Hrsg.), Stellungnahme zum Regierungsentwurf eines Gesetzes zur Stärkung der nichtfinanziellen Berichterstattung der Unternehmen in ihren Lage- und Konzernlageberichten (CSR-Richtlinie-Umsetzungsgesetz), in: NZG 2016, S. 1337–1339 (Stellungnahme zum RegE).

BDA (Hrsg.)/BDI (Hrsg.)/DIHK (Hrsg.)/ZDH (Hrsg.), Stellungnahme zum Konzept des Bundesministeriums der Justiz und für Verbraucherschutz zur Umsetzung der EU-Richtlinie

2014/95/EU zur Angabe nichtfinanzieller und die Diversität betreffender Informationen. Stellungnahme (Stellungnahme BMJV-Konzept).

BMJV (Hrsg.), Konzept zur Umsetzung der CSR-Richtlinie – Reform des Lageberichts (Konzeptpapier zur Umsetzung der CSR-Richtlinie).

CDP (Hrsg.), CDP-Stellungnahme zum Entwurf eines CSR-Richtlinie- Umsetzungsgesetzes zur Umsetzung der Richtlinie 2014/95/EU (sog. CSR-RL). Stellungnahme (Stellungnahme RefE CSR-RUG).

DRSC (Hrsg.), Konzept des BMJV zur Umsetzung der CSR-Richtlinie 2014/95/EU. Stellungnahme (Stellungnahme BMJV-Konzept).

DRSC (Hrsg.), Referentenentwurf des BMJV – Entwurf eines CSR-Richtlinie-Umsetzungsgesetzes zur Umsetzung der Richtlinie 2014/95/EU (sog. CSR-RL). Stellungnahme (Stellungnahme RefE CSR-RUG).

IDW (Hrsg.), Konzept zur Umsetzung der CSR-Richtlinie – Reform des Lageberichts. Stellungnahme (Stellungnahme BMJV-Konzept).

IDW (Hrsg.), Referentenentwurf eines Gesetzes zur Stärkung der nichtfinanziellen Berichterstattung der Unternehmen in ihren Lage- und Konzernlageberichten. Stellungnahme (Stellungnahme RefE CSR-RUG).

IIRC (Hrsg.), Stellungnahme des IIRC zum CSR-Richtlinie-Umsetzungsgesetz. Stellungnahme (Stand: 23.07.2018) (Stellungnahme RefE CSR-RUG).

RNE (Hrsg.), Stellungnahme des Rates für Nachhaltige Entwicklung zur Umsetzung der Richtlinie 2014/95/EU an das Bundesministerium der Justiz und für Verbraucherschutz. Stellungnahme (Stellungnahme RefE CSR-RUG).

Nationale und internationale Rechnungslegungsstandards

ALLIANZ SE (Hrsg.), Stellungnahme der Allianz SE zum E-DRÄS 8. Stellungnahme (Stellungnahme E-DRÄS 8).

BASF SE (Hrsg.), Stellungnahme der BASF SE zum E-DRÄS 8. Stellungnahme (Stellungnahme E-DRÄS 8).

BDI (Hrsg.), Stellungnahme des BDI zum E-DRÄS 8. Stellungnahme (Stellungnahme E-DRÄS 8).

DGB (Hrsg.), Stellungnahme des Deutschen Gewerkschaftsbund zum E-DRÄS 8. Stellungnahme (Stellungnahme E-DRÄS 8).

DGRV (Hrsg.), Stellungnahme des DGRV zum E-DRÄS 8. Stellungnahme (Stellungnahme E-DRÄS 8).

DIE DEUTSCHE KREDITWIRTSCHAFT (Hrsg.), Stellungnahme der Deutschen Kreditwirtschaft zum E-DRÄS 8. Stellungnahme (Stellungnahme E-DRÄS 8).

DRSC (Hrsg.), Deutsche Rechnungslegungs Standards (DRS) – DRSC Interpretationen (IFRS) – DRSC Anwendungshinweise, Loseblatt, Berlin 2000 ff., (Stand: Juni 2018) (zitiert: DRS).

DRSC (Hrsg.), DRS 5: Risikoberichterstattung, Berlin 2000 (DRS 5).

DRSC (Hrsg.), DRS 15: Lageberichterstattung, Berlin 2004 (DRS 15).

DRSC (Hrsg.), DRS 17 (geändert 2010): Berichterstattung über der Vergütung der Organmitglieder (DRS 17.

DRSC (Hrsg.), DRS 20: Konzernlageberichterstattung, Berlin (DRS 20).

DRSC (Hrsg.), DRÄS 8, Berlin 2017 (DRÄS 8).

GDV (Hrsg.), Stellungnahme der Deutschen Versicherer zum E-DRÄS 8. Stellungnahme (Stellungnahme E-DRÄS 8).

GERMANWATCH (Hrsg.), Stellungnahme des Germanwatch zum E-DRÄS 8. Stellungnahme (Stellungnahme E-DRÄS 8).

HENKEL AG & CO. KGAA (Hrsg.), Stellungnahme der Henkel AG & Co. KGaA zum E-DRÄS 8. Stellungnahme (Stellungnahme E-DRÄS 8).

IASB (Hrsg.), The Conceptual Framework for Financial Reporting, London 2018 (zitiert: CF).

IDW (Hrsg.), Stellungnahme des IDW zum E-DRS 27. Stellungnahme (Stellungnahme E-DRS 27).

IDW (Hrsg.), Stellungnahme des IDW zum DRÄS 8. Stellungnahme (Stellungnahme DRÄS 8).

RMA (Hrsg.), Stellungnahme der Risk Management Association zum E-DRÄS 8. Stellungnahme (Stellungnahme E-DRÄS 8).

SIEMENS AG (Hrsg.), Stellungnahme der Siemens AG zum E-DRÄS 8. Stellungnahme (Stellungnahme E-DRÄS 8).

VONOVIA SE (Hrsg.), Stellungnahme der Vonovia zum E-DRÄS 8. Stellungnahme (Stellungnahme E-DRÄS 8).

WPK (Hrsg.), Stellungnahme der Wirtschaftsprüferkammer zum E-DRÄS 8. Stellungnahme (Stellungnahme E-DRÄS 8).

Verzeichnis der Materialien zu Rahmenwerken der Nachhaltigkeitsberichterstattung

DRSC (Hrsg.), Stellungnahme zu den Empfehlungen der TCFD, verfügbar unter: https://www.drsc.de/app/uploads/2017/02/170210_ASCG_CL_TCFD.pdf (Stand: 11.02.2019) (Stellungnahme zu den Empfehlungen der TCFD).

GRI (Hrsg.), Leitlinien zur Nachhaltigkeitsberichterstattung. Part One, verfügbar unter: https://www.globalreporting.org/standards/gri-standards-download-center/ (Stand: 11.02.2019) (Leitlinien zur Nachhaltigkeitsberichterstattung).

GRI (Hrsg.), GRI 102: General Disclosures, verfügbar unter: https://www.globalreporting.org/standards/gri-standards-download-center/ (Stand: 11.02.2019) (GRI 102: "General Disclosures").

GRI (Hrsg.), GRI 101: Foundation, verfügbar unter: https://www.globalreporting.org/standards/gri-standards-download-center/ (Stand: 11.02.2019) (GRI 101: "Foundation").

GRI (Hrsg.), GRI 305: Emissions, verfügbar unter: https://www.globalreporting.org/standards/gri-standards-download-center/ (Stand: 11.02.2019) (GRI 305: "Emissions").

GRI (Hrsg.), GRI 103: Management Approach, verfügbar unter: https://www.globalreporting.org/standards/gri-standards-download-center/ (Stand: 11.02.2019) (GRI 103: "Management Approach").

IIRC (Hrsg.), The International <IR> Framework, verfügbar unter: http://integratedreporting.org/wp-content/uploads/2013/12/13-12-08-THE-INTERNATIONAL-IR-FRAMEWORK-2-1.pdf (Stand: 11.02.2019) (The International <IR> Framework).

OECD (Hrsg.), OECD-Leitsätze für multinationale Unternehmen, verfügbar unter: http://mneguidelines.oecd.org/48808708.pdf (Stand: 11.02.2019) (OECD-Leitsätze für multinationale Unternehmen).

RNE (Hrsg.), Leitfaden zum Deutschen Nachhaltigkeitskodex. Orientierungshilfe für mittelständische Unternehmen, verfügbar unter: https://www.deutscher-nachhaltigkeitskodex.de/fileadmin/user_upload/dnk/dok/leitfaden/DNK_Leitfaden.pdf (Stand: 12.03.2018) (Leitfaden zum Deutschen Nachhaltigkeitskodex).

RNE (Hrsg.), Der Deutsche Nachhaltigkeitskodex. Maßstab für nachhaltiges Wirtschaften, verfügbar unter: https://www.deutscher-nachhaltigkeitskodex.de/de-DE/Documents/PDFs/Sustainability-Code/DNK_Broschuere_2017 (Stand: 11.02.2019) (Der Deutsche Nachhaltigkeitskodex).

TCFD (Hrsg.), The Use of Scenario Analysis in Disclosure of Climate-Related Risks and Opportunities, verfügbar unter: https://www.fsb-tcfd.org/wp-content/uploads/2017/06/FINAL-TCFD-Technical-Supplement-062917.pdf (Stand: 11.02.2019) (Use of Scenario Analysis).

TCFD (Hrsg.), Implementing the Recommendations of the Task Force on Climate-related Financial Disclosures, verfügbar unter: https://www.fsb-tcfd.org/wp-content/uploads/2017/06/FINAL-TCFD-Annex-062817.pdf (Stand: 11.02.2019) (Implementing the Recommendations).

TCFD (Hrsg.), Recommendations of the Task Force on Climate-related Financial Disclosures, verfügbar unter: https://www.fsb-tcfd.org/wp-content/uploads/2017/06/FINAL-TCFD-Report-062817.pdf (Stand: 11.02.2019) (Climate-related Financial Disclosures).

UNITED NATIONS (Hrsg.), Report of the World Commission on Environment and Development Our Common Future, verfügbar unter: http://www.un-documents.net/our-common-future.pdf (Stand: 11.02.2019) (Our Common Future).

UNITED NATIONS (Hrsg.), Global Compact – Leitpfaden für nachhaltiges Wirtschaften, verfügbar unter: https://www.globalcompact.de/wAssets/docs/Nachhaltigkeits-CSR-Management/UNGC-Report-20150930-German-FINAL.pdf (Stand: 11.02.2019) (Global Compact).

WCED (Hrsg.), Report of the World Commission on Environment and Development: Our Common Future, verfügbar unter: http://www.un-documents.net/our-common-future.pdf (Stand: 11.02.2019) (Our Common Future).

Rechnungslegung und Wirtschaftsprüfung

Herausgegeben von Prof. (em.) Dr. Dr. h. c. Jörg Baetge, Münster, Prof. Dr. Hans-Jürgen Kirsch, Münster, und Prof. Dr. Stefan Thiele, Wuppertal

Band 65
Philipp Dollereder
Die bilanzielle Abbildung von Leasingverhältnissen beim Leasingnehmer nach IFRS 16 – Kritische Analyse und Konkretisierung der Vorschriften zur Definition, zum Zeitraum und zur Bewertung
Siegburg 2018 • 320 S. • € 68,- (D) • ISBN 978-3-8441-0557-5

Band 66
Markus May
Die Solvabilitätspublizität von Versicherungsunternehmen nach Solvency II – Analyse und Würdigung der Berichtsvorschriften sowie inhaltliche Gestaltungsempfehlungen für ausgewählte Kapitel des Berichts über die Solvabilität und Finanzlage
Siegburg 2018 • 312 S. • € 68,- (D) • ISBN 978-3-8441-0563-6

Band 67
Frederik Engelke
Kapitalkonsolidierung im mehrstufigen Konzern – Die Behandlung indirekter Beteiligungsverhältnisse im IFRS-Konzernabschluss
Siegburg 2018 • 324 S. • € 68,- (D) • ISBN 978-3-8441-0564-3

Band 68
Marcel Faber
Unternehmenszusammenschlüsse durch Einlage von Kapitalgesellschaftsanteilen – Auswirkungen eines unechten Anteilstausches auf den Konzernabschluss nach IFRS
Siegburg 2018 • 248 S. • € 60,- (D) • ISBN 978-3-8441-0571-1

Band 69
Michael Huter
Die nichtfinanzielle Konzernerklärung – Kritische Analyse und Konkretisierung der handelsrechtlichen Vorschriften
Siegburg 2019 • 308 S. • € 66,- (D) • ISBN 978-3-8441-0576-6

JOSEF EUL VERLAG